JN300078

陸域生態系の炭素動態

地球環境へのシステムアプローチ

及川 武久　山本 晋 編

京都大学学術出版会

献 呈

本書を，気象学研究と生態学研究との学際化に心血を注がれた木田秀次先生の御霊前に，謹んで捧げます。　　　著者一同

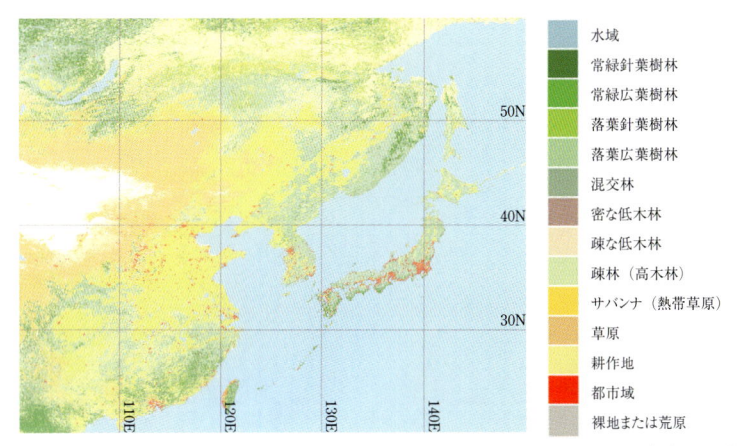

口絵1 新たに作成された東アジア陸域の植生分布図（Iwao et al. 2011）（図 1-1）
簡略化した IGBP の分類スキームに基づく。

凡例：
- 水域
- 常緑針葉樹林
- 常緑広葉樹林
- 落葉針葉樹林
- 落葉広葉樹林
- 混交林
- 密な低木林
- 疎な低木林
- 疎林（高木林）
- サバンナ（熱帯草原）
- 草原
- 耕作地
- 都市域
- 裸地または荒原

口絵2 ロシア・ツラ（カラマツ林）のフラックス観測タワー（松浦陽次郎提供）

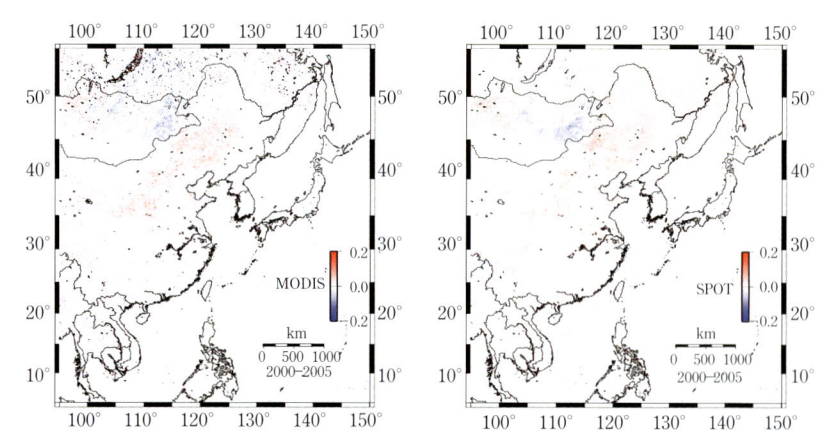

口絵3　Terra-MODIS（左図）と SPOT-vegetation（右図）による東アジアの NDVI 経年変化トレンド（NDVI/年）（図 2-20; 小柳ら 2008）

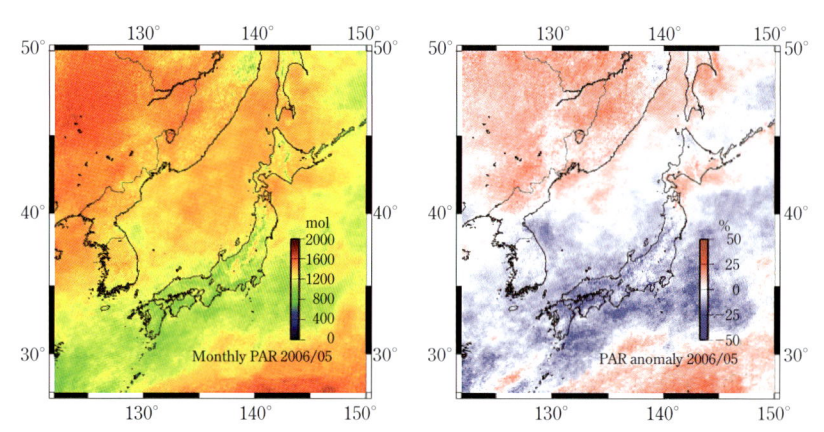

口絵4　衛星データ(Terra/MODIS, Aqua/MODIS)から求めた, 地上日射量(PAR)の分布(図2-21)

左：2006年5月の1ヶ月積算値．右：そのアノマリー（平年値からの相対的な差）

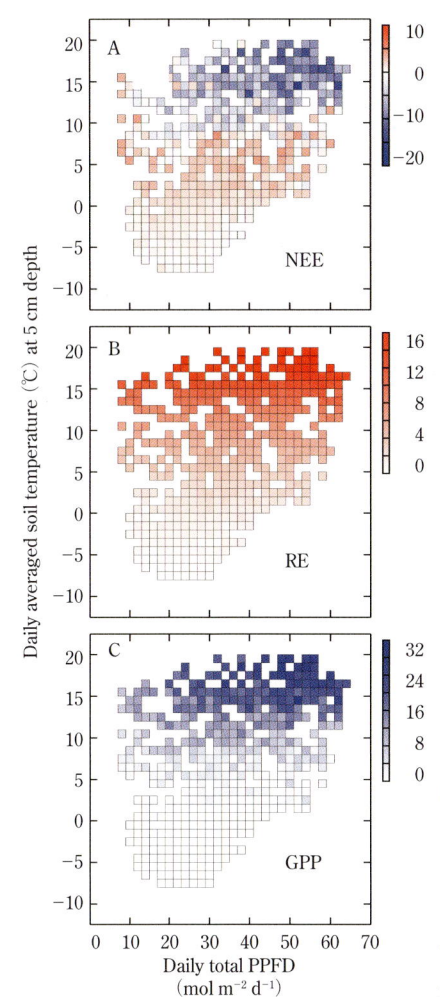

口絵5 日積算 PPFD と土壌深度 5 cm の日平均地温に対する日積算 NEE (A), 日積算 RE (B), 日積算 GPP (C) の分布図 (Saito et al. 2009) (図 3-32)

各プロットの色付きメッシュはそれぞれの炭素フラックス ($gCO_2\ m^{-2}\ d^{-1}$) 量を表す。2002 年から 2004 年の生育季節で得られたデータを示す。

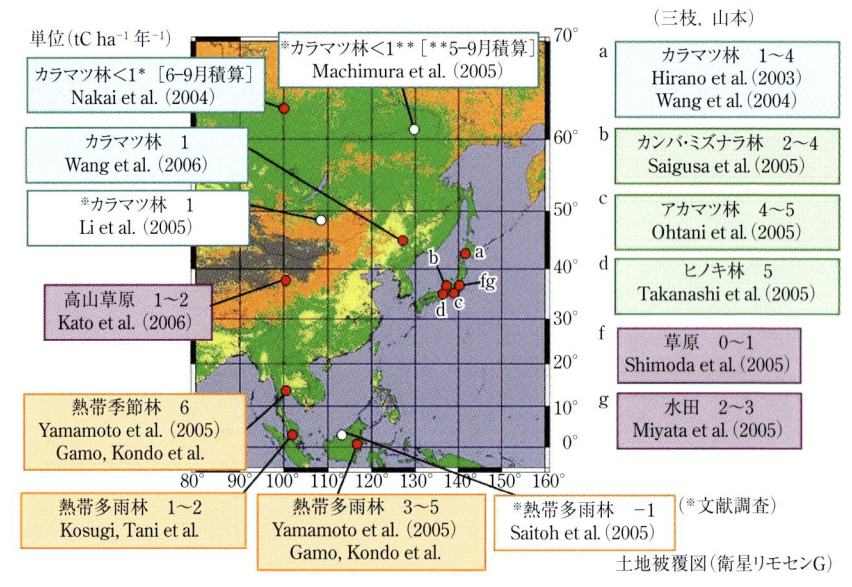

単位(tC ha⁻¹ 年⁻¹)

カラマツ林<1* [6-9月積算]
Nakai et al. (2004)

※カラマツ林<1** [**5-9月積算]
Machimura et al. (2005)

カラマツ林　1
Wang et al. (2006)

※カラマツ林　1
Li et al. (2005)

高山草原　1～2
Kato et al. (2006)

熱帯季節林　6
Yamamoto et al. (2005)
Gamo, Kondo et al.

熱帯多雨林　1～2
Kosugi, Tani et al.

熱帯多雨林　3～5
Yamamoto et al. (2005)
Gamo, Kondo et al.

※熱帯多雨林　−1
Saitoh et al. (2005)

(三枝,山本)

a　カラマツ林　1～4
　　Hirano et al. (2003)
　　Wang et al. (2004)

b　カンバ・ミズナラ林　2～4
　　Saigusa et al. (2005)

c　アカマツ林　4～5
　　Ohtani et al. (2005)

d　ヒノキ林　5
　　Takanashi et al. (2005)

f　草原　0～1
　　Shimoda et al. (2005)

g　水田　2～3
　　Miyata et al. (2005)

(※文献調査)

土地被覆図(衛星リモセンG)

口絵 6 各種陸域生態系でのフラックス観測による NEP の年間積算値（図 4-4）

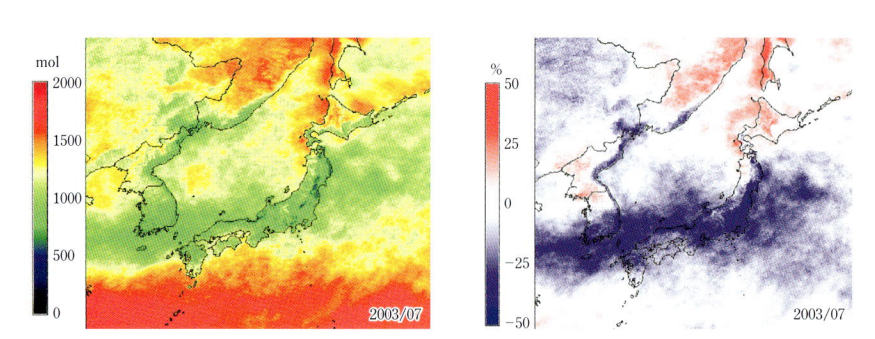

口絵 7 衛星がとらえた，2003 年夏の記録的な日照不足（図 4-8a）
左図は日射量，右図は平均値からのずれ（%）の空間分布を示す．

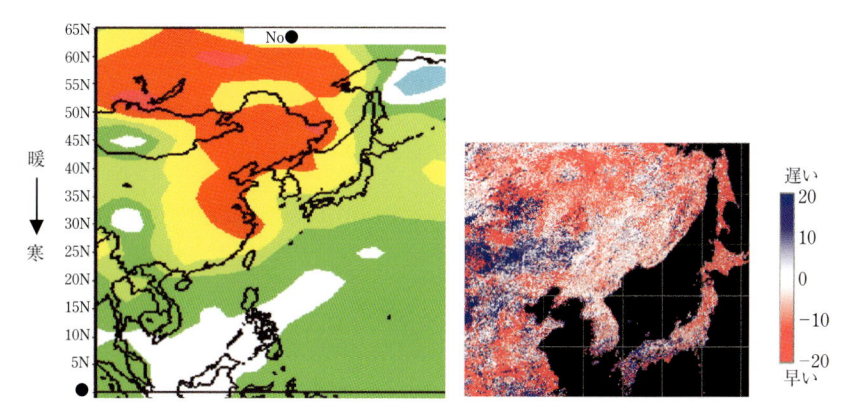

口絵8 日本周辺の2002年2, 3, 4月の気温偏差と衛星から求めた展葉時期（図4-9a）
この年の落葉樹林の展葉は例年より早かった。

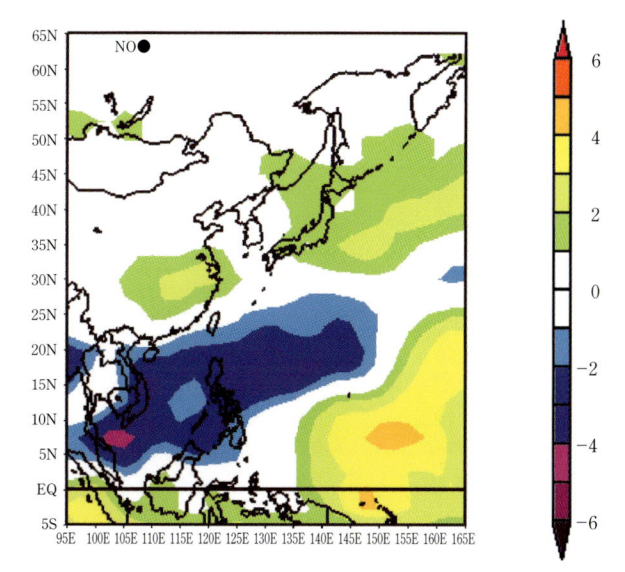

口絵9 2002年2, 3, 4月の可降水量の偏差（東南アジア）（図4-10a）
この年の春季の可降水量は例年より小さかった。

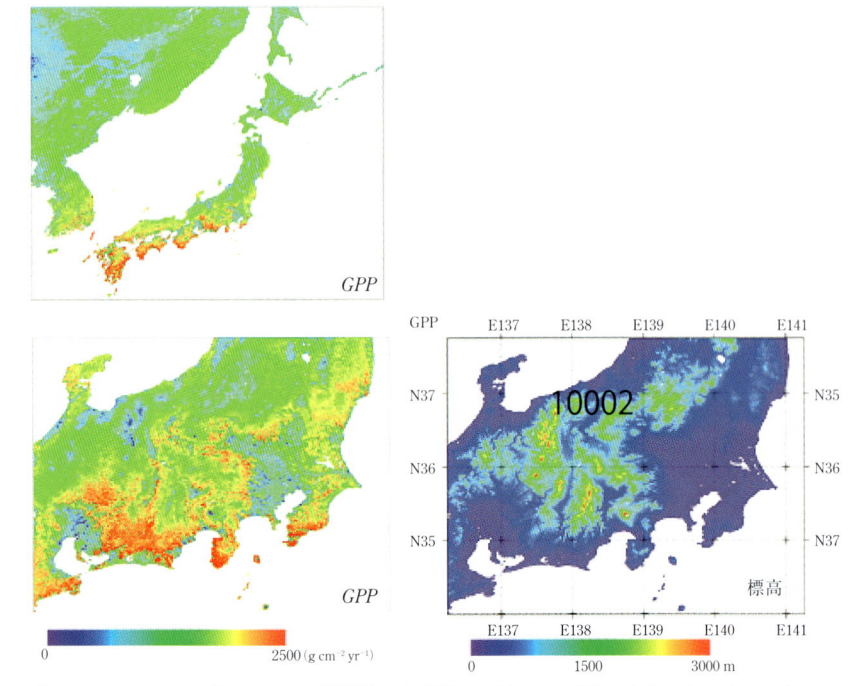

口絵 10　2001〜2006 年の GPP 年積算値の空間分布パターン（図 4-22; Sasai et al. 2011）
日本周辺域（上段），本州中央部の拡大図および標高（下段）。

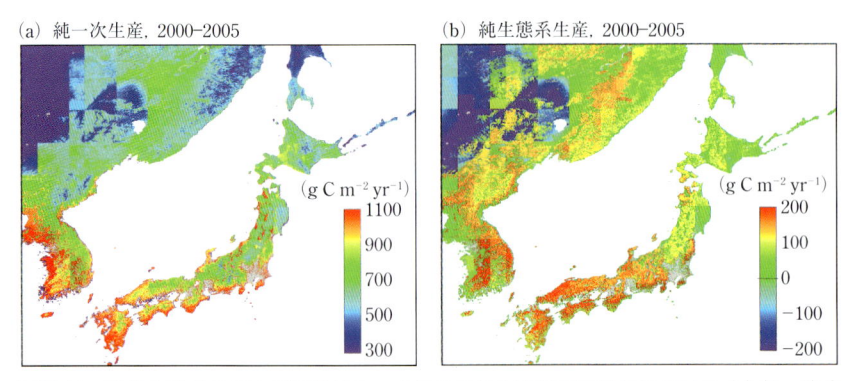

(a) 純一次生産，2000-2005　　　(b) 純生態系生産，2000-2005

口絵 11　陸域生態系モデル VISIT によって推定された東アジア地域における (a) 純一次生産 (NPP) および (b) 純生態系生産 (NEP)（図 4-23）
2000〜2005 年の平均値。

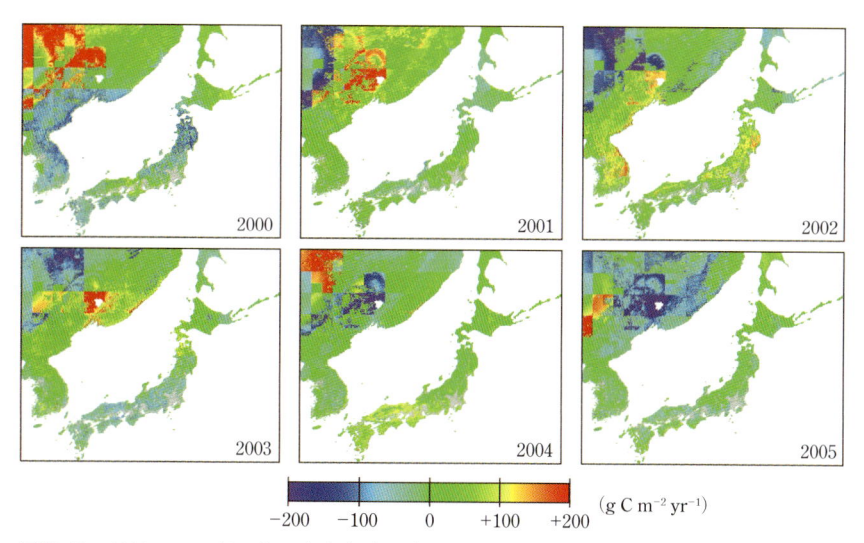

口絵 12　2000〜2005年の純一次生産（NPP）のアノマリー分布（図 4-23a の平均値からの偏差）（図 4-25）

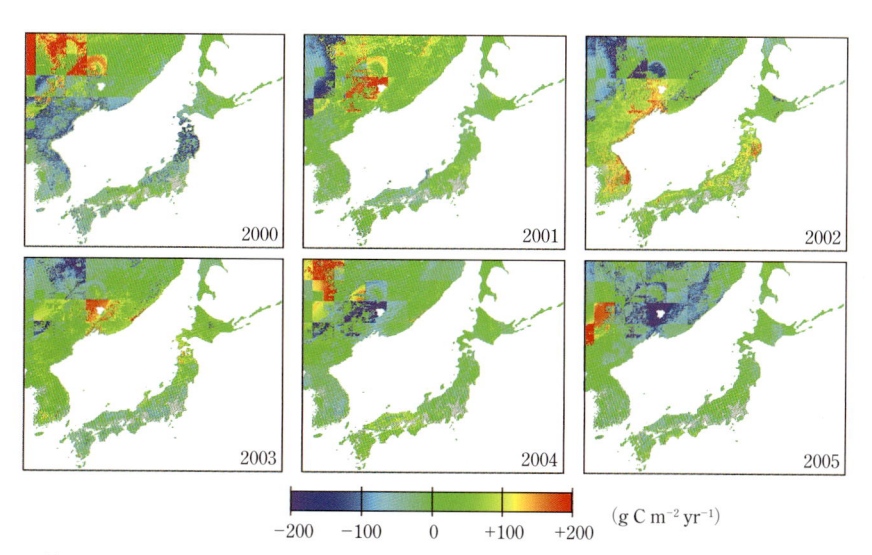

口絵 13　2000〜2005年の純生態系生産（NEP）におけるアノマリー分布（図 4-23b の平均値からの偏差）（図 4-26）

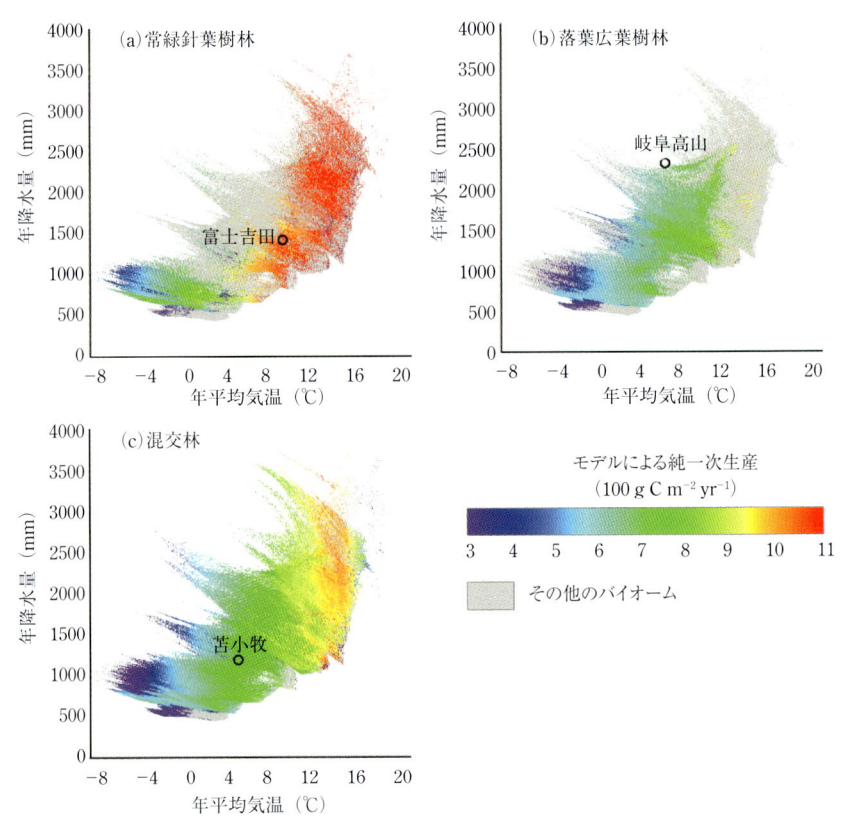

口絵14 東アジア地域の代表的な植生における気候条件プロット（図 4-28）
円はフラックス観測サイトの位置を示す。

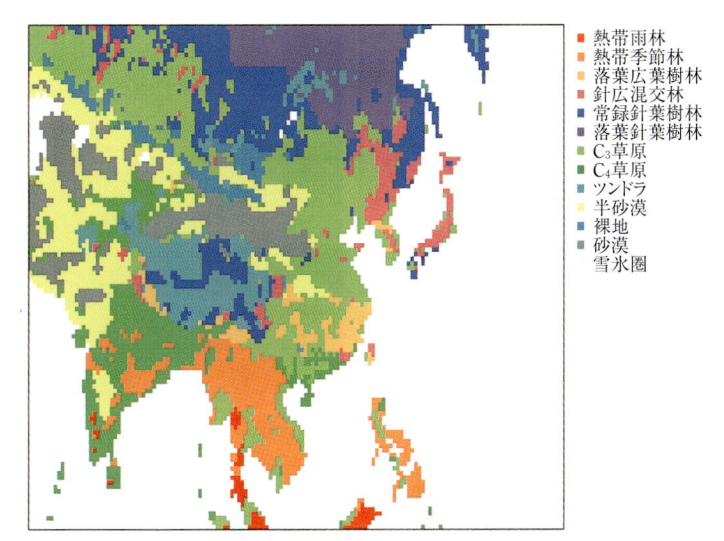

口絵 15 地域気候モデルJSM-BAIM2のグリッド植生分布（図 4-32）
植生の種類を図の右に示す。

凡例：
- 熱帯雨林
- 熱帯季節林
- 落葉広葉樹林
- 針広混交林
- 常緑針葉樹林
- 落葉針葉樹林
- C_3草原
- C_4草原
- ツンドラ
- 半砂漠
- 裸地
- 砂漠
- 雪氷圏

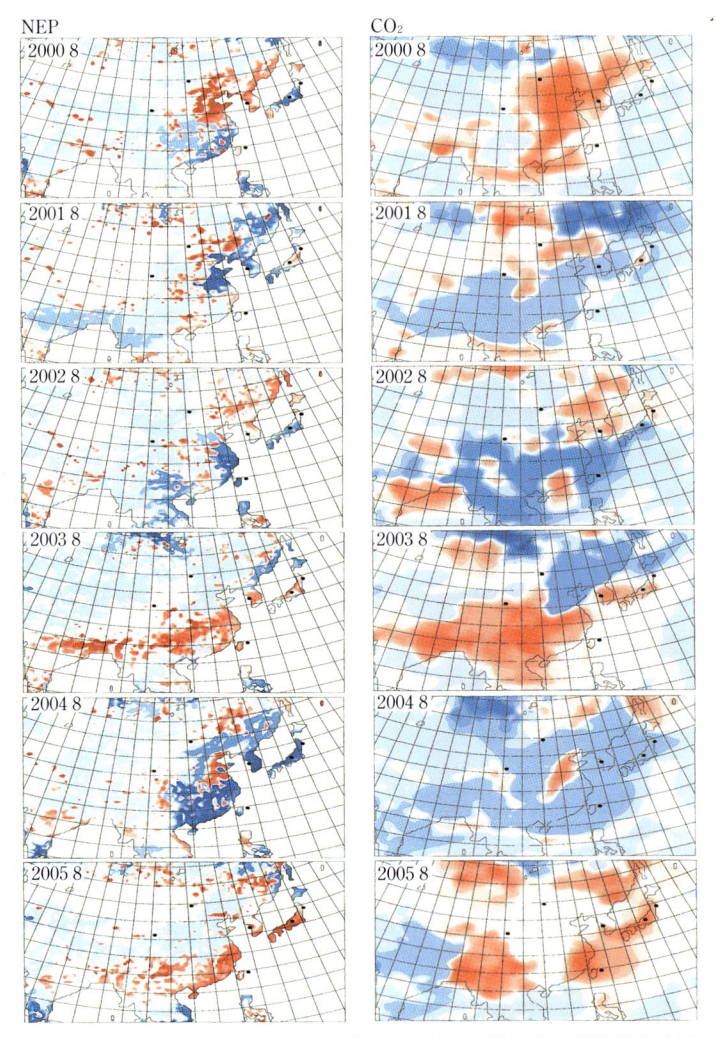

口絵16 モデルによるNEP偏差（左）と大気中二酸化炭素濃度偏差（右）の対応（8月の例）（図4-40）

2000年（最上図）から2005年（最下図）の各年の月平均値の6年平均値からの偏差を示す。NEPについては，暖色が大気から地表面への炭素フラックスが平均より少ない場合，寒色が多い場合。大気中二酸化炭素濃度については，暖色が高濃度偏差，寒色が低濃度偏差。NEP偏差の等値線は0.2（$gC/m^2/$日）間隔，大気中二酸化炭素濃度偏差の等値線は0.5（ppm）間隔。図4-36に示した各観測地点が黒点で示してある。大気中二酸化炭素濃度偏差については，濃度の平均増加率（1.8 ppm/年）は偏差から差し引いて示している。

A2 シナリオ

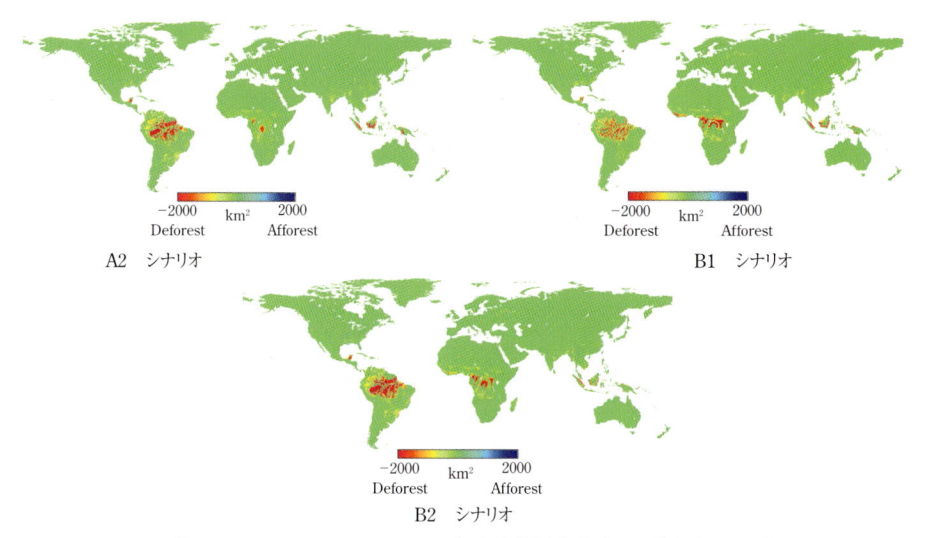

B1 シナリオ

B2 シナリオ

口絵 17 SRES の三つのシナリオと土地利用変化（2030 年）（図 5-11）

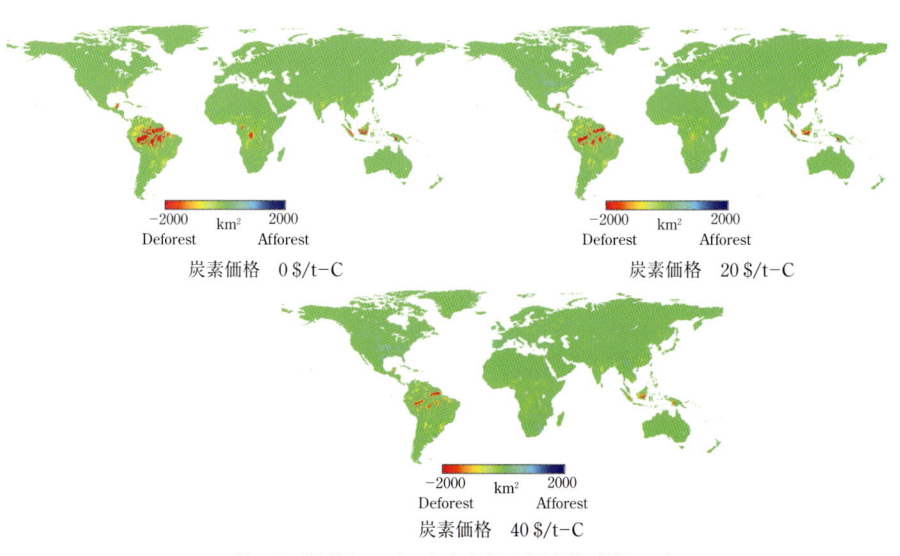

炭素価格 0 $/t-C

炭素価格 20 $/t-C

炭素価格 40 $/t-C

口絵 18 炭素クレジットと土地利用変化（図 5-13）

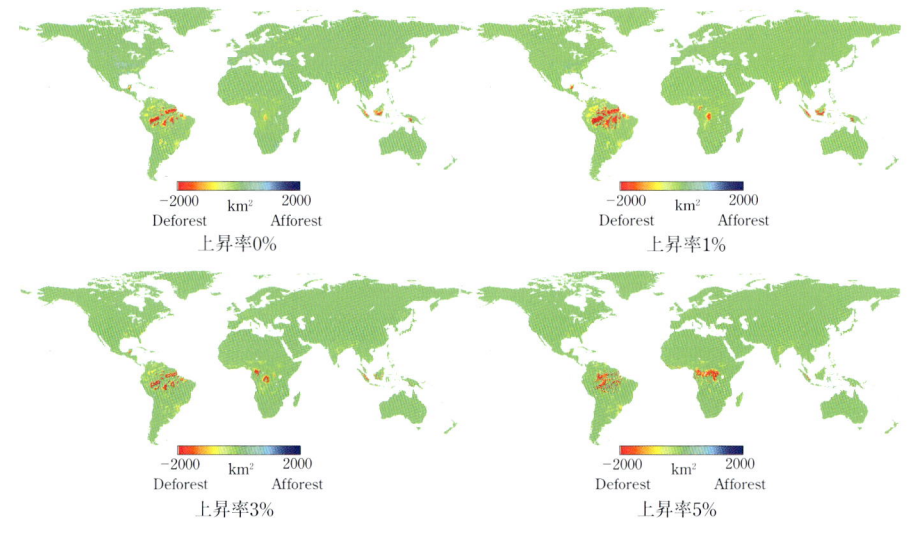

| −2000 km² 2000 |
| Deforest　　Afforest |

上昇率0%

上昇率1%

上昇率3%

上昇率5%

口絵19 炭素クレジットの上昇と土地利用変化（図5-14）

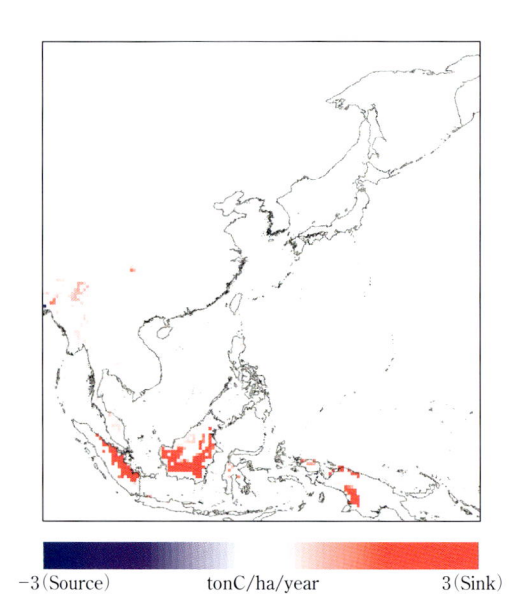

−3（Source）　　tonC/ha/year　　3（Sink）

口絵20 土地利用変化による炭素動態の将来予測（図5-15）

序　文

東北大学名誉教授　田中正之

　2002年に，環境省の地球環境研究総合推進費のなかに戦略的研究開発領域が設けられた。この領域は，わが国が世界に先駆けて，とくに先導的・重点的に進めるべき大規模研究開発プロジェクト，または広範な個別研究を統合することによってわが国が先導的な成果を上げることが期待される大規模研究開発プロジェクトを対象とする領域で，環境省があらかじめ研究プロジェクトの大枠（戦略研究テーマ）を決定し，その戦略研究テーマを構成するにふさわしい研究課題を公募するという方式で実施されている。すでに多くの研究開発プロジェクトがこの研究領域で実施されて成果を上げているが，本書は，その第一号として採択された「21世紀の炭素管理に向けたアジア陸域生態系の統合的炭素収支研究」（通称S-1プロジェクト）で得られた5年間に及ぶ研究成果を集大成して，とくに陸域の炭素動態に焦点を当てて取りまとめたものである。

　人間活動によって大気中に放出される二酸化炭素（CO_2）の一部は大気に残留して年々の濃度増加をもたらすが，その量は放出量の半分強である。残る半分弱は海洋や陸上の生物圏（陸域生態系）に吸収されて，大気から除去されていることになる。ところが拡大する熱帯林破壊は CO_2 の大きな放出源であり，陸域生態系の吸収はこれによって相殺されると考えられるため，もしそうなら，海洋が大気に加えられた CO_2 の主たる吸収源ということになるが，海洋の化学的・物理的な性質から，少なくとも数十年程度の短期間では，海洋には大気から除去されている CO_2 の半量程度の吸収しか期待できない。残る半量はどこに行ったのかという問題が行方不明の二酸化炭素問題（プロブレム オブ ミッシング シンク）と呼ばれて1970～1980年代に大きな問題となった。1990年代以降になってこの問題は一応の解決をみて，残る半量は北半球中・高緯度を中心とする陸域生態系によって吸収されているということになったことはご存知の通りである。熱帯林などの破壊にもかかわらず，陸域生態系は全体としては正味の吸収源となっているということである。この知見はおもに二つの方法によって得られたものである。一つは大気中の CO_2 濃度とその安定炭素同位体比（$\delta^{13}C$）の測定であった。植物が光

合成で CO_2 を固定する際に生じる同位体分別により，植物は大気から軽い ^{12}C を重い ^{13}C より選択的に余計に取り込む性質があり，ために化石燃料や森林破壊によって大気中の CO_2 濃度が増加する場合には，同時に ^{13}C の同位体比は減少する。一方，大気―海洋間の CO_2 交換の際にはこのような同位体分別は起こらない。化石燃料からの放出量が既知とすれば，CO_2 濃度と $\delta^{13}C$ の測定結果の分析から陸域生態系全体の吸収量を知ることができ，したがってまた海洋の吸収量も見積もることができるというわけである。もう一つは大気中の CO_2 濃度と酸素（O_2）の濃度を同時に観測する方法である。化石燃料や植物の枯死体の酸化によって CO_2 が増加する場合には，大気中の酸素が消費されるが，大気―海洋間の CO_2 交換では酸素濃度の変化は生じないので，CO_2 と O_2 の測定を一定期間つづけることにより，大気から除去される CO_2 のどれだけが海洋に，どれだけが陸域生態系に吸収されたかを見積もることができるわけである。この場合も化石燃料からの放出量が既知でなければならないことはもちろんであるが，これは必要十分な精度で知られている。この方法は古くから示唆されてきたものだが，大気中の酸素濃度は21％もあり，CO_2 濃度の年変化量は ppmv（1 ppmv は乾燥空気に対する体積比で100万分の1，すなわち 0.0001％）のオーダーであることから，対応する酸素変化の検出には酸素濃度を6桁の精度で計測しなければならないために1990年代になってR. キーリングによって漸く日の目をみたものである。

　ところで，こうして得られた知見には肝心の陸域生態系の炭素収支の研究成果は含まれていない。陸域生態系は大気との CO_2 交換の主体であるが，その種構成や地理的分布は著しく複雑多様で，それぞれの地点での観測データの空間的代表性には大きな制約があり，交換量の観測手段も未開発で，また交換に関わる複雑なメカニズムの把握もきわめて不十分であり，定量的議論は困難であったというのがその理由である。事実，当時の陸域生態系の貯蔵する炭素量や大気との CO_2 交換量の見積もりには，研究者による大きな差異があり，信憑性は著しく低いものであった。1990年代に入って状況は大きく変わってきた。陸域生態系の炭素収支により直接的な研究のメスを入れようとする動きが世界的に活発化してきたのである。気候変動枠組条約への対応の必要も原動力の一つに数えられるが，CO_2 フラックスの観測手法，衛星観測の利用技術，モデリング，データ処理・解析技術等々の研究手段の発達も大きな要因として挙げられる。そして何よりも，われわれが求めているものが大気に加えられた CO_2 のどれだけが海洋に，

どれだけが陸上生態系に吸収されたかという「行方不明の二酸化炭素問題」で単純化されて提示された問題の解答だけではなく，大気と陸上生態系のあいだのCO_2交換の正しいメカニズムの理解とその定式化であるという問題意識を挙げなければならないだろう。S-1プロジェクトはこうした背景のもとに立案・実施された野心的な研究プロジェクトで，内容は微気象学，生態学，地球化学，リモートセンシングなどの多岐にわたる学問分野を網羅したものとなっている。プロジェクト・リーダーの及川武久氏は，早くから陸域生態系の炭素動態に関して指導的な役割を果たしてきた人士であることは紹介するまでもないであろう。

　本書を読むことにより，陸域生態系の炭素動態に関する最先端の知見の現状を知ることができるだろう。この難問に真の解決を得るまでには，なお多くの研究が必要なことや，何が今後の課題であるかも述べられている。陸域生態系の炭素動態は，CO_2濃度，気温，降水量等々多種にわたる環境変数と生態系自体を規定する種構成，年齢構成，土壌特性その他の，これも多種多様な変数のあいだの非線形相互作用を通して決まってくるもので，現環境下で得られる経験則を用いた将来予測は通用しないのが一般で，あくまでも普遍性のあるメカニズムの把握とその定式化が求められる。この難問は広く地球科学全般に共通するもので，その解明は21世紀の一大課題であるといっても過言ではない。S-1プロジェクトの成果が研究分担者の枠を越えて広く共有されることの意義はきわめて大きいものと考える次第である。

目　次

序文　　i

第1章　総論 ── 地球システムにおける陸域生態系のなりたち ── …………………………………… 1

I　炭素の統合的管理のために　　1

1　アジアの植生と気候　　2
2　アジア地域の人口　　5

II　地球史概観 ── 地球形成から生物圏の誕生まで　　6

1　海の誕生　　7
2　地球史のなかでの生物圏の進化　　8
3　プレートテクトニクス理論に基づく地球の骨格　　11
4　ミランコビッチ仮説による氷期・間氷期サイクルの発生メカニズム　　13

III　生態系と物質循環　　14

1　生態系の構造と機能　　15
2　海洋の大循環と生物生産　　17
3　生態系の成立を支える植物生産力　　20

IV　地球上の自然植生の分布と気候条件　　39

1　ケッペンの気候区分（樹木気候帯と無樹木気候帯）　　39
2　放射乾燥度と植生の対応　　41
3　暖かさの指数と乾湿指数　　44
4　垂直分布と緯度分布　　46
5　植生 ── 気候相関のずれ　　48

V　森林に関するいくつかの視点　49

1　常緑性の生理的意義　50
2　針葉樹と広葉樹　52
3　森林限界と森林高の生理的メカニズム　52
4　森林の発達過程と更新　53

VI　草原に関わるいくつかの視点　55

1　C_3草原とC_4草原　56
2　人工の草原　57

VII　生物分布における収斂と適応放散　57

1　乾燥環境に対する収斂　57
2　熱帯多雨林における収斂　58
3　オーストラリア大陸におけるユーカリ属樹種の適応放散　59

第2章　システムアプローチ手法の展開　63

I　炭素動態を解明するシステムアプローチ手法の確立　63

1　大気/生態系/土壌圏間の炭素フローの観測　65
2　衛星による炭素収支の面的評価と地上観測/モデルとの連携　66
3　陸域生態系モデルと地上観測/衛星観測との連携　66
4　システムアプローチの提案　67

II　渦相関法によるフラックス測定と解析　70

1　渦相関法によるフラックス観測の歴史と背景　70
2　乱流輸送のしくみ　72
3　観測装置　75
4　フラックス観測のデータ処理　78
5　データの品質管理と欠測補完　83

6　CO_2 フラックス観測から生態系での炭素吸収・放出量を求める方法　87

III　土壌炭素フラックスの調査法と解析　91

　　1　土壌炭素フラックス測定法の分類と原理　91
　　2　チャンバーを用いた測定手法　92
　　3　濃度勾配法　95
　　4　微気象学的手法　96
　　5　測定手法間の比較　97
　　6　時空間変動の評価と解析　98

IV　生態学的手法による炭素プールとフローの調査と解析　101

　　1　現存量　103
　　2　純一次生産力（NPP）　106
　　3　林床植生と林床有機物　110
　　4　鉱質土層の炭素蓄積　114
　　5　生態系全体の炭素貯留とフロー　118

V　衛星リモートセンシングの植生活動と広域植生解析　120

　　1　衛星データと陸域植生を橋渡しする地上検証観測網"PEN"　126
　　2　雲被覆が衛星データの精度に与える影響の評価　129
　　3　衛星観測された植生指標の精度検証　131
　　4　植生指数と一次生産量の対応関係　133
　　5　衛星データで推定された LAI と FPAR の地上検証　136
　　6　衛星データによる広域土地被覆分類図の検証，および高精度化　140
　　7　衛星データによる広域植生変動の検出　145
　　8　衛星データによる光合成有効放射量の時空間分布の推定　147
　　9　衛星データ対応型モデルの開発，および陸域炭素収支の解析　148
　　10　まとめと課題　150

VI　陸域生態系モデルによる炭素収支評価　152

　　1　本書で用いたモデル　153

2　地点・広域シミュレーションの実際　158

第3章　地上観測からみた各種陸域生態系での炭素動態
....　173

I　亜寒帯針葉樹林 ── 北方林　173

1　カラマツからなる落葉針葉樹林の特徴　175
2　永久凍土とカラマツ林　176
3　永久凍土地帯の森林生態系　179
4　凍土地帯のカラマツ林生態系における炭素蓄積とフロー　182
5　非凍土地域の北東アジアのカラマツ林生態系　186
6　まとめ　187

II　温帯林　188

II-1　温帯林における大気と森林間の CO_2 の交換量　188

1　日本列島における天然林　188
2　天然林と人工林　189
3　地球規模の環境変動と日本の森林のあいだの動的な相互作用　190
4　日本におけるフラックスネットの活動　192
5　日本の温帯林における観測結果の例　193
6　森林による CO_2 吸収・放出量の長期変動　196
7　微気象学的方法と生態学的方法の結果は一致するか　196

II-2　冷温帯を中心とした土壌圏における炭素動態　198

1　植生遷移にともなう土壌炭素動態の変化　199
2　農地生態系における人為的な管理と土壌炭素収支　204
3　土壌呼吸の空間変動をもたらす環境要因　207
4　土壌 CO_2 フラックスに対する CH_4 酸化の寄与　209
5　土壌圏からみた生態系炭素収支の経年変化の解析　211

III 熱帯林　215

　　1　熱帯林の種類と環境の多様さ　217
　　2　熱帯林の炭素収支概要　221
　　3　Pasoh 熱帯多雨林におけるプロセス研究　222
　　4　熱帯林環境応答のデリケートさ　226
　　5　生態学的調査とのクロスチェック　228

IV 高山草原の炭素収支 —— 青海・チベット草原　229

　　1　青海・チベット草原の環境　231
　　2　青海・チベット草原の炭素蓄積　234
　　3　高山メドウ草原の CO_2 フラックス動態　238
　　4　異なる草原生態系の炭素フラックス　242
　　5　青海・チベット高原の炭素収支と気候変動　245
　　6　炭素蓄積における草原生態系の役割　249

V 水田　250

　　1　水田生態系の特徴　250
　　2　農耕地における炭素収支の研究の現状　252
　　3　単作田の CO_2 フラックスの季節変化　254
　　4　栽培期の水田の CO_2 収支　257
　　5　休閑期の水田の CO_2 収支　259
　　6　メタン発生量　260
　　7　単作田の年間炭素収支　261
　　8　アジアの水田における炭素収支の総体的把握のために　264

第4章　広域の炭素動態 —— 観測・モデル・リモートセンシング —— ……………… 279

I 地上観測ネットから見えてきた炭素動態　279

I-1 プロットデータに基づく森林の生態系特性の把握 280

I-2 緯度傾度にそったプロットデータのメタ解析 282

I-3 フラックス観測値の広域解析 284

1 東アジア陸域生態系の炭素収支と気象条件・環境条件の関係 285
2 地上観測とリモセン広域推定との連携による炭素収支の統合的解析 290
3 アジアの代表的森林における炭素プールとフローの比較解析 ―― 生態学的手法，土壌圏炭素収支調査，微気象学的手法 294
4 地上観測ネットからの炭素収支データを用いた予測モデルの検証 301
5 システムアプローチに基づく成果と今後の課題 304

II 衛星リモートセンシングによる炭素動態 305

1 モデル構造とシミュレーション条件 305
2 地上観測データを用いたモデル検証 307
3 炭素収支量の広域推定 310

III モデルによる炭素動態の解明 313

III-1 陸域生態系モデルでシミュレートされた炭素動態 313

1 東アジア地域でのシミュレーション結果 314
2 フラックスサイトでのシミュレーション検証 319
3 おわりに 324

III-2 東アジアの広域炭素循環 ―― 陸域生物圏モデルを導入した気候モデルによる解析 325

1 地域気候モデル JSM-BAIM2 325
2 陸域生物圏モデル BAIM2 330
3 東アジア広域炭素循環と気候 ―― 2000～2005年を対象とした数値実験による検証 333

4　気候モデルと陸域生物圏モデルのさらなる統合化へ向けて　349

第5章　世界の中でのアジア陸域生態系の特性 ── システムアプローチ手法で迫る炭素動態 ── ……………　355

I　東アジア域の炭素動態　355

I-1　われわれの研究の背景と成果　355

I-2　東アジア域での炭素収支の特徴と世界での位置づけ　362

　　1　気温と降水量の比較 ── アジアモンスーンと北米, ヨーロッパ気候　362
　　2　世界の炭素収支の観測ネットワークと炭素収支の研究　363
　　3　アジアの森林生態系における炭素収支のヨーロッパ, 北米との比較　364
　　4　世界の森林生態系におけるNEPと植生活動期間, 林齢との関係　367
　　5　陸上生態系における炭素収支観測がこれからめざす方向　370

II　中長期的な炭素管理にむけた陸域生態系の統合的評価　371

　　1　グローバルな陸域炭素管理ポテンシャル　371
　　2　中長期的な陸域炭素吸収源の取扱いについて　373
　　3　炭素吸収源活動の算定方式　376
　　4　土地利用モデルによる陸域炭素動態の将来予測　378
　　5　ポスト京都に向けた国際的な議論　384

用語解説　389
おわりに　401
索引　405

第1章

総論
―― 地球システムにおける陸域生態系のなりたち ――

I 炭素の統合的管理のために

　本書は,「温室効果ガス」として地球環境に大きな影響を及ぼしている炭素の循環（発生，消費，固定などのプロセス）を統合的に管理するための基礎的なデータを明らかにし，炭素管理のあり方を提言しようと編まれたものである。

　周知のように，1997年12月のCOP3（気候変動枠組み条約第3回締約国会議）において法的拘束力をもつ京都議定書が批准され，先進各国には，第一約束期間である2008〜2012年のうちに人為起源のCO_2を中心とした温室効果ガスの排出を削減することが義務づけられた。日本の場合，1990年を基準として6％の削減を求められ，これ自体実現することは非常に困難なことであるが，たとえすべての先進各国が定められた削減率を達成できたとしても，地球温暖化防止のためには，今後，さらなる排出削減を進めなければならないとされている。

　また，京都議定書では，いわゆる「柔軟措置」も取り入れられた。すなわち，CO_2の直接的な排出削減だけではなく，植林や再植林，さらには管理活動によって森林生態系内に保持される有機炭素量を増加させれば，それも削減量とみなすというものである。そこで日本の場合は，削減すべき6％の内，森林生態系の適切な管理によって3.8％（削減目標値の63％にあたる）を賄うことを予定している。

　森林を中心とした陸域生態系の炭素動態には，このような背景から，世界的に大きな関心が集まっている。本書が扱うのは，東アジアの陸域生態系の炭素動態であるが，本書が示す基礎的で科学的な知見と研究手法は，単に東アジア地域だけでなく，世界の陸域生態系の炭素動態を明らかにするうえで，重要な手がかりを与える。もちろん，京都議定書の第一約束期間以降の合理的な国際的枠組みを

立案するうえでも，大きな指針を与えることになるだろう．

　地球環境問題に対する国際的な政策論議を進めるうえでは，その基礎となる正確な科学的知見が不可欠である．その点で，1990年に国際学術連合のイニシャチブの下に始まったIGBP（地球圏―生物圏国際協同研究計画）は，地球環境を，物理・化学・生物過程の個々別々に調べるのではなく，一つの統合された系，すなわち地球システムとしてとらえ，総合的に解明していこうとするプログラムで，科学的知見の推進役として，重要な貢献をしている．本書が示す諸研究は，いずれも，IPCC（気候変動に関する政府間パネル）の政策目標を視野に入れながら，IGBP的研究の精神に立脚した統合化研究であり，統合的な炭素管理を進めるうえで，基本となる研究であると自負している．

1　アジアの植生と気候

　大陸が卓越する北半球の気候は，対流圏の大気大循環によって，大陸の東西で対照的なパターンを示す．両半球の地上風（貿易風）が収束する，赤道を挟む熱帯収束帯では，降水量が極大となり多雨気候が発達する一方，北緯20～30度の亜熱帯域では，赤道域で上昇した気流が下降して高圧帯を形成し，大陸の内陸部では乾燥気候となる．しかし，北半球の大陸東岸ではモンスーンによる前線性の降水域が連続しており，熱帯から寒帯まで湿潤地域が連続する．これに対して，西岸では砂漠や地中海性気候の乾燥地域が介在する．そのため，東アジアの沿岸域には気候帯をまたがって湿潤気候に適応した陸域生態系が発達し，寒帯を除くと森林に覆われているが，アジア大陸内部に向かうと，乾燥性の植生に移行していく．森林生態系は，陸域生態系のなかでも最も安定した構造と生物量の蓄積で特徴づけられるシステムである．したがって，東アジアは，炭素シンクとしても重要な地域であり，地球規模の気候変化が陸域生態系の機能に及ぼす影響を解明するのに恰好の地域である．

　本書が対象とする地域は，ほぼ北緯20～60度，東経100～150度の範囲にあり，陸地面積は1042万km^2である．図1-1はこのプロジェクトで新たに求められた植生分布図（Iwao et al. 2011）を示している．この図は，水平解像度がほぼ1 kmと，分解能は非常に高い．アジア地域は，湿潤地から乾燥地にいたるまで，あるいは高温の熱帯域から低温の亜寒帯域にいたるまで，非常に多様な植生に覆われてい

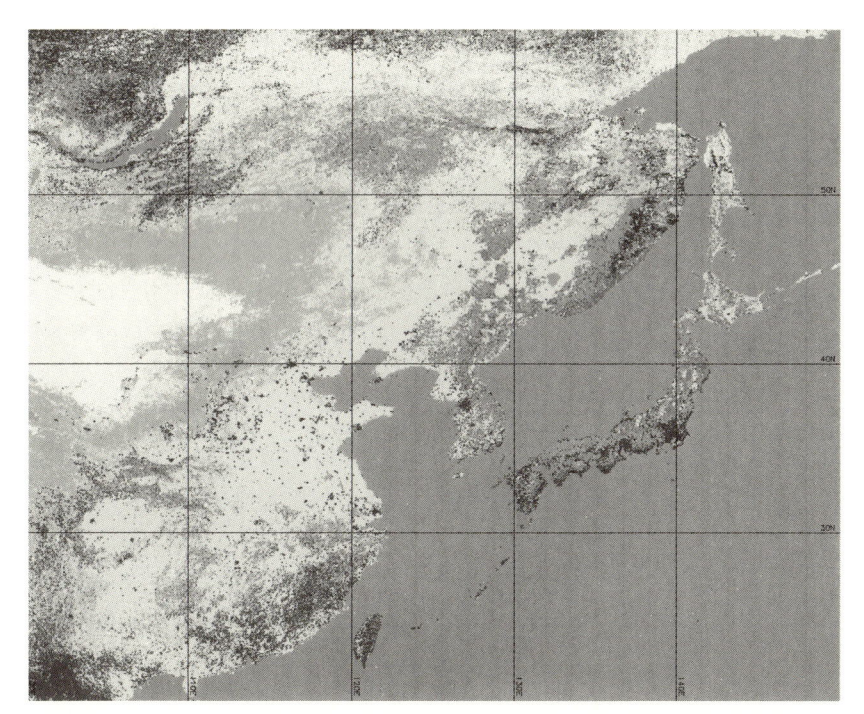

図 1-1 新たに作成された東アジア陸域の植生分布図（Iwao et al. 2011）（口絵 1）
簡略化した IGBP の分類スキームに基づく。

ることが，この図からわかる。中でも面積が最も広いのは低・中緯度帯に分布する農耕地（黄色の部分）であり（陸地面積の 20.8%），ここには水田も含まれている。次節で述べるように，この地域は人口も多く，人口密度も世界で最も高い地域である。ここで暮らす人々の食料供給地として広く利用されていることがわかる。

二番目に広いのは針・広混交林（鶯色の部分）で陸地面積の 19.5%，三番目に広いのは中緯度の半乾燥地帯のステップ草原（褐色の部分）で，陸地面積の 16.1% を占めている。

また，おもに東シベリアを中心とした地中 200 m を超える永久凍土上に広く分布している落葉性の針葉樹林，すなわちカラマツ林（黄緑色の部分）は 7 番目の広さで，陸地面積の 3.7% を占めている。この北方の森は，地球上で最大の森林帯を形成しており，本書の主要な研究対象地ともなっている。

東アジアの植生分布を地史的な過程を反映した系統地理学的な観点からもみて

おこう．相観に基づくバイオームと，植物の系統地理に基づく植物区系とは，ほぼ対応していることが知られている．

　東南アジアの熱帯多雨林域を特徴づける植物区系は，マレーシア植物区系（マレー半島とインドネシアおよびフィリピン島嶼部）とインドシナ植物区系（インドシナ大陸部）に区分される．とりわけ前者は科レベルを含めて著しい多様性を示す．巨大高木層の優占樹種となるフタバガキ科，原始的被子植物のバンレイシ科やニクズク科など，多くの系統群がマレーシア区系を特徴づける．有名な生物地理的分布境界であるウォーレス線を隔てた西側（スラヴェシ島からニューギニア島にかけて）はパプア植物区系となり，大きくは同じ旧熱帯植物界に分類されるが，固有性の高いオーストラリア植物界につながる特性をみることができる．たとえば熱帯山地に出現するナンキョクブナ属やナンヨウスギ属などである．亜熱帯多雨林（照葉樹林）から冷温帯広葉樹林帯を特徴づけるのは，日華植物区系である．いくつかの原始的被子植物の遺存的固有科であるヤマグルマ科，カツラ科，フサザクラ科などをはじめとする固有性の高い植物群で特徴づけられ，同じ北半球の旧北植物界に属する他の植物区系と比べて，より多様性が高い．興味深いことに，150年前にハーバード大学の植物学者 Asa Gray がはじめて指摘したように，日華植物区系は南部北米大西洋亜区系（合衆国東部域）と，属組成のレベルで共通性が高い．湿潤な大陸東岸の環境地史的な類似性を反映した現象として理解されている．北方林域（シベリア，サハリン北部，カムチャツカ半島）はヨーロッパ・シベリア植物区系に属し，北米の北方林のカナダ・アパラチア亜区系とも共通性が高い．

　このように多様な植生が分布している東アジア地域の気象・気候条件を概観したとき，まず挙げられる大きな特徴は，南アジア，東南アジア，中国，日本を含む東アジアは，季節風が地球上で最も顕著に表れるモンスーン気候の支配下にあるということである．このなかで南アジアは熱帯季節風帯にあり，雨季をもたらす夏のモンスーンに影響されている．一方，東アジアは中緯度季節風帯にあり，冬には非常に寒冷なシベリア高気圧が発達するので，強く冷たい季節風が吹く．

　焦点を少し狭めて，日本列島の気候を概観してみよう．日本列島は中緯度季節風帯にあり，夏には北太平洋の亜熱帯高気圧西縁部を吹く高温湿潤な南東風が卓越し，冬には大陸からの寒気の吹きだしによって厳しい寒さとなる．

　日本列島に降水をもたらす主要な気象要因は三つある．梅雨（＋秋雨），台風，

それに日本海側の降雪である。いずれも風水害など大きな災害をもたらすと同時に，飲用水や農業用水の給源としても，人々の生活に欠かすことができない。

梅雨は極気団（オホーツク海高気圧）と亜熱帯気団（太平洋高気圧）との境目の前線が日本付近で停滞し，日本列島に雨をもたらすことで，梅雨から秋雨までを一つの雨季と考えることができる。

熱帯海域は暖かいので水蒸気が活発に蒸発して多数の積乱雲が発生し，とくに発達したものが台風となる。台風の多くは8月から10月に日本列島に襲来し，秋雨前線を刺激して豪雨をもたらす場合も少なくない。2004年には日本列島に上陸した台風が10を数え，従来の最大値6を大きく超えるなど，観測史上，かつてない傾向が現れた。

日本海には黒潮の分流である対馬暖流が流れている。冬には，大陸から吹きだした冷たく乾燥した空気に暖かい海面から蒸発した大量の水蒸気が供給され，それが雪雲に変わって，列島の日本海側は世界でも有数の多雪地帯になっている。雪害が頻発すると同時に，春に融けた雪は農業用水としても重要な役割を果たしている。1962年以降，最大積雪深が減少していることも危惧されており，地球温暖化の一つの現れとみられている。

2　アジア地域の人口

地球環境問題の根本を考えれば，世界の人口問題・食糧問題にたどり着く。アジア地域は，人口密度が際だって高いことが大きな特徴である。表1-1に大陸別の面積と人口を示した。2011年時点でアジア地域の人口は42億人を超えており，2011年10月に70億人に達した世界の全人口の60％に達している。一方，面積は3200万 km^2 で，世界の陸地面積の24％弱にすぎない。したがって，人口密度は132.0人/km^2 に達しており，世界全体の平均人口密度（51.2人/km^2）の2.6倍にもなっている。人口密度の2番目に高いアフリカ大陸でさえ，世界平均以下の34.5人/km^2 にすぎない。つまり本書の研究は対象地は，世界でも類をみないほど人口稠密な地域であり，ここに住む人々が，図1-1に示した植生地域を背景として暮らしている。当然，人間活動の影響が陸域生態系に強く現れることが予想されるし，地球温暖化の進行にともなって，人々の生活にも大きな悪影響が現れることが危惧される地域なのである。

表 1-1 大陸別の面積と人口（2011 年）

	面　積 [100 万 km²]	[％]	人　口 [100 万人]	[％]	人口密度 [人/km²]
アジア	31.9	23.6	4207	60.3	132.0
アフリカ	30.3	22.4	1046	14.0	34.5
ヨーロッパ	22.1	16.3	739	10.6	32.1
アメリカ	42.3	31.3	944	13.5	22.3
北米	21.8	16.1	348	5.0	16.0
中南米	20.5	15.2	597	8.7	29.1
オセアニア	8.6	6.3	37	0.5	4.3
世界全体	135.1	100.0	6974	100.0	51.2

II　地球史概観 ── 地球形成から生物圏の誕生まで

　前述したアジア陸域生態系を含む世界の陸域生物圏の現在の状態を知るために，まずはじめに地球形成から陸域生物圏の誕生までの地球史を概観しておこう。

　太陽系の惑星には太陽に近い地球型惑星とよばれる四つの惑星（水星，金星，地球，火星）と，その外側を周回する木星型惑星とよばれる四つの惑星（木星，土星，天王星，海王星。冥王星は 2006 年に除外された），合計で八つがある。これらの惑星は 46 億年前，銀河系を漂うガスとちりからなる星間雲が衝突をくり返しながらほぼ同時期に作られたと考えられている。地球型惑星は固体が主成分であるのに対し，木星型惑星は水素やヘリウムなどの気体が主成分となっている。現在の太陽系の惑星は，太陽のまわりを同一方向にほぼ同じ平面上を楕円軌道を描きながら，まわっている。

　各惑星の特性が表 1-2 にまとめられている。表から明らかなように，地球を含む 4 つの地球型惑星は固体を主成分とするなど，共通の特性をもつ兄弟星とよばれている。ところがこの 4 つの惑星のなかでも，現在の地球だけは非常に特異な惑星になっている。すなわち，(1) 地球は海という液体の水を大量にもっている水惑星であること，(2) 大気成分として，21％もの酸素分子が存在する一方で，CO_2 は微量（0.04％）しか含まれていないこと，(3) 多種多様な生命が生存し，高度の文明を発達させた人間までが進化した惑星であること，(4) 地球内部では地殻変動をもたらすプレートテクトニクスが作用していること，といった他の惑星にはみられない大きな特徴がある。誕生当時は他の兄弟星と同様の惑星であった

表 1-2　太陽系の惑星の諸特性

	地球型惑星				木星型惑星			
	水星	金星	地球	火星	木星	土星	天王星	海王星
公転周期	88日	224.7日	365.26日	687日	11.86年	29.46年	84.01年	164.8年
自転周期	59日	－243日 (逆行)	23.93時間	9.85時間	10.23時間	－11時間 (逆行)	16時間	6.375日
軌道速度 (m/sec)	47.9	35	29.8	24.1	13.1	9.6	6.8	5.4
自転軸の傾き	<28°	3°	23°27′	23°59′	3°05′	26°44′	82°05′	28°48′
軌道の離心率	.206	.007	.017	.093	.048	.056	.047	.009
赤道直径 (km)	4880	12104	12756	6758	142800	120000	51800	49500
質量 (地球＝1)	.055	.815	1	.108	317.9	95.2	14.6	17.2
体積 (地球＝1)	.06	.88	1	.15	1.316	755	67	57
密度 (水＝1)	5.4	5.2	5.5	3.9	1.3	.7	1.2	1.7
表面大気圧 (hPa)	10-9	90.000	1	7.7	?	?	?	?
表面重力(地球＝1)	.37	.88	1	.38	2.64	1.15	1.17	1.18

表 1-3　地球型 3 惑星の大気組成

地球	N_2	78.1%	O_2	20.9%	Ar	0.9342%	CO_2	0.038%
金星	CO_2	98.1	N_2	1.8	Ar	0.00019		
火星	CO_2	95.3	N_2	2.7	Ar	1.6		

ものが，46億年の歴史のなかで地球の特異性が形成されてきたものと考えられている。ではどのようにして形成されてきたのであろうか。

地球の前後に位置する，金星と火星の大気組成はかなり類似しているが，現在の地球だけは大気組成が非常に大きく異なっている。

1　海の誕生

水惑星として特徴づけられる地球は，表面の71%が海に覆われている。また，海は生命の誕生の場でもある。このような海はどのように形成され，どのような経過をたどって，現在の姿になったのであろうか。

誕生直後の地球の表面は，微惑星の衝突エネルギーによる熱で岩石が溶けたマグマオーシャンとよばれるマグマの海に覆われていたと考えられている。地表はマグマの熱と大気中に大量に存在した二酸化炭素による温室効果で非常な高温になっており，水はすべて水蒸気として大気中にあった。その後，微惑星の衝突も

収まり，地球表面が徐々に冷やされると，水蒸気として存在していた水が凝結して雨となって大量に降りつづけ，海が誕生した．海ができると大気中の二酸化炭素は急速に海水に溶解し，温室効果が弱まって気温が低下した．現在判明している海の最古の証拠は，グリーンランドで発見された40億年前の火山岩で，海洋プレートの沈み込み場所に生成した花崗岩である．

2 地球史のなかでの生物圏の進化

　生物圏の進化を地球史のなかで概観すると，次の4段階に分けられる．
　第1段階は海における原核生物の誕生から真核生物が現れる14億年前までである．最古の生命は，西オーストラリアで見つかった35億年前のバクテリアの化石である．一方，光合成を行う生物としては，27億年前の西オーストラリアの地層から，シアノバクテリア（藍色バクテリア）が形成したストロマトライトとよばれる縞状鉄鉱層が見つかっている．25億年前は，地球上の酸素が急激に上昇した時代である．縞状鉄鉱層の出現は大気中に酸素が存在した証拠となる．この鉄鉱層は海水中の2価の鉄が酸化されて難溶性の3価の鉄となり沈殿してできたものである．
　縞状鉄鉱層の堆積は20億年前，突然終了する．このとき，シアノバクテリアが放出してきた酸素を処理してきた海中の水酸化鉄が消費されつくし，酸素は水中や大気中へと蓄積していった．原核生物は，無酸素の時代に生まれた遺伝子を核膜という防壁で細胞質から隔離し，酸素を利用・処理するミトコンドリアを細胞内にとり込むことによって，酸素という有害な気体に対処できる真核生物へと進化していった．
　6億から8億年前，地球のすべての海洋が凍結する事件，全球凍結が起こったと考えられている．またこの事件直後の6億年前には最後の大規模な陸地形成が起こった．新たにできた大陸から大量のナトリウムやカルシウムが海中に供給され，塩分濃度が上がり，二酸化炭素の固定化（石灰石: 炭酸カルシウムの形成）が進行した．全球凍結の少し前に発生していた多細胞生物は，氷河期が終わった後に急速に進化した．約6.2億から5.5億年前のベンド紀には，体長が1mにもなる生物の化石も見つかっている（エディアカラ生物群とよばれる）．
　第2段階は先カンブリア時代の後半と古生代が含まれる．古生代には，シャミ

センガイなどの腕足類，巻貝など軟体動物，三葉虫などの節足動物やウニなどの棘皮動物など，硬い殻を身につけた無脊椎動物が現れた．

　古生代カンブリア紀から，世界各地で生物化石がたくさん見つかるようになるので，古生代以降は顕生代とよばれている．カンブリア紀には現在地球上に生息している動物種の門レベルがすべて出そろい，はじめての脊椎動物として海に魚類も現れた．しかし，この時代の動植物はまだすべて海中で生活していた．

　生物の陸地への進出は，カンブリア紀の次のオルドビス紀にコケ類などが上陸したのが最初であり，シルル紀の地層からは，節足動物の足跡などが確認されている．この時代に成層圏にオゾン層が形成され，波長の短い有害な紫外線が遮断されたために，生物の陸上への進出が可能になったのである．いまから3億6000万年前から2億8600万年前までの石炭紀には，巨大なシダ類が繁栄し，中でもリンボクのような直径2m，高さ38mにも達する巨木も現れ，このような巨大なシダ類が湿地帯に大森林を形成していた．このような大森林の樹木が倒木となって湿地帯に堆積し，世界の主要な石炭層が形成された．

　石炭紀には，動物では昆虫や両生類が栄えた．翅をもった昆虫が出現し，史上はじめて空へ進出した．爬虫類もこの時代に登場した．デボン紀から引き続いて節足動物の巨大化も進み，全長60cmもある巨大なクモや，翅長70cmの巨大トンボ，全長2mの巨大ムカデなどが出現した．

　カンブリア紀以後は，海水成分の大きな変化も大気成分の激変もなくなって，全球凍結のような極端な気候変化は起こらなかった．しかし，大規模な火山活動や大きな隕石の衝突によって気候変化が起こり，第3段階の開始にあたるP-T境界（古生代と中生代のあいだの境界）や，第4段階の開始にあたるK-T境界（中生代と新生代のあいだの境界）に，生物の大量絶滅が起きたものと考えられている．

　第3段階の中生代は古い順に三畳紀，ジュラ紀，白亜紀の三つの地質時代に区分される．

　中生代は古生代に存在した唯一の超大陸パンゲアが分裂し，海嶺が広がり，海溝下に沈み込む海洋プレートの動きに乗って各大陸が移動して，現在の位置を占めるに至った時代である．

　中生代の植物は裸子植物が全盛を極めた時代で，その期間は古生代の二畳紀中葉から白亜紀中葉までである．一方，動物は巨大な恐竜と軟体動物に属するアンモナイトで特徴づけられる時代であった．古生代後期に両生類から進化した爬虫

類は中生代に入ると多くのグループに分かれ，陸上のみならず空中や海中にも生息域を広げた．中でも恐竜は時代とともに巨大化し，海には魚竜や首長竜が，空には翼竜が君臨した．しかし，一方では恒温動物である原始的な哺乳類や鳥類も出現し，これらの動物は大型の爬虫類が衰退した新生代に入って大発展を遂げることになる．

　第4段階にあたる新生代は約6500万年前から現在までの時代で，第三紀と第四紀とに分けられる．第三紀は新生代の始まりから約200万年前までの新生代の大部分を占める．第三紀は，さらに前半の古第三紀と後半の新第三紀とに分けられる．新生代最後の200万年間が第四紀で，さらに更新世と完新世とに分けられる．完新世は最終氷期が終わった約1万年前から現在までの，いわゆる後氷期にあたる．

　中生代から北上を開始したゴンドワナ大陸が，新第三紀の初期に北のユーラシア大陸と衝突しはじめた．この衝突によってアルプス・ヒマラヤ山系の隆起が起こった．ユーラシア大陸と，アラビア半島，インド半島などとのあいだにあった広大なテチス海は消滅し，いまでは山脈の北側にある黒海，カスピ海，アラル海などがその名残をとどめており，現在の地中海はこのテチス海の西端部が残ったものである．

　新生代は気候が寒冷化した時代である．古第三紀の後半には南極大陸に氷床が出現し，時代とともに成長した．第三紀末には北半球の各大陸にも氷河が発達した．そして第四紀の中ごろの，いまから100万年前に大規模な氷床が発達して，いわゆる氷河時代に入った．この100万年間に，氷河が広く発達して寒冷であった氷期と，そのあいだの温暖な間氷期とがおよそ10万年周期で10回もくり返されている．氷期には大量の水が氷河として陸上に堆積したため，海面が現在より100〜150mも低下した．それとともに氷結したベーリング海峡を経由して，ユーラシア大陸と南北アメリカ大陸とのあいだで，さまざまな動物の交流が起こった．

　新生代の生物の変遷をみると，前の中生代を支配していた恐竜が突然絶滅し，恐竜の陰で細々と生きていた哺乳類が，恐竜が占めていたすべての生息場所に進入して，さまざまに適応し，大型化した．そのほか陸上では，鳥類と，植物では顕花植物が栄えた時代である．たとえば，古第三紀中ごろに森林に現れたウマの祖型はいまのキツネほどの大きさしかなかったが，新第三紀に入ると，長い四肢をもち，草原を走る大型草食獣に進化した．それはこの時代にキク科，イネ科な

どの草本類を主体とする草原が大陸内部に広がったからである．ゾウも新第三紀に入るころから著しく長い鼻と牙をもつ大型の動物へと進化した．また，このような草食獣の発展と並行して，生態学ピラミッドにおける高次の消費者であるネコ科やイヌ科で代表される肉食獣も発展した．

そして第三紀末には，類人猿のなかから，直立二足歩行を特徴とするわれわれ人類の祖先がアフリカに出現した．当初の猿人段階から脳の容積がしだいに大きくなり，第四紀も後半に入って，くり返し襲来した大規模な氷河期の試練をのり越えて，原人段階に達した人類は生誕地アフリカからユーラシア大陸へと分布域を広げた．この過程で，原人からネアンデルタール人に代表される旧人を経て，高次の精神機能を司る大脳皮質を著しく発達した新人段階のヒト，*Homo sapiens* がアフリカに誕生した．そのなかで，アフリカから再度出発し，西アジアからヨーロッパに分布域を広げたクロマニョン人は，現在のコーカソイド（白色人種）の原型とみられている．

一方，モンゴロイド（黄色人種）は，現在シベリアからインドネシアにいたるアジア地域に広く分布しているが，最終氷期のあいだに，ユーラシア大陸からベーリング海峡を渡って北アメリカ大陸にも足跡を伸ばした．この先住民はさらに南下をつづけて，南アメリカ大陸にまで達した．およそ3万2000年前から1万年前の出来事である．

後氷期に至って，人類は，その歴史の99％以上にわたってつづけてきた狩猟採集経済を脱して農耕・牧畜文化を発達させ，メソポタミアやエジプトに始まる古代文明を開化させた．さらには18世紀後半にイギリスで端を発した産業革命が今日の高度に発達した文明社会を築くまでに発展したのである．それと同時に，産業革命は現在の地球環境問題の端緒にもなったのであり，21世紀を迎えた今日では，地球環境問題は人類が克服すべき最大の課題となった．まさに産業革命時代を脱し，地球環境時代の幕開けとなったのである．

3 プレートテクトニクス理論に基づく地球の骨格

生物圏の進化に大きく関わった大陸移動と第四紀の氷期−間氷期に関連したプレートテクトニクス理論とミランコビッチサイクルについて，概観しておく．

先に説明したように，生物圏の進化の第3段階は中生代に超大陸パンゲアが分

裂し，海嶺が広がり，海溝下に沈み込む海洋プレートの動きに乗って各大陸が移動して，現在の位置を占めるに至った時代であった．このような地球の地形生成機構に関しては，1960年代後半に一気に進展したプレートテクトニクス理論によってもたらされたものである．

　地球の半径は約6400 kmであり，内部は成層構造をしている．上から順に，薄い地殻があり，その下にマントル（上部マントルと下部マントル）が続き，中心部は核（液体の外核と固体の内核）に分かれている．地殻と上部マントルの最上部が一体となった岩盤をプレートという．10数枚あるプレートが地球表面をすきまなく覆っていて，プレートどうしの相対運動の結果として，プレートとプレートとの境界にそって造山運動，火山，断層，地震などの種々の地殻変動を引き起こしていると考えるのが，プレートテクトニクス理論である．

　いまでは人工衛星によって，プレートの移動を直接測定することもできるようになった．その結果，各プレートは年間数 cm の速度で水平に移動していることが明かとなった．それは大局的には，マントル対流とよばれる地球内部の熱を放出する対流運動が表面に現れた現象とみることができる．20世紀はじめにウェゲナーが唱えた「大陸移動」説は，大陸の移動する原動力を説明できなかったために廃れていたが，1960年代になって確立されたプレートテクトニクス理論が，「大陸移動」説を劇的に復活させたのである．

　海底地形の生成をプレートテクトニクス理論に従ってみよう．海底の基盤は比重の大きな玄武岩でできているが，大陸の基盤は比重の軽い花崗岩が主体となっている．海底を形成する岩盤（海洋プレートの上部）は中央海嶺で造られるが，ここは地下深部からマントル物質が上昇してくる場所である．海嶺の地下にはマントル成分の一部が融解したマグマ溜まりがあり，マグマが順次，冷却固化して玄武岩の岩盤が形成される．海洋プレートはその後，海嶺から遠ざかるように動き，別の海洋プレートか大陸プレートに衝突して地殻の下に沈み込んでいく．海嶺から他のプレートに衝突するまでのあいだは深い平坦な海底（深度3000～6000 m）となっており，海洋底面積の大部分を占める．他のプレートと衝突して沈み込んでいる部分は，海溝やトラフとよばれる溝状の深い部分である．海洋底はプレート境界で地球内部に沈み込んでいくため，最も古い海洋底でも中生代ジュラ紀にあたる2億年ほど前に作られたものである．一方，大陸地殻でいままでに知られている最古の岩石は約38億年前に形成されたものである．現在の大

陸は，最も古い部分が中心部にあり，大陸周辺部で常に新しく大陸地殻が作られるので，年輪状となっており，地球の全歴史を通じて連続的に形成されたものと考えられている。

　プレートを形成している海底岩盤は海溝で地下へ沈みこんでいくが，岩盤の上に乗ったこれらチャートや海底火山や石灰岩などの岩石類は，プレート衝突の際に相手のプレートに乗り上げてしまうことがある。地下深く沈み込んだプレートの上側は，火山活動が活発な場所である。地下に沈んだ海洋プレートから搾りだされた水が周囲のマントルを部分的に溶解して花崗岩質マグマを作り，大陸の基盤が形成されている。すなわち大陸を構成する花崗岩は海洋プレートの沈み込みによって作られる。地下に沈むプレートから離れて相手側のプレートに乗り上げた火山島やサンゴ礁は，その後の火山活動によって陸地に取り込まれてしまう。大陸上に海洋起源の石灰岩の大きな山があったり，陸上で三葉虫やアンモナイトなどの海生生物の化石が採取できるのは，それがかつては海底にあったからである。大陸地殻は海洋地殻よりも軽いため，いったん形成された大陸は，侵食を受けながらも，地表に残りつづける。

　現在でもヒマラヤ地域では活発で大規模な大陸衝突が続いている。かつて南極大陸と地続きだったインドプレートが分離・北上して，新生代古第三紀の約4500万年前にアジアプレートと衝突し，そのままゆっくり北上をつづけている。この大陸プレート同士の衝突で，インドプレートがユーラシアプレートの下に部分的にもぐりこみながら押し上げている。その結果，世界最高峰のエレベスト（8848 m）を含む8000 m級の高山が東西に連なるヒマラヤ山脈や，その北に平均標高4000 m以上の広大なチベット高原が形成された。そのために，アジアモンスーン（季節風）の障壁となり，現在の東アジアの気候に多大な影響を及ぼす気団の形成をうながすようになった。

4　ミランコビッチ仮説による氷期・間氷期サイクルの発生メカニズム

　氷河時代といえば，一般に第四紀が始まった200万年前から1万年前の更新世をさす。後氷期にあたる現在の氷河の面積が 1.45×10^6 km^2，体積が 24×10^6 km^3 であるのに対し，更新世の氷河量は，それぞれ 4.4×10^6 km^2，71.3×10^6 km^3 と，約3倍の量が見積もられている。

地球上の植生も，氷河時代の寒冷化に伴い，たとえば日本でもメタセコイア植物群が消滅したように，中緯度地域で第三紀の温暖型の植生が大きく変わったことがよく知られている．氷河時代の氷期，間氷期の交代にともない，植生も寒帯系要素と暖帯系要素が交互に入れ替わってきた．

このような第四紀の氷期，間氷期を交互にくり返した要因は，1920～1930年代に，セルビアの地球物理学者ミルティン・ミランコビッチ（Milankovitch）が唱えた地球軌道の3要素仮説で説明されている．この仮説によれば，地球に入射する日射量の緯度分布と季節変化は，自転軸の歳差運動2万3000年，地軸の傾斜角4万1000年，地球の公転軌道の離心率10万年周期という3要素の組み合わせによってもたらされたものである．この仮説に基づいて計算された最近100万年間，とくに直近の40万年間の北緯65度における日射量は，ほぼ10万年周期で増減をくり返すことを示した．この結果は海底堆積物の$\delta^{18}O$の分析から求められた温度の記録ともよく一致して，ミランコビッチの氷期・間氷期生成仮説の妥当性が広く認められるに至った．

なお，最近になって，南極ドームふじ氷床コア中に閉じ込められた過去34万年に及ぶ空気の精密分析によって，氷期では大気CO_2濃度が低く（180 ppm），間氷期では高かった（280 ppm）こともよく知られるようになった（図1-2）．自然の寒暖の変化に応じて，大気CO_2濃度も大きく変化してきたのである．しかし，18世紀後半に始まった産業革命が大気CO_2濃度を人為的に高めだし，京都議定書の第一約束期間が始まった現在（2008年）においては，年々2 ppm前後も増加させるまでになり，2010年の全世界の平均濃度は389.0 ppmにまで達した（2011年版WMO温室効果ガス年報）．近々，400 ppmを超えそうな勢いである（図1-3）．この増加は自然現象ではなく，われわれ人間が石油・石炭などの化石燃料を大量に排出したり，森林破壊をつづけていることによるものである．このような大規模な人間活動により，地球温暖化はすでに始まっているものと報告されている（IPCC 2007）．

III　生態系と物質循環

陸域も水界も含めて，ある地域に住むすべての生物とこれに相互に作用しあう

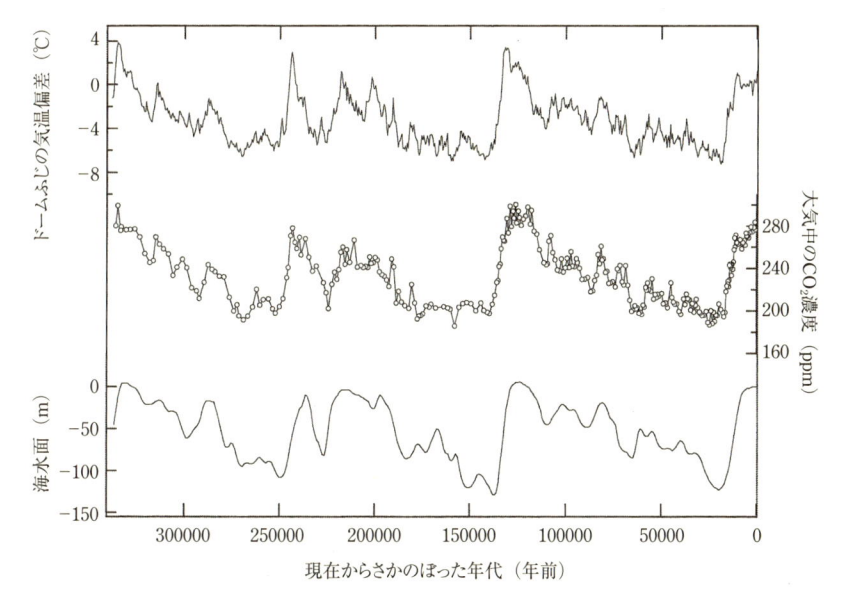

図 1-2　南極ドームふじ深層氷床コアから復元された過去 34 万年間の CO_2 濃度変動
コアの酸素同位体酸素（$\delta^{18}O$）から推定された気温（現在からの偏差）と，海底コアの解析から推定された海水面の変動も示してある（中澤・青木 2010）。

　非生物的環境を一つの系とみなして，生態系とよぶ。この生態系という術語はイギリスの植物生態学者タンズリー（Tansley）によって 1935 年に提唱されたものである。生態系の重要な内容には食物連鎖，栄養段階，物質循環，エネルギーの流れなどが挙げられる。

　一方，地球全体を一つのシステムとして，大気圏，水圏，岩石圏，生物圏（biosphere）の相互作用系としてとらえる視点も，最近の地球環境問題の顕在化にともなって，一般化しつつある。したがって，この生物圏という概念は，地球総体としての生態系と位置づけられよう。

1　生態系の構造と機能

　生態系は生物的要素と非生物的要素によって構成されている。生物的要素は森林であっても，草原であっても，あるいは海洋や湖沼であっても，その場に生活している種とは関係なく，生物を生産者，消費者および分解者という機能によっ

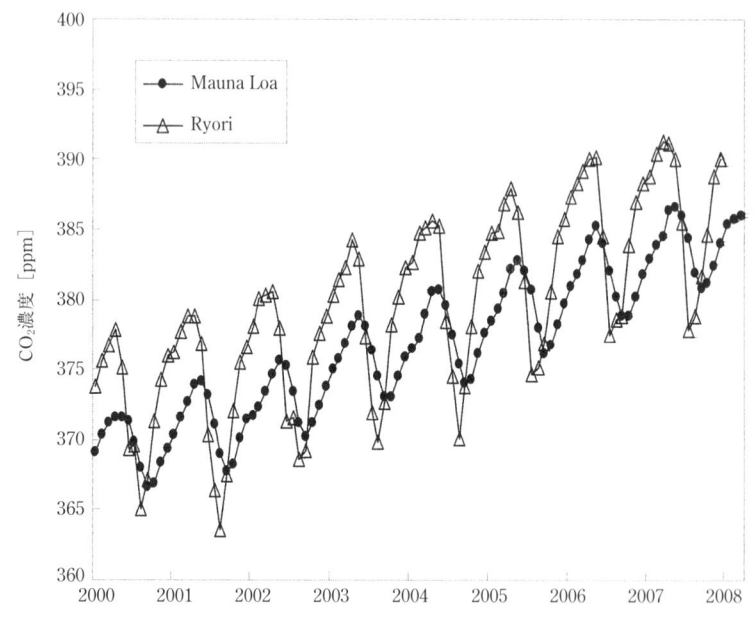

図 1-3 ハワイ島マウナロア山と，岩手県三陸海岸の綾里における 2000 年以降の月別の大気 CO_2 濃度

マウナロア山観測所は北緯 19°32′ に位置し，綾里観測所（岩手県）は北緯 39°02′ に位置している。

て三つに大別する点が最も重要である。

(1) 生産者とは，無機物を材料として有機物を合成している生物群をいう。生態系における生物生産の出発点である。生産者は光合成色素クロロフィルをもつ緑色植物（高等植物と藻類）が主であり，これらは太陽エネルギーを取り込み，二酸化炭素と水から炭水化物を合成する。さらに無機塩類を加え，タンパク質や核酸，脂質など生物にとって不可欠なさまざまな有機物を作り出している。

(2) 消費者とは，生産者がつくった有機物を直接または間接に消費して生活している生物群で，動物がこれにあたる。生産者である植物を直接食う植食動物を第一次消費者，植食動物を食う肉食動物を第二次消費者，肉食動物を食う大型肉食動物を第三次消費者と区別する（一連の流れを生食連鎖という）。

(3) 分解者とは，植物の落葉落枝（リター）や動物の排出物，さらには遺体を分

解し，その際に生ずるエネルギーによって生活している生物群である。その過程で，有機化合物を再び生産者が利用できる簡単な無機物に戻し，物質循環系を完結させる役割を果たしている生物群である（この流れを腐食連鎖という）。従属栄養の細菌類，菌類，原生動物などの微生物がこれにあたる。陸域生態系における物質循環では，森林はもとより草原でも，生食連鎖よりも腐食連鎖の方がおもな経路になっており，最近，土壌や土壌呼吸速度に大きな関心が集まっている理由もここにある。

(4) 非生物的環境は媒質，物質およびエネルギー代謝の材料に分けられる。媒質は生活環境を構成しており，水，空気，土壌が重要である。物質およびエネルギー代謝の材料は生物の生活型により異なるが，生産者には光，二酸化炭素，水，無機塩類，酸素などが重要であり，消費者には食物としての有機物，酸素，水などが重要である。

生態系の機能のなかでも，最も重要なものとしてエネルギーの流れと物質の循環が挙げられる。図1-4に示されるように，太陽からの光エネルギーは光合成により生態系に取り込まれ化学エネルギーに変換され，食物連鎖を通じて消費者や分解者などの従属栄養生物群の生活エネルギーとなる。エネルギーは最終的には熱エネルギーとして系外に失われるが，失われたエネルギーは再び生物に利用されることはない。これに対し，二酸化炭素，水，窒素，リンなどの物質は非生物的環境と生物群集とのあいだをくり返し循環する。

なお，陸域生態系における物質循環には，地球化学的循環系と生物学的循環系とが区別される。前者はおもに気体として循環する開放的な循環系であり，CO_2，水（水蒸気），O_2などがある。一方，後者には植物体と土壌とのあいだをくり返し循環する閉鎖的な循環系であり，Ca，Mg，K，Pなどが含まれる。Nの一部は大気中のN_2が根粒バクテリアなどによって直接固定されたり，逆に脱窒として大気に発散する経路もあるので，半閉鎖的な循環系となっている。

2 海洋の大循環と生物生産

本書はアジアの陸域を対象として，炭素を中心とした物質循環の実相に迫るものであるが，海洋は地球上の表面の71%を占め，面積は3億6000万km^2，陸地面積の2.4倍もある。深さも平均で3800 mもあり，海水の総量は約14億km^3に

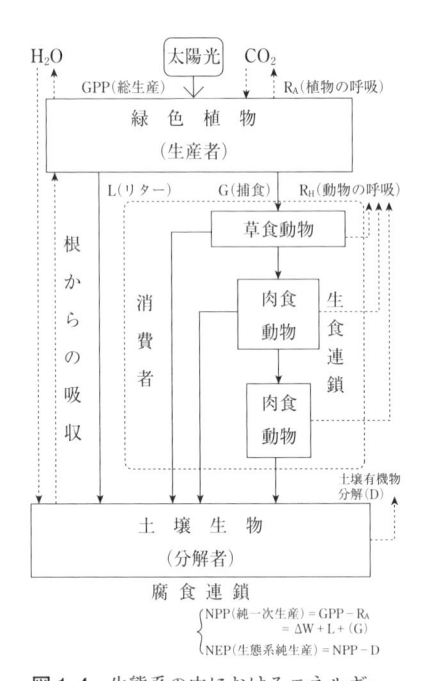

図 1-4 生態系の中におけるエネルギーの流れと物質の循環

太陽からの光エネルギーは光合成により生態系にとり込まれ，化学エネルギーに変換され，食物連鎖を通じて消費者や分解者などの従属栄養生物群の生活エネルギーとなっている。

図中の記号：H$_2$O，太陽光，CO$_2$，GPP（総生産），R$_A$（植物の呼吸），L（リター），G（捕食），R$_H$（動物の呼吸），緑色植物（生産者），草食動物，肉食動物，消費者，生食連鎖，土壌有機物分解（D），土壌生物（分解者），腐食連鎖，根からの吸収

$$NPP（純一次生産）= GPP - R_A = \Delta W + L + (G)$$
$$NEP（生態系純生産）= NPP - D$$

も達する。かくのごとく大きな存在であるから，陸域生物圏にも直接的，間接的に多大な影響を及ぼしている。そこで，まず海洋の大循環と生物生産の特徴を概観しておく。

　海洋は水という流体の循環系であることが，陸域とは根本的に大きく異なる点である。海洋の循環系には熱塩循環と表層で起こる風成循環とがある。熱塩循環（Thermohaline circulation）とは，おもに中深層（数百 m 以深）で起こる地球規模の海洋循環であり，深層大循環，あるいはグローバルコンベアーベルトともよばれている。海水の密度は水温と塩分濃度によって決まる。メキシコ湾流のような表層海流が，赤道大西洋から極域に向かうにつれて冷却し，ついには高緯度海域で沈み込む（北大西洋深層水の形成）。この高密度の海水は深海底に沈み，1200 年後に北東太平洋に達して再び表層に戻る。そのあいだそれぞれの海盆のあいだで広

範囲にわたって混合が起こり均一化することで，海洋の世界的な循環システムを作っている。この過程で，水塊は熱エネルギーと物質（固体，溶解物質，ガス）を運んで地球上を移動する。この循環現象は地球の気候に大きな影響を与えている。

熱塩循環は極域の熱収支に大きく関わり，全地球の海氷の量にも影響を及ぼす。また，地球の放射収支にも大きな影響を与えている。海洋は無機炭素の巨大な貯蔵庫でもある。CO_2 を大気と活発に交換している表層だけでも，大気中よりもやや多い 900 Pg もの炭素を含んでおり，さらに圧倒的な体積を占める中深層の水塊は膨大な量の無機炭素（3万 7000 Pg ほどで，これは土壌を含めた陸域生態系の 16 倍，大気中の 50 倍に相当する）を貯留している。表層水との混合は非常に遅いので，100 年程度の時間スケールでは大気 CO_2 との関わりは小さいが，1000 年以上の長時間スケールでみた場合，大気の二酸化炭素濃度にも少なからず影響を及ぼしている。

日本を含めた東アジア域に大きな影響を及ぼしている海流は黒潮である。フィリピン東方の北赤道海流の西端に源を発し，日本南岸を通って三陸沖から東方へ流れ，北太平洋海流へと移行する。北太平洋における亜熱帯循環の西岸強化流を成しており，大西洋における湾流に対応している。黒潮の一部は対馬海峡を経て日本海に入り発達して対馬暖流となる。対馬海峡の東水道を通過した流れはほぼ日本海沿岸にそって北上する。その影響で同緯度の日本海側と太平洋側の気温を比べると，日本海側の方がやや高くなっている。たとえば，太平洋側の仙台（北緯 38°16′）では年平均気温は 12.1℃ であるのに対し，日本海側の酒田（北緯 38°54′）では 12.3℃ であるし，太平洋側の水戸（北緯 36°23′）では 13.4℃ であるのに対し，日本海側の金沢（北緯 36°32′）では 14.3℃ になっている。一方，冬にシベリアから強い寒気団が南下して日本海上に出ると，先述したように，対馬暖流の暖かい海面から蒸発した大量の水蒸気は積乱雲の雪雲を形成し，日本列島の日本海側を世界でも有数の多雪地帯としている。

海水中に太陽光が届く有光層の深さは 200 m ほどであり，その範囲は海洋のごく表層に限られる。陸地周辺の数十 m までの浅い海では海底まで光が届くので，海藻などの大型植物も繁茂できるが，大洋では植物プランクトン類が光合成を行う。植物プランクトンの生命活動には太陽光以外にも栄養塩類が必要である。地上の植物には肥料として窒素・燐酸・カリウムを施すが，海水中では窒素・燐

酸と，カリウムの代わりに珪素が必要となる（陸地では珪素は地中に大量に存在するので肥料として施す必要はなく，逆に海洋ではカリウムは水中に大量にあるが，珪素は少ない）。また，海洋では鉄不足が植物プランクトンの光合成を制限している可能性が指摘され，その仮説を実証するために太平洋の真ん中で大規模な硫酸鉄の散布実験も行われた。その結果，確かに一時的にプランクトン量が劇的に増加することが認められたが，しばらくすると増殖は止まってしまった。

海中の食物連鎖は，植物プランクトンが海面近くで栄養塩類を使って繁殖し，この植物プランクトンは動物プランクトンに食べられ，動物プランクトンが魚に食べられるという食物連鎖を形成している。プランクトンや魚の死骸や糞は，徐々に分解されながら海中に沈んでいくので，栄養塩類は海の表面近くでは枯渇気味となるが，深海には多く貯まっている。黒潮のような暖流系の海流が貧栄養であるのはこのためである。北アメリカ大陸太平洋側のカリフォルニア州沿岸や南米ペルー沿岸は深海からの湧昇流が発生しており，魚類の餌となる大量のプランクトンが繁殖して好漁場となっている。また冬季に結氷するような寒冷な海では，海面水温が低下して比重が高くなるために表面近くの海水は沈み，反対に深海の海水が湧き上がってきて栄養塩類の豊富な海域となる。東北日本沿岸の好漁場となる親潮も，このような水域を起源としている。

陸地近くの浅い海は河川からの栄養塩類の供給があるうえ，海底が浅いので沈んだ塩類も回収しやすく，生産力の高い海域となる。

3 生態系の成立を支える植物生産力

(1) 陸域生物圏 ―― 大気間の炭素フラックス

地球化学的循環系のなかでも本書の関心の中心は炭素の循環にある。まず，地球全体の炭素の循環のなかで，陸域生物圏をめぐる炭素の循環の基本的なとらえ方を説明しておこう。

地球規模で CO_2 の大規模な循環が起きている。図 1-5 にまとめられているように，CO_2 の循環は大気圏―海洋間と，大気圏―陸域生物圏間とに分けてとらえられる。さらに，最近の大きな問題は，石油・石炭といった化石燃料の大量消費に基づく CO_2 排出と，大規模な森林破壊に由来する CO_2 排出といった人為起源の CO_2 が，自然状態の循環系に大きな負荷を与えており，大気中の CO_2 濃度は

III 生態系と物質循環

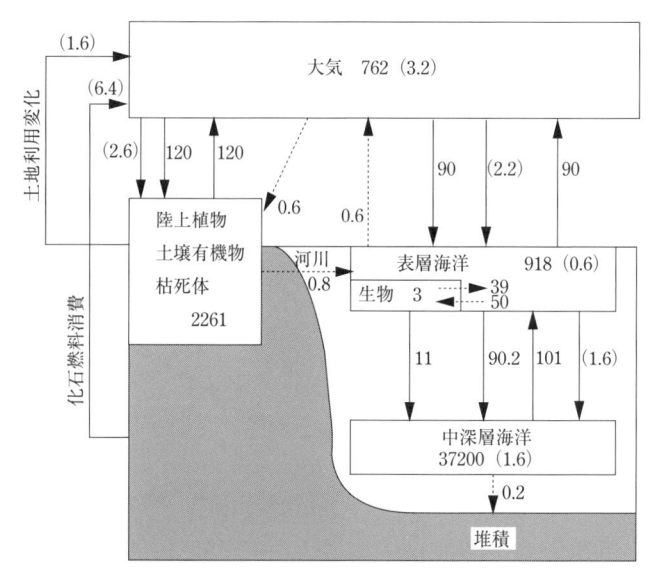

図 1-5　1990年代における大気，陸域，海洋の平均的な炭素蓄積量と循環量（中澤・青木 2010）

2000年代に入ると年々2 ppm 程度ずつ増加している（図1-6）。この増加が地球温暖化を加速させ，自然生態系はもとより，農地のような人為生態系にも，一般には大きな負の影響を及ぼすものと危惧されている。

はじめに，陸域生物圏―大気間の炭素の流れ，すなわちフラックスを概観してみよう。なお，詳細な説明は2章II節を参照されたい。

植物は光合成によって大気中の CO_2 を固定するが，その総量を総生産（GPP）という。光合成を行うと同時に呼吸（R）によって GPP の一部を大気に戻している。したがって，植物の正味の増分は GPP から R を差し引いた値であり，これを一次の純生産（NPP）という。この NPP がその生態系の規模を決めるので，一般的に植物生産力といわれている。これを式で表すと

$$NPP = GPP - R \tag{1}$$

となる。この NPP が植物の新たな成長に使われ，樹木ならば年々樹が太っていく。しかし，樹が大きくなるだけでなく，一部は葉や枝が枯れ落ちる部分や，動物によって食われた分も含まれる。したがって，(1) 式は次のように書き換えら

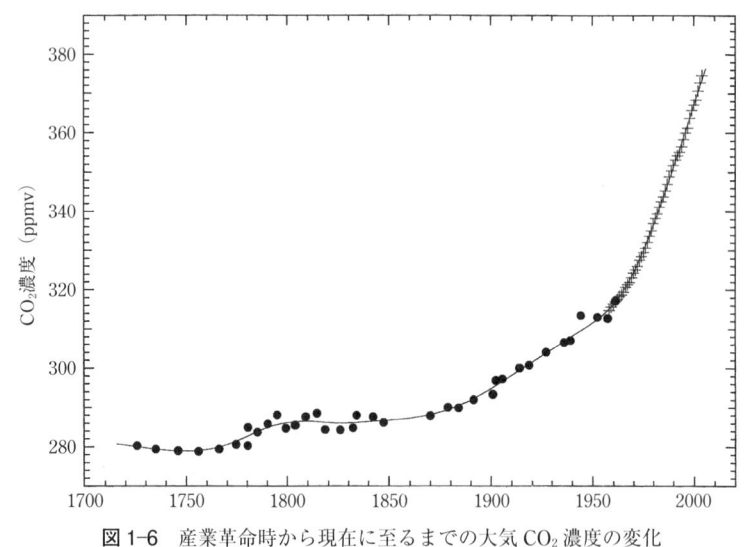

図 1-6 産業革命時から現在に至るまでの大気 CO_2 濃度の変化
●は南極氷床コアの分析値を表し，+は南極点での大気の直接観測から得られた年平均濃度を表す。産業革命前には 280 ppm 前後であった大気中の CO_2 濃度は，それ以後増加を続け，2000 年代に入ると増加速度は年々2 ppm 前後までに達している（中澤・青木 2010）。

れる。

$$NPP = \Delta W + L + G \tag{1}'$$

ここで，ΔW はある期間，Δt 間の現存量の増分，L はそのあいだの落葉落枝量（リター量），G は動物に食われた部分，すなわち被食量となる。つまり，われわれ人類の食糧として消費される部分も G の一部であるので，人類に供給可能な食糧の上限も NPP で規定されていることになる。東アジア地域では，後述するように，水田面積が広く分布しているが，水田で収穫された米が食糧源として，日本はもとよりアジア地域の人々の暮らしを支えている。このようにモンスーンによる雨の恩恵は計り知れない。表 1-1 に示したアジア地域の高い人口密度も生産された米に大きく依存している。また，最近，石油の値段の高騰のあおりを受けて，バイオエタノールに対する関心が高まってきたが，供給可能なバイオエタノール量も NPP の一部として考えることができる。

　生態系全体の炭素収支を考えたときに，さらに L に由来する土壌中の有機物が土壌生物によって分解された量 (D) も考慮する必要がある。したがって，土

壌も含めた生態系全体の炭素収支である生態系純生産 (NEP) は次式で表される.

$$NEP = NPP - D$$
$$= GPP - R - D \qquad (2)$$

現在大きな注目を集めているのは，陸域生態系が CO_2 を正味で吸収しているのか，あるいは放出しているのかを定量的に明らかにすることである．NEP>0 ならば炭素の吸収源，すなわちシンクであり，NEP<0 ならば放出源，すなわちソースと判定される．ここで紹介した NEP という概念は，従来の生態学的な生産力概念から生まれた GPP や NPP とは異なる概念で，一般には馴染みが薄かった．しかも GPP や NPP が大きい熱帯林が，NEP は決して大きくはない．時には NEP<0 になる場合もあり（第3章で詳しく紹介するように，エルニーニョ現象発生時に，熱帯季節林では NEP<0 になることが観測されている），世界の各種陸域生態系の NEP がどの程度の大きさか，世界各地で観測が進められている．

(2) 緑色植物の基本的な生理機能

陸域生態系の炭素も含めた物質循環系を駆動している原動力は，それぞれの生態系の生産者である緑色植物である．また，われわれの暮らしと産業に必須なエネルギー源の石炭・石油・天然ガスといったいわゆる化石燃料は，いずれも2～3億年前の光合成産物が現存量エネルギーに変身したバイオ燃料にほかならない．

Ⅳ節で紹介するように，この地球上には熱帯から極域まで，あるいは湿潤な森林地帯から乾燥した砂漠地帯まで，さまざまな植生が分布しており，その植生を構成している各種の植物も樹木から草本，さらにはコケにいたるまで，基本的な生理機能は共通である．しかも生きていくのに必要とする資源も，量的に多少はあるにしても，光，水，CO_2, O_2, 根から吸収する N, P, K などの16種の必須元素も共通である．

そこでまずはじめに，緑色植物で行われている光合成，呼吸，生合成といったおもな生理機能を概観してみよう．

緑色植物の葉緑体のなかでは植物の体作りの元となる光合成が行われている．その全体の化学反応は次式で表される．

$$6CO_2 + 6H_2O \xrightarrow[\text{plant}]{\text{光 (400-700nm)}} C_6H_{12}O_6 + 6O_2 \qquad (3)$$

　光合成に限らず生物体内で行われている化学反応は，いずれも常温・常圧下で進み，有害な排気ガスも出さなければ，騒音も出さない。これはあたり前のように思われるかもしれないが，工業プラントと比べたときに，これは大きな違いであり，生物体がいかにすぐれた生産機能を有しているかがわかる。

　植物は光合成と同時に細胞内のミトコンドリアで呼吸も行っている。呼吸は先ほどの光合成とは丁度逆反応で，有機物を二酸化炭素と水に完全に酸化することによって，エネルギー供与体として機能するATPを合成する。この合成されたATPが次の生合成過程でのエネルギー源として用いられる。

$$C_6H_{12}O_6 + 6O_2 \longrightarrow 6CO_2 + 6H_2O \qquad (4)$$

$$36ADP \longrightarrow 36ATP$$

　植物の呼吸は，構成呼吸と維持呼吸とに分けて考えられる。構成呼吸とは下に示す細胞内で行われている各種の生合成にともなう新たな組織の増加につながる過程であり，維持呼吸とは酵素のターンオーバーや細胞内のイオン濃度を適正に保つための能動的な輸送過程など，植物機能の維持に関わる過程である。なお，ここで注意すべき点は，構成呼吸と維持呼吸は代謝経路が異なるのではなく，単に操作的な区別である，ということである（及川1979）。

　細胞質内では植物の生活にとって必要な各種の物質の生合成反応が進行している。この生合成反応の材料には，光合成で合成された有機物と呼吸で生成されたATPとが使われている。

　この生合成反応のおもなものには，体内にエネルギーを貯蔵するためにデンプンが合成されている。デンプンはアミロースとアミロペクチンからなる天然有機化合物であり，おもに種子，根，茎などに貯蔵されている。新たな植物体を形成する際に用いられたり，われわれ人類を含む動物の栄養源として，主要な役割を果たしている。

$$C_6H_{12}O_6 \xrightarrow{-H_2O} (C_6H_{10}O_5)n + nH_2O \quad デンプン（エネルギー貯蔵） \quad (5)$$

植物細胞の細胞膜の外側を囲む細胞壁の主成分であるセルロースの合成も行われている。セルロースはブドウ糖が直鎖状に連なった重合体であり，細胞壁は植物細胞および組織を機械的に強固な物にしている。樹高 100 m を超すようなセコイアやユーカリのような高木の木部（道管や仮道管など）を形成しており，量的には世界で最大の天然有機化合物である。

$$C_6H_{12}O_6 \xrightarrow{-H_2O} (C_6H_{10}O_5)n + nH_2O \quad （細胞壁など） \quad (6)$$

リグニンはセルロースとともに植物体の木部を形成している。フェノール性の化合物で，生合成経路は，シキミ酸（芳香族アミノ酸の前駆物質）やフェニルアラニンなどの芳香族アミノ酸から桂皮酸を経て，桂皮アルコール $C_6H_5CH=CHCH_2OH$ 誘導体が生成し，これらが分子量 5 万以上の重合体を形成している。リグニンは維管束植物の道管，仮道管などの木部に多量に存在する高分子物質であり，とくに木材中には乾燥重量の 20～30％を占めている。樹木を高層建築にたとえるなら，セルロースは鉄筋であり，リグニンはセメントのような接着剤の役割を果たしている。維管束植物（種子植物とシダ植物）のみに存在し，藻類，蘚苔類，菌類にはない。

$$C_6H_{12}O_6 \rightarrow リグニン（植物体の構造要素）木（質）化 \quad (7)$$
$$\uparrow$$
$$アミノ酸，桂皮酸（C_6H_5CH=CHCOOH）$$

リグニンやセルロースはリグニン分解細菌やセルロース分解細菌など，ごく限られた生物によってしか分解されないので，枯葉や枯れ枝がリターとして地中に蓄積しても長時間にわたって残存する。その結果，地球全体の陸域で有機炭素は生きている植物体部分よりも土壌腐植部分の方がはるかに多くなる。とくに低温の亜寒帯地域では分解速度が遅く，大量の有機物が土壌腐植として長年堆積している。陸域生態系の炭素循環において，土壌呼吸に対する関心が世界的に高まってきた理由もここにある。

表 1-4　グルコースから生産される各種物質の転形率 (Penning de Vries 1975)

植物体物質	収量 (g/gブドウ糖)	消費したO_2 (g O_2/gブドウ糖)	発生したCO_2 (g CO_2/gブドウ糖)	注
窒素化合物*	0.616	0.137	0.256	+ NH_3
	0.404	0.174	0.673	+ NO_3^-
炭水化物	0.826	0.082	0.102	
脂質	0.330	0.116	0.530	
リグニン	0.465	0.116	0.292	
有機酸	1.104	0.298	−0.050	

＊アミノ酸，タンパク質，核酸から成る

　植物体の各種成分は光合成で生産された糖に，根から吸収した無機塩類を加えて，タンパク質，核酸，糖，脂質などの複雑な化合物として合成されたものである。

$$C_6H_{12}O_6 \;\rightarrow\; 原形質，タンパク質，(燐)脂質\quad 生体膜の成分 \quad (8)$$
$$\uparrow$$
$$無機塩類\,(NH_4^+,\; PO_4^{3-},\; K^+,\; Ca^{2+})$$

・転形率と Q_{10} の法則

　先に構成呼吸と維持呼吸について述べたが，この呼吸に関連して生態学的に重要な転形率と Q_{10} について紹介しよう。転形率とは細胞内で原料（グルコース）から実際に合成された各種化合物の形成効率とでもよぶべき値であり，

$$転形率 = 合成された各種化合物の重量 / 原料の重量 \quad (9)$$

と定義される。Penning de Vries (1975) は，植物体内の代謝過程に基づいて，グルコースから生産される各種物質の転形率を表 1-4 にまとめている。ここにあるように，窒素化合物の合成にはアンモニュームイオンを素材としたときに 0.616，硝酸イオンを素材としたときに 0.404 など，いわば理論的に値を算出している。一方，実際の生きている植物で転形率を求めることは容易ではない。まず第一に，植物は構成呼吸と維持呼吸とを同時に行っており，構成呼吸だけを分離して測定することが実質的に不可能だからである。そこで，種子や塊茎を暗黒下で発芽させ，新たに形成された組織重に対する，軽くなった種子や塊茎の重さの比率から転形率を算出している。この初期段階では維持呼吸は無視できるほど小さい

とみなせるからである。このような手法で求められた転形率は，イネ種子やジャガイモ塊茎のようなデンプンが主体の貯蔵物質では 0.5～0.6（林ら 1967），ヒマワリやヒマのように脂肪に富む種子では約 0.8（横井 1966）である。

一方，維持呼吸速度の測定は，すでに成長が完了したとみなせる成熟葉や果実を暗黒下に置いて呼吸速度を測定し，それを維持呼吸速度としている。

呼吸速度の環境に対する応答として，Q_{10} の法則が知られている。Q_{10} とは温度が 10℃ 上がったときに反応速度が何倍になるかという指数である。一般に化学反応速度は温度ととも指数関数的に上昇し，反応速度は 2～3 倍，すなわち $Q_{10}=2$～3 になることが知られており，呼吸速度の場合も例外ではない。このことは現在大きな問題になっている地球温暖化が陸域生態系の呼吸速度や分解速度を高めて，陸域生態系を CO_2 の放出源にする可能性を示すものである。われわれのグループが行った野外の測定（第3章参照）でも，各サイトで得られた実測値について，入念に検討が進められている。ところが環境条件を制御した室内実験で転形率を調べた研究では，転形率が温度によらずに一定であることが，イネ種子を用いた実験で明らかにされている（林ら 1967）。このことがどの程度普遍的な事実であるかはいまだ不明であるが，森林や草原などの陸域生態系で，GPP とほぼ同規模の大きさをもつ生態系全体の呼吸速度 Rec の Q_{10} が 2～3 になることは，構成呼吸よりは維持呼吸が卓越していることを示しているのかもしれない。とくに，幹や枝のような非同化器官が同化器官よりも圧倒的に大きな割合を占めている森林では，その傾向が高いに違いない。

一方，光合成速度は温度の影響はあまり受けない。なぜなら光合成速度を律速しているのは，1 枚の葉でも，陸域生態系全体でも，化学反応速度ではなく葉への CO_2 の拡散，すなわち大気における輸送過程にあるからである（Oikawa 1978）。したがって，地球温暖化の原因の主役である CO_2 濃度の上昇は，GPP を高める，すなわち施肥効果をもたらす可能性が高い。ところが温暖化自体は呼吸速度を高めるので，生態系全体の炭素収支である生態系純生産 NEP（＝GPP－Rec）は正になるのか負になるのか，慎重な判断が求められている。おそらくある生態系では正になり，別の生態系では負になるであろう。そして，地球全体として正なのか負なのかが，地球環境の動向を占ううえで，今後ますます重要な研究課題となってくるであろう。

(3) 光合成の二酸化炭素固定における三つのタイプ —— C_3, C_4, CAM 植物

緑色植物の光合成は葉緑体内で (1) 光化学反応, (2) O_2 発生反応, (3) 電子伝達反応, (4) 光リン酸化反応, (5) CO_2 固定反応という一連の反応系からなりたっている。ここで, (1)〜(4) の反応が葉緑体のグラナ内で進行し, 最後の (5) がストロマ内で進行する。ストロマ内で行われている二酸化炭素固定反応には三つのタイプがある。

そのなかで最も基本的なタイプが発見者の名に因んでカルビン回路と名づけられている。カルビンは1954年に炭素の放射性同位元素 ^{14}C で標識した $^{14}CO_2$ を緑藻クロレラの培養液に与えて光合成を行わせ, 取り込まれた ^{14}C の行方を逐一追うことによって, シュークロースが合成される経路を明らかにした。その結果, CO_2 が取り込まれる最初の反応が炭素数5の RuBP (リブロース1,5-ビスリン酸) と反応し, 炭素数3の PGA (3-ホスホグリセリン酸) が2分子形成される反応であることを見出した。この反応を触媒する酵素が RuBP カルボキシラーゼ, 略してルビスコ (Rubisco) である。ルビスコは葉のなかに大量に存在し, 葉の全タンパク質量の3割も占めているという。

$$CO_2 + RuBP(C_5) \rightarrow 2 \times PGA (C_3) \tag{10}$$
RuBP カルボキシラーゼ (Rubisco)

カルビン回路は途中に枝分かれを含むかなり複雑な反応系であるが, 最も単純化して表現するなら, 上記の CO_2 を固定して PGA を作った後, ATP と還元力の NADPH を使ういくつかの段階を経て RuBP を再生する反応系である。

このカルビン回路は1960年代はじめまでにクロレラ (単細胞の緑藻) から高等植物にいたるまで普遍的に存在することが判明して, 光合成におけるシュークロース合成に関する研究は終了したものと思われた。ところが1960年代半ばになって, カルビン回路だけでは説明のつかない二酸化炭素固定系があることが, イネ科のサトウキビではじめて明らかにされた。この固定系の大きな特徴は, 光合成を1枚の葉のなかの葉肉細胞と維管束鞘細胞とで分業していることである。まず葉肉細胞では, 基質である HCO_3^- と炭素数3の PEP (ホスホエノールピルビン酸) をもとに, 酵素 PEP カルボキシラーゼのはたらきで炭素数4の有機酸であるオキサロ酢酸を生成し, これからリンゴ酸またはアスパラギン酸を生成する。

表 1-5　C_3 植物と C_4 植物の光合成に関連した生理特性の比較

生理特性	C_3 植物	C_4 植物
光合成を行っている細胞	葉肉細胞	維管束鞘細胞と葉肉細胞
CO_2 を固定する際の最初の酵素	ルビスコ	PEP カルボキシラーゼ
光合成の光飽和点	低い(最大光強度の1/4〜1/2)	高い(最大光強度またはそれ以上)
CO_2-光合成速度	高濃度まで飽和しない	低濃度で飽和
CO_2 補償点（ppm CO_2）	高い (40-60)	低い (<10)
光呼吸	有り	検出困難
21% O_2 での光合成の抑制	有り	無し
温度-光合成速度（適温）	低い (15-30℃)	高い (30-45℃)
適温での光飽和光合成速度	中程度〜高い	高い〜極めて高い
$\delta^{13}C$	-20〜-40‰	-10〜-20‰
要水量（g H_2O/g 乾物量）	多い (450-950，平均 600)	少ない (250-350，平均 300)

$$HCO_3^- + PEP(C3) \rightarrow オキサロ酢酸, リンゴ酸, アスパラギン酸$$
$$(C4 の有機酸) \quad\quad\quad (11)$$
$$PEP カルボキシラーゼ$$

　このように作られたリンゴ酸またはアスパラギン酸が，つぎに維管束鞘細胞へ送られて，そこでこれらの炭素数 4 の有機酸から CO_2 を放出し，最終的にはこれを維管束鞘細胞内のカルビン回路で再固定して糖の合成を行う。一方，脱 CO_2 を行ったリンゴ酸またはアスパラギン酸は炭素数 3 のピルビン酸を経て，葉肉細胞に戻されて PEP となり，1 サイクルが完結する。ここで，葉肉細胞で行われているカルビン回路より前の過程を C_4 ジカルボン酸回路という。この回路をもつ植物は C_4 植物と名づけられ，カルビン回路のみをもつ植物は C_3 植物とよぶようになった。

　C_3 植物と C_4 植物の光合成特性には大きな違いがある。表 1-5 にまとめられているように，両者の違いをもたらす原因は，二酸化炭素を固定する際にはたらいている酵素であるカルビン回路でのルビスコと，C_4 ジカルボン酸回路での PEP カルボキシラーゼの違いに基因する。それは，PEP カルボキシラーゼはルビスコよりも CO_2 に対する親和性がはるかに高く，葉内に入ってきた CO_2 をいち早く固定するので，C_4 植物は C_3 植物よりも最大光合成能力がかなり高いことがまず挙げられる。つまり，C_4 植物では葉肉細胞で CO_2 を効率的に固定し，固定した CO_2 を維管束鞘細胞内で放出するので，1 枚の葉のなかの葉脈部分を取り囲む

ように分布している維管束鞘細胞内という，局所部分の CO_2 濃度を著しく高めており，葉肉細胞が CO_2 の濃縮装置としてはたらいているとみることができる。その他にも，C_4 植物は蒸散速度も小さいので水利用効率が高いこと，二酸化炭素補償点がきわめて低いので (5 ppm 以下)，低濃度の CO_2 も利用できることなど，強光，高温，低 CO_2 濃度中ですぐれた特性を発揮する。

　C_4 植物はその後の研究で単子葉植物のイネ科やカヤツリグサ科に属する植物に多く見出されているが，数は少ないものの，双子葉植物のアカザ科，トウダイグサ科，ヒユ科，キク科など 20 という広い科にわたって，2000 種以上に見出されている。しかし種子植物は 25 万種以上あることを考えると，そのごく一部であり，しかも原産地は熱帯の高温で乾燥した地域に分布する草本植物に限られており，木本植物には見出されていない。

　以前から，ベンケイソウ科の植物では，夜間に気孔が開いて CO_2 を吸収し，これがリンゴ酸として蓄えられ，昼間は気孔が閉じてリンゴ酸が減少し，デンプンを形成するという日変化を示すことが知られている。この代謝形式は，ベンケイソウ型有機酸代謝 (CAM) とよばれ，この代謝系をもつ植物は CAM 植物とよばれていた。C_4 植物の研究の進展の結果，C_4 植物では葉肉細胞と維管束鞘細胞との分業で 2 種の CO_2 固定反応が空間的に分けて行われているのに対して，CAM 植物ではこの 2 種の反応が夜と昼というように時間的に分けて行われる，すなわち夜間 PEP カルボキシラーゼによる CO_2 固定が行われ，昼間はこの CO_2 がカルビン回路で再固定されることが明らかにされた。CAM 植物は夜に気孔を開くので蒸散速度がきわめて低く，乾燥に対する適応として特異的な代謝系をもつに至ったものと考えられる。現在，CAM 植物として，双子葉植物のベンケイソウ科，サボテン科など，単子葉植物としてラン科，パイナップル科など，さらにはシダ植物のウラボシ科など，広範囲の植物群にわたって 25 科，2 万種以上が知られており，その多くは多肉植物である。

　C_3 植物では，Tolbert (1963) が見出したグリコール酸回路がはたらいていることも，その光合成速度に大きな影響を与えている。光のもとでカルビン回路に由来するグリコール酸が，グリコール酸経路により酸化分解される過程を光呼吸という。葉緑体内で，RuBP カルボキシラーゼは CO_2 との反応を触媒するだけでなく，O_2 との反応を触媒するオキシゲナーゼ活性もそなえており (リブロース-1,5-二リン酸カルボキシラーゼ / オキシゲナーゼ，RuBisCO とよばれる)，ホスホグリコー

ル酸を生じる。これが基質となり，ペルオキシソームとミトコンドリアの関与によって，グリコール酸回路により酸化分解される。ここでルビスコが CO_2 との反応を触媒するか O_2 との反応を触媒するかは，まったく機会的な問題である。C_3 植物では，強光，高温，高 O_2 濃度，低 CO_2 濃度という環境条件下で，光呼吸は増大し見かけの光合成速度は低下するが，C_4 植物では CO_2 の回収が速いため，このような低下はみられない。C_3 植物にみられる光呼吸は，強光，高温，高 O_2 濃度，低 CO_2 濃度という環境条件下で生じる過剰な還元力を消費して，植物体を保護しているものと考えられる。

　光呼吸という名称は，光があるときに，グリコール酸回路で酸素を吸収し二酸化炭素を放出するので，通常の呼吸と形式的には似ているところに由来するが，通常の呼吸(光の有無に関係なく進行するので暗呼吸とよばれる)ではエネルギー源となる ATP が生成されるのに対し，光呼吸では逆に ATP と還元力を消費している。そのため，かつては「無駄な反応系」であるように思われた。事実，大気 O_2 濃度を低濃度にして光合成を行わせると，光呼吸が抑えられて光合成速度が高まることからも，この推測が裏づけられた。その後の研究で，大気 CO_2 濃度が低くて強光の場合，もし仮に光呼吸系がなければ，葉緑体で光を吸収して作られた還元力が行き場を失って植物体を損傷する危険性が高く，光呼吸はこの損傷を回避するための安全弁として機能しているものと理解されるようになった。

　植物が光合成で大気 CO_2 を固定するが，大気中には炭素 12 の $^{12}CO_2$ が 98.9% と安定同位体である炭素 13 の $^{13}CO_2$ が 1.1% 含まれており，どちらの CO_2 も光合成に利用されている。しかし，C_3 植物と C_4 植物では利用しやすさが異なっている。この度合いを安定同位体比 $\delta^{13}C$ という指標を用いて表している。ここで，$\delta^{13}C$ は $^{13}C/^{12}C$ の存在比に基づいて，次のように定義されている。

$$\delta^{13}C = \left| \frac{試料中の\ ^{13}C/^{12}C}{標準物質中の\ ^{13}C/^{12}C} - 1 \right| \times 1000\ (‰) \qquad (12)$$

つまり，調べたい試料中の $^{13}C/^{12}C$ 比を標準物質の $^{13}C/^{12}C$ 比で割り，1 を引いてから 1000 倍した値，すなわち千分率(‰)で表している。ここで，標準物質としては白亜紀の巻き貝の化石($CaCO_3$)の $^{13}C/^{12}C$ 比，0.01124 が用いられている。

　このように定義された $\delta^{13}C$ の値を C_3 植物と C_4 植物で比べてみると，前者は $-35 \sim -24‰$，後者は $-17 \sim -11‰$ となり，前者の方がはるかに小さいことが知

られている。すなわち，C_3植物の方がC_4植物よりも$^{12}CO_2$を選択的に利用していることを意味している。この両者の違いはおもに光合成でCO_2を固定する際の最初の酵素，ルビスコとPEPカルボキシラーゼの違いに起因している。したがって，この$\delta^{13}C$の値はある植物がC_3植物なのかC_4植物なのかを判断する有力な情報源となる。とくに，湖底に堆積した古い植物遺体がC_3植物なのかC_4植物なのかを判断する際には，唯一の指標として活用されている。

20数億年前に海中で誕生した光合成を行う原核生物のシアノバクテリアから，真核生物の緑藻を経て高等植物にいたるまで，カルビン回路は基本的に共通している。CO_2を固定する際の酵素，ルビスコも誕生当時と変わらない環境応答特性（大気CO_2濃度やO_2濃度などに対する反応性）を維持してきているものと仮定して，植物が陸上に進出して以来4億年の植物の分布の変遷をシミュレートした結果（Beerling and Woodwell 2001）が，かなり現実を再現するのに成功を収めていることからも，20億年以上にわたるルビスコを含めたカルビン回路の恒常性には際だったものがある。

一方，C_4型の光合成を行う植物は，新生代に入ってから誕生したものとみられており，進化史の長い歴史から見れば，ごく最近のことと考えられる。

(4) 植物生産力の求め方

それぞれの生態系が光合成でどの程度大気CO_2を固定しているかを推定・測定する手法に，現在ではおもに三つの手法がとられている。①に植物の生理生態情報に基づいた生産力モデルを用いる方法であり，②に現存量の測定値に基づく生態学的手法であり，③に渦相関法とよばれる微気象学的手法である。われわれの研究ではこの三つの方法を用いて統合化が強力に推進された。

(a) 門司・佐伯の植物生産力モデル

植物群落の生産力を求める生理生態学モデルの古典として，Monsi・Saeki（1953）理論を簡単に説明しよう。彼らは1枚の葉，すなわち個葉の光—光合成曲線という生理学的な情報と，群落内の光強度の減衰と葉面積指数との関係，という生態学的な情報を組み合わせて，群落全体の生産力を求める数学モデルを提出した。個葉の情報から群落全体へとスケールアップしたのである。さらに黒岩（1966）はMonsi・Saeki式に含まれる光強度がsin二乗曲線に従って日変化するとして，1日合計の生産力を計算できるように拡張した。Oikawa（1985）はこの

黒岩拡張式を組み入れた熱帯多雨林の炭素動態のシミュレーションモデルを開発して，IBP（国際生物学事業計画）の際に，Kira (1978) を中心としてマレー半島パソの熱帯多雨林で得られた実測値を高精度で再現できることを示した。さらに最近では，Ito・Oikawa (2002) は Sim-CYCLE と名づけた世界いずれの地点の陸域生態系の炭素動態も再現できるシミュレーションモデルを開発し，地球環境が変化した場合の陸域生態系の応答なども予測している。このように 50 年以上も前に出された Monsi・Saeki 理論の基本的な考えが受け継がれながら，今日に至っている。本書における陸域炭素循環の統合化にも Sim-CYCLE が中心的な役割を果たしている。

　Monsi・Saeki 理論の根本には，彼らが考案した植物群落の層別刈り取り法が大きな役割を果たしている。層別刈り取り法とは，図 1-7 に示したように，植物群落を上から一定の間隔（10～20 cm）で水平に切り分け，さらに葉と非同化部分とに分けて，ヒストグラム状に表示したものである。この図にはさらに群落上部から下部にかけて減衰する光強度も相対値で図示されている（この図は生産構造図とよばれている）。彼らは埼玉県荒川沿岸の田島ヶ原河川敷で多くの群落を対象に層別刈り取りを行い調べた結果，生産構造図は大きく二つのタイプに分かれることを見出した。一つは広葉型とよばれ，葉が密集する層が群落上方に現れるタイプであり，もう一つはイネ科型とよばれ，葉が密集する層が下方に現れるタイプである。

　層別刈り取り法で得られた関係から，横軸に群落上面から積算した葉面積指数，縦軸に群落内の水平面相対光強度の対数値をプロットすると，ほぼ直線，すなわち葉量に対して指数関数的に減衰することを見出した。すなわち群落内の光強度は (13) 式で表せる。

$$I_h(A) = I_0 \exp(-K \cdot A) \tag{13}$$

ここで，A は群落上面から積算した葉面積指数 LAI，K は光の減衰係数，I_0 は群落上に入射する水平面光強度，$I_h(A)$ は A 層目における水平面平均光強度である。ここで注目されることは，K が小さい群落（K=0.3～0.5）は葉が立っているイネ科型群落に対応し，大きい群落（K=0.7～1.2）は葉が水平に近い広葉型群落に対応していることである。このように葉が空間的にどのように分布しているかによって，群落内の光環境が大きく変わることは興味深い。しかも，草原の下では

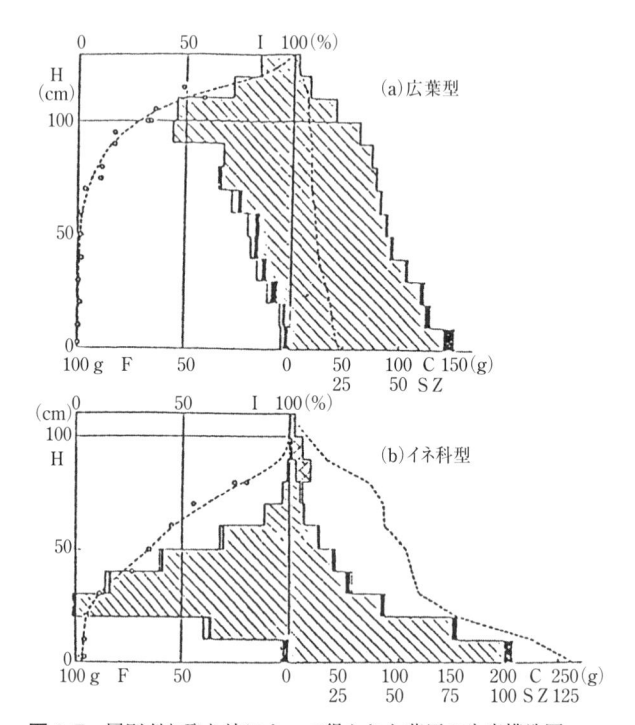

図 1-7 層別刈り取り法によって得られた草原の生産構造図
（Monsi・Saeki 1953）
上）広葉型群落，下）イネ科型群落．太い破線は相対照度を示す．

光強度が1％前後と非常に暗くなっていることも新たな発見であった。森林の下はかなり暗くなっていることは多くの人が知っているが，草原の下は森林と同等か，あるいはそれ以上に暗くなっているという事実は，当時としては思いもよらない知見であった。

群落全体の総光合成量を求める手順は以下の通りである。まず，A層目における受光面の平均光量 $I(A)$ は (13) 式を微分して，

$$I(A) = -dI_h(A)/dA = K \cdot I_h(A)$$
$$= K \cdot I_0 \exp(-K \cdot A) \quad (14)$$

群落内のA層目の平均的な光強度で求められる。

つぎに，温度などの環境条件を制御した室内実験で1枚の葉，個葉の光―光合

成曲線を描くと，(15)式のような直角双曲線が得られる．

$$p = \frac{\beta \cdot I}{1 + \alpha \cdot I} = \frac{p_m \cdot \beta \cdot I}{p_m + \beta \cdot I} \quad (15) \quad p_m = \beta/\alpha$$

ここで，β は光—光合成曲線の立ち上がりの勾配を表し，p_m は光飽和したときの最大の光合成速度を表す．

群落全体の総光合成量，すなわち GPP を求めるには，(15)式の I に (14) 式の I(A) を代入し，群落上層から積分すればよい．

$$GPP(A) = \int_0^A p\, dA = \int_0^A \left\{ \frac{p_m \cdot \beta \cdot K \cdot I_0 \exp(-K \cdot A)}{p_m + \beta \cdot K \cdot I_0 \exp(-K \cdot A)} \right\} dA$$

$$\frac{p_m}{K} \ln \frac{p_m + \beta \cdot K \cdot I_0}{p_m + \beta \cdot K \cdot I_0 \exp(-K \cdot A)} \quad (16)$$

葉は光合成を行うと同時に呼吸も行っている．そこで葉の呼吸による CO_2 放出を差し引いた正味の群落光合成量，剰余生産量 SP(A) は

$$SP(A) = GPP(A) - RA$$
$$= GPP(A) - r \cdot A \quad (17)$$

で求められる．ここで，R_A は葉群全体の呼吸量であり，r は 1 枚の葉の呼吸速度である．ここでは群落の上層から下層まで葉の呼吸速度は一定である，という仮定の下に導かれたいる．

ここに導いた関係から，さらに最適葉面積指数 Aopt と最大剰余生産量 Sp, max とが導かれる．それは光合成速度 p と呼吸速度 r とが等しいときの光強度，すなわち光補償点 Ic が個葉の光合成のパラメータと r との組み合わせにより，(18)式となる．

$$r = \frac{p_m \cdot \beta \cdot Ic}{p_m + \beta \cdot Ic} \quad \therefore Ic = \frac{p_m \cdot r}{\beta(p_m - r)} \quad (18)$$

この関係を群落に当てはめて，I(A) = Ic を満たす最適葉面積指数 Aopt を求めると

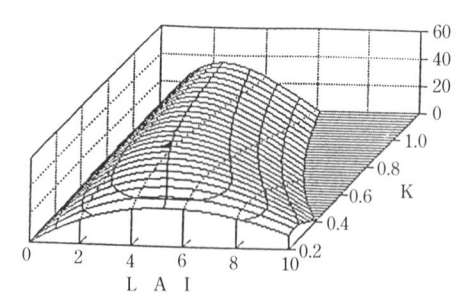

図 1-8　植物生産力の三次元表示（横軸に葉面積指数 A，縦軸に光の減衰係数 K，高さ方向に剰余生産量 Ps）（Oikawa 1986）

$$Ic = I(Aopt) = K \cdot I_0 \exp(-K \cdot Aopt)$$

$$= \frac{p_m \cdot r}{\beta(p_m - r)} \tag{19}$$

$$\therefore Aopt = \frac{1}{K} \ln \frac{\beta(p_m - r) K \cdot I_0}{p_m \cdot r} \tag{20}$$

したがって，Aopt における生産量が最大剰余生産量 SPmax となる。

$$\therefore SPmax = SP(Aopt) = \int_0^{Aopt} (p - r) dA = \frac{p_m}{K} \ln \left\{ \left(1 + \frac{r}{p_m}\right)\left(1 + \frac{\beta}{p_m} \cdot I_0\right) \right\}$$

$$- \frac{r}{K} \ln \left\{ \frac{\beta}{r}\left(1 - \frac{r}{p_m}\right) K \cdot I_0 \right\} \tag{21}$$

ここで導かれた関係を横軸に葉面積指数 A，縦軸に K，高さ方向に Ps といった三次元表示すると図 1-8 となる。一般的に，K が小さいイネ科型群落では最適葉面積指数 Aopt は大きくなり，それにともなって最大剰余生産量 SPmax も大きくなる。逆に，K が大きい広葉型群落では Aopt は小さくなり，それにともなって SPmax も小さくなる。

　ここで導かれた理論的な関係は，その後，おもに作物を用いた多くの実験研究をうながし，その結果，最適葉面積指数は確かに存在し，生産量も理論値とよく合うことが確かめられて，Monsi・Saeki 式の評価は定まった。当初，草原で始

まった研究が，その後，森林や水界でも同様の研究が行われて，Monsi・Saeki式の適用範囲が生態系全般に拡大された．

 (b) 積み上げ法（現存量法　生態学的方法）

生態学的手法の具体的な内容は第2章Ⅳ節にまとめてある．ここでは，測定原理のみを述べると，先に示した (1)' 式に基づいている．たとえば，森林を例にすると，ある一定面積（通常，1000 m^2 程度）に生えている樹木1本1本の胸の高さでの直径（これを胸高直径とよぶ）を計り，現存量を推定する．そして，数年後に同じ木の胸高直径を再び計り，直径の増分から樹木の生長量 ΔW を求める．そして同じ期間に林内に多数設置したリタートラップに落ちてくる落葉落枝量 L を定期的に回収して，NPP を求めるのである．このような現存量の増減に加えて，地表面に箱を被せて，放出される CO_2 を測定して D を求め，NEP を計算する．このような生態学的手法では森林の炭素フラックスはせいぜい 2, 3 年のあいだの平均値でしかない．

$$NPP = GPP - R_A - R_C$$
$$= \Delta W + L (+G)$$

R_A 　葉群の呼吸量
R_C 　非同化部分の呼吸量（幹，枝，茎，根など）

 (c) 微気象学的手法（乱流変動法）—— 渦相関法

この手法の詳細は2章Ⅱ節に説明してあるが，その基本的な内容をここに簡単に述べる．超音波温度風速計を用いて，垂直方向の風速の変動 w' と，気温，水蒸気濃度，CO_2 濃度それぞれの変動値を $10H_z$（1秒間に10回）で同時に測定し，w' との積の30分平均値を求めて，顕熱，水蒸気フラックス，CO_2 フラックスが求まる．このように渦相関法を用いれば陸域生態系の蒸発散と光合成・呼吸という重要な生命活動を同時に測定できるので，陸域生態系の時々刻々の状況を知るうえで，計り知れない利点をもっている．最近の測定測器の性能の飛躍的向上とも相まって，世界各地で渦相関法を用いた測定が広く行われるようになり，そのネットワーク化も進行している（4章参照）．

実際に森林の CO_2 フラックスを測定している状況を口絵2に示した．森林の樹冠を突き抜ける高さまで建てた測定用のタワーの頂上部分に，超音波温度風速計と赤外線 CO_2 変動計を設置して，垂直方向の風速と CO_2 濃度を測定し，30分

間の測定値からその生態系のNEP（気象学ではNEPに−号をつけたNEEと表現されている）を求める。すなわち，

$$\text{NEP} = \overline{\rho \, c' w'} \quad (22)$$

ここで，ρ は大気の密度，w' は垂直方向の風速，c' は CO_2 濃度の瞬間値であり，上についた横線は30分間の平均値を示している。このように微気象学的手法では30分ごとのNEP値が求まり，生態系全体の正に時々刻々の CO_2 の取り込み状況がわかり，非常に有効である。このような測定を1年間，さらには数年間にわたって欠測なくつづけることは，測定用の測器の精度が飛躍的に向上した現在でさえ，至難の業である。しかし，欠測した期間の測定値を補間するさまざまな試みが進められており，現在ではかなり信頼性の高いデータセットが整備されてきた。このような努力にもかかわらず，同一の生態系で生態学的手法と微気象学的手法で求めた測定値が必ずしも一致しないことも多く，その食い違いが生じる原因の検討も進められている（第4章参照）。

ここでとくに注意したいことがある。それはNEPとNEEの問題である。NEPはNet Ecosystem Productionの頭文字を取ったものであり，生態系純生産とよばれている。一方，NEEはNet Ecosystem Exchangeの頭文字を取ったものであり，生態系正味交換とよばれている。上に説明したように，NEEは気象学で進められてきた手法であり，大気に着目して大気中の CO_2 が増えればNEE＞0であり，逆に減ればNEE＜0と表現される。このことは森林などの生態系に着目すると，NEE＞0であるということは生態系から CO_2 が正味放出されていることを意味しており，両者の関係は

$$\text{NEP} = -\text{NEE} \quad (23)$$

と表現されている。NEPというかなり長時間にわたる生態学的概念と，NEEという生態学からみればごく短時間の，瞬時値ともいうべき気象学的概念とが，形式的には(22)式で統一化が図られている。ところが，実際に研究を進めてきた生態学者と気象学者とのあいだの相互理解はそれほど容易なことではなかった。世界的にみてもこの辺の理解が不十分な場合もいまでもかなり見受けられる。ましてやGPPやNPPという生態学の最も基本的な概念を気象学者が正しく理解することは，そう生やさしいことではない。われわれの研究では両分野の研究者の

密接な協力の下に統合化に向けた研究が進められ，この困難が打破された点に最大の特徴がある。このように学際領域の研究を実質的に推進しえたことは，今後の研究を進めるうえでも，大きな指針を与えることになったものと思われ，本書の最大の価値がそこにあることも，強調しておきたい。なお，このような学際研究を強力に指導され，2006年に惜しくも病魔に倒れた木田秀次先生の学恩を忘れることができない。

　ここに紹介した生態学的手法と微気象学的手法に基づく植物生産力の測定は，それぞれの地点での生産力であるが，われわれがさらに知りたいことは，ある地域全体，さらには地球全体で，陸域生態系がどれだけのCO_2を固定しているかということと，地球温暖化が進行している現在，今後の陸域生態系の炭素動態がどのように変化するかを的確に予測することである。このような広域のCO_2動態を調べる有力な手法が二つある。一つは人工衛星によってもたらされる画像から，地表面の植生の繁茂度，すなわち植生指数を読み取り，CO_2固定量を推定する手法である（詳しくは第2章V節を参照）。もう一つは生態系モデルに基づいた将来予測である（詳しくは第2章VI節を参照）。後に詳しく説明するように，いずれも生態学的手法や微気象学的手法で求められた実測値を取り入れて，推定値の検証を行っている。

IV　地球上の自然植生の分布と気候条件

　世界の自然植生の分布は，多くの研究者によってさまざまな図として表示されているが，いずれもそれぞれの植生がその場の温度条件と乾湿度条件という2大気候要因と密接に関係しているとする点では変わりない。このような観点から世界の自然植生の分布を記述する1. ケッペンの気候区分，2. 放射乾燥度，3. 暖かさの指数と乾湿指数について紹介しよう。

1　ケッペンの気候区分（樹木気候帯と無樹木気候帯）

　ドイツの気候学者ケッペン（Köppen 1846-1940）は，地球上の気候帯を植生分布から区分することを提案した。そのような試みをはじめて1846年に行い，その

後，何度か改訂を重ねている。その基本的な考えは，森林が成立する気候帯，いわゆる樹木気候帯と，森林が成立できない気候帯，いわゆる無樹木気候帯に分けた点にあり，彼の卓越した洞察力を感じる。とにかく気候帯と自然植生の分布域とは密接に関係していることを示している。

　樹木気候帯とは気温にしろ，降水量にしろ，程度の差はあれ，植物の生育にとって適度な範囲内にあるために，森林が成立するような気候帯である。一方，無樹木気候帯は降水量が少なすぎて乾燥しているために草原や砂漠になったり，気温が低すぎてツンドラになったりする，植物の生育にとっての厳しい気候帯である。

　<u>樹木気候 (tree climate)</u>
　　常緑林　熱帯
　　　　　　　多雨林　　　　　　　┐
　　　　　　暖温帯　　　　　　　　│広葉樹（被子植物）
　　　　　　　照葉樹林（夏雨）　　│
　　　　　　　硬葉樹林（冬雨）　　┘
　　　　　　亜寒帯
　　　　　　　常緑針葉樹林（湿潤）　針葉樹（裸子植物）

　　落葉林　熱帯・亜熱帯
　　　　　　　雨緑林（乾季）　　　┐
　　　　　　冷温帯　　　　　　　　│広葉樹（被子植物）
　　　　　　　夏緑林（低温）　　　│
　　　　　　亜寒帯　　　　　　　　┘
　　　　　　　落葉針葉樹林（乾燥）　針葉樹（裸子植物）

　<u>無樹木気候 (tree-less climate)</u>
　　　草原（乾燥）　熱帯・亜熱帯　サバンナ（イネ科，カヤツリグサ科のC_4草本）
　　　　　　　　　　温帯　ステップ（イネ科，時にキク科などC_3草本）
　　　半砂漠（強乾燥）熱帯〜温帯　多肉植物（CAM植物），塩生植物
　　　砂漠（超強乾燥）熱帯〜温帯　短命1年生草本
　　　草原（低温）　寒帯　　　　　ツンドラ（地衣類，蘚苔類）

（永久凍土上　シベリア，アラスカ，グリーンランド）
　草原（過湿）　熱帯～亜寒帯　抽水草原（イネ科C_3草本　ヨシ，マコモなど）

　前述したように，樹木気候帯とは気温にしろ，降水量にしろ，適度の範囲内にあるので森林が成立する．しかし，このような環境条件は草にとっても好ましい環境であることに変わりない．一次遷移をみても，はじめは草原が成立し，その後，陽樹林から極相を形成する陰樹林へと遷移が進行する．森林の形成にともなって，草本植生は光をめぐる競争で樹木に負けて多くは消滅し，耐陰性にすぐれた草本のみが，木漏れ日として林床にわずかに届く光を利用して，細々と生命を維持している．また，森林を伐採して人工的に農地が大規模に造成されているし，人間の食料源である作物はほとんど例外なく草本性植物であり，木本性の作物は果樹などに限られることにも留意すべき点である．このような草原に関わる興味深い特性は植物の物質生産で，草本では毎年地上部を枯らせ，非同化器官を大きくしない体制をとるので，維持にかかる呼吸消費を最小限に抑えられる点にある，とするシミュレーションモデルに基づく推定も行われている（Oikawa 1990）．逆に，樹木が長年月かかって形成した林冠が光を優先的に利用できるというメリットは，それを維持するために莫大な維持経費もかけて実現しているのである（第3章に示した各森林帯のフラックス実測値を参照）．樹木気候帯と無樹木気候帯の境界は，林冠による総生産量 GPP と非同化器官の維持費の収支とが決めているものと予想される．

2　放射乾燥度と植生の対応

　自然植生のタイプはおもにその場の乾湿度と温度とによって規定されていることをケッペンの気候区分でも紹介した．しかし，植物にとっての乾湿度は，単にその場の降水量だけでは決まらない．たとえば，年間の降水量が500 mm であっても，熱帯地域では非常に高温で日射量が多いために蒸発散がさかんで，いわゆる焼け石に水の状態で乾燥地域となるが，亜寒帯地域では低温で日射量も少ないために蒸発散量は少なく，湿潤地域となる．ノルウェーの首都，ストックホルムを例にすると，年平均気温が6.7℃で，年降水量は540 mm ほどと少ないが，水の都とよばれるような湿潤な気候帯にある．ところが，インドの首都ニューデ

リーの年平均気温は 25.0℃ で, 7 月から 9 月にかけて雨季となり, 年降水量は 779 mm に達するが, それでもはるかに乾燥しており, ケッペンの気候区分では, サバンナ気候となる。すなわち, その場の乾湿度は降水量と蒸発散量の相対的な大きさで決まってくる。そのような観点から, ロシアの気候学者, ブディコ (1973) が提唱した放射乾燥度という指標が, その場の乾湿度を表す指標としてふさわしい。ここで, 放射乾燥度とは年間の Rn（純放射量あるいは正味放射量とよばれる）を分子とし, P（降水量）に λ（水の気化潜熱。1 g の水が蒸発するのにほぼ 2500 J ものエネルギーが必要となる）を掛けた値, すなわち最大蒸発散量を分母にしてあり, $Rn/\lambda P$ で定義される。すなわち, 放射の観点からみたその場の乾湿度を表す指標である横軸が大きいほど, その場は乾燥していることになる。一方, 縦軸には放射乾燥度の分子の Rn がとってある。したがって, Rn が大きいほど気温は高くなるので, 縦軸は温度の指標としてみることができる。このような乾湿度―温度の二次平面に, 世界の潜在植生を配置すると, 放射乾燥度が 1 以下の湿った地域に森林, 放射乾燥度が 1-2 のやや乾いた地域にサバンナやステップのような草原, 放射乾燥度 2-3 のかなり乾いた地域にはサボテンのような多肉で刺のある低木を主体とした半砂漠, さらに放射乾燥度が 3 以上の非常に乾いた地域が砂漠になっている (図 1-9)。一方, 縦軸に注目すると, 森林が分布する放射乾燥度が 1 以下の湿潤な地域でも, 上の暑い地方では熱帯林, 中間の適度の温度域で温帯林, 下の寒い地域で亜寒帯の北方針葉樹林になっている。

　前述した放射乾燥度と自然植生との対応関係は, 単に乾湿度だけが関係しているのではない。なぜなら, 乾湿度にともなって, その場の土壌条件も同時に変わっているからである。一般に成帯性土壌, あるいは気候土壌型とよばれているように, 土壌も気候や植生と密接な相互作用の元で作られる。つまり, たとえば放射乾燥度が 1 以下の森林帯土壌でも, 高温多湿の熱帯多雨林地域では, リター（落葉落枝）の分解が活発なために有機物の乏しいラテライト性赤色土 (オキシソル) が作られ, 温暖湿潤な温帯広葉樹林地域では, 母岩から遊離した鉄が溶脱されずに土壌中で酸化されるために, 特徴的な赤褐色の褐色森林土が作られ, 寒冷湿潤な亜寒帯針葉樹林地域では, 寒冷なためにリターの分解が進みにくく, 地表面に厚く腐植が堆積して, 溶脱層と集積層の上下に分化したポドソル土壌が作られる。これらの森林帯地域に共通する気象条件は, 降った雨の一部しか蒸発散で大気に戻さないので, 残った水は一時的には地中に蓄えられるが, 流出水となって

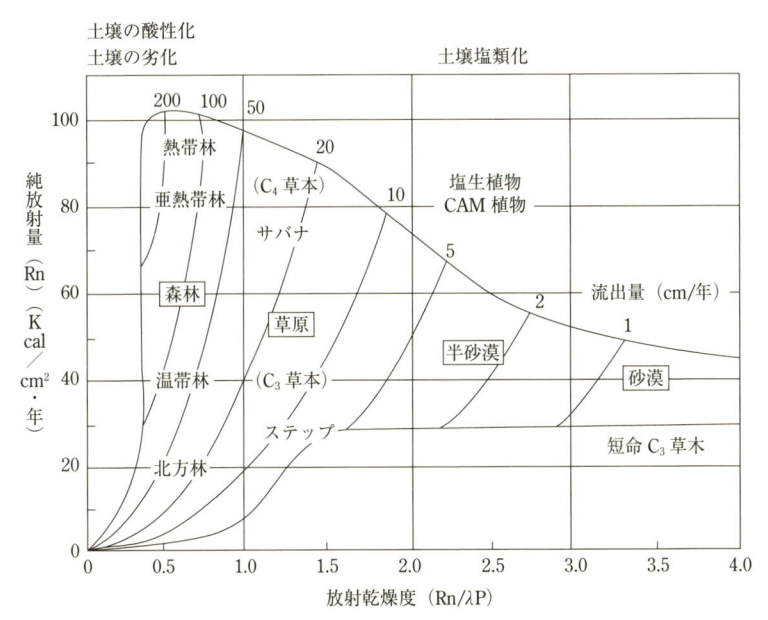

図1-9 放射乾燥度と純放射量に対応した生物群系の分布（Budykoに及川加筆）
熱帯多雨林地域では年間に200 cmを超す多量の流出水があり，土壌塩類が失われやすい．逆に，半砂漠地域では降った雨のほとんどは蒸発散で大気に戻るため，土壌表面近くに大量の土壌塩類が蓄積する．

順次，河川に流れだし，最終的には海に出ていく．とりわけ高温なために腐植の分解や土壌鉱物の風化が激しい熱帯多雨林地域では，図1-9に示すように，年間に200 cmを超す多量の流出水がある．水は非常にすぐれた溶媒であり，土壌中のナトリウム，カリウム，マグネシウムといった塩基性の塩類を溶脱するので，ラテライト性赤色土のような強酸性で貧栄養な土壌になりやすい．また，森林伐採跡地のような地表面が露出したところでは，スコール性の強い降雨が直接地表面に打ちつけるために，表面流出水が有機質に富む表土を著しく浸食して土壌を劣化させ，植生の再生を著しく妨げる．森林の再生は難しくなり，アランアランとよばれる日本のチカラシバに近縁のイネ科草原が一面に広がる事例が広く知られている．

一方，放射乾燥度が大きくなるにつれ，降水量が減少すると同時に，降水量に対する蒸発散量の割合が高くなっていくので，流出水量は下がり，土壌塩類の溶脱も最小限に抑えられている．したがって，モリソル（かつてはチェルノーゼムと

よばれた）に代表されるような草原性（放射乾燥度 1〜2）の土壌は肥沃で，世界の穀倉地帯を支えている．しかし，さらに放射乾燥度が高くなると，降った雨のほとんどは，毛管水として地中を上昇し，地表面からの蒸発散で大気に戻されるが，毛管水とともに上昇した土壌中の多量の塩類が地表面近くに集積する．いわゆる砂漠土壌とよばれる乾燥地特有の土壌が作られる．このような土壌は土壌含水量が少ないだけでなく，土壌水の浸透圧も高まるので，根からの吸水はいっそう困難になる．さらに，高濃度のナトリウムや塩素の害作用も強まって，多くの植物の生育を阻害する．このような地域には，サボテンのような多肉植物（多くが CAM 植物）に代表されるような刺をそなえた植物や，耐塩性をもった塩生植物や，根を地中深く伸ばす深根性植物が多くみられるが，いずれにしても疎らな半砂漠植生となっている．

3　暖かさの指数と乾湿指数

　日本を含む東アジアの植生帯分布を，気候環境に基づいてはじめて体系的に解析したのは，吉良龍夫（1945a, b）である．吉良の古典的な体系はその有用性と簡便な定義から現在にいたるまで広く用いられている．吉良の気候指標値は，月単位の気象統計データに基づいて定義されるが，現在では，小型の温度センサーに温度ロガーが利用できるようになり，特定の調査地の温度環境が短い時間間隔で算出できるようになり，日積算有効温度などが，温暖化を含む生態現象の研究に用いられるようになっている．ここでは，吉良の気候体系について，歴史的経緯も含めて少し詳しく説明しておこう．

　先に説明した年平均気温や年降水量に基づいた Köppen の気候帯区分は東アジアに適用するには不十分であった．そのため，吉良は，経験的に，摂氏気温から 5℃ を差し引いた値を（植物の生育の限界温度に対応した）有効温度として採用し，有効温度が正となる月平均気温の有効温度年積算値を「暖かさの指数」（WI, ℃・月）として定義し（発表当初は「温量指数」），植生分布との対応を調べた．植物にとっての乾燥の強さは，放射乾燥度の項でも述べたように，降水量だけでなく，蒸散速度を規定する温度環境に大きく左右される．吉良は，乾燥の強さを定量化するために，暖かさの指数を用いた乾湿指数を考案した．乾湿指数 K は，年降水量 P（mm）と暖かさの指数 WI から，

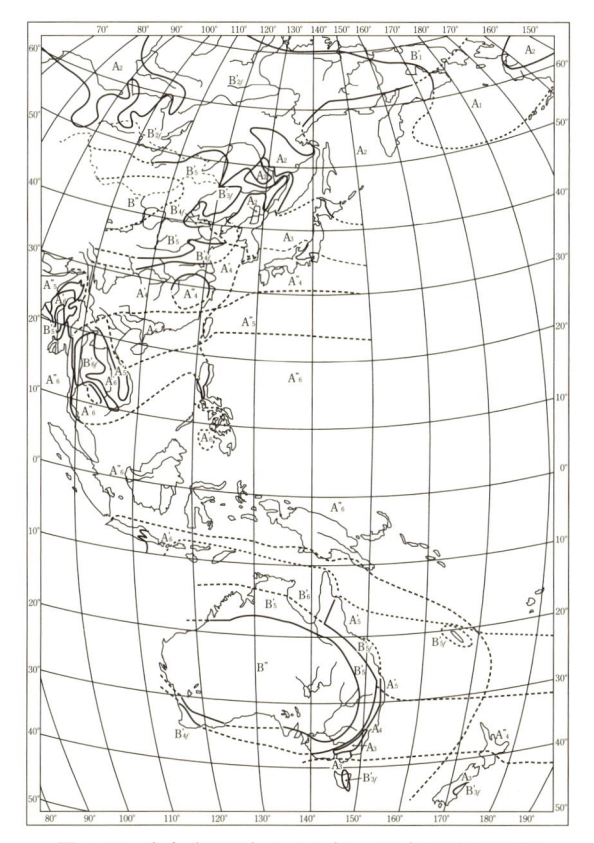

図 1-10 吉良（1945b）による東アジア気候区分予測図
吉良の気候帯区分の最初の版である。各気候区分の境界の定義は，表 1-1 に示す。吉良が「予測」としたのは，植生や測候データの充実による気候指数化の改訂を考慮したためである。

$$K = 2P/(WI + 140) \quad WI > 100 の場合 \tag{24}$$
$$K = P/(WI + 20) \quad WI < 100 の場合 \tag{25}$$

と定義した。ただし，温暖気候下で，植生に利用されずに流去する過剰な降水量を考慮して，P は各月ごとに 400 mm を超える降水量は差し引いて用いた。吉良は，バイオーム分布と気象データから，境界となる指数を検討し，暖かさの指数で 7 区分，乾湿指数で 5 区分の組み合わせで各バイオームの気候帯を定義し，植生気候帯区分を提案した（図 1-10, 1-11）。吉良は，引き続く検討によって，亜寒

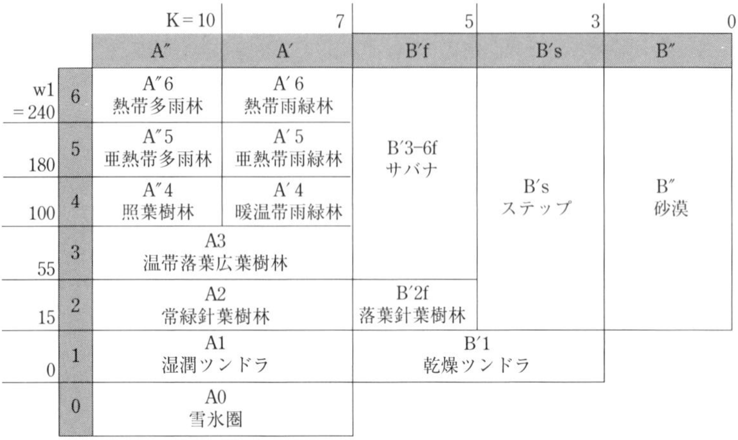

		K=10	7	5	3	0
		A″	A′	B′f	B′s	B″
w1=240	6	A″6 熱帯多雨林	A′6 熱帯雨緑林	B′3-6f サバナ	B′s ステップ	B″ 砂漠
180	5	A″5 亜熱帯多雨林	A′5 亜熱帯雨緑林			
100	4	A″4 照葉樹林	A′4 暖温帯雨緑林			
55	3	A3 温帯落葉広葉樹林				
15	2	A2 常緑針葉樹林		B′2f 落葉針葉樹林		
0	1	A1 湿潤ツンドラ		B′1 乾燥ツンドラ		
	0	A0 雪氷圏				

図 1-11 吉良（1945b）によって最初に提案された東アジア気候区分
温量指数（暖かさの指数）WI と，乾湿指数 K の組み合わせによって，気候帯・植生帯を定義している。表中の略号は，図 10 の地図上の表記に対応する。

帯針葉樹林と冷温帯落葉広葉樹林を区分する WI を，当初の 55 から 45 に，冷温帯落葉樹林と暖温帯の照葉樹林の境界の暖かさの指数を 100 から 85 に，それぞれ改訂した（吉良 1948）。日本の本州内陸部で観察される照葉樹林の分布限界は 100℃・月付近に出現するが，これは暖かさの不足ではなく冬季の寒さによる制限であると考察した。そして，寒さの指数（CI, 有効温度以下となる月の，5℃マイナス月平均気温の年積算値）を定義し，CI=－10（℃・月）が寒さによる照葉樹林の境界にほぼ対応することを例示した（図 1-12）。したがって，WI>85 かつ CI<－10 の範囲には照葉樹林もブナ林も分布せず，コナラなどの暖温帯性落葉樹とモミ・ツガなどの暖温帯性針葉樹が分布する移行帯が分布する。中国大陸の黄河流域や，南端域を除く朝鮮半島においても，冬季の低温によって常緑広葉樹の分布が妨げられている（図 1-12）。

4 垂直分布と緯度分布

標高が上がると，気圧が減少して大気の断熱膨張にともなってエネルギーが低下して，気温が低下する。そのため，平均的な温度傾度の存在は，緯度分布と同じように高山の標高分布にも存在する。これに対応して，植生の緯度方向の水平

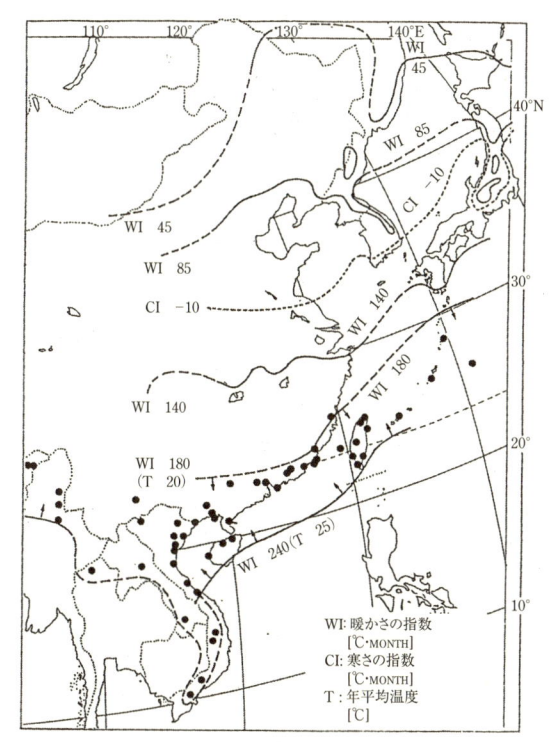

図 1-12 東アジアの植生区分境界を示す暖かさの指数 WI の分布 (Kira 1995)

暖温帯の北限を示す暖かさの指数 WI=85 と，常緑広葉樹林の北限を示す寒さの指数 CI=−10 の間に，常緑広葉樹林の分布しない植生が成立する。照葉樹林の南限に対応する WI=180（ほぼ年平均気温 20℃）以南，熱帯林の北限 WI=240（年平均気温 25℃）の間に出現する，常緑樹と落葉樹の混交する森林植生を亜熱帯林と定義した（丸印は，20<T<25℃の測候所の分布）．

分布と標高分布が対応する，と模式的に示されることがよくある．しかし，これを全球規模に当てはめようとすると矛盾が生じる．東アジア高山の標高帯に沿った分布を詳細に検討した大沢雅彦は，次のような事実を見出した（Ohsawa 1990, 1993）．すなわち，山岳の森林限界は，吉良の寒帯・亜寒帯境界である WI=15 におおよそ一致していた．緯度帯の熱帯〜暖温帯に対応する山地の常緑広葉樹林は，およそ緯度20度までの熱帯山岳では，標高 2500 m 程度に対応する WI=85 を超え，標高 3500 m 前後の森林限界まで分布する．この上部熱帯山地林（標高

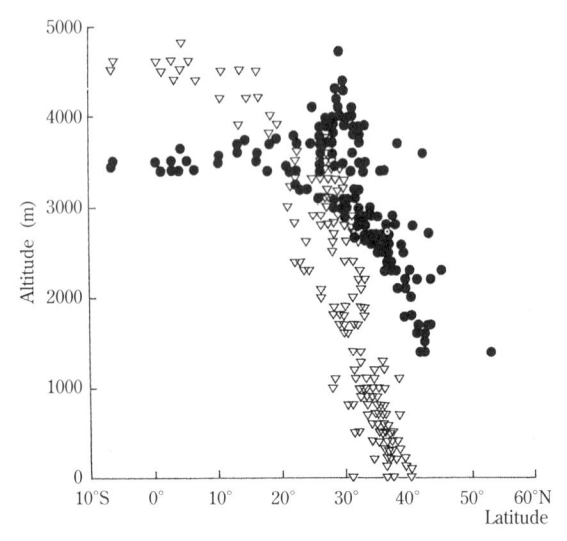

図1-13 日本を含む東～東南アジア山地の緯度傾度に沿った，最寒月平均気温 CI～1℃（▽）と暖かさの指数 WI=15（●）の標高分布（Ohsawa 1990）.

2500～3500 m，85＞WI＞15）では CI＞－10，あるいは［最寒月平均気温］＞－1℃となるために，落葉広葉樹林が出現しない．温帯性の，落葉広葉樹林や常緑針葉樹林の分布域は，高緯度となり温度変化の年較差が増大するのにともなって出現する WI＞15，CI＜－10 という気候環境下ではじめて現れる植生帯である（図1-13）．日本列島のような海洋に接する山地では，日中の海風によって湿潤な局地気候となることも，樹種や植生タイプの緯度分布と標高分布の違いをもたらす重要な要因になる．

5 植生 — 気候相関のずれ

これまで説明してきた植生分布と気候要因との対応関係は，時間が十分に経過した後の平衡状態を示している．ところが森林を例に考えると，林冠個体の平均滞在時間が百年～数百年という，長い時間スケールで存在している．過去数十年間に急速に進行している大気二酸化炭素濃度の増加と気候の温暖化に対して，陸域生態系は速やかに応答するわけではなく，現在われわれの観測できる植生分布

は，長い植生の存在期間の平均的な，あるいは過去の環境を反映したものである。気候変化とともに分布が速やかに変化することは不可能である。その重要な要因として，各機能型（あるいは各種）は平均的な実現分布より，ある広い潜在分布域をもつと考えられること（競争的な分布境界形成），すでに生活史が維持できない環境変化でも，定着個体の長期間にわたる生存・存続は可能であること，また，新たな生育適地への種子散布などによる侵入成功の機会が，散布域制限や，人為的・非人為的な分散バリアーによって妨げられること，などの諸要因が挙げられる。地理的な気候環境傾度に沿った樹木機能型の個体群動態と種子分散のシミュレーションでは，100年スケールの急激な温暖化に対して，分布境界が追随できず，数百年から数千年の遅延を示す可能性を示唆している (Kohyama 2005; Takenaka 2005)。

したがって，予測性のある植生帯分布の動態予測には，植生帯分布や相観の気候相関をもたらしてきた生理的メカニズムと，時間応答・遅延を規定してきた生態的プロセスを理解する必要がある。

V 森林に関するいくつかの視点

森林生態系は，草原やツンドラなどの他の生態系に比して，地上空間の高い範囲を占有し，しかも，毎年の生産物が樹体内に累積していくため，その現存量は数百 t/ha に達し，草原やツンドラなどの生態系が数 t～数十 t/ha であるのに比較して，当然のことながら著しく高い。地球上の全森林の現存量の総量は，地球上の総現存量の90%を占めている。また森林生態系では単位面積あたりの葉量，すなわち葉面積指数も高く，かつ地球上で大面積を占めているため純生産量も多い。近年の熱帯域を中心とした森林の減少傾向は，地球の気象に変化を与えるほど大きな原因になっていると憂慮されている。

森林は長年月地上に生存し，毎年落葉することによって，必要な成分は土壌に還元され，生産力は維持される。また森林は養分の循環面から閉鎖的であり，系内に養分を保持する機能をもっており，自己施肥系とよばれる由縁である。

森林を面積でみると，南アメリカが最も広く，次いで旧ソ連邦，アフリカ，北アメリカ，アジアの順になっており，森林率（森林面積/地域面積）も南アメリカ，

旧ソ連邦が高い。熱帯多雨林帯や亜寒帯針葉樹林帯にある諸国は一般的にいって，森林率が高いが，これらの地域でも，土地利用の歴史によって森林率が低くなっている。また，温帯の落葉広葉樹林帯を主とする地域は本来は広大な森林が存在していたが，農耕や牧畜の発達によって森林率が低くなっている。

森林資源は，木材利用や燃料としてだけでなく，林地の保全，水源涵養，洪水防止，蒸発散による気候の緩和，景観保全などに重要な役割を果たしている。

相観 (physiognomy) に基づく，バイオームすなわち生物群系 (biome) は，量的に優占する植物種群の生活形，葉特性（サイズと寿命）など景観的諸特性に基づいて定義される。一般的に用いられる大括りの相観分類では，森林（樹木が密生した植生）か，あるいは疎林や矮生低木・草地であるか，葉群が年間を通じておもに常緑性であるか，あるいは一定の同調した落葉期をもつか，などに注目する。相観は，構成種群の生理生態的特性や，さらには地上部・地下部の現存量，一次生産速度など生態系レベルの機能を規定する特性でもあり，第4章Ⅲ節で述べるような広域の陸域生態系モデルも，バイオームの区分に基づいている。

各植物種の生理的，生態的特性を定量化できれば，多種からなる生態系レベルの総体としての生理特性が記述できるだろうが，種多様性を考えると絶望的である。そこで光合成など生理メカニズムの共通性と機能的なトレードオフが存在することから，多くの種を生態系における機能タイプ (functional types) にグループ化して，生理・生態パラメータを定め，全地球規模のモデリングに用いられるようになった (Lavorel et al. 2007)。現在のところ，全地球規模の植生モデリングでは，植生相観タイプと植物の機能タイプはほぼ一致して用いられているレベルであるが，同じバイオームのなかでの機能分化を表現できるように，詳細な定義・定量化への試みがつづけられている。

東アジアの大陸東岸の森林帯は，熱帯多雨林から亜熱帯・暖温帯多雨林までの常緑の広葉樹が優占する森林から，冷温帯の落葉広葉樹林，亜寒帯の常緑針葉樹林と，主要な葉タイプが変化する。より内陸の乾燥型植生となると，熱帯モンスーン林（雨緑林）や東シベリアのカラマツ林のように落葉性が卓越する。

1 常緑性の生理的意義

森林には常緑樹林と落葉樹林とがある。ここで，常緑樹の生理的意義を考えて

みよう。葉を長い間維持するためには，力学的強度を持たせるために強靱な細胞壁を発達させる必要があり，そのためのコストがかかる。長寿命の葉では重量あたりの比面積（葉面積／葉重量）は低下し，重量あたりの窒素量や Rubisco 含有量，光合成能などが低下する。こうした寿命と生理活性のあいだのトレードオフが，常緑・落葉性の選択の背景に存在する（Reich et al. 1997; Wright et al. 2004）。熱帯林から照葉樹林の北限にいたる常緑樹生活形は，通年温暖な生育期，あるいは温暖な冬季に特徴づけられる。常緑広葉樹林の分布限界を規定する寒さの指数が $-10℃・月$，あるいは［最寒月平均気温］$= -1℃$ は，冬季の葉の光合成活性と茎の蒸散流の維持が可能な環境であることを示唆している。この限界を超えると木部中の水が凍結する。これが融けるときに，太い導管を発達させた被子植物（広葉樹）ではキャビテーション（空洞化）が生じて蒸散流が維持できなくなるが，細い仮導管しか持たない裸子植物（針葉樹）は部分的なキャビテーションを迂回して木部の連続した水柱を確保できるので分布限界とはならない（Taneda and Tateno 2005）。一方，落葉樹では，冬季に葉群を維持するのにともなう問題は回避できるが，当然冬季の光合成はできず，また，毎年生育期間のはじめには新規に葉を作るとともに，蒸散流を回復させるためにエネルギーを費やして吸水する必要がある，などのコストが生じる。冬季低温にさらされる環境下では，1年以上たった越年葉を利用することによって，短い生育期間ごとに新たに葉を作り替えるコストを抑えるメリットがある（Monsi 1960; Kikuzawa 1991）。ただし，そのためには，針葉樹のように，木部が十分な凍結耐性を備えるとともに，低温のために光合成の炭酸同化代謝経路が休止する冬季に，葉緑体の光合成光化学系 II で進行する光化学反応がもたらす光障害を避けるメカニズムをもつことが必要になる（ただし，高緯度の森林限界付近における，冬季の短い日照時間と低い日射量は，光障害を緩和させるだろう）。常緑針葉樹の葉が示す，冬季光障害を避ける複数の生理的メカニズムの存在が明らかにされつつあるが，低温域の常緑性高木が針葉樹に限られる理由はまだ解明されていない。高緯度地域でも積雪に覆われるツンドラ植生や高山植生のツツジ科常緑低木，あるいは落葉広葉樹林の林床に出現するササ類や照葉樹種と類縁の多雪地型矮生樹種群（たとえばユキツバキ，エゾユズリハ，ヒメモチなど）は，凍結害と光障害から守られるために，常緑性を保つことが可能になっている。

2　針葉樹と広葉樹

　水の通道組織である木部は，針葉樹では仮道管のみで，道管はない。仮道管は一つの細胞の長さは短く（0.5～11 mm），直径も細い（50 μm 前後）ので，通水効率が著しく劣る。一方，広葉樹がもっている道管は一つの細胞も長く（0.6～5 m），直径も太い（50～300 μm 前後）ために，通水効率がすぐれている。したがって，ヒートパルス法で求められた樹液流速度は，針葉樹では 1.0～2.1 m/hr 程度にすぎないが，広葉樹では道管の直径の細い散孔材種であるユリノキでも 2.6 m/hr，直径の太い環孔材樹種であるナラ属の一種では 44 m/hr にもなることが知られている。このように針葉樹の通水効率は劣っている。しかし，亜寒帯地域のような極寒の地域で，秋から翌春にかけて，くり返し起こる水の凍結・融解にともなって木部内に気泡が生じるキャビテーション現象が水柱を途切れさせるエンボリズムを起こすが，針葉樹では細い仮道管のみなのでエンボリズムは起こりにくい。一方，広葉樹では太い道管内にキャビテーションが生じ，エンボリズムが頻発するために，水を樹冠まで運ぶことができずに，枯れる危険性が高い。このことが，亜寒帯地域では針葉樹林が優勢になっている理由の一つであると考えられている（丸田 2012）。

3　森林限界と森林高の生理的メカニズム

　温度・降水量の適した範囲では森林生態系が卓越し，しかも類似の気候環境下では類似の相観を示すバイオームが成立することは経験的事実である。しかし，そのメカニズムはまだ完全に理解されているわけではない。樹木は，非同化器官である分枝した茎（幹と枝）を積み重ね型に展開することによって，光合成器官である葉群を高い位置に再構成できる。これは，周囲の個体との受光競争に有利な体制を維持するために，進化的に獲得された生活形である。気候・立地環境が樹木の生育を許す樹木気候下では，より高く広く樹冠を広げることのできる樹木種は，光競争における優越を利して分布するだろう。さらに，より低い植物種は，高木種の占める間隙を埋めるような戦略でそれと共存することが可能となる（Kohyama 1993, 2006）。

　分枝して葉群を支える茎は，力学的強度と，葉群の光合成のための二酸化炭素

取り込みと同時に生じる大量の蒸散を支えるのに十分な材強度と通導組織の太さが必要であり、樹高成長にともなって、二次肥大成長を行う。高い樹高を獲得するためには、茎肥大成長にまわす純生産量を維持しなくてはならず、また、光合成にともなう蒸散を支えるに足る植物体内の水輸送(蒸散流)を担う通導能力が必要である。蒸散流は、葉群の蒸散に駆動され、根から葉群まで連続する水の凝集力によって維持される。樹高の増加にともなって通導抵抗も増加するので、蒸散流が維持できる上限が存在する。蒸散速度は、日射量の低下や温度の低下による飽和水蒸気圧の減少によって低下し、また土壌水分量の減少によっても低下する。したがって、温度と降水量は森林の分布だけでなく森林の上限高も制限することになる。森林の高さや構造は、こうした水分過程だけでなく、強風害に対する力学的強度とも関係して規定されている。

　東アジアでは熱帯多雨林の70〜80 mを最大として、森林高が減少するが、日本の温帯林では、屋久島のスギから、北海道のエゾマツ・アカエゾマツまで、観測される針葉樹の最大森林高は35〜40 m、広葉樹で25〜30 m程度であり、明瞭な緯度傾度は認められない。高頻度に襲来する台風に対する適応と考えられる。温帯域でも、北米西岸のセコイアのような針葉樹林やオーストラリアのユーカリ林のような樹高100 mを超す巨大な森林は、湿潤で強風害のない気候環境のもとに成立している。

4　森林の発達過程と更新

　吉良竜夫と四手井綱英は、林齢にともなう森林の生産過程を模式的に整理した(Kira and Shidei 1967)。そのモデルでは、若齢林で葉量極大となり、その後、葉量は一定となるが葉以外の非同化部は増加しつづけるので、それを維持するための呼吸(R_C)が増加するために、純一次生産速度(NPP = GPP − R_A − R_C)は減少する。実際には非同化部の重量あたり呼吸速度に比例せずに非同化部量の増加にともなって減少するため(維持呼吸活性は重量でなく活性の高い表層部分で高い)、NPPも林齢にかかわらず一定に維持されるとも考えられる。NPPの一部が葉の再生産に寄与するので、林齢とともにNPPが減少するにもかかわらず一定の葉量を維持するのは無理であり、図1-14に示すようなモデルが妥当だろう。このようなパターンは炭素動態モデルに基づいた熱帯林のシミュレーションによって

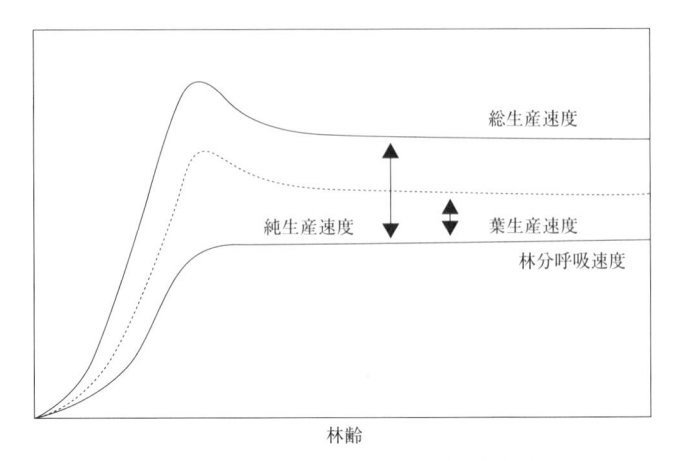

図 1-14 同齢林分の発達にともなう生産特性の変化（Kira & Shidei 1967 から改変）
若齢で葉量極大となるオーバーシュート現象が現れ，それ以降，単位面積当りの葉重量は林齢によらずほぼ一定となる。純生産速度は，葉量の変化にほぼ対応して推移する。

も再現されている (Oikawa 1985)。単一種同齢林では，林齢にともなって LAI が徐々に減少していく，という一般化がされている (Ryan et al. 1997)。もし同化部量の減少 → NPP の減少，という正のフィードバックが作用すれば，森林は速やかに衰退するしかない。森林高が高くなると，比葉面積（葉 1 g あたりの葉面積）は減少する（風による拡散抵抗の減少に適応した可塑的な変化）ために，葉重量一定と，葉面積減少とは必ずしも矛盾しない。

　安定した自然林は，図 1-14 の林齢の大きい右端の状態にあるのではなく，自律的（林冠木の自然枯死）あるいは外的撹乱によって一定の割合で若いステージに戻るような若返りと再生をくり返して維持されている。典型例は，本州の亜高山帯のシラビソ・オオシラビソ林や北米東岸亜高山帯のバルサムモミ林で観察される縞枯れ現象（波状更新現象ともよばれる）という集団枯死・一斉更新の景観的パターンにみることができる。集団枯死帯は卓越風の風衝方向に開いており，その下には密生する同一種の年齢のそろった後継個体群が形成される。枯死帯の風上側に林分の齢が徐々に増加していき，成熟林分では再び同様の枯死帯に終わる。集団枯死は将棋倒し式に風下方向に移行していき，森林全体としては定常的にほぼ同齢林のモザイクが維持されることになる。

　森林の観測は，こうした更新サイクルのどのステージを扱っているのかを常に

認識しておく必要がある．森林のガスフラックス観測は，装置設定の可能性や，観測に適した均質な林冠構造などから，NPPの大きい若齢の森林で行われる傾向が高い．その一方，生態的なプロット観測は，より原生的とみなされる成熟した状態を選択しようとして，現存量の大きい老齢ステージに偏って設定される傾向がある．近年設定されているような，数十haに及ぶ大面積プロットの観測であっても，撹乱の時間変動や環境変化から，観測時期による更新ステージ分布の歪みに影響される可能性からは逃れられない．広域スケールでの定量化には，観測データの背景にあるこうしたバイアスを十分に考慮する必要がある．

VI 草原に関わるいくつかの視点

　世界の草原面積の大半は，熱帯・亜熱帯域のサバンナや，温帯域のステップなどの半乾燥気候下の非樹木気候帯にある．放牧，火入れ，採草などの人為が加わって維持されている半自然草原の面積も広く，自然草原とあわせると世界の陸地面積の1/3近くを占める．草原を構成する草本植物はほとんどが被子植物で，一部シダ植物も含まれるが，裸子植物は存在しない．草原の主体をなすイネ科草本は草原を舞台に進化してきた．イネ科草本は次のような多くのすぐれた特徴をもっている．すなわち，種子の発芽や発芽後の生長が速い．茎の根元の節から腋芽が伸びだすという分げつ能力が高い．葉の分裂組織が基部にあり，葉鞘に保護されているので，先端が傷んでも伸びつづけられる．ケイ酸を多く含み，植物体が硬くて丈夫である．倒伏しても茎の節から根を出したり，茎での分裂能力が回復して途中から起き上がれる．ひげ根が発達して引き抜かれにくい．根や地下茎に養分を多量に蓄えている．風媒という集団での交配に適した受粉を行う．果実にしばしば針状の芒（のぎ）をつけ，動物の体に付着して運ばれやすい，といった点が挙げられる．

　このように，イネ科草本は乾燥と動物による摂食・踏みつけに強い特性をもっており，草原の拡大とともに世界中に広がった．

1　C_3草原とC_4草原

　草原にはおもにC_3植物からなる草原と，C_4植物からなる草原とがある。半乾燥地帯の比較的冷涼な温帯域に分布するステップはC_3草原の代表であり，高温で亜熱帯域に広がるサバンナはC_4草原の代表である。

　最近では，人工衛星で得られた画像情報に基づいて，二つのタイプの草原のグローバルな分布が詳細に調べられている。この手法で推定されたC_4草原の分布は，高温で乾燥したサバンナ地域でとくに優勢であり，寒冷な地域では非常に僅かになることが，分布図に明瞭に示されている (Woodward et al. 2004)。

　また，日本のような湿潤な温帯域でも，毎年の刈り取りで人為的に維持されている草原で，地上部現存量は春から初夏までの比較的涼しい期間はC_3植物が優勢で，夏以降の厳しい暑さが訪れるとC_4植物が優勢になるという，季節的な逆転現象がくり返し認められている (横山・及川，2000，2002)。さらには大気$\delta^{13}C$の季節的な変化からも両者の逆転現象が裏づけられている (Shimoda et al. 2009)。このような事実は，表1-5にまとめられているC_3植物とC_4植物の光合成特性からも十分に納得できることである。

　地球全体の陸域生態系の生産力におけるC_3植物とC_4植物の貢献割合を推定する研究も進められている。Ito (2003) は光合成におけるC_3植物とC_4植物の$\delta^{13}C$特性などの生理・生態機構を組み入れた生態系モデルSim-CYCLEに年々の気象情報を入力して求めたGPPは，1950年代の112Pg C/年から1990年代には124Pg C/年に増えたものと見積もっている。

　ところが最近になって思いもよらない事実が明らかになってきた。それは新生代の気候が寒冷化した中で，C_4草原が分布域を広げてきたことがわかってきたのである。その一つの証拠として，いまからほぼ700万年前の新第三紀に，草食動物の歯の$\delta^{13}C$の値がC_4植物の$\delta^{13}C$の値に近づいたことが挙げられる。また，いまから2万年ほど前の最終氷期前後の湖底堆積物の$\delta^{13}C$の分析結果が，この寒冷な時期に，C_3植物よりもC_4植物の方が優占していたことを示したのである。このことは先に図1-2に示したように，氷期には気温が下がったが，それと同時に大気CO_2濃度も下がり，最終氷期の最盛期には180 ppm前後にまで下がっていたことが原因であると考えられる。C_4植物はCO_2補償点がきわめて低く，低濃度のCO_2でも光合成に効率的に利用できる。一方，C_3植物は光呼吸が顕著な

ために，CO_2 補償点は 50ppm 前後と高く，低濃度の CO_2 環境では光合成を活発に行えず，劣勢な状況にあったと理解されるようになった。C_3 植物と C_4 植物の優劣を決める要因として，温度よりは大気 CO_2 濃度の方が大きく関与していたことを示している。現在進行中の大気 CO_2 濃度上昇にともなう地球温暖化は C_3 草原と C_4 草原，どちらに有利にはたらくのか，興味ある研究課題である。

2　人工の草原

　自然植生の草原以外に，人為の加わった代償植生としての草原がある。森林の伐採，採草，放牧，火入れなどの人為的な植生の破壊の後，植生の回復過程が自然のままに放置されてできた草原は半自然草原とよばれる。採草地や放牧地として利用される日本の半自然草原は，気温と植生の破壊度合いによって決まってくる。冷温帯では年 1 回程度の刈取りや火入れで植生の破壊度合いが小さいと，草丈が高く光をめぐる競争力の大きいススキ草原となるが，放牧をつづけるなど破壊度合いが大きくなると，草丈は低いが，再生力の強いシバ草原となる。

Ⅶ　生物分布における収斂と適応放散

　地球上のさまざまな環境下に生息している動植物の地理的分布をみたときに，収斂と適応放散とよばれる現象が広く認められる。ここで，収斂とは，たとえば乾燥や高温・多湿といった条件が似た環境下で生活している生物は，進化系統的に異なっていても，その場の環境に適した似た形や機能を備えていることをいい，逆に適応放散とは，進化系統的に類縁種であっても，生息場所の異なった環境下では異なった形と機能を備えて生活していることをいう。ここで，収斂と適応放散の実例を紹介しよう。

1　乾燥環境に対する収斂

　中央アジア，西アジア，北アフリカと連続する地域や，南アフリカ，北アメリカ西南部から中央アメリカ，南アメリカ西岸部，オーストラリア大陸にはサバン

ナ草原や有刺低木林が広がっている。このような地域に分布している植物は形態的には多肉植物が多く，蒸散を低く抑えている。さらに光合成経路としては多くの種がCAM経路をもっており，水利用効率がきわめて高い。新大陸の乾燥地帯の多肉植物，アフリカでの多肉植物をまとめてみると下記のようになる。

・新大陸の乾燥地帯の多肉植物
　サボテン（双子葉植物，サボテン目，サボテン科）
　リュウゼツラン（単子葉植物，ユリ目，リュウゼツラン科）
　パイナップル（単子葉植物，パイナップル目，パイナップル科）
・アフリカの多肉植物
　多肉ユーフォルビア（双子葉植物，フウロソウ目，トウダイグサ科）
　マツバギク（双子葉植物，アカザ目，ツルナ科）
　アロエ（単子葉植物，ユリ目，ユリ科）

また，中央アジア，北アフリカ，アメリカ大陸に広く分布する乾燥適応的な植物にマオウ（裸子植物，グネツム目，マオウ科）がある。しかし，マオウはオーストラリアや南アフリカの乾燥地には分布していない

2 熱帯多雨林における収斂

前にも述べたように，熱帯多雨林は中南米とアフリカと東南アジアが三大熱帯多雨林地域を形成している。これらの地域は大西洋，インド洋，太平洋によって隔離され，距離的に大きく離れているが，森林構造は酷似している。しかしながら，森林を構成する樹種も，林床植物も，樹幹や枝に着生する植物も，系統的に著しく異なっており，それぞれに独自の植物相が進化発展している。地域ごとの熱帯多雨林を構成する樹種をまとめると，次のようになる。

・南米大陸・中北部（アマゾン川流域）
　（主）マメ科（バラ目），サガリバナ科（フトモモ目）
　（副）クスノキ科（モクレン目），カンラン科（ミカン目），アカテツ科（カキノキ目）

・アフリカ大陸・中西部（ザイール川中流域～ギニア湾沿岸部）
  (主) マメ科（バラ目），キョウチクトウ科（リンドウ目），トウダイグサ科（フウロソウ目）
・東南アジア島嶼群（スマトラ，ボルネオ，マレー半島）
  (主) フタバガキ科（オトギリソウ目）
  (副) フトモモ科（フトモモ目），クスノキ科（モクレン目）

3　オーストラリア大陸におけるユーカリ属樹種の適応放散

　一方，適応放散の実例としてユーカリ属の多くの樹種が挙げられる。フトモモ科ユーカリ属には400～500種の樹種があり，分布のほとんどがオーストラリア大陸とタスマニア島に限られている。湿潤な環境から乾燥した環境まで，同じユーカリ属のさまざまな種がみられる。

・湿潤ユーカリ林: 南東部および南西端部の年雨量750～1000 mmの地域に発達し，密生した高木のユーカリ林を形成する。樹高が数十 mになる種類も少なくなく，中でもセイタカユーカリ *E. regnans* F. Muell. は樹高97 m，直径7.5 mのものが記録され，広葉樹としては世界最高の樹高である。

・乾燥ユーカリ林: 年雨量が500～750 mm（南部）または750～1500 mm（北部）の地域のやや乾燥した地域に成立し，高木のユーカリ類を主体とする疎林を形成する。

・マリ南部の年雨量250～500 mmの範囲に成立し，低木のユーカリ類がやや散生的に生育する。

引用・参考文献

Beerling, D.J. and Woodward, F.I. (2001) Vegetation and the Terrestrial Carbon Cycle: Modeling the first 400 million years, Cambridge University Press. 及川武久監訳 (2003)『植生と大気の4億年』京都大学学術出版会.

林秀剛・翠川文次郎・宝月欣二 (1967) ジャガイモおよびイネの初期生長期における貯蔵物質の植物体への転化の効率 (economic ratio) について. 日本生態学会誌, 17: 13-20.

IPCC (2007) IPCC Fourth Assessment Report: Climate Change 2007, Cambridge Univ. Press.

Ito, A. and Oikawa, T. (2002) A simulation model of the carbon cycle in land ecosystem (Sim-

CYCLE): A description based on dry-matter production theory and plot-scale validation. Ecological Modelling, 151: 147-179.
Ito, A. (2003) A global-scale simulation of the CO_2 exchange between the atmosphere and the terrestrial biosphere with a mechanistic model including stable carbon isotopes, 1953. 1999, Tellus 55B, 596. 612.
Iwao, K. Nasahara, K., Kinoshita, T., Yamagata, Y., Patton, D. and Tsuchida, S. (2011) Creation of new global land cover map with map integration. Journal of Geographic Information System, Vol. 3 No. 2: 160-165. doi: 10. 4236/jgis. 2011. 32013.
Kikuzawa, K. (1991) A cost-benefit analysis of leaf habit and leaf longevity of trees and their geographical pattern. Am. Nat. 138: 1250-1263.
吉良龍夫 (1945a) 農業地理学の基礎としての東亜の新気候区分. 京都帝国大学農学部園芸学研究室.
吉良龍夫 (1945b) 東亜南方圏の新気候区分. 京都帝国大学農学部園芸学研究室.
吉良龍夫 (1948) 温量指数による垂直的な気候帯のわかちかたについて. 寒地農学. 2: 47-173.
Kira, T. (1978) Canopy architecture and organic matter dynamics in tropical rain forests of Southeast Asia with special reference to Pasoh Forest, West Malaysia. pp. 561-590. In Tomlinson, P.B. and Zimmermann, M.H. (eds.), Tropical Trees as Living Systems. Cambridge Univ. Press, New York.
Kira, T. and Shidei, T. (1967) Primary production and turnover of organic matter in different forest ecosystems of the western Pacific. Japanese Journal of Ecology, 17: 70-87.
Kohyama, T. (1993) Size-structured tree populations in gap-dynamic forest – the forest architecture hypothesis for the stable coexistence of species. Journal of Ecology, 81: 131-143.
Kohyama, T. (2005) Scaling up from shifting gap mosaic to geographic distribution in the modeling of forest dynamics. Ecological Research, 20: 302-312.
Kohyama, T. (2006) The effect of patch demography on the community structure of forest trees. Ecological Research, 21: 346-355.
黒岩澄雄 (1966) 植物の物質生産.『現代の生物学 9 巻 生態と進化』pp. 71-100 岩波書店.
Lavorel, S., Diaz, S., Cornelissen, J.H.C., Garnier, E., Harrison, S.P., McIntyre, S., Pausas, J. G., Peres-Harguindeguy, N., Roumet, C. and Urcelay, C. (2007) Plant functional types: are we getting any closer to the Holy Grail? pp. 149-164. In Canadell, J.G., Pataki, D.E. and Pitelka, L.F. (eds.), Terrestrial Ecosystems in a Canging World. Springer, Berlin.
丸田恵美子 (2012)『冬の樹木の生理生態学』pp. 144. 自費出版.
Miyamoto, K., Rahajoe, J.S., Kohyama, T. and Mirmanto, E. (2007) Forest structure and primary productivity in a Bornean heath forest. Biotropica, 39: 35-42.
Monsi, M. (1960) Dry-matter reproduction in plants I. Schemata of dry-matter reproduction. Bot. Mag. Tokyo, 73: 81-90.
Monsi, M. and Saeki, T. (1953) Über den Lichtfaktor in den Pflanzengesellschaften und seine Bedeutung für die Stoffproduktion. Japanese Journal of Botany, 14: 22-52.
中澤高清・青木周司 (2010) 2. 地球規模の炭素循環 (1) 大気.『地球変動研究の最前線を訪ねる』(小川・及川・陽編) pp. 88-108. 清水弘文堂.

Ohsawa, M. (1990) An interpretation of latitudinal patterns of forest limits in south and east Asian mountains. Journal of Ecology, 78: 326–339.

Ohsawa, M. (1993) Latitudinal pattern of mountain vegetation zonation in southern and eastern Asia. Journal of Vegetation Science, 4: 13–18.

Oikawa, T. (1978) Canopy photosynthesis of the plant population simulated on the basis of light and CO_2 conditions. JIBP Synthesis, 19: 167–183.

及川武久 (1979) 4. 光合成産物の分配と成長. 『植物生態学講座3 群落の機能と生産』(岩城英夫編) pp. 150–294, 朝倉書店.

Oikawa, T. (1985) Simulation of forest carbon dynamics based on a dry-matter production model. I. Fundamental model structure of a tropical rain forest ecosystem. Botanical Magazine Tokyo, 98: 225–238.

Oikawa, T. (1986) A simulation study of surplus productivity as influenced by the photosynthesis and respiration rates of a single leaf. J. Agr. Met., 42: 207–216.

Oikawa, T. (1990) Modelling primary production of plant communities. Ecology for Tomorrow, ed. by Kawanabe, H., Ohgushi T., and Higashi, M., Physiology and Ecology Japan, 27(Special Number): 63–80.

及川武久 (1994) 熱帯多雨林生態系の炭素動態のシミュレーション. 『新しい農業気象・環境の科学』(日本農業気象学会編) pp. 285–296, 養賢堂.

Penning, de Vries (1975a) "Photosynthesis and productivity in different environment" (ed. Cooper, J.P.), pp. 459–480, Cambridge Univ. Press.

Penning, de Vries (1975b) The cost of maintenance processes in plant cells. Annals of Botany N.S., 39: 77–92.

Reich, P.B., Walters, M.B. and Ellsworth, D.S. (1997) From tropics to tundra: global convergence in plant functioning. Proceedings of the National Academy of Sciences USA, 94: 13730–13734.

Ryan, M.G., Binkley, D. and Fownes, J.H. (1997) Age-related decline in forest productivity: pattern and process. Advances in Ecological Research, 27: 213–262.

Shimoda, S., Murayama, S., Mo, W., and Oikawa, T. (2009) Seasonal contribution of C3 and C4 species to ecosystem respiration and photosynthesis estimated from isotopic measurements of atmospheric CO_2 at a grassland in Japan. Agricultural and Forest Meteorology, 149: 603–613.

Still1, C.J., and Berry, J.A., Collatz, G.J., and DeFries, R.S. (2003) Global distribution of C3 and C4 vegetation: Carbon cycle implications, GLOBAL BIOGEOCHEMICAL CYCLES, 17: 1–14.

Tadaki, Y., Hatiya, K., Tochiaki, K., Miyauchi, H., and Matsuda, U. (1970) Studies on the production structure of forest. XVI. Primary productivity of Abies veitchii in the subalpine zone of Mount Fuji. Bulletin of the Government Forest Experimental Station, Tokyo, 229: 1–22.

Takahashi K., Yoshida K., Suzuki M., Seino T., Tani T., Tashiro N., Ishii T., Sugata S., Fujito E., Naniwa A., Kudo G., Hiura T., Kohyama T. (1999) Stand biomass, net production and canopy structure in a secondary deciduous broad-leaved forest, northern Japan. Research Bulletin of Hokkaido University Forests, 56: 70–85.

Takenaka, A. (2005) Local coexistence of tree species and the dynamics of global distribution pattern along an environmental gradient: a simulation study. Ecological Research, 20: 297–304.

Taneda, H. and Tateno, M. (2005) Hydraulic conductivity, photosynthesis and leaf water balance in six evergreen woody species from fall to winter. Tree Physiology, 25: 299–306.

Winslow, J.C.E., Hunt Jr., R., and Piper, S.C. (2003) The influence of seasonal water availability on global C3 versus C4 grassland biomass and its implications for climate change research. Ecological Modelling, 163 (2003): 153, 173.

Woodward F.I. & Lomas M.R. (2004) Vegetation dynamics – simulating responses to climatic change. Biological Review, 79, 643–670.

Wright, I.J., Reich P.B., Westoby, M., Ackerly, D.D., Baruch, Z., Frans, B., Cavender-Bares, J., Chapin, T., Cornelissen, J.H.C., Diemer, M., Flexas, J., Garnier, E., Groom, P.K., Gulias, J., Hikosaka, K., Lamont, B.B., Lee, T., Lee, W., Lusk, C., Midgley, J.J., Navas, M.-L., Niinemets, Ü., Oleksyn, J., Osada, N., Poorter, H., Poot, P., Prior, L., Pyankov, V.I., Roumet, C., Thomas, S.C., Tjoelker, M.G., Veneklaas, E.J. and Villar, R. (2004) The worldwide leaf economics spectrum. Nature, 428: 821–827.

横井洋太 (1967) 高等植物体内における物質転形の生態学的考察―主として貯蔵物質からの芽ばえの形成について―. 生物科学, 18: 146-154.

横山智子・及川武久 (2000) 水理実験センター圃場における1999年のC3/C4混生草原のLAIとバイオマスの季節変化. 筑波大学・陸域環境研究センター報告, 1: 67-71.

横山智子・及川武久 (2002) 陸域環境研究センター圃場における2000年のC3/C4混生草原のLAIとバイオマスの季節変化. 筑波大学・陸域環境研究センター報告, 2: 37-39.

2008年版WMO温室効果ガス年報.

▶及川武久，甲山隆司

第2章

システムアプローチ手法の展開

I 炭素動態を解明するシステムアプローチ手法の確立

　第1章でも述べられているように，陸域生態系における炭素動態の精確な把握と将来予測は，京都議定書の第二約束期間以降の二酸化炭素排出量削減の定量的議論において非常に重要な課題となっている。そのためには，地上観測，衛星観測，陸域生態系モデルを動員して，陸域生態系の炭素動態を詳細かつ多面的に解明し，炭素収支の現状と将来の炭素収支を定量的に把握することが不可欠である（三枝信子 2006; 及川武久 2002 など）。ここで提起する「システムアプローチ手法」はそのための基本的な手法であり，炭素動態の変動要因の解析や将来変動の予測がなされ，今後の中長期的な炭素管理方策を検討する基盤を確立するための枠組みである。

　このシステムアプローチを可能とするために，1990年後半から，二酸化炭素フラックスと気象など関連環境条件の地上長期観測が世界各地で開始された。その観測のネットワーク化が欧州（1996 EUROFLUX），米国（1997 AmeriFlux）で進められ，地域のネットワークを束ねる世界規模のネットワーク（1998 FLUXNET）が設立された。アジアでは 1999 年に AsiaFlux が組織され，韓国や中国の国内ネットワーク（KoFlux, ChinaFlux）と協力してアジアの観測サイトのネットワーク化が進められている（Baldocchi et al. 2001; Yamamoto et al. 2005 参照）。さらに，これらのフラックス地上観測のネットワーク化と並行して，各観測地点で気象学，生物学，水文学，リモートセンシングなどの他分野の共同調査が行われ，炭素収支，水収支の総合的な研究が行われている。さらには，後述するように，これらの地上観測と衛星観測の連携研究，陸域生態系モデルとの統合的な研究が進展してい

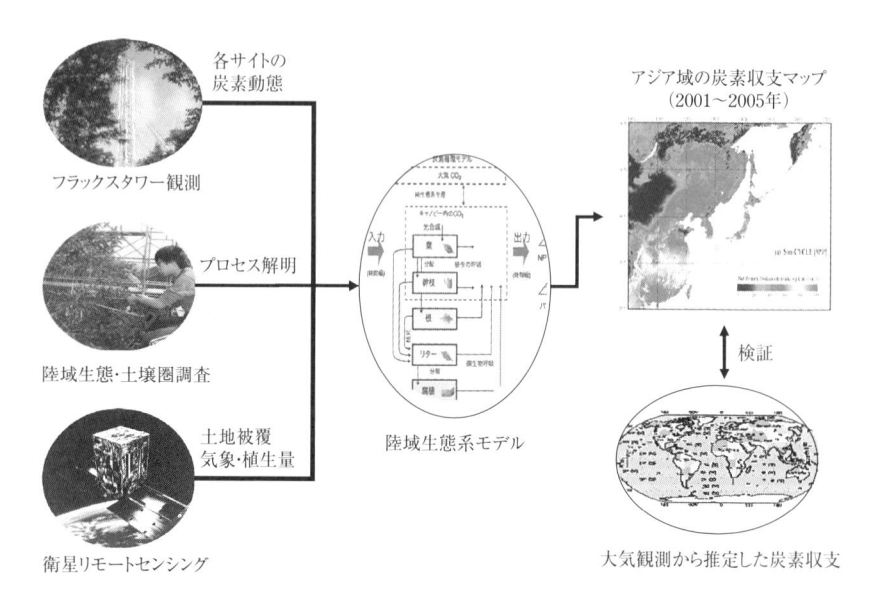

図2-1　システムアプローチの概念・構成要素

る。本節では地上観測，衛星観測，モデル計算の結果を束ねて，地域・広域・全球の炭素動態の現状を統合的に解明し，将来を予測するシステムアプローチの手法を提示する。

　システムアプローチにおいては，多様な生態系における地上観測のネットワークを構築し，炭素動態の変動特性を総合的に解明し，さらに主要な陸域生態系の観測サイトで，地上観測と衛星データ解析，陸域生態系モデルの連携を考慮した総合的で統合的な炭素収支の研究・評価を行う。このような異なる炭素動態推定手法を用いた炭素収支の相互検証は，陸域生態系炭素収支モデル，リモートセンシング炭素収支広域モデルの改良と推定精度の向上をもたらし，同時に地上観測の内容と項目の改良を提起する。以下に，本書が提案するシステムアプローチ手法の具体的構成と内容，およびその特徴を解説する。

　アジアにおいては，ヨーロッパや北米にはみられない特有のモンスーン気候下の多種多様な生態系を対象にした「システムアプローチ」の構築が不可欠である。たとえば北東ユーラシアの永久凍土上に成立する亜寒帯落葉針葉樹林，夏季・冬季ともにアジアモンスーンの影響を強く受ける温帯林，赤道付近の降水量変動の影響を受けて時に大規模な乾燥や火災を経験する熱帯林，そしてチベット高原

に広がる高山草原，アジア独特の耕作地である水田を含む各種農耕地など，その対象は幅広い。われわれの提案するシステムアプローチでは，このようなアジア地域の炭素動態の時空間変動データの集積と炭素収支の統合的解明をめざし，もって世界的な炭素動態の解明，国際協力によるデータ利用と情報交換のネットワークの構築，さらには陸域生態系炭素収支の全球的モデルの確立をめざす。

1 大気／生態系／土壌圏間の炭素フローの観測

　陸域生態系と大気間の物質のやりとりを直接測定する手法として開発された渦相関法では，前述したように，植物群落を十分に超える高さをもつ気象観測用のタワーを建て，そのうえで風速，CO_2 などの気体の濃度，気温などを毎秒10回程度の高頻度で測定し，風速と濃度や気温変動の相関関係を調べることにより，単位時間・単位面積あたりの気体や熱の移動量（フラックス）を算出する。この方法で陸上生態系と大気のあいだで交換される二酸化炭素（CO_2）の鉛直方向の CO_2 フラックスの時間変動を詳細に観測できる。

　一方，土壌中の有機物の分解，植生の根呼吸による土壌炭素フラックスはNEPを規定する重要なコンポーネントであり，その時空間変動は土壌炭素シーケストレーションに大きな影響を与える。そのため，土壌から植生内大気間へ放出される CO_2 量の時空間変動を測定し，それを規定する環境要因との関係の解明が進められてきた。長期間の土壌炭素フラックスは温度などの環境要因との関係式から推定されるが，渦相関法などによる CO_2 フラックスと比較するうえで，炭素収支の時間・日内変化などの時間分解能の高いデータを得る必要がある。その要求にこたえるために，土壌炭素フラックスの測定手法において，長期連続測定が可能で，環境改変が軽微な多点同時測定手法の開発が進められてきた。

　さらに，後節で紹介する生態学的な手法によって，炭素フローの基本となる植生現存量やNPP，NEPが調べられる。しかし，生態学的手法による調査データの時間分解能は季節あるいは年単位より長く，地上部植生量，地下部植生量，落枝・落葉量，地上枯死量，土壌炭素量などを季節から年単位で長期調査することが必要である。それに対して微気象学的手法は時間分解能が時間単位で可能であるが，夜間等の安定大気状態では測定誤差が大きく，長期積算値にはこの誤差積算が問題となる。このような特性を考慮しつつ，微気象学的方法と生態学的方法

による生態系純生産量（NEP）の相互比較を実施し，両手法による炭素収支を年単位で比較し，相互検証する。

同一観測サイトにおいて，大気／生態系／土壌圏間の炭素フローの解析をこれらに関連する研究分野の研究者が連携して長期的に行うことにより，炭素収支，炭素フローの定量的評価や誤差の軽減が可能になるとともに，これら3圏間の炭素のフローとストックの長期的変化の把握が可能となる。

2　衛星による炭素収支の面的評価と地上観測／モデルとの連携

前述したように，たとえば，衛星データによる植生活動の広域変動解析結果と地上観測による長期炭素収支変動データと気象変動・植生活動との関係を調べて相互に比較・検証できる。さらに地上観測で検証された衛星データを炭素収支評価モデルに取り込むことにより，面的な炭素収支を高精度で求められ，さらに，過去の衛星データを用いて，過去の炭素収支の推量ができる。このように空間的，時間的に広げた統合的解析をすることにより，点の炭素収支と面の炭素収支の連携，炭素収支の変遷の解明が可能となる。

解析の手順としては，地上の観測サイト毎にその周辺での炭素収支と環境要因の"点"の調査により，炭素収支と環境要因の関係をパラメータモデル化する。つぎに，衛星リモセンデータの特性を生かして，炭素収支に関係する環境要因を"面"的に調査する。この広域調査結果と地上観測によるパラメータモデルとを連携解析し，さらに衛星データを活用して広域の炭素収支を評価する。具体的には，環境要因としては衛星データによる植生活動開始・展葉時期，葉面積指数（LAI），光合成有効放射（PAR）の解析と複数地上サイトの観測結果との比較を行い，衛星データ解析手法を検証・開発する。さらに，開発された解析手法を用いて，炭素収支観測結果の広域解析などが行われる。また，これらの解析結果と陸域生態系モデル計算との比較・検証が行われる。

3　陸域生態系モデルと地上観測／衛星観測との連携

長期観測データ（地上観測と衛星観測）の集積を基礎に炭素プール，フローを定量的に解析し，陸域生態系モデルと素過程モデルのパラメータを検証・改良する。

地上観測からは各観測サイト情報・データ（タワー観測，生態系調査，土壌圏調査）の供給，炭素収支と環境要因の相関解析によるパラメータモデルの情報が期待される。また，衛星観測からはモデルの面的計算に必要な植生・環境要因の面情報を取り込むことができる。これらの情報から陸域生態系モデルの素過程の構成，素過程モデルのパラメータの検討，モデルによる炭素収支の時空間変動推定結果の検証と改良が図られる。

ここで提起するシステムアプローチによる炭素収支の統合的評価を実施するうえで，陸域生態系モデルは次のような役割を担っている。(1) フィールド観測や衛星観測で得られたデータを統合し，炭素循環の全体的描像を示す。(2) モデルの感度実験を通じて炭素収支に影響が大きい環境要因やパラメータ，不確実性が大きいコンポーネントを特定する。(3) 直接観測が困難なプロセスについて，全体のバランスを勘案した一貫性のある定量的推定値を与える。(4) 地点観測に基づいて高度化されたモデルを空間的に拡張適用し，地域スケールの炭素収支を評価する。(5) 環境変動や人為影響に対する炭素収支の応答を評価して，過去の再現と将来予測を行う。

4　システムアプローチの提案

地上のフラックス観測，生態学的手法，土壌圏調査を組み合わせた炭素収支の総合的解析と陸域生態系モデル，リモートセンシング手法を統合する「システムアプローチ手法」を提案する。システムアプローチでは，観測研究とモデル研究が相互に有機的に連携して，炭素動態の時空間変動の広域把握が行われる。

しかし，システムアプローチの可能な観測サイトは東アジアではまだ限定されている。今後，アジアの代表的な生態系タイプ毎に強化観測サイトをさらに選定し，各種陸域生態系での植物量動態（地上部・地下部ストック量の変化等），光合成量現地計測，植物呼吸・土壌呼吸調査を連携して長期に実施するとともに，衛星データ解析手法と陸域生態系モデルの連携を考慮した炭素収支の統合的評価を行う。このような各種陸域生態系へのシステムアプローチ実施の拡大により，アジア地域における広域炭素収支の推定精度の向上がもたらされる。

図2-2にはここで提起したシステムアプローチと炭素動態の各種観測，モデルの相互関連を示し，図2-3は森林生態系をめぐるCO_2の大気との出入り，生態

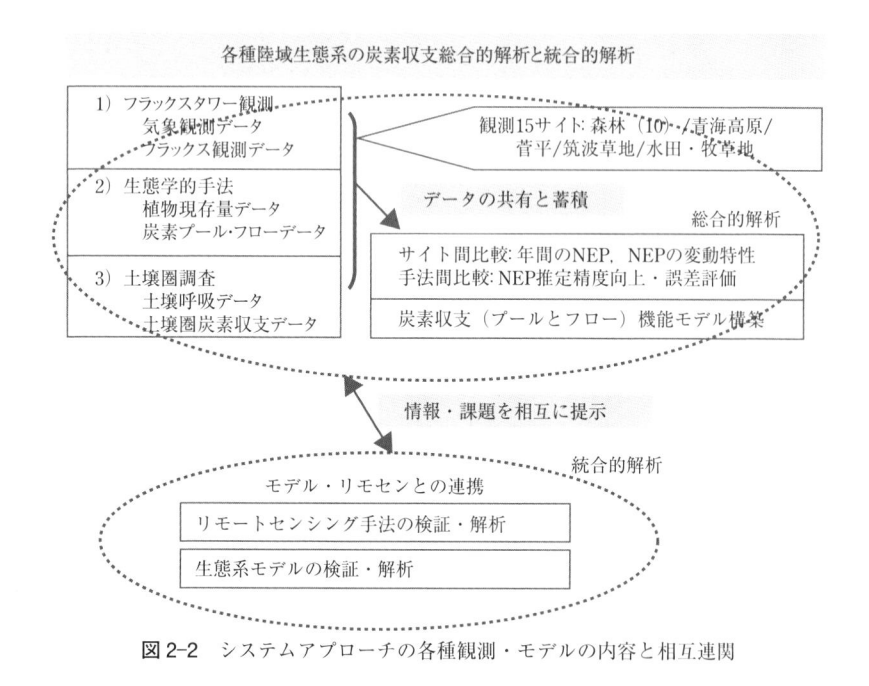

各種陸域生態系の炭素収支総合的解析と統合的解析

```
1) フラックスタワー観測         観測15サイト: 森林(10)・青海高原/
   気象観測データ                菅平/筑波草地/水田・牧草地
   フラックス観測データ
2) 生態学的手法               データの共有と蓄積
   植物現存量データ                                    総合的解析
   炭素プール・フローデータ     サイト間比較: 年間のNEP, NEPの変動特性
3) 土壌圏調査                 手法間比較: NEP推定精度向上・誤差評価
   土壌呼吸データ              炭素収支（プールとフロー）機能モデル構築
   土壌圏炭素収支データ

                    情報・課題を相互に提示
                                                    統合的解析
          モデル・リモセンとの連携
          リモートセンシング手法の検証・解析
          生態系モデルの検証・解析
```

図 2-2 システムアプローチの各種観測・モデルの内容と相互連関

系内部でのフローとその調査手法を示している．以下において，図2-2, 3にまとめて提示したシステムアプローチの構成要素の内容を順次紹介する．

Ⅱ節においては渦相関法によるフラックス測定の方法と解析手法，解析事例を記述して，地上観測による炭素動態の日内変動，季節変動解明への適用と手法の特徴を紹介する．さらに，Ⅲ節において，陸域生態系における炭素動態の重要なコンポーネントであり，生態系の下層境界条件を規定する土壌の炭素収支，土壌と植物生態系間の相互関連を調査する方法を提示している．また，Ⅳ節においては陸域生態系の炭素収支の年々変動，長期変動を，陸域生態系の構成炭素プールとプール間のフローを生態学的な手法で解明する手法を紹介する．これらの渦相関法によるフラックス測定，土壌圏の炭素収支測定，生態学的な手法による炭素収支長期変動は調査対象とする地上観測サイトにおける観測相互協力と関連調査を有機的に構成する．さらに，これらの地上の炭素収支の研究成果と衛星による広域観測項目を連携させて炭素動態の広域解析をめざす炭素収支のリモートセンシングによる解明手法についてⅤ節において述べる．

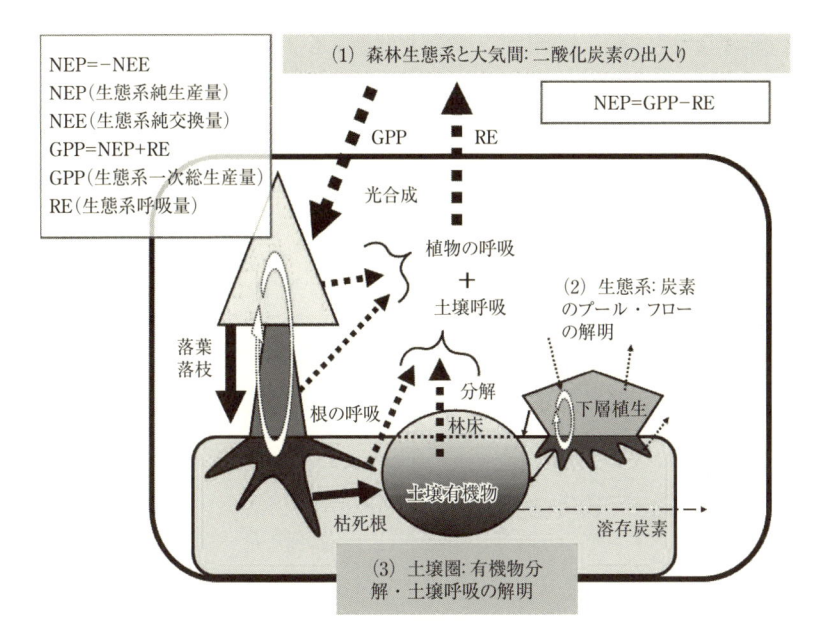

図 2-3 森林生態系での炭素フラックス観測と生態系調査による炭素蓄積量とフローの解明
(1) フラックス観測（森林生態系と大気間の CO_2 交換）
(2) 生態学的調査（生態系での炭素のプールとフローの解明）
(3) 土壌圏調査（土壌圏有機物分解と土壌呼吸の解明）

Ⅵ節においてはシステムアプローチによって陸域炭素収支の統合的評価を実施するうえで重要な役割をもっている生態系モデルによる炭素動態の解明手法について紹介している．モデルはフィールド観測や衛星観測で得られたデータを統合し，炭素循環の全体的描像を示す有力な手立てである．また，直接観測が困難なプロセスについて，全体のバランスのなかで矛盾しない一貫性のある定量的推定値を与える．一方，モデルのパラメータを地上観測とリモセン観測によって得られた炭素収支の現地測定結果に基づきモデルの精度の検証し，高度化されたモデルを空間的に拡張適用し，地域スケールの炭素収支を評価する．さらに，検証済みの高度化されたモデルによって環境変動や人為影響に対する生態系と炭素収支の応答を評価して，過去の再現と将来予測を行うことが可能となる．

さらに，章を変えて，第3章ではここで紹介したシステムアプローチを東アジアの代表的な陸域生態系に適用して，CO_2 フラックス観測，土壌炭素動態観測，

生態学的手法などの地上観測に基づく調査結果を総合的に解析・考察する. そして, 東アジアのそれぞれの生態系における炭素動態の特性と差異を解明した結果について記述している.

第4章においては第3章で紹介した各種生態系のサイトでの解析結果を基礎として, 広域炭素動態の空間変動を地上観測のネットワーク化, 衛星リモートセンシングによる炭素動態の広域解析, 陸域生態系モデルにを結合したシステムアプローチからみえてきた東アジアにおける炭素動態を総合的に紹介する.

II 渦相関法によるフラックス測定と解析

本節で紹介する渦相関法によるフラックスの測定システムにより, 大気と陸域生態系間の CO_2, 水蒸気の交換量の日変化などを時間単位で詳細に検討することができる. 同時にこの交換量変動に関連する気象条件を合わせて測定する. この特性を生かして, 後述する土壌圏の炭素量測定, 生態学的調査による炭素交換量の定量的評価と比較検証し, 時間・空間的に相互に補完する.

さらに, フラックス測定結果と気象条件のデータは土壌圏の炭素動態, 生態学的調査のデータと合わせて提供されて, 後述するリモートセンシング手法と陸域モデルの構築, 検証に活用される.

1 渦相関法によるフラックス観測の歴史と背景

渦相関法とは, ある高さで風速, 気体の濃度, 気温などを毎秒10回程度の高頻度で測定し, 風速と濃度や気温の相関関係を調べることにより, 微気象学的な理論に基づいて, 単位時間・単位面積あたりの気体や熱の移動量 (フラックス) を算出する方法である. 陸上生態系と大気のあいだで交換される二酸化炭素 (CO_2) の量などを求めるには, 植物群落を十分に超える高さをもつ気象観測用のタワーを建て, その上に上下方向 (鉛直方向) の風速と CO_2 濃度などを測定する装置を設置して鉛直方向のフラックスを観測する.

渦相関法に基づく CO_2 フラックス観測は, 野外で CO_2 や水蒸気の濃度を高速で測定することのできるオープンパス方式の赤外分析計が開発されたことにより

1980年代に始まった (Ohtaki 1985)。しかし1990年代前半までのあいだは，野外に設置する機器の安定性や，膨大な乱流データを高速で処理することのできる計算機の能力が十分でなかったため，渦相関法によるCO_2フラックスの観測は，数日間程度の短期集中的な観測として行われることが多かった。

　1990年代半ばになると，装置の改良が進んだことにより，渦相関法によりCO_2フラックスを長期連続的に観測することが可能になった。同時に，世界各地のCO_2，水蒸気，熱フラックスの長期観測点をネットワーク化しようとする動きが始まった。本章の冒頭でも述べたように，1996年から1998年にかけて，欧州，米国を中心としたネットワークの構築，そしてそれらの地域ネットワークを束ねる世界規模のフラックス観測ネットワーク (FLUXNET) が活動を開始した (原薗ら 2003)。1999年にはアジアのネットワークであるAsiaFluxが組織され，日本，韓国，中国，タイなどの国内ネットワーク (JapanFlux, KoFlux, ChinaFlux, ThaiFlux)，および単独で参加するアジア諸国の観測点を束ねている。近年では，研究集会やトレーニングコースを開催するほか，ホームページやデータベースを使って情報公開を行うことにより，アジアにおける観測技術の向上とデータの流通を促進している。

　微気象学的な理論に基づく気体フラックスの観測方法には，渦相関法のほかにも，傾度法や簡易渦集積法とよばれる方法がある。しかし，渦相関法の測定原理は他の方法に比べて基本理論に近く，経験的に与えなければならないパラメータの数が少ないことから，観測サイトが異なる場合でも，ほぼ同じ装置と計算式に基づいて測定を行うことが可能である。このため，測定手法の違いによって生じるサイトごとの系統的な差を小さく抑えることができるという利点があり，FLUXNETでは渦相関法を使ってCO_2フラックスを測定することを推奨している。本節では，まず渦相関法の理論的根拠である乱流輸送のしくみについて，つぎに観測装置とデータ処理の方法について，最後にCO_2フラックスの観測結果を用いて陸域生態系による正味の炭素吸収・放出量を算出する方法について解説する。

2 乱流輸送のしくみ

(1) 渦と乱流

　地表面と大気のあいだで CO_2 や水蒸気などの物質や熱が輸送されるしくみについて簡単に解説する。ここでいう「地表面」とは，地球を覆う植生地，裸地，雪氷面，水面といった面の総称として用いている。

　地表面から高度数百 m あるいは 1 km 程度までの大気は大気境界層とよばれ，地表面の摩擦や地表面の加熱が引き起こす対流によって風速と風向は複雑に変動している。たとえば，上空に比べて地表面付近では植物や建物などの摩擦を受けて風速と風向が不規則に乱れたり，日射によって加熱された地表面のうえで不規則な上昇気流や下降気流が生じたりすることがある。大気中で風速や風向が時間的，空間的に変動すると，大気中にはさまざまなスケールの渦がつくられる。これらの渦は，大気境界層のなかで物質や熱を運ぶ重要な役割を果たしている。

　土壌表面や葉面のごく近傍では，物質や熱は分子レベルでの拡散（分子拡散）によって運ばれるが，それより上の大気境界層のなかでは，速度や方向が不規則に変化する渦のような乱れた流れ（乱流）による拡散（乱流拡散）が分子拡散に比べてはるかに効率よく物質や熱を輸送する。群落から大気への物質や熱の輸送には，おおまかにいって 1〜2 分のオーダーの時間スケールをもつ乱流が大きく寄与しており，その流れを正確にとらえるためにはたとえば 1 秒間に 10 回程度といった高い頻度で，風向風速，気温，CO_2 や水蒸気の濃度の変動を観測しなければならない。次の節では，乱流拡散による物質や熱の輸送量を定量的に表す方法について述べる。

(2) フラックスの表現

　単位体積の空気を考え，この空気のもつ物理量を s と表わす。s は熱量，水蒸気量，微量気体の密度などである。ここで，水平軸 (x, y) についての風速成分を (u, v)，鉛直 z 軸の成分を w とする。風速 w と物理量 s の積を平均した値は，z 方向への単位面積，単位時間あたりの s の移動量（フラックス）となる。

　つぎに，s と風速はそれぞれ平均値のまわりに不規則な変動成分をもつと仮定する。

$$s = \bar{s} + s' \tag{1}$$
$$u = \bar{u} + u' \tag{2}$$
$$v = \bar{v} + v' \tag{3}$$
$$w = \bar{w} + w' \tag{4}$$

ここで ¯ は平均値であることを表し′は不規則な変動成分であることを表す．また，変動成分を平均した値は0であると定義する．

$$\overline{s'} = \overline{u'} = \overline{v'} = \overline{w'} = 0 \tag{5}$$

すると，風速と物理量の積を平均した値は

$$\overline{sw} = \overline{(\bar{s}+s')(\bar{w}+w')}$$
$$= \overline{\bar{s}\bar{w}} + \overline{s'w'} \tag{6}$$

となる．渦相関法では，応答の速い測器を用いて，(6)式に基づき $\overline{sw}$ を直接測定する．ここでもし $\bar{w}=0$ を仮定することができるなら，$\overline{sw} = \overline{s'w'}$ と簡単に表すことができる．

(3) 平均のとりかたとデータサンプリング時間

渦相関法において sw の平均を求める方法について述べる．理想的には巨視的にみて同一とみなされる状態を何回もくりかえしてデータサンプリングを行い，sw の確率平均を求めることが必要である．しかし，現実の大気中では同一の乱流状態をくり返し発生させることは不可能である．しかし，もし乱流の統計的な性質が時間や場所によらない，すなわち定常で空間的にも一様であることを仮定すると，確率平均のかわりに一点で観測される時間平均を用いることができる．平均化する時間の長さは，1～2分のオーダーの時間スケールをもつ乱流変動を十分な回数サンプリングすることができ，かつ日変化の時間スケールの変動をなるべく含まない時間として，30分から1時間程度を採用する場合が多い．

(4) 境界層の構造とフェッチ，および測定高度

微気象学的方法によって各種生態系のうえでフラックスを求めるには，どのような地点や高度で測定を行えばよいかを判断する必要がある．判断基準となるの

は，第一にフラックス測定理論の前提条件を満たす高度であること，第二に目的とする生態系のフラックスを代表する値を測定できる場所や高度であることである。

　第一の条件を満たす，地表面に形成される大気の層は，一般に接地境界層とよばれる。接地境界層は，フラックスが高さ方向に近似的に一定とみなすことのできる範囲とされる。接地境界層の上限は，日中では一般に 50 m から 100 m 程度である。接地境界層の下には，地表面を構成する物体の影響を直接受ける粗度層（キャノピー層）があり，下限は大まかにいうと植物などの群落高の 1.5～3.5 倍程度である。ただし，森林などの背の高い群落のうえで観測する場合，タワーの高さの制限などのために，現実には測定高度を十分に高くすることができないことも多い。その場合，粗度層に近い高さで観測している可能性があり，フラックスが高度や場所によらず一定であると仮定できない場合があることに注意する必要がある。

　第二の条件を満たすかどうかは，測定点から風上側に水平一様とみなすことのできる地表面がどれだけ広がっているか（フェッチ）と測定高度の関係によって判断することができる。フェッチには，おおよそ観測高度の数十倍から 100 倍程度の水平距離が必要である。フェッチが著しく不足であると，測定された値がどの地表面を代表するのかを判断することが難しい。観測点の高度や群落の高さ，風向風速などを用いて，測定された値に対し風上方向のどの場所の寄与が大きいかを概算することのできる手法やモデル（フットプリント解析（Schmid 1994））が提案されているので，それらを用いてフェッチが十分かどうかを確認することが望ましい。

　測定場所の地形が水平でなく傾斜している場合には別の問題が生じる。地表面が傾斜していると鉛直風速の平均値が 0 でないことが多い。もし傾斜角が大きくなく，水平風速に比べて鉛直風速が小さいならば（たとえば平均鉛直風速が平均水平風速の 10% 程度まで），平均風向に対して垂直な方向のフラックスを求めることもできる。しかし山岳地などの地形の複雑な場所では，物質や熱の輸送が地形によって引き起こされる局地的な循環の影響を強く受ける可能性があり，地形の影響を完全に取り除くことは不可能である。しかし，森林などの観測サイトの多くは山岳地帯にあり，フラックスと風向の相関，その地点での土壌呼吸や生態学的調査結果との比較解析などを行い，地形の影響を評価する必要がある。

図 2-4　いろいろな生態系に設置された観測タワーの例
岐阜県高山市郊外の落葉広葉樹林に設置された三角型で細身のタワー（高さ 25 m）（左図）、北海道苫小牧市郊外のカラマツ林に設置された階段のあるタワー（高さ 40 m）（中図）、カナダサスカチュワン州のジャックパイン幼齢林に設置された梯子のあるタワー（高さ 5 m）（右図）。

　大気境界層のなかでの物質や熱の輸送に関する理論的背景についてさらに詳しく知りたい方は，章末に記す文献を参照されたい。

3　観測装置

(1)　風速と気温の変動

　渦相関法に基づいてフラックス観測を行うほとんどすべての観測点で，水平および鉛直方向の風速を測定すると同時に気温の変動を測定することのできる超音波風速計が用いられている。超音波風速計は，音波のパルスが経路（パルス発信点と受信点間：5〜20 cm 程度）を順方向と逆方向に進む速度をそれぞれ測定し，それらの速度差から順方向または逆方向への風速成分を計算する。同時に，音速の気温依存性を利用して風速測定と同じ経路で気温変動を測定する。風速と気温の変動を測定できる超音波風速計には，カイジョーソニック社，Gill 社，Campbell 社などによる複数の製品があり，観測現場の状況に応じて異なる形状や性能のものを選択することができる。

(2)　CO_2 濃度と水蒸気の変動

　渦相関法で CO_2 や水蒸気のフラックスを測定する場合，現在のところオープンパス型とクローズドパス型とよばれる二つのタイプの赤外分析計が用いられて

いる。どちらの分析計も，CO_2 と水蒸気が赤外線領域に吸収帯をもつことを利用して気体の密度を測定する（非分散赤外吸収法）。オープンパス型の分析計は，赤外線の経路（10〜20 cm 程度）を大気中に開放し，経路を通過する空気の CO_2 や水蒸気の濃度を高い応答速度で測定する。クローズドパス型の分析計は，密閉された測定用セルに赤外線を通し，セルのなかの空気中の CO_2 や水蒸気の濃度を測定する。オープンパス型とクローズドパス型の赤外分析計をフラックス観測に用いる場合，設置方法，較正方法，フラックスの計算方法などにさまざまな違いがあるため，観測やデータ解析を行う場合には両者の違いをよく理解することが重要である。両者の比較については (3) で詳しく述べる。

現在市販されているオープンパス型の分析計で最も広く用いられているのは，LI-COR 社の CO_2/H_2O アナライザー（LI-COR, LI-7500）である。これは CO_2 と水蒸気の変動を同時に測定することができる。また，水蒸気のみ測定するオープンパス型の装置には赤外線湿度変動計（カイジョーソニック社，AH-300 など），紫外線の吸収を利用したライマンアルファ湿度計やクリプトン湿度計（Campbell 社，KH20）などがある。

クローズドパス型の分析計は，従来は大気中 CO_2 濃度を実験室内で測定する場合に使われてきた。しかし近年，小型のセルを使うことによって高い応答速度をもつ分析計が開発され（LI-COR 社 LI-6262, LI-7000, および ADC 社 ADC2550 など），野外で渦相関法に用いることが可能になってきた。

(3) オープンパス型とクローズドパス型の赤外分析計の比較

(a) 設置方法の比較

オープンパス型では，図 2-5 に示すように測定ヘッドを超音波風速計と同高度に設置する。その際，ヘッド部が超音波風速計を通る風を乱すことのないよう注意するとともに，風速計の中心部とヘッド部のあいだの距離をなるべく短くすることが望ましい。測定ヘッドからは信号ケーブルを延ばし，小屋のなかなどに置く演算ユニットへ接続する。オープンパス型の分析計は設置が簡単であるが，測定ヘッドを日射や風雨に直接さらすことから，降雨・降雪時，霧のときなどに動作が不安定になることが多い。

一方クローズドパス型は，空気取り入れ口を超音波風速計のすぐ近くに設置し，分析計はポンプなどの周辺装置とともに小屋や収納箱のなかに設置する（図 2-

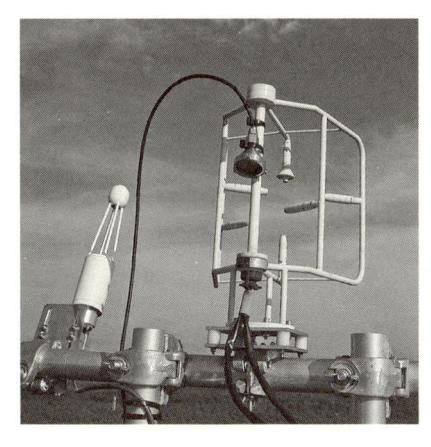

図 2-5 超音波風速計（右側）とオープンパス型赤外分析計（左側）の設置風景
クローズドパス型分析計に空気を引き込むための取り入れ口・チューブが併設されている。

6）。分析計を温度制御できる場所に収納できるため，天候によらず動作を比較的安定に保つことができる。しかし，クローズドパス型ではチューブを使って空気を引くため，風速変動に比べて CO_2 や水蒸気の密度変動の時系列に遅れが生じるうえ，チューブを通過する際に変動の高周波成分が一部減衰することが避けられない。

森林など背の高い群落上での測定にクローズドパス型を用いる場合，分析計を観測タワーの途中に設置する場合と林床に設置する場合がある。前者はチューブの長さを数 m 以下に抑えることができるが，後者は群落高より長いチューブを必要とする。分析計のメンテナンスを行うためには林床に設置する方が便利であるが，チューブが長ければ時間遅れも大きい。たとえば，チューブが数 m 以下の場合の遅れ時間はふつう 1～2 秒，35 m のチューブでは流量にもよるが 4～6 秒程度になる。時間遅れについてはデータ取得後に補正する。

チューブのなかの流れは，層流状態より乱流状態である方が高周波成分の減衰を抑えることができる。そこでレイノルズ数を上げるために，5～10 L min^{-1} という大流量で空気を引く場合が多い。特別に長いチューブを用いる場合，20～50 L min^{-1} でタワーから分析計の直前まで空気を引き，その一部を分析計に流すようにすることもある。チューブ内壁に汚れや水滴がつくと CO_2 や水蒸気の変動が減衰するため，汚れを防ぐためのフィルターをつけるほか，結露を防ぐためにチューブや収納箱を高温に保つこともしばしば行われる。それでも高周波成分の減衰は避けられないので，データ取得後に減衰分を補正する。

図 2-6 観測タワーに設置したクローズドパス型赤外分析計の様子
風雨を防ぐための箱の上段に分析計を設置し,空気を流すためのポンプや流量計を下段に配置している。

(b) 較正方法の比較

赤外分析計で CO_2 や水蒸気の密度変動を正確に測定するためには,密度と出力電圧との関係を定期的に較正する必要がある。

CO_2 に対する出力の較正方法は,まずオープンパス型の場合,赤外線の経路をすっぽり覆う筒をかぶせて,筒のなかに濃度の異なる標準ガスを順に流して出力を調べる。しかしこの方法は,定期的かつ自動的に行うことはできないため,ふつう1ヶ月ごと,季節ごとといった頻度で較正することが多い。一方,クローズドパス型では,タイマーや電磁弁を使って複数の標準ガスを定期的に(たとえば1日1回)流して感度の変化を調べることが可能である。

水蒸気に対する分析計出力の較正には,オープンパス,クローズドパスどちらの場合も,測定高度に湿度の絶対値を安定に測定できるセンサを設置してデータを同時に取得し,低周波領域でデータを比較することがしばしば行われる。また,分析計を回収のうえ,異なる湿度の空気を発生させることのできる装置(露点発生器)を用いて較正することもできる。

4 フラックス観測のデータ処理

渦相関法で CO_2 や水蒸気のフラックスを求めるためには,測定される時系列

データに対して数多くのデータ処理，補正，品質管理のテストなどを施す必要がある。現在も補正法の妥当性に関する研究やデータ処理の標準化手法に関する研究が進められている段階であり，統一的な手法はまだ確立していない。以下では，主要なデータ処理や補正の考え方を紹介する。

（1）エリアシングの除去

サンプリング周波数 f_0（たとえば 10 Hz）より高周波領域のエネルギーが低周波側に紛れ込むことをエリアシングとよぶ。エリアシングを除去するためには，記録前の信号にアナログフィルタをかけて f_0 より高い周波数をもつ信号をあらかじめ減衰させる方法がある。この方法は観測現場で発生する電気的ノイズを除去するためにも有効である。また，記録後のデータにデジタルフィルタをかけて高周波信号を減衰させる方法もある。これらの方法により，エリアシングによる低周波側への影響を除去する必要がある。

（2）超音波風速計の傾斜角の補正

三次元の風速変動を測定する場合，超音波風速計が傾いて取りつけられていると鉛直風速に誤差を生じる。また，もし地形の影響などで平均風にわずかな鉛直成分が含まれる場合，平均風向に垂直な方向のフラックスを測定したい場合もある。そのようなときには，超音波風速計で測定された風速三成分を座標変換する必要がある。

いま，超音波風速計で測定された風速三成分を (u_0, v_0, w_0) とする。鉛直風速 w_0 の平均値が 0 となる新しい座標系での風速成分 (u, v, w) との関係は以下のように表される。

$$\begin{pmatrix} u \\ v \\ w \end{pmatrix} = D_\theta \cdot D_\varphi \begin{pmatrix} u_0 \\ v_0 \\ w_0 \end{pmatrix} \tag{7}$$

ただし，

$$D_\theta = \begin{pmatrix} \cos\theta & 0 & \sin\theta \\ 0 & 1 & 0 \\ -\sin\theta & 0 & \cos\theta \end{pmatrix} \tag{8}$$

$$D_\varphi = \begin{pmatrix} \cos\varphi & \sin\varphi & 0 \\ -\sin\varphi & \cos\varphi & 0 \\ 0 & 0 & 1 \end{pmatrix} \tag{9}$$

および

$$\theta = \tan^{-1}\left(\frac{\overline{w_0}}{\sqrt{\overline{u_0}^2 + \overline{v_0}^2}}\right) \tag{10}$$

$$\varphi = \tan^{-1}\left(\frac{\overline{v_0}}{\overline{u_0}}\right) \tag{11}$$

である。

このような座標変換を行うと，地形の影響で平均的に鉛直風が存在する場合でも w をみかけ上 0 にすることができる。しかし，現実には地形によって引き起こされる鉛直風が水蒸気や CO_2 の循環に影響を及ぼしている可能性があるので十分に注意する必要がある。たとえば，座標変換前後の結果の差異を風向別に調べて，不合理な結果がみられないかを詳細に検討する。

(3) トレンドと平均値の除去

時系列データにトレンド（長い周期の変動成分）が含まれる場合，低周波数域のスペクトルが歪められる。そこで，記録時間 T_0（たとえば 30 分間）より十分長い周期をもつ変動をトレンドとみなし，時系列データから除去する場合がある。しかし，トレンドを除去すべきかどうかについては賛否があり決着はついていない。トレンドを除去すべきという考えは，地表付近の典型的な乱流による変動成分だけを抽出すべきであり，他の周波数成分はノイズであるから除去するという考え方に基づいている。一方，トレンドを除去すべきでないという考えは，低周波の変動も現実の大気現象により発生したものであり，生態系―大気間の物質や熱の輸送に寄与している可能性があるため除去すべきでないという考え方に基づく。現在のところ，多くの FLUXNET サイトではトレンドを除去しない場合が多い

ようであるが，それぞれの観測点であらかじめ時系列データとその周波数特性を
よく把握したうえで，トレンドを除去するかどうかを判断することが望ましい．

(4) センサ間距離およびチューブによる時間遅れの補正

CO_2，水蒸気を測定する点と超音波風速計のプローブのあいだの距離は，でき
るだけ短いことが望ましい（通常数十 cm 以内）．しかし，なんらかの理由でそれ
より距離が長い場合には，CO_2 や水蒸気の変動と風速変動のあいだにはわずかな
がら時間のずれが生じる．また，クローズドパス型では超音波風速計の近傍から
分析計まで空気をチューブで引いてくるために，両変動間の時間ずれは 1 秒から
数秒程度と大きい．

こうした時間ずれの値を求めるには，あらかじめ鉛直風速と CO_2 密度，鉛直
風速と水蒸気密度のあいだのラグ相関をそれぞれ求め，相関が最も高くなるラグ
(τ) を決める方法がある．τ の値は物質の種類，風向風速，センサの位置関係，
チューブの長さなどによって変化する．フラックスを計算する際には，鉛直風速
の時系列に対して CO_2 や水蒸気密度の時系列を τ だけずらしたうえで相関を求
める．

(5) 空気密度変動の補正と水蒸気および CO_2 フラックス

CO_2 などの微量気体のフラックスを求めるには，WPL 補正とよばれる空気密
度変動に関する補正を行うことが不可欠である (Webb et al. 1980)．WPL 補正は，
乾燥空気の質量保存式に基づき，水平一様な地表面上で $\overline{w}=0$ を仮定するかわり
に乾燥空気の密度 ρ_a を用いて $\overline{w\rho_a}=0$ を仮定するものである．

WPL 補正によると，$\overline{w}$ は以下のように温度と水蒸気の変動の影響を受ける．

$$\overline{w} = \mu \frac{\overline{w'\rho_v'}}{\overline{\rho_a}} + (1+\mu\sigma)\frac{\overline{w'T'}}{\overline{T}} \tag{12}$$

ここで，ρ_v は水蒸気密度で，空気密度 ρ と CO_2 密度 ρ_c との関係は

$$\overline{\rho} = \overline{\rho_a} + \overline{\rho_v} + \overline{\rho_c} \tag{13}$$

である．また $\mu = m_a/m_v$，$\sigma = \overline{\rho_v}/\overline{\rho_a}$ であり，m_a と m_v はそれぞれ乾燥空気と水蒸
気の分子量である．

(12) 式を用いると，CO_2 フラックス F_C と水蒸気フラックス E は以下のように表される。まずオープンパス型で測定した場合は，

$$F_C = \overline{w'\rho_C'} + \mu \frac{\overline{\rho_C}}{\overline{\rho_a}} \overline{w'\rho_v'} + (1+\mu\sigma) \frac{\overline{\rho_C}}{\overline{T}} \overline{w'T'} \tag{14}$$

および

$$E = (1+\mu\sigma) \left(\overline{w'\rho_v'} + \frac{\overline{\rho_v}}{\overline{T}} \overline{w'T'} \right) \tag{15}$$

となる。

つぎにクローズドパス型で CO_2 密度変動を測定した場合は，

$$F_C = \left(\frac{p\,T_I}{p_I\overline{T}} \right) \overline{w'\rho_{CI}'} + \mu \frac{\overline{\rho_C}}{\overline{\rho_a}} \left(\overline{w'\rho_v'} + \frac{\overline{\rho_v}}{\overline{T}} \overline{w'T'} \right) \tag{16}$$

となる。p は大気圧，添え字 I はクローズドパスのセル内の気温，圧力，濃度などを表す。ρ_c と ρ_{cI} の関係は，$\rho_c = (pT_I)/(p_I T) \cdot \rho_{cI}$ である。なお，クローズドパス型で CO_2 と水蒸気を同時に測定した場合は，

$$F_C = \left(\frac{p\,T_I}{p_I\overline{T}} \right) \left(\overline{w'\rho_{CI}'} + \mu \frac{\overline{\rho_C}}{\overline{\rho_a}} \overline{w'\rho_{vI}'} \right) \tag{17}$$

$$E = \left(\frac{p\,T_I}{p_I\overline{T}} \right) (1+\mu\sigma) \overline{w'\rho_{vI}'} \tag{18}$$

となる。T' や ρ_v' が引き起こす空気の密度変動は，CO_2 のような微量気体に対してみかけ上の密度変動を生じさせる。WPL補正は CO_2 フラックスに10%のオーダーで影響を与えるためこの補正は不可欠である。

(6) 高周波の減衰に対する補正

超音波風速計や赤外分析計は10〜20 cm 程度の測定経路をもっており，この経路より小さいスケールの渦による変動は平均化されて出力される。また，クローズドパス型の場合は，チューブを使って空気を吸引する影響などによって高周波の変動成分がさらに減衰する。最終的なフラックスの値に対する高周波減衰の影響の大きさは測定高度や風速によって異なるが，森林などの測定高度の高い場合で1〜5%，草地や農耕地など測定高度の低い場合で10%に及ぶこともある。測

定高度が低い場合に影響が大きいのは，地面に近いほど高周波の乱れが物質や熱の輸送に大きく寄与するためである。

高周波の減衰に対する補正にはいくつかの方法が提案されている。たとえば，
(1) CO_2 や水蒸気の輸送に関するスペクトルが顕熱のスペクトルと相似であることを仮定し，顕熱のスペクトルを使って高周波域での CO_2 や水蒸気変動の減衰分を推定して補正する方法
(2) CO_2 や水蒸気の変動を減衰させる要因を表す伝達関数をあらかじめ求めておき，その伝達関数を使って減衰前のスペクトルを推定する方法

などである。顕熱との比較に基づく方法は，朝や夕刻といった顕熱の絶対値が0に近い時間帯では計算できないことがあるので注意が必要である。伝達関数を用いる場合は，ポンプの劣化，チューブの汚れ，結露などの原因で伝達関数が経時変化するので，関数の妥当性を定期的に確認することが必要である。

5 データの品質管理と欠測補完

渦相関法によるフラックス観測のネットワークを整備し，データベースを用いたデータ公開を進めるうえで，各観測点で得られるデータの品質を一定レベル以上に保つための作業（品質管理）が必要不可欠である。また，現場で観測されるデータは機器の異常や点検作業などのために欠測した期間を含むのがふつうであり，ある生態系による年間の CO_2 や水蒸気の交換量を算出するためには，欠測時のデータを推定し補完する作業（欠測補完）が必要である。近年では，フラックス観測データに基づく各種生態系の機能の比較研究や陸域生態系モデルの開発が進んでおり，こうした研究をさらに高度な段階に進めるためには，各観測点ができるだけ統一された方法で品質管理や欠測補完を行い，標準化されたデータセットを作成して継続的に公開することがますます必要になっている。

品質管理の役割は，観測されたデータを吟味して，正常値と異常値を判別して異常値を除去したり，品質の良さを識別するための数値や記号（フラグ）を各データに付加したりすることである。欠測補完の役割は，正常なデータの性質に基づいて，欠測値や異常値と判断された期間のデータを推定することである。品質管理と欠測補完の手法については研究段階のものもあり，標準化はまだ完全には確立していない。しかし，推奨される手法がいくつかあるので以下に簡単に紹介す

る．

(1) 品質管理
(a) 生データに対するテスト

サンプリング周波数 (10 Hz など) で記録された超音波風速計や赤外分析計の生のデータに対して施すテストである．1 回の平均化時間 (30 分間など) のなかに機器の正常な測定範囲を超える値やスパイク状のノイズが数多く含まれている場合，そのデータを異常値と判定する．このテストは，機器の故障によって発生する異常値や，強い雨や積雪などの天候条件によって発生する異常値を判別することができる．また，平均化時間を 5 分～10 分ごとの小区間に分割してそれぞれ区間で各種統計量を求め，小区間ごとに統計量が大きく異なる場合は品質がよくないと判定する．さらに，このテストにより，平均化時間のなかで風向風速や温湿度などが極端に変わってしまった場合や (海風や前線の通過などによって起こる)，CO_2 濃度などの物理量が平均化時間のなかで極端に大きく変化したために物理量の平均と変動成分をうまく分離できなかった場合 (静穏な夜間などに起こる) などを判別することができる．

(b) 変動の周波数特性や相関係数によるテスト

1 回の平均化時間に含まれる生データの時系列から，各種物理量の変動の周波数特性や相関係数を求め，接地境界層の乱流理論から予想される特性と比較するテストである．このテストでは，渦相関法の前提条件である乱流変動の観測が正常に行われているかどうかについて情報を得ることができる．たとえば，周波数特性や相関係数の性質が乱流理論から予想される結果と大きく異なる場合，測器の異常のみならず，観測場所や観測高度の選定，平均化時間やサンプリング周波数の設定が適切であるかなど，観測システムを総合的に点検する必要がある．

また，クローズドパス型の分析計を用いた測定を行う場合，高周波の欠落がどの程度であるかを調べ，補正法が妥当であるかどうかを確認するため，観測された周波数特性と乱流理論から推定される周波数特性を比較するテストを行うことが推奨される．

(c) 各種フラックスの計算結果に対するテスト

各種フラックスの計算を行った後の結果に対して施すテストである．たとえば各種フラックスの値に対してあらかじめ正常な値の範囲を定めておき，その範囲

をはずれた値を異常値と判定する。また，観測サイトの状況によっては，ある風向のデータについて，フェッチ不足や観測タワー自体の影響を受けているといった理由で除外する場合もある。さらに，オープンパス型の分析計を用いている場合，ある程度以上の降水強度が観測されたときに異常値とするという判定法を採用することもある。

　(d)　大気安定度によるテスト

　晴れて風の弱い夜には，放射冷却によって冷えた空気が地表面付近にたまり，下の方ほど温度が低いという成層状態になることがある。こうした状態は，相対的に高密度で重い空気が下の方にあることから空気が上下方向に混合しにくくなっており，一般に「大気が安定な状態」とよばれる。反対に，日中は日射により地表面が加熱されて下の方ほど温度が高い状態を「大気が不安定な状態」という。

　大気が不安定であるとき，空気中には活発な対流や乱流が発生し，乱流拡散による熱や物質の輸送が促進される。こうした条件下では渦相関法による観測結果には品質のよいものが多い。反対に，大気が安定なときには乱流の発生が間欠的になることから，熱や物質の輸送は時間的にも空間的にも一様ではなく，測定理論の基礎となる仮定がなりたたないことが多い。大気が安定な状態ではさまざまな測定上の問題が起こることが知られているため，安定度を表す指標を使って除去すべきデータを判別することがしばしば行われる。大気安定時に発生する諸問題については，6-(2) で詳しく解説する。

(2)　欠測補完

　フラックス長期観測点で行われる欠測補完には大きく分けて気象データに対する補完とフラックスデータに対する補完の2種類がある。

　気象データの補完には，フラックス観測点の近くにある別の観測点（気象官署，アメダス，大学等の簡易気象観測など）のデータを参照することが多い。一方，海外などで近くに気象観測点がない場合には，客観解析データなどの全球データセットを参照することもある。どちらの場合も，フラックス観測点のデータと参照する気象データのあいだで相関関係を詳しく調べてから補完に用いる必要がある。気象データの最適な補完方法は各観測点の状況によって異なるため，気象データ補完法を標準化しようという動きはいまのところあまりみられない。

一方，フラックスデータの補完方法を比較検討し標準化をめざす研究は，とくに最近の数年間で進展した。フラックスデータの補完に標準化が必要なのは，一般気象データに比べてフラックスデータに欠測値が多いためである。それは一般気象観測に比べてCO_2や水蒸気フラックスの観測機器が不安定であること，品質管理により異常または品質が悪いと判定されるデータが多いことなどによる。そこで欠測補完法をできるだけ統一することで，各観測点で算出される補完後の結果に含まれる系統的な違いをできるだけ小さく抑えることができる。現在推奨されている補完方法について，おもな内容を以下に述べる。

　（a）　内挿法

1～2時間程度までの短時間の欠測は，欠測前のデータと後のデータを使って直線的に内挿することができる。

　（b）　非線形回帰法

正常なデータを用いて，入力放射量や正味放射量，気温，飽差といった環境要因とフラックスの関係を調べ，環境要因からフラックスを推定することのできる非線形回帰式をつくる方法である。一般にCO_2フラックスは温度と日射量または光合成有効放射量を使って良好に推定できる場合が多いため，非線形回帰法はCO_2フラックスの欠測補完に広く用いられている。環境要因とフラックスの関係は，葉面積の変化や積雪の有無といった環境変化に応じて季節変化するため，回帰式のパラメータは10～20日間ごとに求められることが多い。

　（c）　Look-up Table法

正常なデータを用いて，入力放射量や正味放射量，気温，飽差といった環境要因とフラックスの関係を表す表を作成し，その表を利用してフラックスを推定する方法である。Look-up Table法では，まずCO_2フラックス，顕熱，潜熱などを支配する環境要因を定め，つぎにそれぞれの環境要因の階級ごとにフラックスの平均値を記入した表を作成する。たとえば，日射量50 W m^{-2}，気温2℃の階級幅でCO_2フラックスを分類し，日射量と気温が同じ階級に入るCO_2フラックスの値を集めて平均値を求める。このような表を使って，欠測時の環境要因の値からフラックスの値を推定する。Look-up Table法は，非線形回帰法で再現性の高い推定を行うことが難しい場合（とくに顕熱，潜熱など）にも適用できる確実性の高い補完方法である。

(d) 平均日変化法

10〜20日の期間ごとにフラックスの平均日変化（同一時刻のデータ同士を平均して求めた，平均的な日変化のパターン）をあらかじめ用意しておき，欠測時間のデータを，同じ時刻の平均日変化の値で埋めあわせる方法である．この方法は，入力放射量や温度といった重要な環境要因のデータが存在しない場合にも使うことができる方法である．ただし，欠測の少ない晴天日などのデータで作られた平均日変化を使って降雨日の欠測期間を補完しなければならない場合があるなど，補完精度に問題のあるケースがあることに注意する必要がある．

6 CO_2 フラックス観測から生態系での炭素吸収・放出量を求める方法

（1） 生態系純生産量と生態系純 CO_2 交換量の定義

日中，植物は光合成に必要とされる CO_2 を葉の気孔を通して大気から吸収する．同時に，葉，幹，根などから呼吸によって CO_2 を放出する．土壌中では，微生物のはたらきにより有機物が分解されて CO_2 が放出される．光合成速度は主として光によって最も大きな影響を受け，続いて葉温，大気湿度，大気中 CO_2 濃度，土壌水分などの影響を受ける．植物の呼吸や土壌中の有機物の分解速度は，温度，植物の現存量，土壌水分量，土壌有機質の種類などの影響を受ける．こうした CO_2 吸収・放出のプロセスからなる生態系おける炭素収支は第1章で述べたように，一定期間に生態系が正味で獲得した炭素量 NEP（生態系純生産量）は GPP（総生産）と RE（生態系呼吸量）の差となる．

$$NEP = GPP - RE \qquad (19)$$

一方，微気象学的な方法によって植物群落上での CO_2 フラックス Fc（上向きを正）を観測し，測定高度より下の大気に貯留する CO_2 の単位時間あたりの増加量 ΔC を加味すると，単位土地面積の生態系が単位時間に正味で大気と交換した CO_2 の量 NEE（Net Ecosystem CO_2 Exchange）を次のように求めることができる．

$$NEE = Fc + \Delta C \qquad (20)$$

ΔC の値は，CO_2 濃度の鉛直分布をタワーの数高度で測定し，それらの時間変化から算出することができる．ここで，観測点付近が水平一様であり移流によって

水平方向に運ばれる CO_2 量に場所による違いがないと仮定できるなら，NEE は $-$NEP にほぼ等しい．以下では，NEE $= -$NEP を仮定することにより，フラックスの観測から生態系の炭素収支各項，とくに光合成総生産と生態系呼吸を推定する方法について述べる．

(2) 光合成総生産と生態系呼吸を推定する方法

(a) 夜間のデータから生態系呼吸を推定する方法

夜間は日射がなく GPP $= 0$ であるから，

$$\mathrm{RE} \fallingdotseq \mathrm{NEE} = F_C + \Delta C \tag{21}$$

であり，理論的には夜間の NEE から直接 RE を求めることができるはずである．しかしこれまでの研究により，夜間の NEE から RE を推定する際に以下のようにいくつかの重要な問題があることがわかっているので特別の注意が必要である．

(1) 静穏な夜間に RE は過小評価される：夜間に土壌や林床の植物から放出される CO_2 の一部は植物群落内部にとどまり，群落上の観測装置まで輸送されないことがある（$F_C \fallingdotseq 0$）．このため RE を求める際には CO_2 貯留量の時間変化 ΔC を精度よく評価することが必要である．実際，RE を (21) 式により算出し，植物や土壌からの CO_2 の放出量を詳細に観測して積算した量と比較すると，風の強い夜間には両者が良好に一致するという研究結果が報告されている．しかし大気が安定になる静穏な夜間には，風の強い夜間の結果に比べて RE が明らかに過小評価される場合が多い．

(2) 過小評価の程度は大気安定度に依存する：大気安定度（乱流状態）を表す指標の一つとして摩擦速度（u_*）がしばしば用いられる．u_* は，値が大きいときは乱流輸送が活発に起こっており，小さいときは大気が静穏であることを意味する量である．たとえば (21) 式で RE を求めると，RE は u_* 依存性を示すことが多い．すなわち u_* が小さいときに RE は u_* とともに低下し，u_* が十分に大きいときに RE は一定値に近づく．植物の呼吸や土壌有機物の分解過程が大気安定度に依存して変化するとは考えにくいので，u_* の小さい条件下で RE を過小評価する原因が別にあると解釈するのが自然である．

現在のところ，RE過小評価の原因が完全に解明されたわけではないが，以下に述べるような経験的な方法で異常値除去と補完を行うことにより，夜間のNEEからREを推定し，REの季節変化や温度依存性を詳細に解明しようとする研究が広く行われている。

(1) u_*の閾値を使って品質管理する：u_*が小さいときにREが過小評価される原因については現在さまざまな研究が進められ，植物群落内の水平移流の影響が大きいと推測されているが，原因はまだ完全には解明されず補正法も確立していない。これまでのところ，数多くの観測点でu_*が小さいときにREを過小評価することが経験的にわかっているので，観測点ごとにu_*の閾値を設け，u_*が小さいときのデータを異常値として除去することがしばしば行われている。

(2) u_*が閾値より大きいときのデータを使ってREを推定する：u_*が小さく異常値と判定されたデータは，u_*が閾値より大きい条件で観測された値をもとにして補完される。補完は5-(2)で述べた非線形回帰法やLook-up Table法によって行われる。

(b) 日中のデータから光合成総生産を推定する方法

光合成総生産量を推定するには，

$$GPP \fallingdotseq -NEE + RE \tag{22}$$

に基づき，日中のNEEとREから求めるのが一般的である。日中のREを求めるには，夜間のREの温度（気温または地温）依存性を表す実験式を作成し，その式に日中の温度を代入して算出することがしばしば行われる。

ただし，夜間のREの温度依存性と日中のREの温度依存性が同じであるとは限らない。そこで少しでも日中のREに近い値を推定するため，日中のNEEの光依存性を表す実験式を1日ごとに作成し，光強度が0（すなわちGPP=0）であるときの切片の値から日中のREを推定しようとする方法がある。しかしこの方法で推定されるREも，朝夕などの弱光条件下の値に近いものであることは否定できない。

日中のREをどのように推定するかについて一定の不確実性はあるものの，日中のNEEとREからGPPを推定し，GPPの光や温度，飽差（湿度）依存性を調べてサイト間で比較したり，GPPの最大値が葉面積や季節によって変化するメ

カニズムを調べたりする試みがこれまでに数多く行われ，生態系レベルでの光合成機能に関する有益な知見を得ることに役だっている。

(3) フラックス観測と生態学的方法による NEP の比較と不確実性

生態系の物質生産を研究する分野では，各種生産量，土壌炭素フラックスなどをそれぞれ別途測定し，(19) 式および (20) 式に基づいて NPP や NEP を求める方法（積み上げ法）が広く行われてきた。積み上げ法については，後節（Ⅳ節-3）で詳細に説明する。とくに 1960 年代以降，熱帯，温帯，亜寒帯といったさまざまな気候帯の生態系において物質生産の研究が精力的に行われ，世界の生態系の生産量に関する豊富なデータと知見が蓄積されてきた。一方，2000 年を越えるころからフラックス観測によって NEP，GPP，RE といった炭素収支各項の値をある程度標準化された手法で推定することができるようになってきた。このため，世界各地の生態系で積み上げ法とフラックス観測によって算出された NEP や GPP の結果を比較し，測定法の不確実性について相互に検討を行うことが可能になってきた。このことが最近の生態系炭素収支量評価に関する研究分野において大きく進展した点である。

最近の研究によると，東アジアの亜寒帯林，温帯林，熱帯林の複数の観測点でフラックス観測と積み上げ法によって年間 NEP の値をそれぞれ求めて比較したところ，両者の差は 1 ha あたり ±1.5 t 程度あること，年間 NEP を求めるためには両者ともに不確実性を生む原因をさらに追求することが必要であることなどがわかってきた（Hirata et al. 2008）。また，フラックス観測による年間 NEP 推定の不確実性には，夜間の RE 推定にともなう問題の寄与が大きいことも改めて明らかになってきた。とくに熱帯林などの温暖な気候下にある背の高い群落をもつ生態系では，年間通して温度が高いため RE の絶対値が大きいこと，群落内での水平移流の寄与が大きいことなどにより，年間の RE 推定における不確実性が大きい。NEP 推定の不確実性を低減するためにも，RE 推定における夜間の問題を解決することが必要不可欠である。

Ⅲ　土壌炭素フラックスの調査法と解析

　土壌炭素フラックスは生態系純生産を規定する重要なコンポーネントであり，その時空間変動は土壌炭素シーケストレーションに大きな影響を与える。そのため，土壌炭素フラックスの時空間変動を測定し，それを規定する環境要因との関係が明らかにされてきた。長期にわたる土壌炭素フラックスの積算値は環境要因との相関式から推定されるが，高精度の推定を行うには時空間スケールにおいて分解能の高いフラックスデータを得る必要がある。その要求にこたえるために，土壌炭素フラックスの測定手法も進化してきた。具体的には，次の点を考慮して発展してきた。
　(1) 長期連続測定
　(2) 測定時環境改変の軽減
　(3) 多点同時測定
　(4) 携帯型測定システムの開発
これらのうち，(1)～(3) は微気象学的手法の渦相関法などにより観測される，連続かつ広域のフラックスとリンクさせていくうえでどうしてもクリアしなければならない問題であり，ここ 10 年の手法の開発はこれらの点に主眼がおかれてきた。

　また，土壌炭素の動態はその場所の陸域生態系の地上部からの枝や葉などの有機物の補給と地下部の根系を経由して，土壌中の有機炭素，窒素等の交換などに関連しており，ここで提起する陸域生態系の調査と連携するシステムアプローチにおいては，土壌炭素の動態の長期的変動解明はその重要なコンポーネントである。

1　土壌炭素フラックス測定法の分類と原理

　表 2-1 は現在知られている土壌ガスフラックス測定法の種類と原理をまとめたものである (Rolston 1986; 木部・鞠子 2004; 関川・莫 2005)。測定方法はさまざまなタイプのものがあり，チャンバー法，濃度勾配法，微気象学的手法に大別される。チャンバー法は土壌にチャンバーを被せたのち，チャンバー内の CO_2 濃度

表 2-1　土壌ガスフラックス測定方法の分類と原理

手法の分類	種類	原理
チャンバー法	アルカリ吸収法，密閉法，ダイナミック・クローズド・チャンバー法，自動開閉式チャンバー法，通気法，オープン・トップ・チャンバー法	土壌にチャンバーを被せ，チャンバー内の CO_2 の時間変化およびチャンバー内外の CO_2 濃度差から CO_2 フラックスを求める
濃度勾配法		土壌中の CO_2 プロファイルを測定し，Fick の法則からフラックスを計算する
微気象学的手法	渦相関法，傾度法	空気の流れや CO_2 の濃度変化を直接測定し，土壌と大気の間の CO_2 交換量を求める

の時間変化またはチャンバー内外の CO_2 濃度差を測定し，その値から CO_2 フラックスを求めるものである．現在，最もポピュラーな測定法であり，さまざまなタイプのものが考案されてきた．濃度勾配法は土壌中のガス濃度プロファイルを測定し，濃度勾配とガス拡散係数から Fick の法則を用いてフラックスを計算する方法である．微気象学的方法は渦相関法と傾度法が代表的であり，他の手法よりも広域の平均的フラックスを観測ができるメリットがある．

2　チャンバーを用いた測定手法

　チャンバー法は現在最も広く用いられている手法であり，6 種類ほど知られている．これらの手法は閉鎖型（closed）と開放型（open）に大別されるが，両者の違いは測定中にチャンバー内の空気が外気と通じているかどうかにあり，必ずしもチャンバー自体の形状が「閉じている」，「開いている」ということではない．閉鎖型では，チャンバーを閉じてから内部の CO_2 濃度の時間変化を計測するのに対して，開放型ではチャンバーへ一定の流速で空気を送り込み，入口と出口の CO_2 濃度差を計測する．閉鎖型には密閉法（static closed chamber method，CC 法），アルカリ吸収法（alkali absorption method，AA 法），ダイナミック・クローズド・チャンバー法（dynamic closed chamber method，DC 法），自動開閉式チャンバー法（automatic open/close chamber method，AOCC 法）の 4 種，開放型には通気法（open flow-through chamber method，OF 法）とオープン・トップ・チャンバー法（open top chamber method，OTC 法）の 2 種がある．

チャンバー法は，チャンバー内の空気を「流動させる（動的, dynamic）」か「流動させないか（静的, static）」で分類することもできる。一般に，動的な手法の方が静的な手法よりも応答が速く，一回の測定に要する時間が少ないという特徴がある。この分類では，静的なものに AA 法と密閉法，動的なものに DC 法，AOCC 法，OF 法，OTC 法が含まれる。

チャンバーを用いた手法にヴァリエーションがあるということは，それぞれの手法に長所と短所があることを意味している。これらの測定手法間には得られた値に差異のあることも明らかになっており，土壌炭素フラックスを測定する際には，測定手法の特性をよく吟味し，適切な使用を心がける必要がある。

(1) 静的閉鎖型チャンバー法

静的閉鎖型チャンバー法には密閉法とアルカリ吸収法があり（図2-7），最も古くから使われてきた手法である。安価で簡便な手法であることから，両手法とも現在でもよく用いられている。

密閉法はチャンバーを密閉後，一定の時間間隔でチャンバー内の空気をサンプリングし，採取した空気をガスクロマトグラフや IRGA（赤外線ガス分析計）を用いて分析する。土壌炭素フラックスは CO_2 濃度の時間変化からを算出される。密閉法を使うと，CO_2 以外のガス（CH_4 や N_2O など）の放出も測定することができる。

AA 法とは，チャンバー内に置いた容器中に CO_2 吸収剤（ソーダライムまたはアルカリ溶液）を入れ，一定時間（1日程度）放置したのち回収し，吸収した CO_2 量を測定する方法である。AA 法は土壌炭素フラックスが大きい場合は過小評価，小さい場合は過大評価するといわれている（Nay et al. 1994; Rochette et al. 1992）。これは，チャンバー内の CO_2 濃度が低下し，土壌中の CO_2 濃度との差が大きくなって濃度勾配が生じることが原因であると考えられている。また，AA 法で得られる土壌炭素フラックスは日積算値となるため，日変化を知りたいときには使えない。

(2) 動的閉鎖型チャンバー法

動的閉鎖型チャンバー法には DC 法と AOCC 法がある（図2-7）。DC 法は，チャンバーと IRGA 間で一定流量の空気を循環させながら CO_2 濃度の時間変化を測

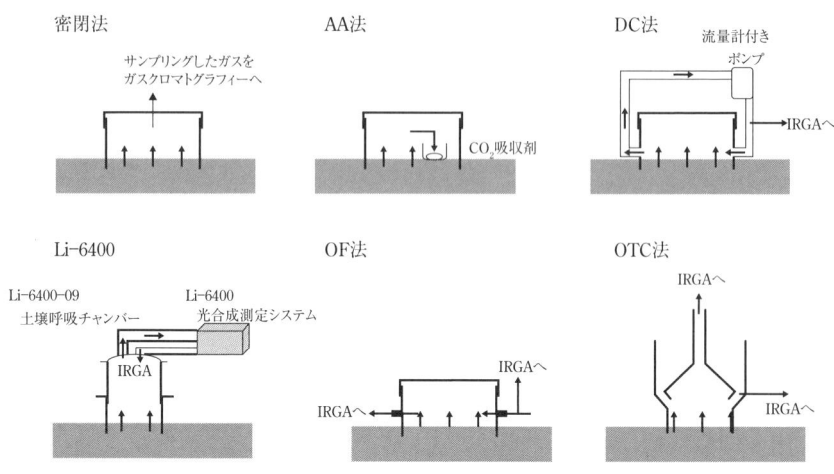

図 2-7　チャンバー法による測定模式図

定し，土壌炭素フラックスを算出する方法である。DC 法の特徴は測定時間が短く，チャンバー内の環境変化を最小限にすることができることであるが，原理的に長期測定が困難なこと，流量の設定によっては過大・過小評価になってしまう可能性が指摘されている。DC 法の原理を応用した市販のシステムとして（LICOR 社，LI-6400 あるいは LI-6200）などがある。LICOR 社のシステムでは，専用の土壌炭素フラックス用チャンバーを取りつけて土壌炭素フラックスを測定する。上限と下限の CO_2 濃度をプログラムできるなど，測定条件を現場に合わせて変えることができるメリットがあるが，あらかじめ操作になれておく必要がある。

AOCC 法で用いるチャンバーは，上部に自動で開閉する蓋がついており，測定するときだけ閉じるしくみになっている。測定していないときは降雨やリターフォールがチャンバー内に入るので，DC 法や OF 法で問題となる測定期間中の土壌の乾燥などが軽減される。このメリットによって，長期連続測定が可能となる。2000 年代に入るとさまざまなタイプのシステムが開発されるようになった（McGinn et al. 1998）。たとえば，チャンバーの形状が観音開きのものや蓋の動きが上下左右するタイプのものが開発されている。また，最近では，企業による開発も行われ，いくつかの製品が市販されている（LICOR 社，LI-8100）。現在，AOCC 法は土壌炭素フラックス測定における主要な手法となりつつあるが，AOCC 法にもいくつかの問題点が指摘されている。たとえば，野外に長期設置さ

れるために蓋の開閉にともなうメカニカルなトラブルが多いこと，チャンバーが高価であること，積雪期間中の測定は困難であることなどが挙げられる。

(3) 動的開放型チャンバー法

動的開放型チャンバー法にはOF法とOTC法がある（図2-7）。OF法は，チャンバー内に一方から外気を送り込み（リファレンスガス），反対側から同じ流量でチャンバー内のガス（サンプルガス）を吸引し，それぞれのCO_2濃度をIRGAで分析し，両者の濃度差から土壌炭素フラックスを算出する方法である。OF法は，数日間の連続測定が可能であるので，短期的な時間変動の把握を目的として開発されてきた。しかし，チャンバーの入口と出口の流量にわずかでも差ができるとチャンバー内外の気圧差による誤差が生じる（Fang and Moncrief 1996）。気圧差の問題は，流量設定だけでなく，ポンプからチャンバーまでの距離やチャンバーとポンプをつなぐチューブ内での抵抗などによっても生じる可能性がある。また，OF法は測定期間中にはチャンバーの蓋を閉じて密閉してしまうため，降雨などの気象変化の影響を検出することが難しい。

OF法のチャンバー内圧の変化の問題を解決するべく開発されたのがOTC法である（Fang and Moncrieff 1998）。チャンバー上部が開いた構造をしており，チャンバー下部からサンプルの空気を引き抜くことで上から下への空気の流れを作ることができる。土壌炭素フラックスはサンプルガスとチャンバー上部から抜き取るレファレンスガスのCO_2濃度差から求められる。OTC法では，チャンバー内部圧の変化がないことや外部の環境変化を追随できるなどの長所があるとされているが，もう一つの利点は流路系を簡素化できることである。その結果，きわめて軽量（携帯可能）かつ多数のチャンバーを組み込んだマルチチャンネル測定システムの構築が可能である。しかし，OTC法は，強風により開放部からの外気が流入し，その影響で測定値が過小評価されるので，現在では使用されることはなくなった。

3　濃度勾配法

濃度勾配法は，数段階の深さの土壌CO_2濃度勾配と土壌の拡散係数から土壌炭素フラックスを算出する方法である。チャンバー法と異なり，縦方向のCO_2

の拡散から測定するために拡散法ともよばれている。実際の測定では，3〜5段階の深さに拡散式 CO_2 センサー（Vaisala 社の GMT222 など）を埋め，センサーをデータロガーに接続して一定間隔で記録する。事前に土壌中のガス拡散係数を求めておかなければならないが，CO_2 センサーを一度設置してしまえば，長期連続測定が可能である。また，降雨などの現象が土壌炭素フラックスに与える影響も評価できる（Tang et al. 2005）。

濃度勾配法で求めたデータは，チャンバー法で求めたデータとの一致性も高いことが報告されている（Tang et al. 2003）。濃度勾配法で注意すべきは，センサー設置の際に水が溜まらないようにカバーをつけたりするなど，設置場所の条件に応じた工夫を必要とすることである。また，CO_2 センサーの測定可能な CO_2 濃度域をチェックして購入する必要がある。土壌炭素フラックスの算出に必要となる拡散係数の決定には，深さ別に土壌コアを採取して実測する方法と，土壌の空隙率などから間接的に推定する方法などがある。実際には，拡散係数は土壌水分などによっても変化するため，拡散係数の連続的な推定が今後の課題といえるだろう。濃度勾配法は，積雪期に雪面から放出されるガスフラックスの測定において最も有効な手法である（Mariko et al. 2000）。

4 微気象学的手法

微気象学的手法では渦相関法を用いた観測が主流である。渦相関法については前節（II 節）で詳しく述べられているが，その原理は，大気中に発生する乱流の上下方向の渦を CO_2 濃度の変化と三次元の風速の変化として測定し，CO_2 の移動量をフラックスとして測定する方法である。観測場所にタワーを建て，CO_2 濃度計，三次元風速計と環境データの測器を設置して観測を行う。渦相関法の利点は，チャンバー法よりも広範囲かつ測定環境を攪乱することなく，長期間連続的にフラックスの観測ができることである。しかし，渦相関法には測器を運用させるために常に電力が必要となり，電力供給のできない地域では使用できない。また，渦相関法を土壌炭素フラックスの測定に利用するには，観測機器より低い位置に植物の地上部がないことが必須条件であるために，植生の状態がきわめて限定される。そのため，これまでの渦相関法を用いた土壌炭素フラックスの測定は，下層植生のない森林生態系（Kelliher et al. 1999）等だけであり，いまのところ研究

例が少ない。

5　測定手法間の比較

　これまで述べたように，土壌炭素フラックスの測定法にはさまざまなものがあり，研究者は適材適所に使い分けている。そのため，これまでに蓄積されたデータを比較検討する際の前提として，手法間で得られた結果に差異があるのかないのか，あるとすればどの程度の差があるのかを認識しておく必要がある。

　土壌炭素フラックスの手法間比較に関する研究は Witkanp (1969) に始まり，これまでに多くの野外における比較と実験室内での比較研究がある。たとえば，Bekku et al. (1997) は人工土壌を用いて手法間の測定誤差を検討した結果，AA法はほかの手法に比べ過大評価となる傾向が強いことを報告している。密閉法は，測定中のチャンバー内 CO_2 濃度の増加によって土壌―大気間の CO_2 拡散が抑制され過小評価する傾向があるが，AA法に比べると測定時間が短いためにその程度は小さい。また，密閉法による測定値は，チャンバーサイズによって影響を受けることも知られている。チャンバー内 CO_2 濃度が大きく変化する手法では微生物の呼吸活性に影響することも指摘されている (Koizumi et al. 1991)。

　Butnor et al. (2005) は，構造の異なる3種類の人工土壌（おもに空隙率を変化させた土壌）を用いて，2種類のDC法とOF法を濃度勾配法と比較したり，濃度勾配法の測定値を基準とした場合のOF法の補正値 (OFadj) を求めたりしている。その結果，DC法は土壌空隙率が増加すると濃度勾配法に比べて過小評価となるが，OF法は土壌タイプに関係なく過小評価となった。しかし，補正を行ったOFadjはすべての土壌タイプで濃度勾配法とほぼ同じ値を示したことから，得られた補正式は過小評価の補正に有効であることが示された。

　筆者らは，比較的均一な畑土壌で複数のチャンバー法を比較する実験を行っている（図2-8）。その結果，OF法，OTC法，LI-6200 を用いたDC法のあいだでは有意な差がみられなかったが，LI-6400 を用いたDC法はOF法の1.5倍も高い値が得られた。また，密閉法はそれ以外の手法に対して有意に低い値となった。このように，チャンバー法で得られたデータには手法間に差異があるので単純な比較は危険であり，今後は精緻な比較によって補正係数を求める必要がある。

　チャンバー法と原理が異なる手法で得られた土壌炭素フラックスの比較につい

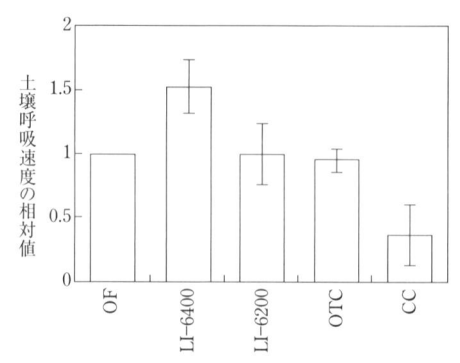

図 2-8 畑土壌で行われたチャンバー法の比較実験の結果
（OF法を1としたときの相対値）

ては十分な研究がなされていないが，筆者らのデータから若干の比較検討をすることができる。図2-9は3ヶ所のスーパーサイト（苫小牧のカラマツ林，富士吉田のアカマツ林，高山のミズナラ林）においてチャンバー法によって測定された土壌炭素フラックスと渦相関法によって観測された生態系呼吸との比較を試みた結果である。理論的には「土壌炭素フラックス＜生態系呼吸」となるはずであるが，いずれのサイトにおいても土壌炭素フラックスの方が生態系呼吸よりも高い値となっている。なぜそのような結果になったのかはいまのところ明らかではないが，それぞれの手法について問題があるように思われる。たとえば，チャンバー法では空間変動が十分に反映されたデータであったのかどうかが疑わしい。実際，高山の場合は土壌炭素フラックスと生態系呼吸が比較的近い値を示しているが，そこでの土壌炭素フラックスは密閉法による多点測定結果に基づいた補正が行われている。また，渦相関法では前節で述べたように夜間の弱風や移流による生態系呼吸の不確実性が考えられる。

6　時空間変動の評価と解析

土壌炭素フラックスの時間変動には，温度，土壌水分，根の成長，リターフォールの影響が大きいといわれる（Ryan and Law 2005）。時間変動には，日変動，季節変動，年々変動などさまざまなスケールがあり，大きなスケールの変動を理解す

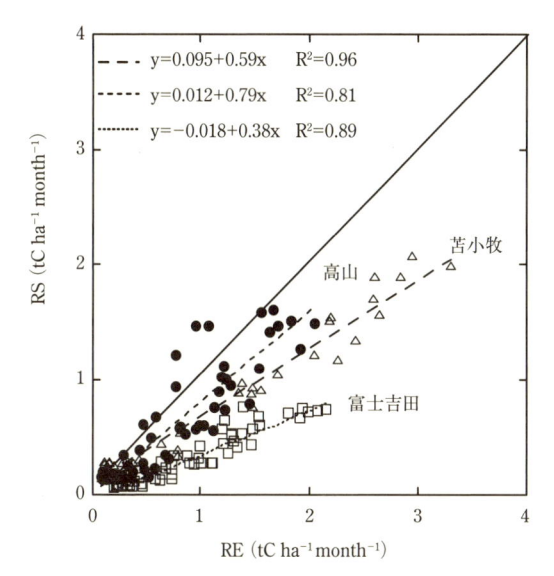

図2-9 渦相関法により観測された生態系呼吸(RE)とチャンバー法で測定された土壌呼吸(RS)との関係

るためには，小さなスケールの変動を引き起こす環境要因を把握してからのスケールアップが必要である。

　一般的に，土壌炭素フラックスの日変動には地温が強く影響しているといわれている。しかし，極度に乾燥した日における土壌炭素フラックスの日変動には地温の影響は少なく，土壌水分や飽差などが影響していることが指摘されている(Tang and Baldoochi 2005)。また，集水域では地下水位の日変動が土壌炭素フラックスに影響することも知られている。季節変動では，地温や土壌水分の変動に加え，植物活動の影響も大きいといわれている。季節変化にともなう植物の生長は，根の成長やリター供給のタイミング，微生物への有機物の供給時期などの変動を通して，土壌炭素フラックスの季節変動に影響を与えている(Raich and Tufekcioglu 2000)。土壌炭素フラックスの年々変動は多く研究によって平均気温，平均降水量などの気象条件との関連が強いとされている。しかし，年々変動に対する降水量の影響は1年間の積算降水量ではなく，季節的な降水分布に強く影響されるとの指摘もある(Borken et al. 2002)。

いずれの時間スケールにおいても土壌炭素フラックスと温度との関係が強くみられることから，温度依存性に基づいて土壌炭素フラックスの積算値を求めることが多い。両者の関係は次のような指数式によって近似されている。

van't Hoff 式：$Rs = ae^{bT}$
Arrhenius 式：$Rs = ae^{-Ea/RT}$
Lloyd and Taylor 式：$Rs = ae^{-E_0/(T-T_0)}$

Rs は土壌炭素フラックス，a，b は定数，T は温度，T_0 は基準温度，Ea は活性化エネルギー（定数），E_0 は活性化エネルギーに相当する定数，R は気体定数である。van't Hoff 式は酵素化学反応の温度依存性を指数関数で記述したモデルである。Arrhenius 式は，化学反応を起こすために必要な活性化エネルギー Ea を新たな定数として加えて，よりメカニスティックなモデルに改良したものである。しかし，Lloyd and Taylor（1994）は，Arrhenius 式を土壌炭素フラックスと温度のデータにフィッティングするとバイアスが生じて良好な近似ができないことを指摘し，その原因は温度の上昇に対して活性化エネルギーが減少するためであるとした。このことは土壌圏での複雑な生物システムがもつ活性化エネルギーを知ることは実際の観測以外には困難であることを示している。そこで，温度によって補正される活性化エネルギーを新たなパラメータ E_0 として組み込んだモデルが開発された。これが Lloyd and Taylor 式であり，土壌炭素フラックスの温度依存性を記述するすぐれたモデルの一つとして広く使われている。なお，これらのモデルは温度のみの1変数モデルであるが，近年では，温度以外の要因，とりわけ土壌水分や植生バイオマスなどの影響が組み込まれたモデルも多くみられる（Subke et al. 2003; DeForest et al. 2006）。

土壌炭素フラックスの温度反応性の評価には Q_{10} が使われる。Q_{10} は，呼吸の温度依存性（温度に対する反応性）を評価するためのパラメーターで，温度が10℃上昇したときの呼吸の変化を示したものである。Q_{10} は van't Hoff 式で得られた定数 b を使うと以下の式で計算できる。

$$Q_{10} = e^{10b}$$

Q_{10} は温度に対する土壌炭素フラックスの変動を推定するのに最も適したモデルを選定する際に有効な判断材料になる（Fang and Moncrieff 2001）。

土壌炭素フラックスに空間変動があることは多くの研究者が指摘していることであり，生態系を代表するフラックスの正確な評価を困難にする原因にもなっている。鞠子らが筑波大学菅平高原実験センター内のススキ草原を対象として行った調査によると，土壌ガスフラックスの空間変動をもたらす要因は植生の不均一性（種組成，群落構造など），物理的環境要因の不均一性（温度，水分など），植物根の不均一分布，土壌動物の不均一分布であった。これらのうち，一つの生態系内のマクロな空間変動をもたらすのは植生の不均一性であり，それ以外の不均一性はよりミクロなスケールでの空間変動をもたらす要因であった。Ryan and Law (2005) は自動連続測定チャンバーで数ヶ所の土壌炭素フラックスを測定し，携帯型チャンバー（たとえば，LI-6400 など）で多点測定した土壌炭素フラックスを組み合わせて空間スケールを拡大する必要があると述べている。

Ⅳ 生態学的手法による炭素プールとフローの調査と解析

陸域生態系の炭素循環研究は，1960 年代の国際生物学事業計画 (IBP) で本格的に始まった。IBP は，当時危惧されだした食料不足や環境問題に対して，生物群集本来の生産力を把握し，生態系の適切な管理に活用することを目的に発足した。そのため，おもに植物群落の総一次生産力 (GPP) と呼吸量 (RA)，それに両者の差にあたる純一次生産力（純生産量）(NPP) の三つがおもな研究のターゲットであった。

一方，前述したように今日温暖化の影響評価や予測が炭素循環研究で重視されるに及び，純生態系生産量 (NEP) や純バイオーム生産量力 (NBP) といった生態系レベルの炭素収支が世界各地でさかんに推定されている。NBP は NEP からさらに非生物的な起源や経路で放出される炭素 (R^*) を差し引いた収支を意味する。図 2-10 は陸域生態系の炭素循環過程を模式的に示したものである。

本節では，これら炭素フローの基本となる現存量や NPP，また NEP の一部について，森林生態系を対象とした推定手法について概説する。なおそれらの詳細は，IBP 直後の依田 (1971) をはじめとして，すでに多くのテキストにまとめられているので（佐藤 1973; 木村 1976: Shidei and Kira 1977 など），ここではそれ以降に改良，開発された手法もできるだけ網羅して，おもな推定手法の原理や手順上

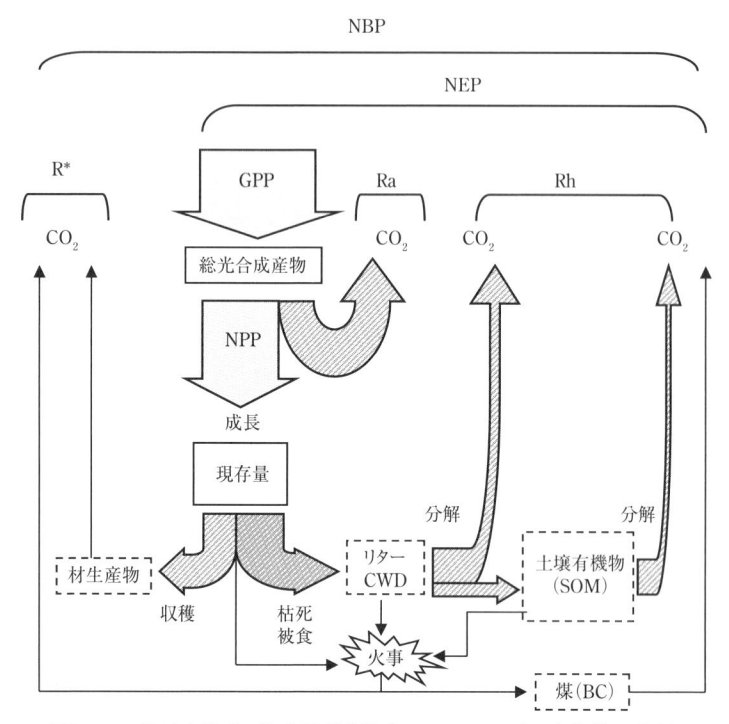

図 2-10 陸域生態系の炭素循環過程（Schulze 2006 を一部加筆，改変）
純一次生産力（NPP: net primary production），総一次生産力（GPP: gross primary production），純生態系生産力（NEP: net ecosystem production），純バイオーム生産力（NBP: net biome production），植物の呼吸（根も含む）（Ra: autotrophic respiration），従属栄養呼吸（Rh: heterotrophic respiration），非生物的な炭素放出量（R*）。NEP と NBP は，以下のように定義される；NEP = GPP − (Ra + Rh) = NPP − Rh，NBP = GPP − (Ra + Rh + R*) = NEP − R*。

注意すべき点を中心に解説したい。下層植生の手法も概略を述べるにとどめたので，さらに詳細は関連の解説書等を参照されたい（たとえば木村 1976; 野本・横井 1981）。

　ここで述べる生態学的手法の調査による炭素プールとフローの年々変動の解明は長期的な陸域生態系の炭素固定量の評価に寄与するものである。同時に本書で提起するシステムアプローチでは微気象学的な手法による炭素収支の季節変化，年々変動の測定結果，土壌調査による落枝・落葉と根系などを通しての有機炭素の炭素収支の測定結果と連結させて統合して解析し，炭素動態の季節変動から年々変動を解明する。さらに，生態学的手法による炭素プールとフローの長期変

動の結果は陸域生態系モデルによる過去の炭素動態変遷の計算結果の検証，モデルの改良に利用される。

1　現存量

　森林の現存量（植物体の乾物量，Mg ha^{-1}）の推定手法には，調査地内の樹木をすべて刈り取る皆伐法と，個体の伐倒調査から推定する平均木法やアロメトリー法（allometric method）などがある。このうちアロメトリー法が，後述する細根の場合を除き樹木の現存量推定によく用いられている。

（1）　地上部現存量

　アロメトリー法とは，伐倒木で秤量した幹や枝，葉など各器官の乾重（y）と直径などのサイズ変数（x）とのあいだになりたつ以下の式に，毎木調査で測定した各個体のサイズ変数を代入してその総和から現存量を求める方法である。

$$y = Ax^B, \text{ または } \log y = \log A + B \log x \tag{1}$$

上式の係数 A, B は，両変数を対数変換して直線回帰から求めるが（Sprugel 1983），その際ふつうの最小二乗法（OLS: ordinary least square）や RMS 法（reduced major axis）が用いられる。どちらの回帰法を適用するかは，相関の強さや両変数の誤差の大きさ，また回帰の目的などを考慮して決める（たとえば Isobe et al. 1990; McArdle 2003 など）。ただし森林の現存量推定の場合，後述するようなアロメトリー式の外挿の問題など，回帰に使う伐倒データの質や数が適切であるかどうかが，推定精度上はより重要になる。

　サイズ変数には胸高直径（D）や樹高（H），さらに両者を組み込んだ変数（D^2H）などがよく用いられる。葉量の場合は，樹冠下部（生枝下高）の直径を変数にすると樹種や林齢の違いによらずアロメトリー関係が広く成立し（Shinozaki 1964），また幹の辺材部断面積とも密接な関係がみられることがある（たとえば O'Hara 1988）。しかし，これらを毎木調査で測定するのは困難なので，葉の現存量も D や D^2H を変数にして推定されることが多い。

　伐倒本数は，人工林や単一樹種が優占する森林では最低 5〜7 本は，また混交林では主要な樹種を含めてさらに本数が必要であろう。伐倒木は，毎木調査で得

たサイズ分布の範囲をほぼカバーできるように選定したい。もし限られたサイズの伐倒木データからアロメトリー式を導き，それを範囲外の大きな個体へ外挿すると，林分現存量の推定値にかなりの誤差を生じる可能性がある。とくに1本で地上部乾重が 10 Mg を超える高木があるような熱帯林では（Kato et al. 1978; Yamakura et al. 1986 など），伐倒木の選定には注意を払う必要がある。

（2） 地下部現存量

根の現存量は，個体ベースですべての根を正確に秤量できないので，ふつう太い粗根（coarse root）と細根（fine root）に分けて，粗根を地上部と同様アロメトリー法によって，一方細根はいくつかあるサンプリング手法を用いて推定する。粗根と細根の区分には，これまで 2 mm や 3 mm，5 mm といった直径が用いられてきた（Vogt and Persson 1991）。すでに報告されている森林の根の現存量データは，その大半がいずれかを基準に推定している（Jackson et al. 1997; Noguchi et al. 2007）。これらの直径値は，根の堀取りや選別作業の効率や精度を考えれば，現実的な基準であろう。また樹木の根はふつう 2〜5 mm 以上ではほぼ木化しているので，根の養水分吸収機能の違いもある程度は反映した区分法といえる。しかし，細根の養水分吸収能や C，N などの含量は，同じ直径の根でも樹種によって，さらに同一樹種でも根の発生年次などで大きく異なるので（Pregitzer et al. 2002; Hishi et al. 2006），根の機能面も重視する場合は，直径以外の基準を考慮して調査する必要がある。

（a） 粗根の現存量

粗根の乾重も，地上部の各器官と同様やはり胸高直径（D）などをサイズ変数にすると，式（1）のアロメトリー関係が多くの樹種や森林で成立する（苅住 1979; Santantonio et al. 1977）。図 2-11 に，熱帯林と亜寒帯林で得られた，胸高直径（D）と根重のアロメトリー関係を示した。ただし，樹木が小さめの若い林分や森林では，胸高よりも下部の幹直径（地際や地上高 30 cm）を変数にすると，さらに良好な関係がみられる場合があるので（Haynes and Gower 1995; Bond-Lamberty et al. 2002; Kajimoto et al. 2006），研究対象の森林によっては，こうした下部直径もあらかじめ毎木調査で測定しておくとよい。

（b） 細根の現存量

代表的な推定手法はコア・サンプリング法である。円筒状の金枠を土壌中に差

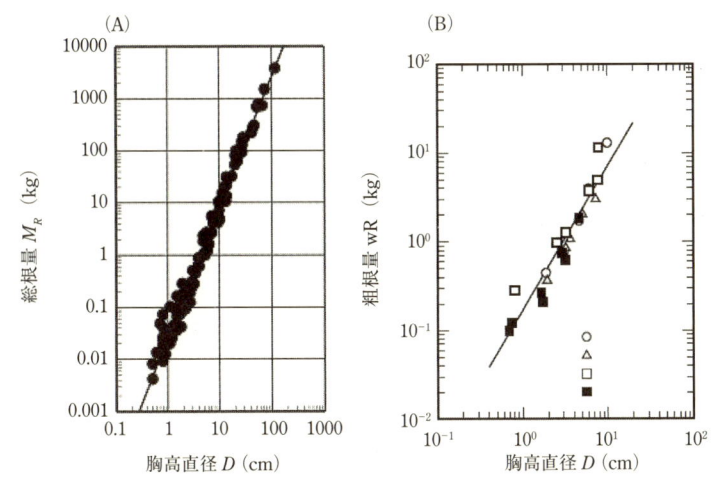

IV 生態学的手法による炭素プールとフローの調査と解析　105

図 2-11　胸高直径 (D) と根乾重のアロメトリー関係の例
(A) 熱帯林（マレーシア半島・パソー）における最大個体（$D=116$ cm）を含む伐倒木 122 本（78 種）のデータ。根の乾重（M_R）は，粗根の量に伐倒の際ちぎれた細根量の補正分を加えた総根量を示す。(Niiyama et al. unpub. data)
(B) 亜寒帯林（中央及び東シベリア）のカラマツ林 4 調査地におけるデータ。中央シベリア・ツラ（*Larix gmelinii* －□，■）。東シベリア（*Larix cajanderi* －○，△）。根の乾重（wR）は，いずれも粗根（直径＞5 mm）量を示す。(Kajimoto et al. 2006)

し込み，そのなかの細根を洗いだして秤量し，金枠の開口部面積で除して現存量を計算する。細根の空間分布は局所的にかなりばらつくので，ある程度の多点（8〜30 点）調査から平均値を求める必要がある（Vogt and Persson 1991）。ほかには，モノリス法やトレンチ法，ブロック・サンプリング法などもあるが（苅住 1979），これらはいずれも多点で調査ができないぶん，現存量の推定よりも，むしろ細根や根系の分布を調べる際に有効な手法といえる。いずれの手法でも，細根調査の場合，まず生きた根と枯死した根を正確に区別する必要がある。また混交林では，研究目的しだいでさらに樹種による違いも見きわめなければならない。こうした根の選別作業は，ふつう手触りや色などを目安にされるが，その精度は多分に研究者の感覚や経験に依存する。したがって，コア・サンプリング法を用いる場合，あらかじめある程度根を掘りだしてその空間分布や樹種特性などを調べながら，測定地点の選定や根の選別作業にとりかかることが重要である。

2 純一次生産力（NPP）

（1） 積み上げ法による推定

　NPP の推定方法には，GPP や RA を直接測定あるいは推定する大型同化箱法や門司・佐伯の群落光合成モデル法などもあるが（萩原 1987），ここでは森林で一般によく用いられる積み上げ法（summation method）についてその原理と手順を解説する。積み上げ法では，推定期間を 1 年（$t_1 \sim t_2$）とすると，NPP は次式のように期間中の現存量の増分（Δy），枯死量（ΔL），被食量（ΔG）の合計で与えられる（Ogawa 1977）。下記の式は，Δy と ΔL をそれぞれ変形したもので，y_1，y_2 は t_1，t_2 の現存量，y_d は期間中に枯死した個体量の初期（t_1）現存量，ΔL_f は生存個体からのおもに枝葉の部分枯死量を示す。

$$\begin{aligned} \text{NPP} &= \Delta y + \Delta L + \Delta G \\ &= (y_2 - y_1) + (y_d + \Delta L_f) + \Delta G \end{aligned} \tag{2}$$

純生産量は，本来光合成で新たに生産された部分のうち，最後（t_2）まで植物体として残った部分とそれ以前に枯死や被食で失われた部分の合計で定義される。しかし，森林でそれらを厳密に区別するのは困難な場合が多いので，測定可能な乾物量の変化（収支）から NPP を推定しようとするのが式（2）の基本的な考え方である。なお，最近とくに欧米の研究者らによる論文では，NPP は以下の式で推定されている場合が多いが，一見式（2）と似ていて混同されやすいので，以下その違いを補足しておきたい。

$$\text{NPP} = \Delta B + (M + H + L + V) \tag{3}$$

上式の右辺は，ΔB が現存量の純増分（net biomass increment）で，以下 M，H，L，V はそれぞれ枯死，被食，溶脱，揮発にともなう炭素の損失項目である（e. g., Kloeppel et al. 2007）。L と V を除けば，もちろん NPP の定義は式（2）に一致する。しかし，最初の二つ ΔB と M は，それぞれ式（2）の Δy と ΔL と定義が異なり，ΔB は t_2 まで生き残った個体の成長量だけを，また M は葉や枝などの部分的枯死量（fine litter；式 2 の ΔL_f）だけを考えている。つまり，NPP の計算上，枯死した個体の初期現存量（y_d）は，式（2）では枯死量の一部に含められるが，式（3）では ΔB において補正（加算）されるので（$\Delta B = \Delta y + y_d$）（Clark et al. 2001），それぞ

れの推定値を直接比較する際には注意する必要がある。以下，ここでは式 (2) の定義に基づいて Δy と ΔL の推定手順を，地上部と地下部に分けて解説する。なお被食量 ΔG については，いまだにほとんど推定手法がないので，最後にまとめて概説する。

(2) 地上部の純生産量推定
(a) 現存量の増分 Δy

推定手法にはいくつかバリエーションがある（依田 1971）。幹を例に考えると，まず最も定義に忠実なのは，アロメトリー法から t_1，t_2 の現存量を推定してその差を計算する方法である。伐倒調査を 2 回行えば別々の式を導き，また 1 回だけなら期間中アロメトリー関係が変化しないと仮定して同じ式を用いることになる。この手法は，熱帯林や温帯林のように，メジャーを使う通常の毎木調査でも樹木の直径成長が十分測定可能な森林に適している。一方，毎木も伐倒調査も 1 回だけで，直径成長量を成長錐で採取した試料の年輪幅の測定から求めて Δy を推定する方法もある。これは，逆に幹の肥大成長量が小さい亜寒帯林や亜高山帯林などに有効であろう。最後は，樹幹解析データを用いる方法で，伐倒木の幹の年間成長量（材積や乾重）とサイズ変数になりたつアロメトリー関係（式 1）から林分全体の成長量を計算する。これは，もともと生存個体だけを対象にいわば幹の純生産量を求める手法なので，期間中に枯死した個体がある場合，本来の Δy にはならない点に注意したい。高山の落葉広葉樹林では，これらの手法のいくつかを用いて地上部の NPP を推定し，方法間で生じる推定値の差の原因が検討されている（Ohtsuka et al. 2005）。

枝や葉の Δy も，基本的には樹幹解析法以外の手順で推定する。枝の場合は，樹幹解析データから推定する方法もある。これは，枝と幹の相対成長速度が同じと仮定し，前述の幹の成長量のアロメトリー関係（式 1 の係数 B）を枝にあてはめる方法である。葉の場合は，若い森林を除くと林分葉量はほぼ一定に達しているので，Δy はゼロと仮定し，後述するように落葉量だけ枯死量として NPP の推定に計上することが多い。

森林によっては，さらに推定期間中新たに加わった個体の分も，Δy の推定で補正するか考慮しなければならない。人工林や火事で一斉更新する亜寒帯林などでは無視できるが，1 年もたてば必ず毎木調査の対象サイズに達する個体がでて

くるような熱帯林では，その分を補正しておく必要があろう（Clark et al. 2001）。以上の手順で推定された Δy は，必ずプラスになるとしばしば勘違いされることがある。しかし，式 (2) と (3) の違いで述べたように，Δy とは最終的な現存量の差し引きにあたるので，たとえばパソーの熱帯林で報告されているように（Hoshizaki et al. 2004），大きな個体が枯死すると，それらの初期現存量が生存個体の成長分を上回り，Δy はマイナスの値，すなわち地上部現存量が減少することもある。

(b) 枯死量

幹の場合，芯腐れなどの部分枯死量を測定する手法がないので，期間中に枯死した個体があった場合，その現存量 (y_d) をアロメトリー法で推定することになる。枝や葉の部分枯死量 (ΔL_f) は，ふつう林床に円形のトラップなどを設置し，脱落量（リターフォール）として推定される。これは，新しく生産された枝や葉は，枯死して脱落する量に等しいことを仮定している。この仮定は，葉の場合，常緑樹林でも毎年新しい葉は古い葉とほぼ同じ程度入れ替わるのでそれほど問題にならない。しかし枝の場合，生存，枯死個体を問わず，すでに枯死して樹体に付着していた枝や単に引っかかっている分も落下してトラップに含まれてしまう。脱落量をそのまま枯死量とする仮定は，厳密にこれらの量を区別して測定し，検討する必要がある。これに近い枝の枯死量の直接測定は，唯一カラマツの人工林で試みられており，この仮定（脱落量＝枯死量）がある程度支持される結果が得られている（Miyaura and Hozumi 1988）。

(3) 地下部の純生産量推定

(a) 粗根の純生産量

地下部の NPP の場合，粗根は幹について述べた各手法から Δy や ΔL を求めることになる。粗根の Δy は，もちろん根について実際に年輪解析する方法もあるが，樹幹解析データから幹の成長量に関するアロメトリー（式1の係数 B）を使って計算する方法がしばしば用いられている（Yamakura et al. 1972; Kajimoto et al. 1999 など）。この計算では，枝の場合で述べたように，根の相対成長速度が幹と同じと仮定している。根の年輪解析を行って検討したヒノキ人工林の例では，この仮定はそれほど問題ないが，単純に粗根と幹の乾重比を使って計算すると，粗根の成長量がかなり過大推定になることが示唆されている（Yamakura et al. 1972）。粗根

の枯死量（ΔL）については，やはり幹の場合と同様，期間中に枯死した個体の分だけが推定可能である。

(b) 細根の純生産量

細根の生産量に関する研究分野は，IBP発足当時から比べて著しくその推定手法の改良や開発が進展した。方法には，大別すると根の成長や枯死を野外で測定して直接推定するものと，窒素や炭素の循環収支モデルから計算したり（N-budget，C-budget），また同位体（^{14}C, ^{13}C）をトレーサーにして間接的に推定する方法がある（たとえばTierney and Fahey 2007）。

野外データから直接推定する手法には，一定の時間間隔で土壌を採取するシーケンシャル・コア法（SC法）や，根をあらかじめ取り除いた土壌を用意して侵入した細根量を測定するイングロース・コア法（IGC法），また非破壊的に透明なガラス板を地中に埋めたり（根箱法），チューブを挿入してビデオカメラで根の消長を観察するミニライゾトロン法（MR法）などがある。このうちSC法やIGC法では，細根の純生産量は直接乾重で得られる。一方MR法は根の長さ（や表面積）を測定するため，根長と乾重の関係から乾重に換算するか，根長ベースで細根回転率を求め，それをコア・サンプリング法などで推定した現存量に乗じて生産量が計算される（Satomura et al. 2007）。各手法とも，具体的な計算手順にはバリエーションがある。たとえばSC法の場合，期間中の細根現存量の最大値と最小値の差から求めたり，生きた細根と枯死根の量，それに枯死根の分解速度の合計から計算する方法などがあり，原理的には細根に限って積み上げ法の考え（式(2)）を適用した後者がまさっている（Vogt et al. 1998）。

各手法を同じ森林で試みると，MR法の方が他の手法より細根生産量の推定値が大きくなる傾向がしばしば報告されている（たとえばHendricks et al. 2006）。これは，一般に細根の成長と枯死は1年を通じて同時進行で起こり，一定間隔でサンプリングするSC法やIGC法では，そのあいだの生産量が補足できずに過小推定になるためと考えられている。しかし，MR法にも観察チューブの挿入による影響で細根の生産が促進されるなど，いくつか欠点が指摘されている（Vogt et al. 1998）。どの手法を用いるかは研究目的に依存するが，いまのところ細根生産量の推定では，その精度を考えれば複数の手法を併用するのが無難とされている（Tierney and Fahey 2007）。

細根の現存量や生産量を推定する場合，考慮すべき重要な問題のひとつに菌根

の取り扱いがある。熱帯林や亜寒帯林など主要な森林では，菌根共生が土壌中の養分や炭素循環に重要な役割を果たすことが示唆されている（Read and Perez-Moreno 2003 など）。しかし，これまで厳密に根と菌を区別して細根の生産量を推定した例は限られている。たとえば解剖学的な手法や，化学物質（エルゴステロール）を指標にする方法で菌根中に占める菌の割合が推定されているが，推定値にはかなりの幅があり，それが森林の違いを反映したものかどうかは不明である（里村 2003）。菌根共生を介した炭素フローを解明するためにも，今後さらに定量的な測定手法の確立が期待される。

(4) 被食量の推定

被食量（ΔG）は，現在でも NPP の推定ではほとんど無視されている。森林の地上部の場合，幹や枝は穿孔性昆虫やシカ，ネズミなどの動物により，また葉は食葉性昆虫によって摂食される。このうち唯一推定手法があるのは，食葉性昆虫による葉の被食量である。これまでにトラップで捕獲した虫糞の落下量や，落葉の食痕面積による方法で推定された例をみると，葉の被食量は少ないとはいえ落葉量の1～5%程度を占めている（Hagihara et al. 1978）。一方，根を摂食する生物には，一般には食植性の線虫類やトビムシ目や半翅目などの幼虫，それに地中に生息する齧歯類などが知られている。しかし，その生態や摂食行動については，おもに耕地や草本を対象におもに防除的な面から研究されているだけで（Whittaker 2003），森林の炭素循環研究で残された大きな課題のひとつは，樹木における被食量のスタンダードな推定方法の確立である。

3 林床植生と林床有機物

森林生態系の特徴の一つは，立地環境によって優占する樹種ばかりでなく林床植生も特有なグループで占められることである。さらに，立地環境によって変化する林冠構成樹種・林床構成種が生産する地上部・地下部リターの分解特性と分解生物群の組み合わせで，立地環境の乾湿等の違いを反映した林床の状態が生成されている（武田 2002）。たとえば暖温帯から冷温帯の森林では，斜面下部の適潤環境では大型土壌動物のはたらきが加わり分解がすみやかに進行することを反映したムル型の堆積腐植が，尾根部などの乾燥環境では分解が遅いことを反映し

たモル型の堆積腐植が，乾湿傾度の中間的な斜面に沿った場所には，ムルとモルの中間的なモダー型の堆積腐植が発達する．熱帯地域でも，大型分解生物群集によって地上部リターがすみやかに破砕・分解されて林床に堆積腐植層がみられない場所もあれば，過湿条件下の湿地林のように植物リターの分解が進まずに大量の有機物蓄積がみられたり，砂質土壌の立地条件で *Agathis* 属などの樹種が優占する場所では，熱帯でありながらポドゾル性土壌と厚い堆積腐植層が形成されたりする（久馬 2001; Whitmore 1977）．また，亜高山帯や亜寒帯の森林では，林床にそれぞれの森林に特有な蘚苔類や地衣類が数 cm から数十 cm の厚みをもつ褐色の層位を形成することもあり，樹木の針葉リターなどがその層に入り込んで堆積腐植層を形成している場合もある．

森林におけるこのように多様な形態の堆積腐植層が存在していることは，毎年収穫物という形で有機物が持ち出されたり植物残渣有機物が耕起で土壌に鋤き込まれたりする農耕地との大きな差異であり，森林生態系の炭素蓄積推定や炭素のフローを推定する際に重要な点である．森林生態系の炭素蓄積の集計方法として，林床の堆積腐植層と鉱質土壌に含まれる有機炭素の合計を土壌有機炭素（SOC: Soil Organic Carbon）と定義している事例がしばしばみられるが，数ヶ月から数年間にわたって林床という場に滞留する落葉層の有機炭素と，分解生物による分解と破砕を受けて粒子状あるいは溶存態で土壌に吸着した有機炭素とでは，物質循環過程における役割も回転速度も異なることから，堆積腐植層と鉱質土層の有機炭素は分けて集積量推定するべきであり，炭素蓄積のモデル開発などにあたっても，十分に考慮すべき点である．

対象とする植物の大きさ，植生の群落高によって，現存量推定に要する労力と時間は大きく変わる．前述したように，生態系の現存量は（地上部においても地下部においても）ほとんど樹体部分が占めており，林床植生の現存量が占める割合は小さいが，ササが林床に密生していたり，ツツジ科低木類が林床を覆っていたりするなど，生態系のタイプによっては量的にも無視できない場合がある．

林床植生の現存量推定では，一定面積の枠を複数個設定して，そのなかをすべて刈り取る方法が一般的である．枠の大きさは林床植生高にもよる．1 m 四方が多く採用されるが，対象とする林床植生のサイズや混生状態・被覆状態によっては短冊状の刈り取りや 50 cm 四方などで現存量を測定する．また，現地調査ではあちこちの場所を攪乱することを避ける必要もあるため，林床植生を刈り取っ

た同じ場所で堆積腐植の試料採取も行う。調査チームの人員構成と，試料を持ち帰って一連の処理（乾燥・秤量・粉砕・調製・化学分析等）ができる量を考慮すれば，一つの林分で1辺50cm程度の方形区を3〜5ヶ所設定するのが現実的であろう。方形区の枠には1m折尺が使われることが多い。最近はプラスティック製の20cmあるいは10cm単位で直角が固定されて折れ曲がる製品も出回っているので，ホームセンター等で購入できるテント設営用ペグや太めの串等を使って枠を固定する。林床植生の刈り取りは剪定鋏で行い，場合によっては手鋸で低木類を刈り取る。方形区の境界をまたぐ匍匐枝などは境界で切断して採取する。

　刈り取った全体を林床植生地上部として重量測定し，現地で部位別に葉，木部と茎，生殖器官，等に分けて測定するか持ち帰って分別するかは，調査目的と現地調査時間・労力との兼ね合いで決定する。落葉分解が速く鉱質土層が裸出している立地条件の場合，また蘚苔・地衣類が林床植生に存在する場合は，重量測定に最も大きく影響する鉱質土壌の混入を避ける。鉱質土壌の混入は，化学分析にも大きな影響を及ぼすので，混入しないように細心の注意を払う。

　生きている林床植生の地上部を刈り取ってから，堆積腐植層の採取となる。堆積腐植層全体をまとめて採取し，重量測定する場合もあるが，有機物の分解程度によって堆積腐植層には層位が認められる。分解程度によって各層位の密度や元素の含有率が異なるので，試料採取の時点で区別して採取し，化学分析に供するのが望ましい。

　堆積腐植層全体をAo層（Aゼロ層）とよぶことが多い。Ao層の採取は，表層から順に新鮮落葉と（落葉時期でなければ）形状を明瞭に認識できる落葉（L層）から採取し，つぎに分解・破砕の程度が進んだF層を採取する。F層からさらに分解・破砕程度の進んだH層は，土壌調査や有機物観察に習熟していない場合には識別が困難である。また，H層は層位が調査対象となる方形区の全面に発達していない場合もあるので，必ずしも採取できる試料ではない。部分的に形成されたH層を採取するか，後述する網状の根系ごと採取するか，現地で判断して記録に残し，炭素量を積算する際に，漏れがないようにする。採取する季節や森林によっては，L層下部やF層に菌糸が密に発達する。目的にもよるが，通常はその層位に存在した有機物と一緒に扱っている。土壌動物のフン塊との区別は習熟していないと困難であるが，堆積腐植層の採取時にはできるだけ鉱質土層の最表層の細かい礫や土塊粒子の混入を避ける。

なお，堆積腐植の層位記号は，それぞれの国や地域で採用されている土壌分類システムによって異なっている。日本やヨーロッパでは，Ao層を新鮮な落葉層から分解の進んだ層位の3段階にL-F-H層と順次記載することが多いが，アメリカUSDAの土壌分類システムでは新鮮な落葉から分解の進んだ層位を順に，Oi-Oe-Oa層と記載する。これらはほぼL-F-H層に対応している。一方FAO-ISRIC（ISRICはInternational Soil Reference Information Centreの略称）の分類・記載法では，有機物層をO層と表し，Hという記号で記載された層位は水で飽和された状態で蓄積した未分解有機物を指すので注意を要する。

落葉層L層直下，F層からH層にかけての深さで問題になるのは，鉱質土層の表層に密生した網状の細根層の取り扱いである。明らかに生きている根茎をたどることが可能な部分は林床植生地下部として分けることはできるが，網状に錯綜した細根の生・枯死を現場で判定するのは一般的には不可能である。"鉱質土壌ではないが，その層位に存在する有機物"として採取し，風乾後に篩別などを行い，植物体と細片化した有機物などに区別して定量するのが望ましい。

堆積腐植層の形態や堆積状況によっては，一定面積内で集めた試料が大量すぎて，すべての腐植物質を持ち帰ることができない場合も生じる。そのような場合には，採取時の全重量を記録した後，採取試料をよく混合して一部を持ち帰るか，または採取時に小区画の立方体を想定して試料採取を行い，縦・横・深さを記録して採取体積に換算できるようにし（たとえば10 cm×30 cm×深さ10 cmのように），実際の層位厚も記載しておく。

林床植生の刈り取り試料，堆積腐植層の試料は，調査前の降雨履歴や場所によって多量の水分を含んでいる。持ち帰る場合は大きめ厚手のポリエチレン袋が適している。持ち帰った後に紙袋などに移し替えて，通常60～80℃の通風乾燥機の庫内で48時間以上，重量の変化がみられなくなるまで乾燥する。風乾後にミル等で粉砕したものを保存する。有機炭素の定量は乾式燃焼法による機器分析が主流となっているので，分析前処理として回転式の乳鉢，高速振動粉砕器などでさらに微粉砕するのが望ましい。

森林生態系の粗大有機物（立枯木・倒木・根株などをまとめてCWD: Coarse Woody Debrisとよぶ）の調査については，林床植生や堆積腐植を採取したサイズとは異なる面積を対象にした調査が必要となる。一定面積（たとえば20 m×20 m）のなかを小区画に区分けして，立枯木，倒木，根株の位置，材の直径や長さを記載し，

材積—乾重量関係を求めて調査面積の CWD 量を推定する方法や，任意の測線上を横切る CWD の直径から簡便に材積量を推定する方法などがある (Harmon et al. 1999)。

　森林の場合，地上部リターの測定はリタートラップで集める部分と，林床面にある期間中に落下した大径枝リターとに分けて測定されることが多い。台風等の強風をともなう気象現象で，樹上に枯れたままの粗大有機物がその気象イベント時に集中して落下するため，平均的な数値を求めるためには数年間にわたる測定が必要である。大面積を対象にした長期の森林動態調査が行われる場合，立木の枯死が発生すると，それは地上部現存量のプールから CWD のプールに編入されることになる。

4　鉱質土層の炭素蓄積

　岩礫地や崩壊地など，土壌生成に十分な時間を経ていない立地条件では，鉱質土壌に蓄積する有機炭素量は比較的小さい。しかし寒冷な気候条件下の生態系，草原生態系，また土壌の性質によっては，鉱質土壌中に蓄積する有機炭素量はしばしば植物体に蓄積された有機炭素量よりはるかに多い場合がある。

　鉱質土層の炭素蓄積量を推定するための基本的な作業は，土壌断面とその試料採取である。調査法については多くの書籍があるので，本節では炭素蓄積量推定に関連する事項を述べる。FAO-ISRIC やアメリカ USDA の土壌分類と断面の記載方法に関しては，土壌の分類名称や記載記号にそれぞれの歴史を反映しながらも，分類基準や特徴層位の判定などに一定の収斂方向がうかがえる (FAO-ISRIC 1990; ISSS Working Group RB 1998; Soil Survey Staff 1998; Eswaran et al. 2003)。実際の調査にあたっては，断面記載の記号使用などは何に準拠したか，また日本の農耕地土壌や林野土壌の分類名を採用する場合には FAO-ISRIC や USDA の分類では大きな区分の何に相当するのか（何に含まれるのか）等を記載すれば，論文化する際に役だつ。

　土壌調査と試料採取，試料分析から炭素蓄積量推定までの過程には，以下のような問題点がある。(1) 土壌炭素蓄積量をどの深さまで推定対象にするか，(2) 試料採取は深度にそって連続採取かそれとも層位ごとか，(3) 土壌断面を何ヶ所掘ればよいのか，(4) 土層内の礫量補正をどのようにするか，(5) 無機態炭素（炭

酸塩）が混在する場合の有機炭素量の定量はどうするのか，(6) 推定値の妥当性はどのように判断するか，等である。

　近年の世界的な傾向では，物質循環研究で鉱質土層中の元素蓄積量などを推定する場合，深さ 1 m（堆積腐植層を除く鉱質土層の深さ 1 m）までの推定値が多くなっている。研究目的にもよるが，鉱質土層の表層から 5 cm，10 cm までの炭素蓄積を対象にする研究もあれば，30 cm 程度の深さまでの炭素蓄積量とそれ以深 1 m までの炭素蓄積量に区分して推定することもある。これらは，表層付近の鉱質土層が攪乱によって受ける影響評価（流亡など）を見積もる場合や，従属栄養生物による有機物分解速度の変化予測をする場合の「分解されうる有機炭素量」推定など，鉱質土層の深い部位に蓄積している有機炭素はとりあえず除外して影響評価をする場合である。

　大部分の熱帯地域，また古い大陸や楯状地のように土壌母材の風化が著しい地域では，植物の根系が地中深くまで伸長している場合があり，有機炭素の分布も深層まで及んでいる。熱帯地域の有機炭素蓄積量の推定には鉱質土層の深さ 1 m まででは不十分であり 2 m まで（場合によっては数 m の鉱質土層）を推定対象とする研究もみられるが (Sombroek et al. 1993)，一般的な炭素蓄積量の推定は現地調査に投入できる時間と労力との兼ね合いを考慮すると，1 m までの鉱質土層を対象とせざるをえないであろう。

　土壌断面に現れた層位は，土壌の生成過程やその土壌の特性を示すものなので現場における断面記載情報は非常に重要である。その方法についてはすでに多くの書籍があるのでそれらを参照するのがよい（たとえば森林立地学会 1999 など）。堆積腐植層の箇所でも述べたように，論文化に際して役だつ情報をもれなく記載することが肝要である。土壌炭素蓄積量を推定する場合に重要なのは，層位ごとに試料採取をする（各層位から採土円筒などを用いた定容積試料と分析試料を採取する）のか，それとも鉱質土層の最上部から機械的に連続に採取する（たとえば 10 cm 刻みに 10×10×10 cm のブロック状の土塊を採取する）のか，ということである。深さ数 m に及んで厚く堆積するローム層などを対象にする場合ならば，連続試料採取が必要かもしれない。通常の土壌断面からの採取であれば，各層位ごとに定体積試料と分析用試料を採取すれば十分である。現場でかけることができる時間と労力，研究目的によって適切な方法を選択すればよい。

　土壌断面を何ヶ所掘れば炭素蓄積量の推定に十分な試料が得られるか，という

問いに対して回答するのは不可能である。これまでのほとんどの調査では一地点一断面で行われてきたが，土壌炭素蓄積量推定の精度を向上させるためには複数の断面試料を採取するのが望ましい。これも現場における時間と労力との兼ね合いで決まるが，推奨される方法としては，一つの調査地につき深さ1mまでの代表断面を一つ，その周囲20m程度の東西南北4ヶ所（あるいは代表断面の左右2ヶ所）で堆積腐植層と表層から30cmまでの鉱質土層を何層かに分けて採取する，というやり方である。さらに，評価推定しようとしている調査地域にさまざまなタイプの土壌を含む場合は，地形に対応した土壌断面の出現状況と空間的な広がりを考慮して調査地点を選定していく。

　土壌断面の石礫の状態は，炭素蓄積量推定に大きく影響する。通常，採土円筒などで一定容積の土壌を採取し，乾燥後に2mmの篩で化学分析に用いる細土，石礫，根などの有機物に篩別し，一定容積に含まれる細土重量を測定する。しかしこれだけでは現場の石礫状態は反映されていない。まず，土壌断面内で「化学分析の対象となる細土が採取できる範囲」を求める必要がある。言い換えると，鉱質土層に含まれる石礫の割合（礫率　RFR: rock fragment ratio）を差し引く係数で補正されていなければならない。たとえば幅80cm，深さ1.3mの土壌断面を掘ったとしよう。腐植に富んだ黒褐色のA層は0〜17cm，その下にB_1層と区分した層位を17〜39cmにわたって認めたが，断面観察から層位のおよそ40％の面積は大きな角礫で占められていたとする。この場合の層位の石礫率は0.4となる。断面記載に用いる様式にもよるが，たいていは方眼マス目に断面記載をするので，石礫の位置に大きな狂いや誤記がなければ，各層位ごとのおおよその石礫専有面積は決定できる。

　実際に上記のB_1層の数値を用いてみよう。400 cm^{3}の採土円筒で採取した定容積試料の風乾後の秤量結果が，2mm以下の細土186g，石礫243g，根など3gだったとすると，仮比重（BD: bulk density）は$(186+243+3)/400 = 1.08$ g cm^{-3}となり，細土率（FER: fine earth ratio）は$186/(186+243+3) = 0.43$ g g^{-1}と算出できる。層位の層厚が22cmなので，1m×1m×22cmの板状の土塊を想定したとき，分析対象となる細土が採取できるのは大きな角礫以外の空間に充填されている土壌物質であるから，まず(1−RFR)を乗じて採取可能な体積に補正する（この場合は1−0.4 = 0.6を掛ける）。さらにBDとFERを乗じた値が，板状の土塊に含まれる分析対象の細土重量となる。これに有機炭素の含有率（g C kg soil^{-1}など）

を乗じればその層位の炭素蓄積量となる。炭素蓄積量を算出するためには当然しなければならない補正でありながら，礫率の記載は土壌調査に習熟していないと困難であることや，現場記載と実際の礫率の検証方法に決め手がないことから，細土率と礫率の補正をどのようにしたかが明瞭に記述されている研究例はあまり多くない。しかし，これらは鉱質土層の炭素蓄積量推定には重要であり最も推定値に影響を及ぼす要因である。

　土壌の炭素定量に一般的に使用される機器分析手法は乾式燃焼法で，燃焼管に試料を封入して900℃前後で燃焼させて二酸化炭素をガスクロで検出する。暖温帯から冷温帯に位置する森林生態系ではまず起こらない現象だが，乾燥気候の影響を受ける地域では土層に塩類集積が起こり，しばしば土壌のpHは中性〜アルカリ性を示すようになる。このような土壌試料について炭素蓄積量を推定するには有機炭素と無機炭素を区別する必要がある。この場合，乾式燃焼法で定量された炭素量から，別に定量した無機炭素量を差し引いて有機炭素とする。無機炭素の定量には，塩酸で炭酸カルシウムから二酸化炭素を発生させ，発生気体の体積から無機態炭素の含有率を求める方法が簡便である（Alison & Moodie 1965）。

　前述のように，礫率を用いた補正などを経て，面積が1 m四方の各層位における炭素蓄積量算出が可能となり，それらを足しあわせた数値が深さ1 mまでの土層（正確には1立方mの土塊）に含まれている有機炭素量になる。この過程で注意すべきことは，計算に用いる数値の妥当性である。表計算ソフトなどで自動的に算出される場合，小数点の位置など入力ミスに注意する。また，炭素蓄積量は，層厚，仮比重（BD），細土率，礫率，炭素濃度で算出されるが，たとえば日本の土壌では，表層に近い鉱質土層の仮比重はマサ土などを除けば1.0を大きく超えることはまずない。また，炭素濃度も鉱質土層の試料の場合，最表層であっても200 mg C g soil^{-1}（よく使う表現では炭素20％）を超えていたり，CN比が25を超えたりする試料は，鉱質土層に接する堆積腐植層の有機物が多量に混入した試料か，そもそも鉱質土層のA層として記載するよりはHA層（堆積腐植のH層と鉱質土層A層の漸移層）として記載されるべき層位かもしれない。このような数値が集計の段階で見つかったら，鉱質土層試料として適切な採取と調製が行われていないと判断し，微粉砕前の試料が細土の他に多量の有機物細片を含んでいないかどうかチェックして，場合によっては再分析するべきである。

　表面積1平方m，深さ1 m（1立方mの土塊）に含まれる炭素蓄積量の表示単位

は kg C m^{-3} になるが,植物生態学になじみの深い単位としては単位面積あたりの表示 ton C ha^{-1} が広く使われてきた。ton は Mg(メガグラム)で書き直されることが多く,また単位面積あたりの表示の場合には,蓄積量を推定した土壌深度が読み手にわかるように,表層から 30 cm までの鉱質土層,表層から 1 m までの鉱質土層等のように表記する必要がある。日本の森林土壌の場合,1 m までの鉱質土層についてさまざまな土壌タイプを含めた 233 断面の平均は,kg C m^{-3} 表示で 18.8(188 ton C ha^{-1})である(Morisada et al. 2004)。黒色土の平均は 33.0 kg C m^{-3} と大きな蓄積量となるが,日本の森林の約 6 割の面積に分布する褐色森林土(適潤性と乾性の合計)の平均は 18.9 kg C m^{-3} で,ほぼ全国平均 18.8 に等しい。土壌のタイプ,石礫の量によって炭素蓄積量は大きく異なるが,有機物に富む(つまり炭素濃度が高い)A 層の層厚は厚い土壌でも 30 cm はまず超えない。また各層位の仮比重が 0.5〜1.2 程度の鉱質土層からなる土壌では,炭素蓄積量は 9〜25 kg C m^{-3} の範囲に収まる。日本の森林土壌の場合には,炭素蓄積量が 25 kg C m^{-3} を超えるのは黒色土の一部に限られ,それを超える蓄積量が黒色土以外の土壌でみられるケースはまずないと考えてよい。

　森林生態系における調査を例にとりながら,林床植生,堆積腐植層,鉱質土層の試料採取と試料調製,さらに測定値と分析値から蓄積する炭素量の推定する方法と留意すべき点について述べた。堆積腐植と鉱質土層の炭素蓄積量については,世界的にも精度を向上させるための現地調査法と推定手法の確立が求められている。日本の森林土壌の場合,これまでも調査法や分類は検討されてきたが,2006 年度から 5 ヶ年をかけて全国レベルの炭素蓄積量推定事業が開始されている。そのための調査マニュアルと解析マニュアルは以下のホームページで公開され,ダウンロードが可能となっている(詳細は http://www.ffpri.affrc.go.jp/labs/fsinvent/manural/manualdown.html)。

5　生態系全体の炭素貯留とフロー

　1960 年代から世界各地の陸域の生態系で,炭素循環をはじめとする多くの物質循環研究が行われた。近年の地球環境に対する関心の高まりもあって,陸域の代表的な森林生態系が,どの程度の炭素固定をしているかは世界的な注目を集めている。生態系ごとの詳細な解析と生態系間比較については後の章で詳述される

ので，本節では炭素循環と炭素蓄積に関する諸量（NPP，土壌呼吸速度，地上部・地下部の現存量，林床植生の現存量，堆積腐植層と鉱質土層の有機炭素量など）から，生態系全体の炭素貯留とフローについて，概略を述べる。

　生態系をめぐる炭素の循環を測定するうえで，貯留量とフロー（移動量・流れ）に分けて測定を進めるのが一般的である。炭素貯留量で最も大きな場となるのは，熱帯地域から冷温帯にかけては植物体現存量に蓄積している炭素である。他の貯留の場は，粗大有機物（CWD）を含む林床と鉱質土層である。寒冷気候下の生態系では植物体現存量に蓄積した炭素量を上回る有機炭素が，林床の堆積有機物や鉱質土層に貯留されていることもまれではない。このような気候帯ごとの代表的な植物群落に関する炭素貯留と循環の特徴は教科書としてまとめられ（たとえば Swift et al. 1979），生態系別の土壌有機炭素蓄積量と窒素量などに関する総説も数多く出ている（たとえば Post et al. 1982, 1985; Anderson 1992 など）

　フローで大きなものは光合成と呼吸，そしていわゆる土壌呼吸である。土壌呼吸については前節（Ⅲ節）で詳述されている。ついで大きな流れはリターフォールである。地上部のリターフォール測定は，リタートラップの数を多く設置することと落葉集中時期などの回収間隔を短くすることでかなり精度の高い測定が可能である。しかし地下部のリターについては，手法の限界，季節性や細根それ自体に関する情報の乏しさのため，万人が納得する実測データはそろっていないのが実情である（本節 2-(3) 参照）。

　厳密に炭素貯留量を推定するためには，重量推定に使った各部位の粉砕試料を化学分析して炭素含有率を求め，推定重量に乗じて炭素貯留量を推定するのが望ましいが，生きた植物体，新鮮なリターフォール，分解が進んでいない CWD は乾燥重量の 0.5 (50%) を炭素の比率とみなして貯留量の推定をすることも多い。

　植物の生理生態学的な観点からみれば，生態系の炭素フローとして光合成と呼吸の推定に重点がおかれた研究がされるであろう。生態学的な積み上げ法の観点から炭素循環・フローを考えれば，現存量の増加分，一次生産速度の推定，固定された炭素の配分などに重点がおかれて研究される。一方では，近年の微気象的な推定手法，いわゆるフラックス観測による，炭素固定速度推定のための世界的なネットワーク構築が進められてきつつあり，これまで独立した手法で測定され，同じ専門分野の研究者間でのみ語られてきた常識的な数値の相互比較が必要になっている。

フローの比較を行う場合に，対象とする生物現象と物理・化学現象の時間ユニットの取り方が問題になる。フラックスの観測データは1秒間に何ヘルツという微気象学的変動量の測定値であり，さらに長いスパン（たとえば30分平均）の平均に加工され，月単位や年単位の推定値に加工される。植物の生理生態観測データは，1日のなかの朝昼夕夜の変化や月単位の違いや季節変化を考慮して年間の炭素固定量などに加工される。土壌呼吸についても日変化，季節変化を明らかにして，年変動に加工される。一方，葉の展開などのフェノロジー観察を除けば，樹木の直径成長や樹高の成長は，年に1度か数年に一度のセンサスを行って直径成長や個体の枯死生存確認を行い，林分全体の材積や現存量の増加/減少を推定するのが一般的である。

　さらに，フラックス観測で推定した生態系呼吸量と土壌呼吸量の比較，生態系全体としての交換量 NEE と積み上げ法で推定した NEP の絶対値の比較などによる相互検証をする必要がある。

V　衛星リモートセンシングの植生活動と広域植生解析

　世界的にみても，アジアは複雑な地形・土地被覆，多様な植生・農業形態，激しい土地改変や季節変化などのために，空間的，時間的に不均質な地域である。そのような地域では，逐次変化する状況を空間的に把握できる衛星リモートセンシングが有力なツールである。衛星データは，直接的に炭素動態に関する情報を与えはしない。しかし，衛星データから導出されるいくつかの重要な情報を陸域生物圏モデルに入力することで，炭素動態の時空間変動を推定することができる。したがって，衛星リモートセンシングのデータを最大限に陸域生物圏モデルへと統合することが，アジア地域の広域炭素動態の解明における重要なアプローチだといえる。

　ところが，多くの地球観測衛星より得られた陸上生態系に関する広域データについて，アジア地域のみならず，世界的にもそのきちんと現地検証結果との精度評価を行った例は少ない。こういった衛星観測，地上観測とあるいはモデルとの比較が十分に行われてこなかった一因としては，地上観測から衛星観測，モデル推定結果までの膨大でかつ，多種多様なデータを効率的に処理するためのインフ

ラがとくにアジア地域において十分に整備されてこなかったことも考えられる。

われわれは，東アジアの陸域生態系における 2000 年から 2005 年までの二酸化炭素収支の時空間変動を明らかにするために，衛星観測を，地上観測と衛星対応型陸域生物圏モデル (BEAMS) に連携させるシステムアプローチを開発した。

まず，衛星リモートセンシング，つまり人工衛星による地球観測の利点と欠点を，「広域陸域生態系の炭素動態研究の手法」という観点で，地上観測や陸域生物圏モデルと比較しながら検討しよう。

第一の利点は，広域の情報が面的に得られること (広域性) である。たとえば，陸域生態系研究でよく用いられる衛星センサー "MODIS" は，地球のほぼ全表面を毎日観測できる。これは地上観測では困難である。一方，陸域生物圏モデルも，広域を対象として面的な解析をすることができる。

第二の利点は，実際の地表面状態を観測できること (現実性) である。人工衛星は，観測対象たる地表面から数 100 km 以上離れた高度にあるとはいえ，地球の表面を直接的に観測する。したがって，地上観測と同様に，多少なりとも実際の状況を反映したデータが得られる。とりわけ衛星リモートセンシングは，広域での予期できぬ擾乱 (たとえば，森林伐採や火災など) を把握する最も有効な手法である。一方で，陸域生物圏モデルは物理的な法則に基づいて，地上の生態系の時間発展を予測・推測する。したがって，その結果は入力データ (初期条件・境界条件) に大きく依存するので，適切な入力データを与えない限り，モデルの現実性は乏しい。

一方，第一の欠点は，衛星リモートセンシングで得られたデータの解釈が難しいことである。衛星リモートセンシングで得られるデータは，多くの場合，地表面や大気において散乱・放射された電磁波，つまり「光」に関する情報である。ところがわれわれの知りたいのは，陸域生態系の質や量 (植生種，炭素貯留量，炭素フラックスなど) に関する情報である。光に関する情報から陸域生態系に関する情報を抽出するためには工夫が必要である。一方，地上観測は，植生種，炭素貯留量，炭素フラックスなどをほとんど直接的に調べることができるし，陸域生物圏モデルは，炭素貯留量や炭素フラックスを予報変数として直接的に表現し，推定することができる。

第二の欠点は，将来のデータが得られないことである。地上観測と同様に，衛星リモートセンシングは観測したものだけについて情報を与える。観測データさ

えあれば過去にさかのぼることはできるが，まだ観測されていない将来については，（予測的な）情報を与えることはできない．この欠点は，上記の第二の利点である「現実性」と表裏の関係にある．

　以上のように，衛星リモートセンシングには利点も欠点もある．したがって，衛星リモートセンシングを活用するには，その利点を最大限に生かし欠点を他の手法（地上観測や陸域生物圏モデル）で補うことが必要である．そこで今度は，地上観測と陸域生物圏モデルのそれぞれの立場から，衛星リモートセンシングに期待されることを具体的に検討しよう．

　地上観測が衛星リモートセンシングに期待する役割のひとつは，空間的スケールアップ，すなわち点的な地上観測情報を面的な分布情報に拡大することである．地上観測サイトでは，炭素貯留量や炭素フラックス，植物生理生態学的なパラメータなどを長期連続的に観測している．この地上観測情報を衛星観測情報と組み合わせてスケールアップすることで，観測サイトを含む周辺地域の炭素貯留量や炭素フラックスの空間分布を把握できる．

　空間的スケールアップでは統計的なアプローチがよく用いられる．そこではまず，衛星データのなかで，地上観測された炭素貯留量や炭素フラックスのデータに対してよく似た時空間変動を示すシグナルが探索される．つぎに，その衛星観測されたシグナルと地上観測データのあいだを結ぶ統計的な回帰式が作られる．最後に，その回帰式をもとに衛星データから炭素貯留量や炭素フラックスの面的な分布が推定される．このアプローチでよく用いられるシグナルは，衛星で観測される地表面分光反射率（光の複数の波長帯ごとの地表面反射率）や，地表面分光反射率から算出される分光植生指標（spectral vegetation index; 具体的には，NDVI: Normalized Difference Vegetation Index や，SAVI: Soil-Adjusted Vegetation Index，EVI: Enhanced Vegetation Index など）である．

　たとえば，EVI と GPP のあいだの経験的な回帰式を用いて，衛星観測データから総一次生産量（GPP）分布の推定が試みられている．これは GPP 算出手法のなかではきわめて簡易的であるため，大量の計算量を必要とする高空間分解能データに適用する際には有用である．ただし，EVI と GPP の因果関係はまだ十分に理解されていないため，推定精度に関する疑問も呈されている．最も大きな課題は，GPP 算出の回帰式が，植生タイプや環境条件の違いに普遍的になりたつか，という汎用性である．とくに，環境条件が大きく変動する昨今において，

過去の観測データで作った経験的回帰式が現在や将来にも適用できるかはわからない。少なくとも，EVI や GPP の観測を多数の地点で長期連続的に実施し，それに基づいて回帰式を十分評価する必要がある。また，雲・エアロゾルなどのノイズによる影響も大きな課題である。たとえば，雲があると，衛星は EVI 算出に必要な地表面分光反射が観測できないので，曇天時には EVI は観測欠損となる。したがって，晴天時に得られた EVI から GPP を推定し，曇天時の欠損を補間するしかない。ところが，GPP は気象条件（とくに日射量）に依存するため，晴天時に推定された GPP で曇天時の GPP を補間することには原理的に問題がある。

一方，陸域生物圏モデルが衛星リモートセンシングに期待する役割は，陸域生物圏モデルを高度化させるデータ源である。ここでは，陸域生物圏モデルが必要とするデータを，その役割に応じて以下の 4 つに分類しよう：すなわち，"パラメータデータ，フォーシングデータ，初期条件データ，検証データ"である。

パラメータデータは，陸域生態系の特徴を表すもので，植物生理学的なパラメータ（たとえば気孔コンダクタンスや群落コンダクタンス，光合成活性等を環境条件と関連づけるパラメータ）や植物の構造や形態に関するパラメータ（たとえば葉の比表面積やアロメトリー定数）などをさす。ただし，多くの陸域生物圏モデルでは，これらのパラメータは必ずしも個別に与えなければならないものではなく，むしろ，いくつかの植生機能タイプ（常緑広葉樹林，落葉広葉樹林，常緑針葉樹林，落葉針葉樹林，C_3 草原，C_4 草原，潅木，農地，裸地など）のそれぞれについて各パラメータの代表値があらかじめ設定されていることが多い。そのため，植生機能タイプの設定の根拠となる植生分布図が現実的に最も必要とされるデータである。植生分布図は，原理的には地上調査でも得られるが，実際は植生分布の広域地上調査には莫大な作業が必要であり，しかも植生分布は時間的にも変動するため，広域植生分布図を地上調査だけで得るのは非現実的である。そこで，衛星リモートセンシングによる広域植生分布図が期待される。

フォーシングデータとは，モデルを時間発展させるために使われる時系列データである。具体的には，気象・植生などの時系列データをさす。フォーシングデータは，モデルを駆動するのに必須である。モデル内では，フォーシングデータが与える日射量・降水量・気温・湿度などの環境変数が，陸域生態系の全プロセスに影響を与えるといっても過言ではない。たとえば，光合成活動による炭素（二酸化炭素）固定，植生の維持・成長呼吸，枯死・落葉などのリター降下，土壌

微生物による分解などのさまざまなプロセスがある。そのいずれのプロセスの計算でも，フォーシングデータが必要となる。つまり，フォーシングデータは，炭素・水などの物質循環モデルやエネルギー循環モデル内のあらゆるプロセスをコントロールする役割をもつ。フォーシングデータとしてよく用いられるのは，大気大循環モデル（GCM）とさまざまな気象観測結果を組み合わせて作られる客観解析データである。これは陸域生物圏モデルが要求する項目のほぼすべてを網羅する一方，空間分解能が荒く，また，一部の項目，とくに，日射や降水量の精度は高くない。日射や降水量は，植生の生産性（光合成）を決定づけるにもかかわらず，時空間的な変動が激しいために，正確で高分解能のデータが必要である。ここに衛星リモートセンシングが貢献することが望まれる。また，後述する衛星対応型陸域生物圏モデルでは，LAI や光合成有効放射吸収率（FPAR），地表面温度（LST），アルベド，積雪範囲なども衛星による推定値をフォーシングデータとしてとり込むことができる。

　初期条件データは陸域生物圏モデルの内部変数である，炭素・水・窒素等のプール量の初期値を与えるデータである。理想的には，これらのプール量の初期値は，観測値もしくは十分な根拠をもつ推定値から与えることが望ましい。しかし現実的には，これらのプール量（とくに地下部のプール量）を観測・推定するのは簡単ではない。そこで，そのかわりに，通常は，「スピンアップ」という手法を用いて各プールの初期値を設定する。スピンアップとは，適当なフォーシングデータ（多くの場合は，過去の長期時系列観測データ）をくり返し与えつづけてモデルを駆動し，物質・エネルギー循環が定常状態になったところで計算を停止する操作である。その結果，モデル計算の初期条件は現実的な定常状態に近いプール量となる。最初は，モデル内の各プールにごく少量の炭素量・水量などを与える。各プール量は反復計算するにつれて徐々に増えることから，植生や土壌微生物を「ほぼゼロ」から最大限成長できるところまで成長させることになる。しかし，実際の生態系の大部分は，過去，火災・森林伐採・地滑り・病虫害・農地化や植林などの撹乱の影響を受けているため，必ずしも物質・エネルギー循環が定常状態にあるとは限らない。したがって，スピンアップによる初期値設定には不確かさが大きい。そこで，たとえば衛星リモートセンシングで地上部バイオマスやLAI が推定できれば，それに整合するところまでスピンアップを行って，定常状態にいたる前にそこで停止させることによって，より現実的な初期条件が設定で

きるかもしれない。また，衛星リモートセンシングによって土地利用変化や擾乱を検出できれば，その状況にあわせてプールを調整することができるかもしれない。たとえば森林伐採がわかれば，バイオマスに相当するプール量をその時点でゼロに設定することによって，森林伐採以降の植生回復の過程を再現できるだろう。

　検証データは，検証，つまりモデルの妥当性を評価する目的で用いられる。モデルによる推定結果を比較する対象となるデータである。モデルが内部変数として明示的に計算処理している物理量であれば，検証の対象となる。つまり検証される変数は，総一次生産量，正味放射量，潜熱などのフラックスからバイオマス量，土壌水分量などのプール量まで，モデルで計算されるあらゆる結果が対象となる。しかし，衛星データを検証データとして利用するのは難しい。陸域生物圏モデルの出力が正しいかどうかを判定するからには，衛星データは陸域生物圏モデルよりもよい精度のデータを出さなければ意味がない。LAI や FPAR を衛星で推定し，それを検証データとすることは，原理的にはできるが，現実的には衛星による LAI や FPAR の推定にはまだ誤差が大きいので，陸域生物圏モデルよりも前に，まずは衛星データそのものの地上検証が必要である。むしろ検証データとして有望なのは，フェノロジー（植物季節）のデータである。植生の開葉や落葉のタイミングは，生態系の活動期間を決める重要な要素である。陸域生物圏モデルでは気象条件から判定することが多いが，衛星データを使えば，気象データとは独立に，フェノロジーを推定できる。しかも，1年間のうち二つの時期のタイミングを推定すればよいので，年間を通じてなんらかの物理量を定量的に当てる必要はない。植生の有無を定性的にでも時系列で評価することができれば，フェノロジー推定が可能である（ただし，後述するように，これには雲によるノイズが大きな障害である）。

　ただし，上記のデータ分類は便宜的なものであり，実際に衛星データを使うときには，その区分があいまいになることも多い。たとえば，土地被覆分類図は，陸域生物圏モデルのパラメータデータであるが，生態系機能タイプの時間発展まで計算するモデル（DGVM）にとっては，初期条件データともなるし，検証データともなりうる。またたとえば，葉面積指数（LAI）のデータは，陸域生物圏モデルの検証データとして利用できるが，データ同化（assimilation）などの目的でフォーシングデータとして利用することもある。データ同化とは，LAI データを

モデルへ動的に取り込み，モデル内で計算される LAI パラメータが衛星データに合うように調整する手法である．

つぎに，衛星リモートセンシングを用いたシステムアプローチの一例を紹介する．ここで述べるシステムアプローチは，衛星データを用いる複数の研究手法を組み合わせて，「陸域炭素収支量を算定する」という一つの目標を達成するアプローチである．具体的には，以下の9つの研究からなる．

(1) 衛星データと陸域植生を橋渡しする，包括的な地上検証観測網"PEN"の展開
(2) 雲被覆が衛星データの精度に与える影響の評価
(3) 衛星観測された植生指標の精度検証
(4) 植生指数と一次生産量の対応関係
(5) 衛星データで推定された LAI と FPAR の地上検証
(6) 衛星データによる広域土地被覆分類図の検証，および高精度化
(7) 衛星データによる広域植生変動の検出
(8) 衛星データによる光合成有効放射量の時空間分布の推定
(9) 衛星データ対応型モデルの開発，および陸域炭素収支の解析

1　衛星データと陸域植生を橋渡しする地上検証観測網"PEN"

さまざまな衛星センサーが新しく開発・運用され，それを利用して，陸域生態系に関する研究開発が行われているが，その精度検証のための系統的なデータは少ない．それは，陸域生態系は不均一性が著しいために，衛星観測のピクセルに対応できるくらいに大きなスケールで地上検証観測することが難しいということが一因であり，また，LAI などは地上観測手法自体がまだ確立されていないということも一因だろう．しかしながら，最大の問題は，地上生態系の絶え間ない変動に追随するには，安定した長期・連続的な観測システムが，しかも多点で必要になるということである．

そこでわれわれは，陸域生態系の季節変動・長期変動に関する長期観測網"Phenological Eyes Network (PEN)"を展開してきた（土田ら 2005）．PEN は，基本的な植生状態・分光特性・大気状態（エアロゾル等）のそれぞれの変動を定性的・定量的に長期自動観測する一方で，陸域植生の炭素収支観測網"AsiaFlux"

と共同し，炭素循環・水循環の基本的な観測と結合できるような体制をめざしている。さらに，LAI や入射 PAR・透過 PAR，個葉の特性 (光合成生理，分光特性)，樹冠構造などに関する観測も行っている (図 2-12)。

PEN は，以下に示す，おもに AsiaFlux のサイトと共同で運営している (図 2-13)：

・筑波大学陸域環境センター (TERC) (TGF; 草地)
・筑波大学菅平高原実験センター (SGD; 草原)
・筑波山気象ステーション (MTK; 落葉広葉樹林; 筑波大学)
・岐阜大学高山試験地 (TKY; 落葉広葉樹林; 岐阜大学・産業技術総合研究所)
・岐阜大学高山試験地 (TKC; 常緑針葉樹林; 岐阜大学)
・苫小牧フラックスリサーチセンター (TFS; 落葉針葉樹林; 国立環境研究所; 〜 2004 年 9 月)
・富士吉田 (FJY; 常緑針葉樹林; 森林総合研究所)
・富士北麓 (FHK; 旧称 FJH; 落葉針葉樹林; 国立環境研究所)
・桐生試験地 (KEW; 常緑針葉樹林; 京都大学)
・真瀬 (MSE; 水田; 農業環境技術研究所)
・総合地球環境学研究所 (RHN; 都市; 〜 2006 年)

これらに加えて，英国の Alice Holt フラックスサイト (AHS; 落葉広葉樹林) と韓国の Gwangneung (光陵) フラックスサイト (GDK; 落葉広葉樹林) にも展開している。また，産業技術総合研究所による観測網 (東南アジア 3 ヶ所，日本 2 ヶ所ほか) とも連携している。

おもな観測システムは，自動撮影魚眼デジタルカメラ (ADFC)・半球分光放射計 (HSSR)・サンフォトメータ (SP) から構成される。ADFC は，天空 (数分おき)・林冠・林床 (数時間おき) などを対象として自動的に高品質のデジタル画像を取得・蓄積する。積雪や融雪の状況・植物フェノロジー・LAI などを推定できるほか，衛星飛来時の雲被覆状況も確認できる (雲は衛星観測の最大の誤差要因である)。HSSR は，入射光と植生面反射光のスペクトルを連続自動観測し，衛星植生指標や放射伝達モデルの検証に用いる。SP は，衛星データ大気補正に必要な，複素屈折率や光学的厚さ，粒径分布などを得る。

以上に加えて，樹冠上下に PAR センサーを設置して，反射 PAR・透過 PAR を観測することで PAR 吸収率 (FPAR) をモニタリングしている。また，LAI はさま

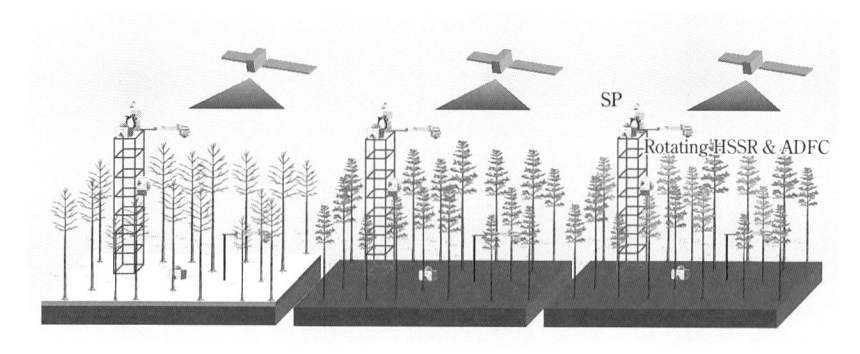

128 第2章 システムアプローチ手法の展開

図 2-12 PEN の観測の概念図
SP: スカイラジオメーター (サンフォトメーター); HSSR: 半球型分光放射計; ADFC: 自動撮影魚眼デジタルカメラ

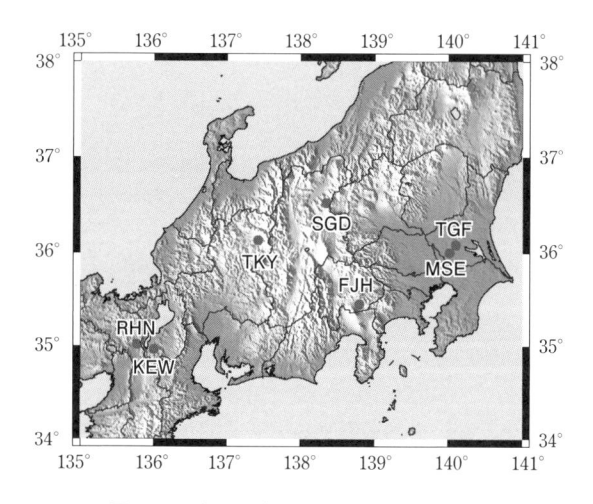

図 2-13 本州中央部における PEN サイト

ざまな手法を併用して推定し，クロスチェックを行っている．定期的に葉の分光反射・透過特性や SPAD 値 (葉緑素量指標) を測定し，サンプリングによって色素量や C/N 比，水分量，比表面積なども計測している．背景土壌の分光観測も，携帯型分光計によって不定期に実施している．これらの多くは，インターネットで公開中である．詳細は，www.pheno-eye.org を参照されたい．

次節以降ではとくに，高山試験地 (TKY) と真瀬 (MSE) と筑波大学陸域環境セ

ンター（TGF）における，衛星地上検証の成果を紹介する．高山試験地は，36°08′43″N, 137°25′25″E, 標高約 1400 m に位置する，冷温帯落葉広葉樹林である．林冠上層はダケカンバ・ミズナラ，中層・低層はオオカメノキ・ノリウツギ・ヒトツバカエデ・ウリハダカエデ，林床はクマイザサなどからなる．12 月から翌年 4 月まで，林床は積雪で覆われる．真瀬は，36°03′14″N, 140°01′37″E, 標高 12 m に位置する，水稲単作田（コシヒカリ）である．5 月上旬に田植えがされ，9 月上旬に収穫される．筑波大学陸域環境センターは，36°06′49″N, 140°05′42″E, 標高 25 m に位置する，C_3/C_4 混合草原である．3 月に草が生えはじめる．12 月ごろに草刈りが行われ，7 月ごろにも草刈りが行われる年もある．

2 雲被覆が衛星データの精度に与える影響の評価

衛星リモートセンシングで地上植生の観測するうえで，雲の被覆は大きな課題である．とくに可視・近赤外・熱赤外センサーは，対象に雲がかかっていると地表の対象物をほとんど観測できない．仮に観測できても，雲によって視界が汚染され，品質の悪いデータしか得られない．陸域植生の動的な変化（季節変化や，ストレスによる短期的な活性変化）をとらえるのに十分な時間分解能を得られるかどうかは，衛星センサーの観測仕様もさることながら，植生の季節変化の特徴と，その時期の雲被覆を決定する気候要因にかかっている．

そこで，高山試験地（TKY）と，筑波大学陸域環境研究センター（TGF）の 2 ヶ所を対象にして，それぞれの植生の季節変化のステージと，衛星観測時の雲被覆の状況を調べた．TKY と TGF のそれぞれで，2004 年の 1 年間，通年で，PEN の ADFC によって，毎日，日中，2〜10 分間隔で天空状態を撮影した．

一方，両サイトを観測視野のなかに含む衛星データとして，Terra 衛星と Aqua 衛星のそれぞれに搭載された MODIS センサーによる毎日の観測データを，NASA のデータベースから取得し，集積した．衛星の軌道情報を読み取り，個々の衛星画像において，各サイトの観測時刻を抽出する一方，各サイトに対応する画素に付随する雲フラグ（雲の有無に関する推定情報）を調べ衛星による雲判別結果とした．

つぎに，毎日の，Terra, Aqua の両衛星による観測時刻に最も近い天空画像を両サイトでそれぞれ抽出し，衛星観測時の地上からの天空状態とした．衛星観測

時刻と地上からの天空画像撮影時刻の差は，Terra/MODIS については平均 − 0.4 分，標準偏差 1.6 分，最大 4 分，最小 − 6 分で，Aqua/MODIS についてもほぼ同様であった．全天写真からの雲判読は，以下の基準をもとに，目視で行った．

　天頂角 60 度の円内が快晴：晴れ
　天頂角 60 度の円を雲が 50％以上覆う場合：曇り
　天頂角 60 度の円を雲がまだらに覆う場合：曇り
　それ以外：不能と判断

　衛星による雲判別と，地上からの天空画像による雲判別のそれぞれの結果を対比し，雲判別の精度検証を行った．つぎに，Terra と Aqua のそれぞれの MODIS 画像における雲被覆の頻度を比較し，1 日のあいだで二つの衛星がそれぞれ受ける雲の影響が，互いにどれだけ相関しているかを検討した．最後に，TKY における植物季節の地上連続観測（分光と自動写真）と衛星データの雲被覆状況を対比し，重要な植物季節イベントを衛星観測するのに必要な観測頻度が確保されていたかどうかを検討した．

　その結果，衛星による雲被覆判別と地上天空画像による判別が異なっていたケースは，Terra も Aqua も 8％程度あり，そのほとんどが，衛星で晴れと判別しながら地上では曇りとされたものだった．したがって，衛星による雲判別は甘めであるといえる．一方，2004 年の衛星観測時の雲被覆の頻度は，以下のようであった．

	Terra	Aqua	Terra and Aqua
TKY	67％	77％	47％
TGF	57％	60％	55％

ここで Terra and Aqua とあるのは，二つの衛星の両方が雲被覆であった日の頻度である．この値が個々の衛星の雲被覆の頻度よりも小さいことがわかった．すなわち，二つの衛星データを組み合わせることで，1 日に最低 1 回は雲被覆のない衛星データをとることのできる頻度を，上げることが可能であることがわかる．

　図 2-14 に TKY 上空を Terra および Aqua が通過した時刻（2004 年）での雲被覆有無の判別結果を示した．また，図 2-15 に Terra の MOD09GQK プロダクトが雲被覆を見逃した事例を示した．

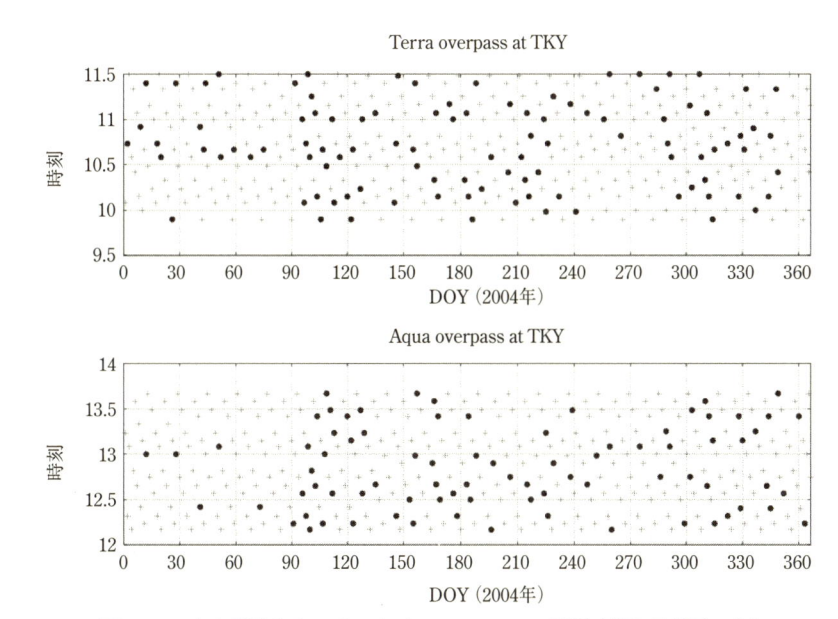

図 2-14 高山試験地（TKY）における，MODIS の観測時刻と雲被覆の有無
●は雲被覆のなかったもの。＋は雲被覆のあったもの。MOD09GQK の雲フラグによる。

3 衛星観測された植生指標の精度検証

　衛星が観測する植生指標には，地表面からの反射だけでなく，大気中の物質による反射・散乱・吸収の影響も含まれている。そのため，これらの大気の影響を除く処理（大気補正という）が行われているが，その精度を確かめることは，衛星による陸域生態系の観測を適切に行ううえで必要である。そこで，PEN の真瀬（MSE）で自動連続観測された分光反射率を使い，Terra/Aqua MODIS による大気補正なし大気上端反射率（MOD02 プロダクト）および大気補正済み地表面反射率（MOD09 プロダクト）から計算した衛星植生指標を検証した（Motohka et al. 2009）。衛星植生指標は，NDVI，SAVI，EVI を用いた。検証の前準備として，雲被覆のあるデータは，MOD09 に付属の雲フラグと ADFC による天空画像を用いて除去した。また，地上観測スケール（約 10 m）と衛星観測スケール（MODIS: 約 250-500 m）の差を埋めるため，MODIS よりも高空間分解能である衛星センサ ASTER（約 15 m）のデータを利用し，地上観測の空間代表性が PEN-MODIS 比較

衛星 (Terra) は「晴れ」，地上 (ADFC) は「曇り」の例

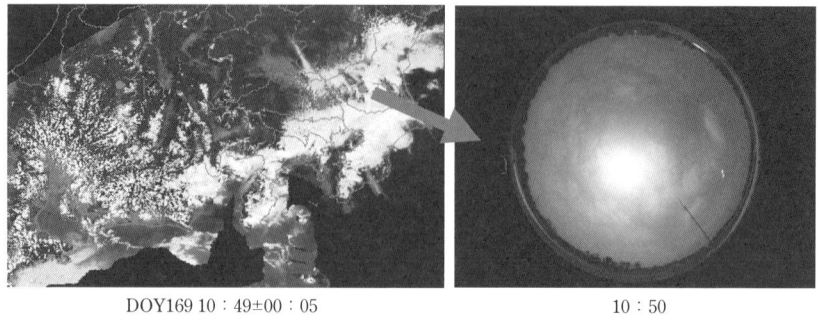

DOY169 10：49±00：05　　　　　　　　10：50

DOY215 11：04±00：05　　　　　　　　11：04

図 2-15　Terra/MODIS の MOD09GQK プロダクトが TGF サイトで雲被覆を見逃した例

検証に十分であることを確認した．検証の結果，Terra/Aqua MODIS による分光反射率や衛星植生指標は，必ずしも PEN の地上観測による値と整合せず，大気補正の有無，観測波長域（バンド）や衛星植生指標の種類，季節などによって異なる対応がみられた．とくに，意外にも，大気補正済みの MOD09 よりも，大気補正なしの MOD02 による衛星植生指標の方が，地上観測値と一致することが多かった．衛星植生指標のなかでは，MOD02 による EVI が，年間を通じて地上観測値と概ね一致した．

　他に，PEN における地上観測で明らかになったことを，以下にまとめる．

　まず，PRI や EVI (Enhanced Vegetation Index) が，LUE（光利用効率）や GPP と，直接的な対応関係があることが示唆されていたが，地上の長期連続分光観測とフラックス観測によって，この対応関係が確認された（中西ら 2006; 石原ら 2006; Nakaji et al. 2008; Nagai et al. 2010）．

また，衛星で観測される植生指標の季節変化パターンから，春の芽吹きの時期の空間分布に関する推定が一般的に行われている。しかし，その手法が，雲による欠測の影響をどの程度受けるかという観点と，指標の変動のどの時点を「芽吹き」と定義するのが妥当であるかという観点での検討は，あまり進んでいない。ここでは，前者については岐阜県高山試験地での観測事例，後者については高山と北海道苫小牧フラックスサイトの観測事例をもとに，地上検証を行った。検証された手法をもとに，衛星データ (SPOT-VGT) を用いて，1999 年以降の各年のフェノロジーについて検討し，2002 年に北日本から東シベリアにかけて，顕著に早い芽吹きがあったことを確認した。

　2002 年の春には，極東アジアの広い範囲で春の芽吹きが例年よりかなり早かったことが，衛星データや気象データによって知られている。しかし，それを地上生態系の構造や機能との関連から定量的に裏づけた検証例はほとんどない。PEN では 2 ヶ所の森林サイトで，AsiaFlux と共同で長期データを解析し，衛星植生による春の芽吹きモニタリングが，展葉による樹冠透過率変動が 20％ から 50％ 進行した時点のタイミングをよくとらえていたことを確認した。また，各年の融雪や芽吹き，黄葉，落葉のタイミングとその経年変動の詳細が明らかになってきた。

4　植生指数と一次生産量の対応関係

　最近の研究では，衛星観測で得られた植生指標，とくに EVI から総一次生産量 (GPP) を広域的に推定できる可能性が示唆されている (e.g., Sims et al. 2006)。しかし，EVI と GPP の対応関係には，それらを説明する回帰関数に対して大きなばらつきがみられる。この原因を特定せずに，衛星観測で得られた EVI から GPP を広域的に推定することは，その推定値にバイアスがかかる可能性を許してしまうことを意味する。

　そこで，高山試験地 (TKY) を対象にして，2004 年から 2005 年の 2 年間，積雪期を除く通年で，衛星観測 (Terra/MODIS) と地上の分光放射観測のそれぞれで得られた EVI と，フラックス観測に基づいた GPP の対応関係を調べた (Nagai et al. 2010)。

　EVI と GPP の対応関係には，衛星データに含まれる雲被覆を原因とするばらつきがみられた (図 2-16)。また，このノイズは，毎日の EVI と比較して，雲被

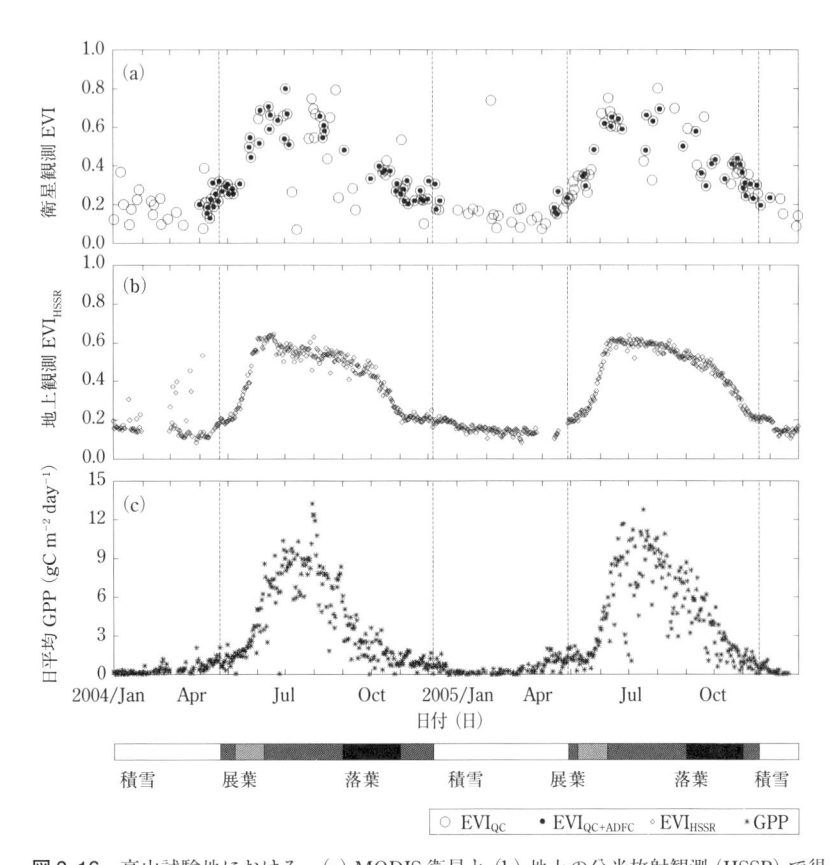

図 2-16 高山試験地における，(a) MODIS 衛星と (b) 地上の分光放射観測 (HSSR) で得られた EVI および，(c) フラックス観測に基づいた GPP の季節変化
図 (a) において，○は，衛星による雲判別によって晴れと判別されたもの (MOD09GQK の雲フラグによる)。
●は，地上からの天空画像による雲判別によって晴れと判別されたもの (Nagai et al. 2010)。

覆によるノイズの影響が弱いと考えられる 16 日の EVI さえにも含まれた。曇りの条件で観測された EVI は，場合によっては，晴れの条件で観測された EVI よりも大きいため，「晴れの条件で観測された EVI は，曇りの条件で観測された EVI よりも大きい」という仮定に基づいて雲ノイズを除去することは難しい。したがって，衛星による雲判別の精度を現在よりも向上させる必要性が示唆される。

EVI と GPP の対応関係には，衛星観測と地上観測のどちらの場合にも，展葉期においてばらつきがみられた (図 2-17)。この原因は，葉面積を反映した EVI と，

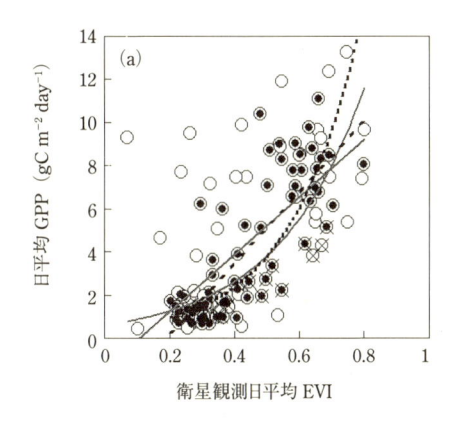

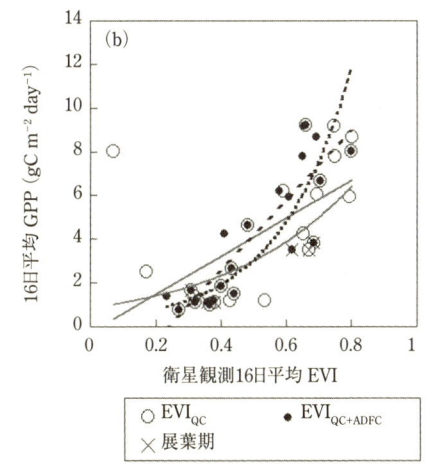

図 2-17 高山試験地における，MODIS 衛星で得られた EVI とフラックス観測に基づいた GPP の対応関係

(a) 毎日と (b) 16 日の時間スケールのそれぞれで示した。○は，衛星による雲判別によって晴れと判別されたもの (MOD09GQK の雲フラグによる)。●は，地上からの天空画像による雲判別によって晴れと判別されたもの。×は展葉期 (5月8日から6月8日) に得られたもの。16 日の EVI は，16 日間で，雲判別によって晴れと判定された EVI のうち最大値を示し，16 日の GPP は，16 日間の平均値とした (Nagai et al. 2010)。

光合成能力を反映した GPP の季節変化の違いに由来すると考えられる。Muraoka and Koizumi (2005) は，個葉の葉面積は，光合成能力よりも早く増加することを示した。この報告から，展葉期において，EVI は，GPP よりも早く増加することを説明できる。したがって，展葉期にみられるばらつきは，システマティックであることが示唆される。もし，このばらつきを無視して，EVI と，

EVI と GPP の回帰関数から GPP を推定した場合，展葉期の GPP は，過大評価されてしまう。その結果，たとえば，温暖化の影響を強く受ける展葉期の GPP の経年的な変動を，正確に評価できない弊害が生じるだろう。

5　衛星データで推定された LAI と FPAR の地上検証

　衛星観測には，植生キャノピーの LAI や FPAR を推定することが期待されることが多い。そこで，高山サイトにおいて，衛星で推定された FPAR と LAI の地上検証を行った。

　まず FPAR に関する検証について述べる（西田ら 2005）。FPAR の地上観測のために，小糸工業 IKS27 センサーで林冠上 2ヶ所と，林床の 5ヶ所で樹冠透過 PAR を，また林冠上ではプリードの PAR-02 センサーによって直達・散乱 PAR を，植生成育期間を通して連続的に測った。

　ただし，このような観測では，光合成に直接はほとんど関与しない部位である幹や枝による光吸収の影響を含んでしまう一方，林床植生（クマイザサ）による光吸収は除外されてしまう。そこで，これらの二つの効果を補正するために，Monsi-Saeki のモデルを幹枝と葉からなる 2 成分の樹冠に拡張し，幹・枝による吸収率を，冬の落葉期のデータから推定し，それをもとに幹・枝の影響を補正し，成育期間（春から秋）の吸収率を推定した。一方，林床のクマイザサの葉面積指数（LAI）は，通年観測から，大きな変動がないことが推定されるので，林床の FPAR は，林冠を透過する PAR が林床の固定的な LAI によって吸収される量として見積もった。この結果を，衛星データ（Terra/MODIS と Aqua/MODIS の MOD15 プロダクトおよび MODIS の 250 m 分解能バンド反射率 MOD09GQK から計算した植生指標）とも比較した。

　図 2-18 に地上観測された光合成有効放射吸収率（FPAR）と，衛星による推定値の比較の事例を示す。その結果，地上観測された FPAR は，地上観測された分光植生指標（NDVI）とよく対応した。しかし，Terra/MODIS によって衛星観測された NDVI は，地上の NDVI や FPAR・LAI の変化よりも春は早く変化し，秋は遅く変化するという傾向が確認された。その傾向は，衛星観測で推定された FPAR になるとさらに顕著であった。このことから，高山サイトに関する限りは，FPAR の衛星推定（MOD15）は MODIS 標準プロダクトではなく，古典的に NDVI

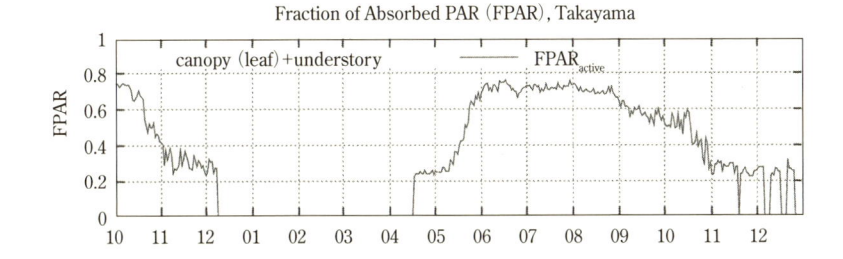

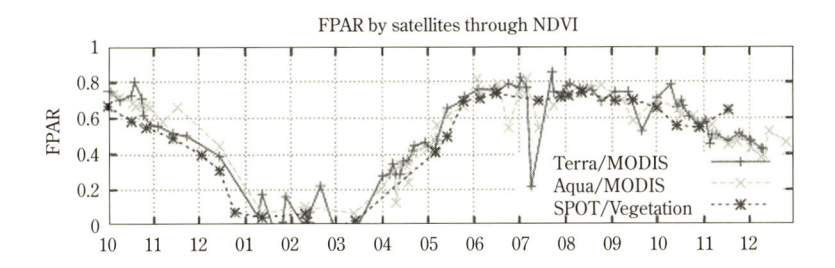

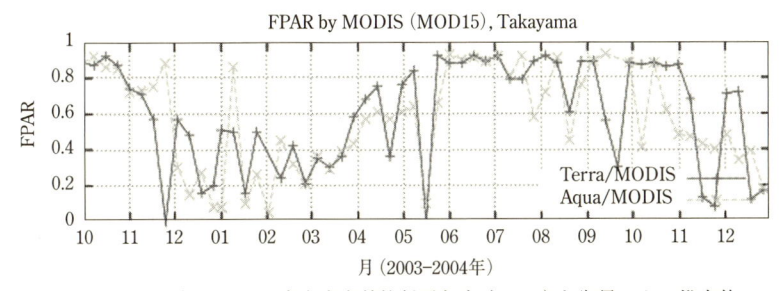

図2-18 地上観測された光合成有効放射吸収率（FPAR）と衛星による推定値

などから経験的に推定する方が，よい結果が得られることがわかった．

つぎに，LAIの検証について述べる．葉は植物体の光合成や蒸発散の主役なので，炭素循環や水循環における植生の機能を評価するうえで，葉の量，すなわちLAIが重要である．そのため，衛星による，広域的・時系列連続的なLAIの推定が試みられている．しかし，衛星が観測する分光学的情報から森林樹冠の構造的情報であるLAIを推定するのは容易ではなく，現在も衛星によるLAI推定は開

発段階といわざるをえない。

　とくに，衛星で推定されるLAIの地上検証は十分でない。というのも，そもそも，地上で森林のLAIを連続的に正確に観測することが容易でないからである。森林のLAIの観測には，LAI2000や全天写真法などの光学的間接測定法がよく用いられるが，これらの手法には単純化のための仮定（葉の空間分布の一様性・単純な角度分布・葉の透過率やサイズの季節変化の無視など）や主観（空隙抽出の閾値決定など）に基づくことがあるために，客観性に乏しい（三上ら，2006）。したがって，LAIの観測は，現在のところ，直接測定法が最も信頼できるといえよう。だが直接測定の代表である刈り取り法は対象を破壊するので，自然状態での変化を追えない。非破壊的な直接測定法として，落葉期に落葉を採取して計量するリタートラップ法が有用である。しかし，リタートラップ法には落葉性の植生でなければ使えないことを別にしても，落葉の乾燥重量から葉面積を推定する簡易で有効な定式がまだないことや，葉の芽吹きから成長の過程での変化は追跡できないこと等の問題がある。

　そこでわれわれは，上記のリタートラップ法の問題を克服し，落葉広葉樹林のLAIを非破壊的に連続的に正確に観測する手法を開発した（Nasahara et al. 2008）。この手法は，リタートラップ法に，枝スケールでの葉量の非破壊定点観測を組み合わせたものである。観測対象地は高山試験地とした。当地の約1haの林床には，1m四方のリタートラップが14ヶ所に設置され，月1回以上の頻度でリター（落葉・落枝等）が回収・計量されている。とくに秋のLAIを細かく追跡するために，9月から11月は1〜2週間おきにリターを回収した。回収したリターは風乾し，目視判別によって落葉を三つの主要構成樹種グループ（ミズナラ，カンバ，その他）に分別し，乾燥し，各グループ・各回収時期ごとに計量した。一方，各グループについて落葉の乾重から面積を求めるため，枝についている葉（8〜11月）や落葉直後の葉を採集し，1枚ずつ面積と乾燥重量を測り，LMA (leaf mass per area: 葉の面積密度) を求めた。LMAは日向の葉（陽葉）と日陰の葉（陰葉）で大きく違うことが知られているので，とくに葉の鉛直分布が広いミズナラについては陽葉と陰葉を各50枚程採取してそれぞれのLMAを求めた。ところが落葉を陽葉と陰葉に区別するのは困難なので，落葉の乾重から葉面積を推定するには樹冠の代表的なLMAを知る必要がある。そこでわれわれは，LMAが葉の積算葉面積に指数関数的に依存するというNiinemets and Tenhunen (1997, Plant, Cell and

Environment)の式に基づき，一つの樹種の樹冠全体を代表するLMAは次式で表されることを理論的に導いた。

$$LMA_{代表} = \frac{LMA_{陽葉} - LMA_{陰葉}}{\ln LMA_{陽葉} - \ln LMA_{陰葉}}$$

この式を用いてミズナラの代表的なLMAを推定した。厳密にはLMAは葉の成長や老化とともに変わるが，その程度は各葉のLMAのばらつきと同程度以下だったので無視した。こうして求めたLMAで各樹種グループ・各時期のリタートラップの落葉の乾重を割って葉面積とし，それをリタートラップの開口面積（1 m²）で割って各樹種グループ・各時期の落葉のLAIとした。これを各樹種グループごとに落葉完了時（11月）から葉の最盛期（8月）までさかのぼって積算し，各樹種グループ・各時期の樹冠のLAIとした。

　一方，本サイトの樹種8種の18個体26本の枝に着目し，葉の枚数（各枝で最盛期50枚程度）と葉の平均的な大きさ（各枝20枚程度を無作為抽出して長径・短径を測り，平均的な個葉面積を求める）を定点観測した。この両者を掛けるとその枝の葉面積が求まる。これを5月から11月まで1〜3週間ごとにくり返し，各枝の葉面積の季節変化パターンを求め，それを相対化（最大値を1に）し，各樹種グループ内で平均し，各樹種グループの相対的な葉面積季節変化パターンとした。

　これにリタートラップから得たLAIの年間最大値を掛けることで，春の展葉から秋の落葉までの各時期・各樹種グループの樹冠のLAIを時系列として得た。ただし，林床のササ（クマイザサ）は常緑なのでリタートラップ法は適用できないので，別途，2003年に行ったLAIの直接観測と，酒井ら（2002，写真測量学会誌）による当地における面的なササLAI分布の観測の結果から年間最大LAIを1.71とした。

　これらの定点観測データの8月以降の部分は，リタートラップによるLAIの8月以降のデータとよく一致していたので，枝のモニタリングによって得られた葉の相対的な季節変化パターンは樹冠全体を代表すると判断した。一方，当地周辺で縮尺1/4000の空中写真を10回（春8回，秋2回）撮影し，目視判読によって，観測サイトを含む半径1 km程度のなかでは展葉・紅葉・落葉の各時期のばらつきは顕著ではないことを確認した。

　この結果を，MODIS（Terra衛星，Aqua衛星）によるLAI推定値（MOD15A1，

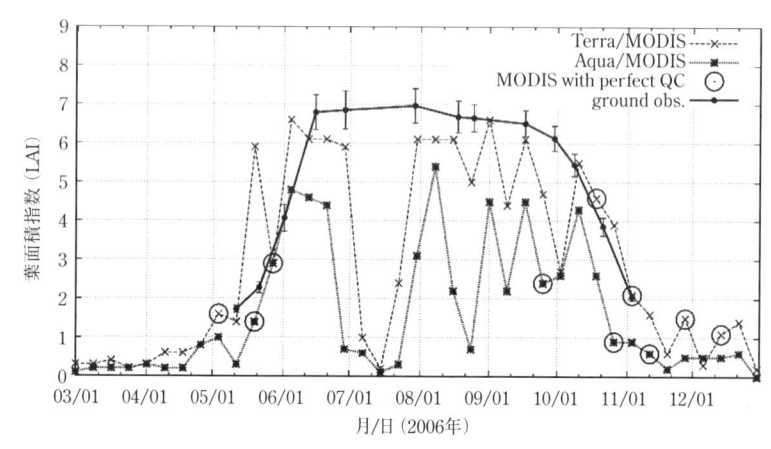

図 2-19 地上観測（高山サイト）された LAI（太線）と，衛星で推定された LAI（破線および細線）の季節変化の比較

collection 4; NASA/EDC よりダウンロード；ISIN 投影を最近接法で緯度経度座標系に再投影）と比較した。

　地上観測結果と，衛星から推定された，樹冠全体の LAI を図 2-19 に示す。その年間最大値はともに 6 前後でよく一致していた。しかし，7 月から 9 月にかけて衛星推定の LAI が急減した部分は雲の影響と仮定して無視するとしても，衛星と地上で LAI の季節変化のパターンは大きく違ってみえた。また，衛星センサー間（Terra/MODIS と Aqua/MODIS）においても LAI の季節変化のパターンは大きく違っていた。

　ここでの地上観測の領域（1 ha）は衛星の 1 ピクセル（1 km^2）よりもかなり小さいので，LAI の年間最大値に関しては空間代表性を保証できないが，季節変化のタイミングの空間代表性は空中写真によって定性的ではあるが確認している。これらのことから，衛星によって推定された LAI について，まだその季節変化パターンの信頼性は低く，改良の余地がある。

6　衛星データによる広域土地被覆分類図の検証，および高精度化

　現在，広域〜全球を対象とした土地被覆分類図が多くの機関から開発・配布されている。これらの土地被覆分類図の精度検証および改良は，温暖化対策の政策

立案や気候変動の将来予測研究という観点から重要な課題とされる。

たとえば，京都議定書の第3条3項では，「土地利用の変化及び林業に関係する人の活動（千九百九十年以降の新規植林，再植林及び森林を減少させることに限る。）に起因する温室効果ガスの発生源による排出量及び吸収源による除去量の純変化（各約束期間における炭素蓄積の検証可能な変化量として計測されるもの）は，附属書に掲げる締約国がこの条の規定に基づく約束を履行するために用いられる。」と明記されている（外務省：京都議定書　和文テキスト，2002）。また，同第3条4項を含めた土地利用，土地利用変化はIPCC特別報告書のGood Practice Guidance (2000)において土地利用，土地利用変化及び林業（LULUCF: Land Use, Land-Use Change and Forestry）として規定されている。すなわち，温室効果ガスインベントリー報告の基盤情報として，まず現在の全球の土地被覆分類図を正確に把握し，さらに過去の土地被覆分類図，および将来の土地被覆分類図予測へとつなげる必要がある。

全球のNPPのモデル推定から，入力する土地被覆分類図の種類，空間分解能の違いが，その空間分布に大きな違いを及ぼすことも指摘されている（Ahl et al. 2005; Kok et al. 2001）。

このような過去から現在にいたる土地被覆の把握，およびそれにともなうNPPの変動のみでなく，温暖化対策などの予測を行ううえでも土地被覆分類図は重要となる。たとえば，20年後のCO_2吸収を目的とした植林の炭素累積蓄積量を試算した結果によると，初期条件として用いる土地被覆図を変えることにより，20年後の推定累積炭素隔離量が45％も変わるという報告もある（Obersteiner et al. 2006）。

前述の累積炭素隔離の推定，全球のNPPモデル推定などにも用いられ，現在広域生態研究によく使われる土地被覆分類図としては，Global Land Cover 2000（以下GLC2000），MODIS Land Cover（以下MOD12），メリーランド大学土地被覆分類図（以下UMD），IGBPによって作成されたGlobal Land Cover Characterization Database（以下GLCC），などがある。

これらはいずれも衛星観測によって得られた画像情報から作成されており，それぞれ検証が行われてきた。しかし，モデルの推定結果が入力する土地被覆分類図に大きく依存することが指摘されるようになり，これら複数の全球土地被覆分類図を相互比較した最近の研究によると，全体としての各分類クラスの面積はほ

ほ同じであるが地域によって大きくその分布が異なることが報告されている（Giri et al. 2005; McCallum et al. 2006）。
結果が異なる要因としては，
　(1) 利用した衛星画像の違い（センサーの違い，撮影時期の違いなども含む）
　(2) 分類手法の違い（分類に用いる教師データの違いも含む）
　(3) 分類カテゴリの定義の違い
　(4) 一つのピクセルに含まれる土地被覆カテゴリの取り扱い（ミクセルの取り扱いの違い）
　(5) 検証手法の問題（検証データの数，分布の違いなども含む）
等がある。このほか，幾何精度の問題などが考えられる。

　全球土地被覆図を全数調査することは不可能であるため，通常，標本（サンプリング）調査を行うこととなる。すなわち，統計的に無作為抽出した地点の評価を行う。このうち全球土地被覆図の検証では層別抽出（Stratified Random Sampling）法を用いることが多い（Mayaux et al. 2006）。Stratified Random Sampling 法は IGBP Discover や GLC2000 で採用されている検証手法で，各クラスの面積比に応じて分類クラスごとにランダムサンプリングを行う。

　土地被覆図間の優劣や精度を評価するためには，あくまで現地検証情報が必要であるが，全球を対象とした踏査が困難であることから，高分解能の衛星画像（おもに Landsat 画像）でその地点を評価する。このとき Landsat 画像を対象地域についての衛星画像目視判読の経験者3人（通常は判読地域に関する知見も有している）が目視判読を行い，多数決で検証データを作成する。この方法を用いた場合，任意の地点の複数時期の衛星画像（Landsat 画像）の入手が困難であること，あるいは現地の知見を要すること，判読経験が必要なことなどから十分な数，空間分布が確保されないといった問題がある。たとえば MOD12 の検証では Landsat 画像を用いた地上検証情報（IGBP Land Cover Validation Confidence Sites at Boston University, 2005）が公開されているが，全球に対しわずか413点にすぎない。また，ランダムサンプリングとはいえ，実際には判読者がすでに知見がある地点，多くは人が踏査しやすい地点に検証点が偏りがちで，その空間分布も偏りがある。

　検証点を稼ぐ手段の一つとして，一度画像分類を行った後，その結果を既知のデータセットとみなして再度すべてのピクセルの精度検証を行う方法もある。この方法は検証点の偏りなどを考慮することができる。しかし，データソースは同

じ衛星画像であることから，分類で用いるデータとは独立した検証データであるとはいえない．

　検証結果の評価には Error Matrix が一般に用いられる (Congalton, 1991)．検証結果を真値とみなし，分類結果とのマトリックスを作成する．このマトリックスからは全体精度 (Overall accuracy)，さらに User's Accuracy (以下，UA) および Producer's Accuracy (以下，PA) などが指標として用いられる．このような統計指標はほかにもあるが，真値となる検証データに含まれる誤差や絶対数の不足といった問題を内在している．さらに，各土地被覆分類図を作成する際の検証情報の共有がこれまで行われておらず，検証点の数，分布，作成方法なども異なり，信頼性の高い，統一した指標で広域土地被覆分類図を検証する手法が必要とされてきた．

　この問題に対し，岩男らは Degree Confluence Project (以下 DCP) (1996) による土地被覆地上検証データの構築を提案した (Iwao et al. 2006)．DCP とは地球上を地理的な偏りがなく実際に踏査し，かつ踏査地点の時間変化を記録として残すことを目的として始まったプロジェクトである．この要件を満たすべく，緯度と経度が整数値で交差する地点 (緯度経度整数値交差地点) に着目し，そのなかからおもに陸域を対象とした 16,175 点を踏査対象地点としている．2008 年 12 月時点で 5,542 点がすでに登録されている．DCP のウェブサイトには，DCP 地点で撮影した写真と，その地点に関する現況を文書化したもの (以下：現況情報) を踏査者が登録できる．また，1 回の踏査の情報を記録するだけでなく，対象地点の時間変化 (土地被覆変化) の情報を文書化し，記録している．

　この提案手法では，検証対象となる土地被覆分類図は異なる仕様に基づいて分類クラスが細分化されていることから，まず各土地被覆分類図のクラスを LULUCF で定めた最上位土地被覆 6 クラス (1: 森林，2: 草地，3: 農地，4: 湿地，5: 居住地，6: その他) に集約した土地被覆分類図をそれぞれ作成する．さらに，DCP に基づく土地被覆検証情報を作成にあたっては，その地点の現況情報と写真から DCP 地点の土地被覆に関する情報を抽出する．すなわち 3 人の判読者がそれぞれに現況情報と写真 (現況情報を優先する) をもとに各 DCP 地点を 6 クラスのいずれかを目視で判読し (不均質な土地被覆の場合などを考慮し，判読不能を含む)，その結果の多数決を採用する．なお，複数回の踏査が行われている DCP 地点については最新の情報を利用した．本手法により広域の土地被覆分類図を検証する

表 2-2　DCP 検証点情報を用いた全球土地被覆分類図の精度評価結果

	DCP	MOD12		GLC2000		UMD		GLCC	
	(848 Point)	○	×	○	×	○	×	○	×
森林	244	183	118	182	118	193	170	123	107
草地	194	50	48	52	71	76	134	43	25
農地	256	194	155	178	175	109	109	215	269
水域	79	40	12	33	5	40	9	40	15
都市	14	5	14	2	3	2	4	2	3
その他	61	20	9	20	9	2	0	5	1
合計		492	356	467	381	422	426	428	420
一致度 (%)		58.0		55.1		49.8		50.5	

うえでクリアすべき検証情報の広域性，偏りのない分布，多点そして位置精度が満たされる．

　2006年に作成した検証点情報に加え，新たに検証点情報を追加した東アジアを含むDCPの情報（848点）を利用し，既存の土地被覆図の精度評価を行った．対象としたのは前述の4種の土地被覆図である．表2-2にその結果を示す．今回の結果から現存する土地被覆分類図のうち最も高精度のものはボストン大学が作成したMOD12であることが示された．現在，検証情報は全球約5000点を整備中であり，この情報には6分類の情報のみならず，土地被覆カテゴリの変化に関する情報，空間代表性に関する情報，ディスターバンス（おもに森林火災地点）なども含まれデータベース化作業が進められている．

　広域土地被覆分類図は現在も新たなデータセットの作成が進められている．たとえば土地被覆分類図（MOD12，GLC2000，UMD）を組み合わせることで（Fuzzy理論を利用）新たな土地被覆分類図（SYNMAP）を作成する研究が提案されている（Jung et al. 2007）．ただし，精度の評価には限界があることを自ら指摘している．また，最近ではGlobal Mapping Projectが作成した土地被覆分類図（ISCGM 2008），さらには空間分解能300 mのENVISATをもとに作成した2005年度版のGLOVCOVER土地被覆分類図（JRC 2008）など新たな土地被覆分類図が次々と公開されている．しかし，いずれのデータセットにおいても既存の土地被覆分類図との相互比較，もしくは独自に作成した検証情報をもとに，それぞれの土地被覆分類図の精度評価を行うにとどまっており，本手法およびDCPデータセットの必要性がさらに増大している．

土地被覆は，従来，弱点であった広域地上検証に関してDCPという新たなアプローチが提案された結果，さまざまなプロダクトが同じ検証データセットで比較検討されるようになり，今後の発展を加速する可能性がある。たとえば過去の土地被覆分類図の再現についての研究も行われている。ただし，現状では2000年に作成されたGLCCを基準として過去の穀物収量統計情報を空間わりつけしているにすぎない (Ramankutty 1999)。今回の結果からもわかるように，初期条件としての現在の土地被覆分類図をGLCCからMOD12に入れ替えることで，その精度はさらに向上することが期待される。このように現在の土地被覆分類図の高精度化は，過去の土地被覆分類図の高精度化にも深く寄与しうる。あるいは，前述の通り，NPPの推定精度向上，空間経済モデルを用いた将来の土地被覆分布の予測などの精度向上にも寄与するであろう。また，山火事や都市化などの擾乱を逐次取り込む，動的な土地被覆分類も開発されるであろう。

7 衛星データによる広域植生変動の検出

近年，森林伐採や砂漠化が進行する一方で，大規模な植林が多くの国で行われている。たとえば，FAO (Food and Agriculture Organization) は国ごとのインベントリ調査により，2000年から2005年の5年間の期間に，東アジアの森林面積が増加したと報告している。それによれば，森林面積は，アジア・太平洋の地域全体として年平均60万ha以上のペースで増加しており，とくに中国では大規模植林が功を奏し，年平均400万ha以上増加しているとされる。一方で，中国以外の東アジアでは，森林面積が減少しているということも報告されている。土地利用管理や将来予測の観点では，これらの増加・減少について，より細かい空間分布として確認する必要があるだろう。しかし，これほどの広域を地上調査だけで確認するのは困難である。そのためにはFAOのインベントリ調査だけではなく，直接的に広域の調査を可能とする，衛星リモートセンシングが有用である。そこでわれわれは，2000年から2005年のあいだの，SPOT/VegetationとTerra/MODISの二つの衛星センサーのデータを独立に解析し，その結果を相互比較することによって，東アジアの植生の経年変化とその空間分布を調査した（小柳ら2008)。二つの衛星を併用することで，各衛星センサー固有の特性や誤差の影響をキャンセルし，より確かな解析ができると考えられる。

対象地域は，東アジアの東経 95°-150°，北緯 5°-55°の範囲内の陸域とし，対象期間は 2000 年から 2005 年とし，NDVI を用いて植生の経年変動を推定した。
　SPOT-Vegetation のデータは，"SE-Asia"の領域（北緯 5°-55°，東経 68°-147°）における S10 プロダクト（10 日間コンポジット）を Free VEGETATION Products (http://free.vgt.vito.be/) より取得した。Terra-MODIS のデータは，大気補正済み地表面反射率プロダクト（レベル 3）である，MOD09A1（8 日間コンポジット；コレクション 4）を使用した。
　SPOT/Vegetation や Terra/MODIS のように，可視光や近赤外線，熱赤外線などを観測する衛星センサーは，雲被覆があると，地表面を正しく観測できない。その影響を軽減するために，各ピクセルについて，一定期間のデータから晴天時と思われるもののみを抽出して，画像を再構成する「コンポジット」という手法がある。一般的に，コンポジット期間を長くするほど晴天条件に出会う機会が増えるので，雲の影響をより減らすことができるが，その一方で，地表面状態の短期的な変動をとり損ねるおそれがある。そこで，植生の季節変動をとらえる場合には，そのバランスを勘案して，8 日間や 10 日間あるいは 30 日間などのコンポジット期間が採用されることが多い。しかし，湿潤なモンスーンアジア地域を多く含む東アジアでは，30 日間のコンポジットですら雲被覆の影響を十分には除去できない可能性がある。われわれの研究は，植生の経年変動をとらえることが目的なので，年間最大 NDVI コンポジット（各ピクセルの NDVI 値の年間最大値を抽出して NDVI 分布図を再構成）した。
　それぞれの衛星センサーの，2000 年から 2005 年までの各年の年間最大 NDVI 分布図において，各ピクセルごとに線形トレンド解析を行った。すなわち，ピクセルごとに，年を独立変数，年間最大 NDVI 値を従属変数とする単回帰直線を求め，その傾きを NDVI 増減トレンドとした。
　SPOT-vegetation と Terra-MODIS のそれぞれから得られた結果を図 2-20 に示すが，両者は互いによく整合しており，中国北東部から中央部で NDVI が増加し，モンゴル東部で NDVI が減少していることがわかった。また，中国のゴビ砂漠近辺やベトナムのカマウ半島で植生が減少しているということもわかった。帰無仮説「NDVI 増減トレンド = 0」が両側 5%（片側 2.5%ずつ）の棄却域で棄却されたピクセルを有意とすると，NDVI の変化が有意であった面積は，増加面積が 17.7 万 km^2 であり減少面積が 6.3 万 km^2 であることがわかった。FRA2005（Global

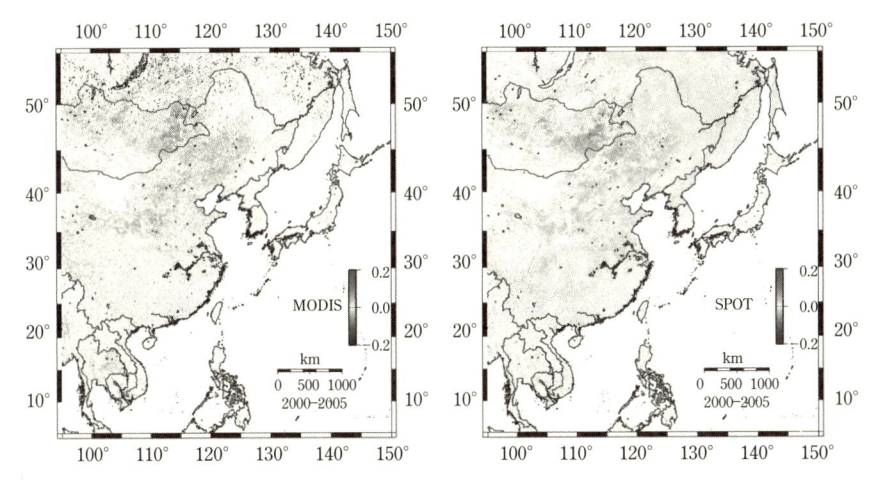

図 2-20 Terra-MODIS（左図）と SPOT-vegetation（右図）による東アジアの NDVI 経年変化トレンド（NDVI/年）（小柳ら 2008）（口絵 3 参照）

Forest Research Assessment 2005）のデータでは，中国は 2000 年から 2005 年のあいだに森林面積が 20 万 km^2 以上増加しているが，このような膨大な森林面積の増加がありうるということがこの結果よりわかった．

8 衛星データによる光合成有効放射量の時空間分布の推定

地表に到達する光合成有効放射量（PAR）は，植生の生産性や炭素収支の推定に重要である．大気上端に到達する PAR は天文学的な計算によって容易に推定できるが，地表に到達する PAR は雲やエアロゾルなどの影響を受けるために時空間的な変動が激しく，その分布を推定することは容易ではない．そこでわれわれは，簡易的な一次元放射伝達モデルをもとに，衛星観測による高頻度（毎日），高空間分解能で地上入射 PAR を推定する手法を開発した（Nasahara 2009）．この手法を Terra/MODIS と Aqua/MODIS で観測されたデータに適用して，東アジア地域における 2000 年から 2006 年までの地上入射 PAR 分布を推定した．

その結果，夏季（成育期）には日本付近で PAR の分布が大きな年々変動を見せた．とくに，2003 年や 2006 年の夏季における負のアノマリーが顕著に観察された（図 2-21）．しかし，このようなアノマリーは梅雨前線の停滞位置を強く反映

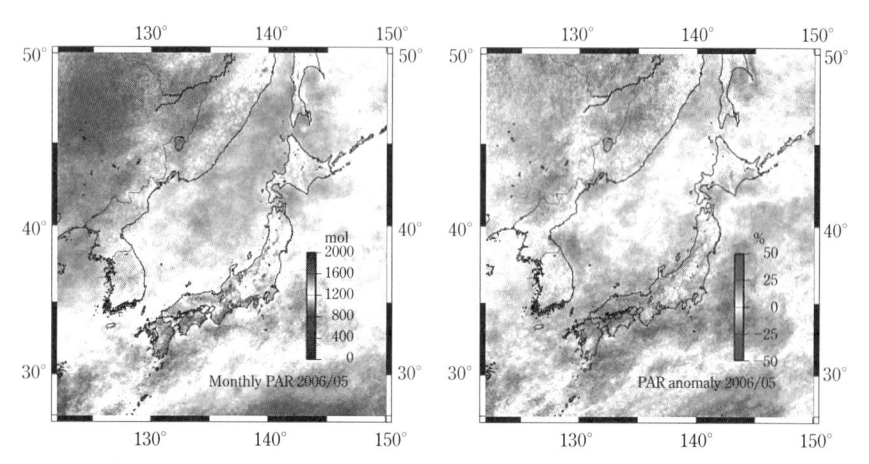

148　第2章　システムアプローチ手法の展開

図2-21　衛星データ（Terra/MODIS, Aqua/MODIS）から求めた，地上日射量（PAR）の分布（口絵4参照）
左：2006年5月の一ヶ月積算値，右：そのアノマリー（平年値からの相対的な差）

する。そのため，南北に長い日本列島の全域には，一貫して正または負のアノマリーが生じることは少ないことがわかった。

　本手法で推定されたPARプロダクトは，陸域生態モデル等でよく使われる地上気象補間データや客観解析データと比べて空間分解能が非常に高いことが特徴である。既存のPARデータの空間分解能は緯度経度0.5度グリッド以上で非常に粗いが，われわれが独自開発したPARデータは1km以下の高い空間分解能をもつ。そのため，従来では再現できなかった山岳地形の影響を表現することができる。また，今回開発した手法は，原理的には可視光を観測するどんな衛星センサーにも適用できる。高い時空間分解能をもつ複数のセンサーを組み合わせれば，より高い時空間分解能のPARプロダクトを開発できる可能性もある。

9　衛星データ対応型モデルの開発，および陸域炭素収支の解析

　BEAMS（Biosphere model integrating Eco-physiological And Mechanistic approaches using Satellite data）は，陸域の炭素プロセスと水・熱プロセスを考慮し，必要に応じて各プロセスがリンクする衛星対応型の陸域生物圏モデルである（図2-22）。モデル入力データは，日射量や降水量，気温などの大気情報，FPARやLAIなど

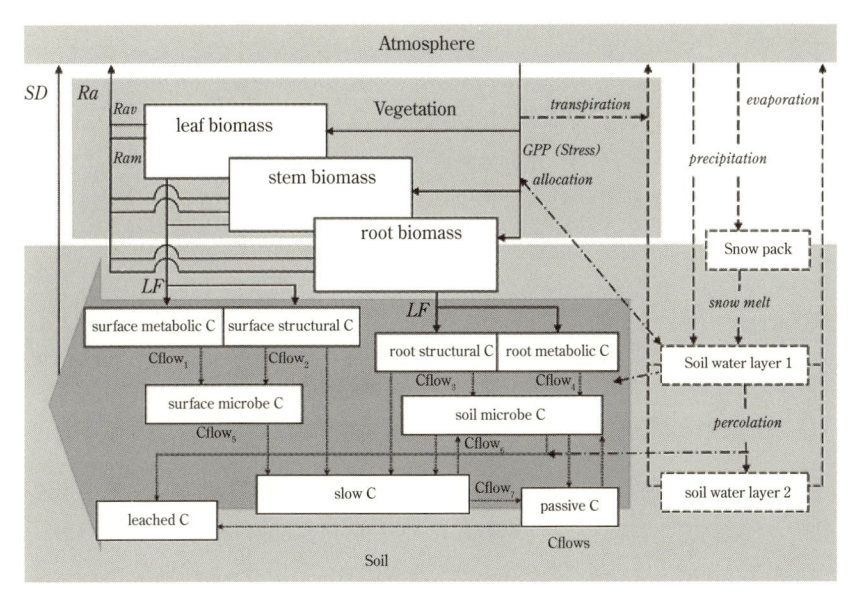

図 2-22 炭素プロセスと水・熱プロセスとそれらをリンクした BEAMS モデルの構造の概略

の植生情報，土壌深度や分類などの土壌情報である．出力データは，総一次生産量や純一次生産量，純生態系生産量などの炭素フラックス，蒸散量や蒸発量などの水フラックス，潜熱や顕熱などの熱フラックス，植生や土壌の炭素，水貯留量である．計算の初期条件である炭素，水貯留量の初期値は，スピンアップという手法を用いて算出する．スピンアップは，大気−陸域間の炭素循環や水循環が定常状態になるようにくり返し計算を行い，定常時における炭素，水貯留量を初期値として採用する手法である．

BEAMS の特徴は，入力データとして多くの衛星プロダクトを広く取り込むことで，より現実的な植生活動の分布を再現する点にある．できる限り多くの衛星観測データを入力するように設計し，これまでに多くの衛星プロダクトを採用してきた．それらプロダクトには，光合成活動にとって重要な光合成有効放射吸収量，植生の季節変動を表す LAI (Leaf Area Index)，FPAR (a Fraction of absorbed Photosynthetically Active Radiation) をはじめ，植生タイプを判別する土地被覆図，標高データ，地表面温度，降水量などがある．これらの衛星プロダクトは，衛星センサー (Terra/MODIS，Aqua/MODIS，Terra/ASTER，TRMM など) がとらえた

光の情報をもとにした高次プロダクトである。

　BEAMS で解析できる時空間分解能は，入力データの時空間分解能で決まる。BEAMS 解析の時空間分解能は，MODIS のような最新の衛星プロダクトを用いることで時間分解能 1 ヶ月，空間分解能 1 km × 1km まで高度化できる（これらの手法を用いた解析結果は，第 4 章 III 節-2 に記述）。今後は，MODIS などの後継機として，"より高い分解能，より高い頻度"での衛星観測が期待される。これにより，モデルの入力データである衛星プロダクトの分解能が高度化され，より高い時空間分解能でのモデル解析をめざす。

10　まとめと課題

　アジアは，世界的にみても，複雑な地形・土地被覆，多様な植生・農業形態，激しい土地改変や季節変化などのために，空間的，時間的に不均質な地域である。そのような地域では，逐次変化する状況を空間的に把握できる衛星リモートセンシングが有力なツールである。衛星データは，直接的に炭素動態に関する情報を与えはしない。しかし，衛星データから導出されるいくつかの重要な情報を陸域生物圏モデルに入力することで，炭素動態の時空間変動を推定することができる。したがって，衛星リモートセンシングのデータを最大限に陸域生物圏モデルへと統合することが，アジア地域の炭素動態の解明における重要なアプローチだといえる。

　ところが，多くの地球観測衛星より得られた陸上生態系に関する広域データについて，アジア地域のみならず，世界的にもその精度検証を統合的に行った例は少ない。また，高精度の衛星プロダクトができたとしても，それらを最大限に利用し，より現実的な炭素収支解析を行うことが可能な衛星対応型の陸域生物圏モデルも限られてきた。最終的な炭素動態のモデル推定結果についても，とくにアジアではきちんと現地検証結果との精度評価を行った例は少ない。それらがアジアの炭素収支の広域推定における不確定要因となってきた。こういった地上観測と衛星，あるいはモデルとの比較が十分に行われてこなかった一因としては，地上観測から衛星観測，モデル推定結果までの膨大でかつ，多種多様なデータを効率的に処理するためのインフラがとくにアジア地域において十分に整備されてこなかったことも考えられる。

われわれは，東アジアの陸域生態系における 2000 年から 2005 年までの二酸化炭素収支の時空間変動を明らかにするために，衛星観測を，地上観測と衛星対応型陸域生物圏モデル (BEAMS) に連携させるシステムアプローチを開発した．

衛星対応型モデルに独自の衛星データプロダクトを入力するため，新たなプロダクトを開発した．新しいプロダクトは，植物の光合成活動を見積もるうえで重要となる光合成有効放射量 (PAR; Nasahara, 2009)，および植生分布を把握するうえで重要となる土地被覆図 (Iwao et al., 2011) である．PAR プロダクトの作成では，独自の簡易的な大気放射伝達式を提案し，これに大量の衛星データを入力して PAR を計算した．その結果，高い頻度 (1 日 1 回)，かつ非常に高い空間分解能 (500 m) な PAR プロダクトの作成に成功した．土地被覆図は，複数の既存土地被覆データを組み合わせて作成した．

モデルで入力する衛星データプロダクトの妥当性を評価するため，新たな地上観測システムと観測ネットワーク "PEN" を構築した．これらの観測システムやネットワークで得られた長期地上観測データをもとに，衛星分光指標や PAR，LAI (葉面積指数)，FPAR (光合成有効放射吸収率)，植物フェノロジーなどの衛星プロダクトを検証した．土地被覆図の検証では，新たな地上検証システムを提案して既存の代表的な土地被覆図を検証した (Iwao et al. 2006)．その検証システムは，有志による世界的な地上踏査活動 "Degree Confluence Project" で撮られた大量の踏査写真から，土地被覆に有用な情報を抜きだして，その情報をもとに土地被覆図を評価するシステムである．この検証システムを使って前述した独自の土地被覆図を検証したところ，既存の土地被覆図と比べて 5～10％程度の精度向上が確認できた (Iwao et al. 2011)．

ここで示した，衛星リモートセンシングの手法の多くは，2000 年ごろ以降の，衛星リモートセンシング技術の急速な発展と普及に負うところが大きい．1960 年代の東西冷戦期に軍事技術として発達した衛星リモートセンシングは，1990 年前後の冷戦終結によって積極的に民間転用され，その結果，1990 年代後半からさまざまな地球観測衛星が打ち上げられるようになった．その背景には，地球環境問題の意識の高まりの影響もあるだろう．情報技術の発展によって大量の画像データの処理が低価格で容易に実現できるようになったことも大きい．したがって，おおむね 2000 年以降は，利用できる衛星データの質・量が，それ以前に比べて飛躍的に改善している．裏を返せば，2000 年より前に観測されたリモー

トセンシングに対してシステムアプローチを適用すれば，データの質的・量的な不足という問題に直面する．一方で，2000年以降の広域生態系研究において大きな役割を果たしてきた，米国の衛星センサー"MODIS"は老朽化しつつある．しかし，その後継計画は，まだしっかりできていないのが実状である．衛星リモートセンシングのデータは，観測方位・太陽方位などによって観測条件が変化するため，一定の品質を保つことが非常に難しい．日本を含む各国が，MODISの後継になりうる衛星センサーの打ち上げを計画しているが，それぞれMODISとは違うセンサー仕様や運用計画をもっており，果たしてMODISで観測されたデータ資産が，直接継承できるのかどうかは予断を許さない．わが国の宇宙航空研究開発機構 (JAXA) では，MODISの後継候補となりうるセンサーとしてGCOM-Cの打ち上げを計画している．まずは，このGCOM-C打ち上げ計画が正確に遂行されて品質のよい観測データを長期連続的に取得し，MODISとの継続性を意識して広域生態系研究が続いていくことを強く期待する．

VI 陸域生態系モデルによる炭素収支評価

システムアプローチによって陸域炭素収支の統合的評価を実施するうえで，生態系モデルは次のような役割を担っている．
(1) フィールド観測や衛星観測で得られたデータを統合し，炭素循環の全体的描像を示す．
(2) モデルの感度実験を通じて炭素収支に影響が大きい環境要因やパラメータ，不確実性が大きいコンポーネントを特定する．
(3) 直接観測が困難なプロセスについて，全体のバランスのなかで矛盾しない一貫性のある定量的な推定値を与える．
(4) 地点観測に基づいて高度化されたモデルを空間的に拡張適用し，地域スケールの炭素収支を評価する．
(5) 環境変動や人為影響に対する生態系と炭素収支の応答を評価して，過去の再現と将来予測を行う．

生態系物質循環をモデル化する場合，異なる構造・機能をもつ貯留成分を箱形（ボックス）で表し，そのあいだの移動量（フロー）を矢印で表す概念的方法がよく

用いられる。このような表現は，E. P. Odum や J. S. Olson らによって生態系生態学（システム生態学）が確立されて以来，一般的に用いられるようになったものである。この方法は，生態学の一方の主題である個体同士の生物間相互作用や多様性を捨象して簡単化するものであり，食物連鎖によるエネルギー・物質の流れ，生物―環境間の相互作用，および生理生態・生物地球化学的要因の解析にとくに有用である。一方，このようなモデルは，植生と土壌，場合によっては動物や微生物といった生態系コンポーネント全般にわたる，空間代表性の高い情報に基づいて構築される。そのため，定量的に信頼性の高い推定が可能となるまでには多大な努力を要する。モデルに含まれるすべてのプールとフローを測定し，その環境応答を定式化するために必要なデータを取得するのは，とくに野外の生態系では非常に困難である。そのため，実際の研究では，現地観測→モデル研究という一方向の流れではなく，観測研究者とモデル研究者とのあいだの相互連携が重要になる。

生態系炭素循環モデルは，20年以上前から開発されており，現在では特定地点専用のモデルからグローバルスケールまで多数が提案されている。代表的なモデルには，衛星観測データを活用する BIOME-BGC や CASA，窒素循環をリンクすることで制限要因の効果を解析した G'DAY や PnET，土壌中の元素動態を詳細に扱う Century，農耕地の炭素・窒素動態や温室効果ガス収支を扱う DNDC などが挙げられる (Running and Hunt 1993; Potter et al. 1993; Aber et al. 1993; McMurtrie and Wang 1993; Parton et al. 1988; Li et al. 1992)。日本では Oikawa (1985) の熱帯林炭素循環モデルや Nakane (1984) の土壌炭素循環モデルから研究が始まった。その後，地球温暖化や京都議定書の森林吸収源などの問題において，炭素収支の広域定量化に対する需要の高まりを受けて，モデル研究も徐々に発展を遂げている。たとえば，Oikawa (1985) を生理生態学的な知見に基づいて拡張した Sim-CYCLE や，衛星観測による植生データと生理生態学的スキームを組み合わせた BEAMS などが開発され，S1 プロジェクトをはじめとする広域的炭素収支評価や温暖化影響評価に利用されている (Ito and Oikawa 2002; Sasai et al. 2007)。

1 本書で用いたモデル

陸域生態系における炭素循環は，異なる観点からモデル化が試みられており，

それぞれのモデルには目的に応じた適性と特徴がある。われわれの研究には国内で開発されている4つのモデルが参加したが，ここではリモートセンシング指向のモデル（BEAMS: 第3章Ⅱ節）を除く以下の3モデルについて簡単に説明する。

(1) BAIM2: Biosphere-Atmosphere Interaction Model version 2
気象研究所で開発された，気候モデルのための陸面過程パラメタリゼーションであり，大気—植生と土壌間のエネルギー・水収支および炭素循環をシミュレートする（Mabuchi et al. 1997）。全球および領域スケールの気候モデルとリンクした，大気 CO_2 濃度変動の変動解析などに応用されている（e.g., Mabuchi et al. 2000）。

(2) TsuBiMo: Tsukuba Biosphere Model
国立環境研究所で開発された炭素循環モデルであり，数理生態学的な着想に基づき観測データを用いてモデル調整を行うなどの特徴がある（Alexandrov and Oikawa 2002）。全球の純一次生産力（NPP）推定などに応用されている（Alexandrov et al. 2002）。

(3) VISIT: Vegetation Integrative SImulator for Trace gases
国立環境研究所および海洋研究開発機構において，Sim-CYCLEをベースに開発された陸域生態系物質循環の統合的モデル（Ito 2008）。東アジア地域の高分解能NPPマッピングや温暖化影響評価に応用されている（伊藤 2003; Ito 2005）。

各モデルの特徴を表2-3にまとめた。いずれのモデルでも，正味 CO_2 収支すなわち純生態系生産（NEP）は下記の式で表されるように，総一次生産（GPP）と独立栄養的呼吸（AR）および従属栄養的呼吸（HR）から求められる。

$$NEP = GPP - AR - HR \tag{1}$$

しかし，各フローの推定式や基礎データ，入力データは異なっているため，推定結果が一致するとは限らない。そのようなモデル間の推定差はモデル推定の不確実性の原因の一つとなっているが，逆に考えると，異なるモデル間で整合性のある結果が得られた場合，その結果はデータや手法の差違を超えた確度の高いものとみることができる。なお，植生の純一次生産力（NPP）はGPPとARの差として求められ，土壌呼吸速度はARのうちの根部分とHRの和として求められる。

生態系炭素循環のボックス—フローモデルを説明するため，図2-23にVISIT

表 2-3 S1 プロジェクトで用いられた陸域炭素循環モデル

	BAIM2	TsuBiMo	VISIT (Sim-CYCLE)
基礎分野	気象学	数理生態学	生物地球化学・生理生態学
炭素循環	植生＋土壌	植生＋土壌	植生＋土壌
生産力推定	生化学光合成＋単層キャノピー	経験的光合成＋単層キャノピー	生化学光合成＋2層キャノピー
熱水収支	潜熱・顕熱	なし	蒸発散
LAI	予報	外部入力	予報
時間単位	数分	日	30分／日
気候モデルとの結合	○	×	△
オフラインでの検証	×	△	○

における例を示した。ここでは炭素貯留は，まず生態系を構成する4セクター（高木層，下層植生，枯死物層，腐植層）に分割される。高木層と下層植生は，光環境と光合成能力などの生理特性が異なるだけでなく，しばしば葉フェノロジーも異なり（例：落葉広葉樹林の林床に生育する常緑のササ），下層植生が生態系機能において独特な役割を果たす場合も多い。また，高木層と下層植生のバイオマスはそれぞれ光合成同化器官（葉），非同化器官地上部（幹枝）・地下部（根）から構成され，それらは別個の機能と炭素回転速度（またはその逆数である平均滞留時間）をもっている。枯死物（リター）層は，土壌のA_0層に相当するが，葉・幹枝・根から脱落したものは回転速度が異なるため別個に扱われ，粗大有機物（CWD）に相当する幹枝由来の枯死物は比較的長い滞留時間をもっている。リグニンなどで形成される腐植層（鉱質土層）は，土壌のA層からB層に相当するが，化学性が不均質で基礎データが不十分な土壌を扱うため，腐植層は回転速度の異なる3種類（易・中・難分解性）のプールに便宜的に分割して扱っている。各モデルで炭素ボックスの設定は，植生／土壌および同化器官／非同化器官で分割する点は共通しているが，回転速度の差をどこまで考慮して細分化するかの度合いは異なっている。

　炭素フロー（GPP, AR, HR）の推定式は，生態系モデル間で細部は異なるものの生理生態学的な基礎は共通している。以下に，各炭素フローの評価についてVISITで用いている方法を中心に説明する。

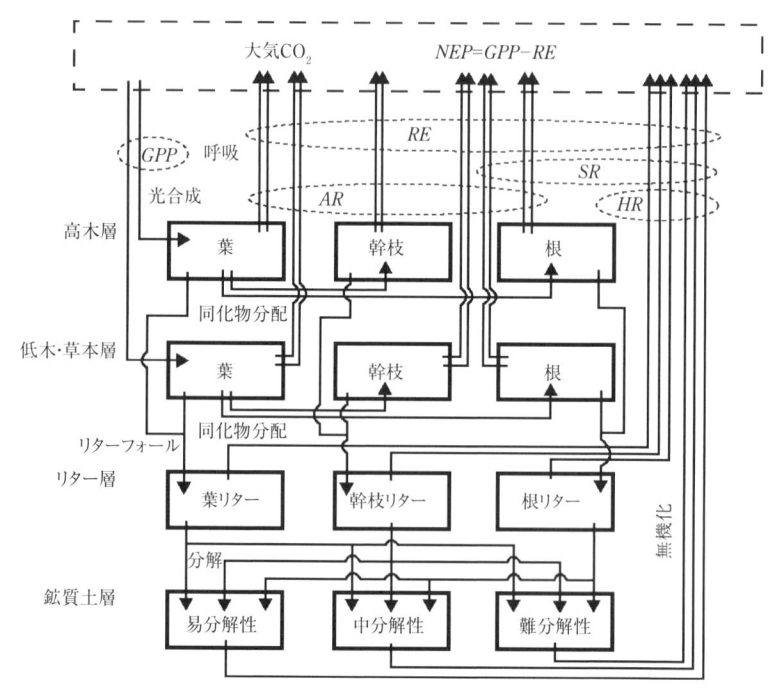

図 2-23 陸域生態系モデル（VISIT）における炭素循環スキーム

（1） 光合成による炭素固定

　群落光合成（総一次生産，GPP）は，生理生態学的なデータが比較的豊富であり，個葉レベルの光合成速度をキャノピーにスケールアップすることで推定される。スケーリングは，葉群の単一層への近似（いわゆる big-leaf）や，2 層・多層モデルを用いることで行われる。日本では，Monsi-Saeki（2005，オリジナルは 1953）の層別刈取り法による調査および数理モデル構築により，自己被陰を考慮したスケーリング法が提案された。近年では，キャノピー内で直達光と散乱光の減衰・光合成利用率の違いに基づいて，それぞれの照射割合を考慮したスキームが開発されている。BAIM2 はキャノピー内の光強度の指数関数的減衰を考慮した単層スキーム，TsuBiMo は Monsi-Saeki スキーム，VISIT は Monsi-Saeki（日単位）および De Pury and Farquhar（1997）（30 分単位）の直達 / 散乱成分スキームを用いている。

　個葉光合成速度は，VISIT の日ステップ計算では，光・温度・土壌水分・大気

CO_2 濃度への応答を生理生態学的データに基づいて数式化した経験的パラメタリゼーションを用いている。BAIM と VISIT（30分単位）では，Farquhar et al. (1980) による生化学的光合成スキームを用いている。このスキームでは，個葉ガス交換測定に基づいて最大カルボキシレーション速度（V_{cmax}）などのパラメータ値を決定しておく必要がある。便宜的には，植物機能タイプごとの典型的な値を設定して計算できるが，サイトでの実測値があればそれを用いるのが望ましい。たとえば，葉の老化影響に対応したパラメータ値の時間変化を導入することが効果的な場合もある (Ito et al. 2006)。生化学光合成スキームを用いる場合，半経験的な気孔コンダクタンス推定式と連立し，反復計算または解析的な求解によって定常状態での個葉光合成速度・葉内 CO_2 濃度・気孔コンダクタンスを求める。

(2) 植生の呼吸放出

植物体からの呼吸放出量（独立栄養的呼吸，AR）は，総量では GPP の半分程度に相当するとされるが，その比率は植生や環境条件で変化する。そのため，それらの条件を考慮して定量的評価を行う必要があるが，実測で得られる情報は必ずしも十分ではない。とくに地下部のバイオマスや呼吸速度・幹表面からの CO_2 放出量に関するデータは限られている。モデル推定では，AR を維持呼吸と構成呼吸に分割して考える 2 コンポーネントモデルが使われる場合が多い。維持呼吸速度はバイオマス（器官ごとに呼吸活性が異なる）に比例し，温度に対して指数関数的に増加する。ただし VISIT では，樹木非同化部について心材と辺材での呼吸活性の差に起因するサイズ依存性を考慮し，バイオマスの 2/3 乗に比例すると仮定している。また，維持呼吸の温度依存性には季節的順化がみられていることを考慮し，パラメータ Q_{10} の値が高温ほど低下すると仮定している (Ito and Oikawa 2002)。構成呼吸は，各器官の構成コストの差を考慮し，新規のバイオマス生産速度（≒同化産物の分配）に比例する。

(3) 土壌微生物の呼吸放出

リターや腐植が微生物によって利用される際の CO_2 放出（従属栄養的呼吸，HR）は，基質の分解されやすさの違いに基づいていくつかの成分に分けて推定が行われる。これまでの観測結果は，HR は地温と土壌水分に依存することを示してい

るが，応答感度や数式表現は一定していない．一般にモデルでは，温度の10℃上昇に対してHRが倍増するQ$_{10}$＝2（指数関数）あるいはそれに類似の関係式が用いられる（たとえばLloyd and Taylor 1994）．土壌水分に対する応答はやや複雑で，観測データの解析でも明確な関係が得られることは少ない．一般には，土壌の乾燥と過湿によってHRが抑制され，適度な湿潤条件でCO$_2$放出が最大になる山型の応答曲線が設定される．基準条件（温度・湿度）における分解速度あるいは平均滞留時間は，本来は実験室の培養実験などに基づいて決定すべきパラメータであるが，分解性の差違に基づく炭素プールの分離は非常に困難であるため，総CO$_2$放出量（場合によっては土壌呼吸）や土壌有機物量が観測に適合するようキャリブレーションによって推定される場合が多い．

2 地点・広域シミュレーションの実際

観測サイトにモデルを適用することは，観測研究者と協働・情報交換し，実測データとの比較検証やモデル高度化を図るうえで，必要かつ有効である．通常，観測サイトでは気象条件，植生・土壌の状態，フラックス，場合によっては分光特性や生理生態的パラメータが実測されており，モデル研究に活用することができる．一方，測定期間が十分に長期かつ連続であるとは限らないことや，観測データの精度と空間代表性の問題があるといった注意点もある．

VISITの地点シミュレーションでは，観測研究のサイト記述に基づいて植生タイプ，土壌タイプ，緯度・経度を与え，気象時系列データを入力した長期計算を行った．実行上の工夫として，炭素蓄積過程を表すような長期計算は1日単位で実行し，フラックス観測と比較検証する特定期間の計算は30分単位で実行した（前述のようにGPP計算スキームも異なる）．30分単位の観測データにはしばしば欠測があるため，日単位を長期計算のベースにすることは連続性を確保するうえで有効である．アジアあるいはグローバルな展開を見据えて，入力気象条件は全球データセット（NCEP/NCAR再解析：1948年〜現在）より作成した（Kistler et al. 2001）．ただし，再解析データの空間分解能は200 km程度と粗いため，日本の地形急峻地では地点観測と大きな誤差を生じる可能性がある．そのため，観測期間について地点データと再解析データの回帰式を作成し，再解析データを補正している．

東アジア地域の広域計算にも基本的に同じモデルを使用するが，高分解能な広域データが得られないものについては全球データセットから抽出した値を用いている．本研究では，陸域の地形・微気象・土壌・土地利用にともなう不均質性を最大限に明示的に取り込み，フラックス観測とのスケールギャップを解消するため，空間分解能約 1 km（緯度経度 0.5 分間隔）で計算を行った（図 2-24）．われわれが対象とした東アジア地域は，北緯 30〜50 度，東経 125〜150 度の範囲であり，この領域が 2400 行 3000 列の格子で表される．土地被覆データは，衛星観測に基づく数種類のデータセットが提供されているが，分類アルゴリズムや現地検証の度合いによって，データセット間で大きな差違がみられる場合がある（Iwao et al. 2006）．そこで，新たに国立環境研究所で作成された IGBP 分類を修正した（陸域 14 タイプ：表 2-4），全球 1 km メッシュデータを使用した．土壌特性（容積重，圃場容水量）は IGBP-DIC Soil Collection の 5 分メッシュデータを補間して使用した．地形および気象データは，1 km メッシュ全球データである WorldClim データセット（Hijmans et al. 2005）と NCEP/NCAR 再解析を組み合わせて使用した．つまり，WorldClim は長期平均的な月平均気温と降水量を与え，NCEP/NCAR 再解析から平均値に対する日々の偏差を加算することで高分解能な日単位の気象データを生成している．なお，VISIT に必要な入力気象変数（いずれも日平均値）は下向き短波放射（W/m^2），雲量（%），気温（℃），比湿（kg/kg），降水量（mm/day），地温（℃），風速（m/s）である．大気 CO_2 濃度はグローバルな観測データセットから年ごとの平均値を与えている．気象条件に基づいて蒸発散量，流出量，土壌水分量を計算し，植生および土壌に対する水分条件を与えている．積雪についても簡便な降雪・融雪スキームを組込んで推定し，また地温についても積雪の保温効果を考慮している．

　シミュレーションは，少量の炭素量を与える初期条件から開始し，一定の大気 CO_2 濃度条件下で，気象時系列データをくり返し 500〜1000 年間用いる反復計算（spin-up）によって炭素収支を平衡状態に近づける．その後，1948〜2005 年について大気 CO_2 濃度上昇と気候時系列を入力する数値実験を行う．観測サイトにおいて撹乱履歴に関する情報が入手できる場合，それに対応した伐採（地上部バイオマスの外部への除去）などの影響イベントを発生させる．一方，地域シミュレーションでは，各格子点の撹乱履歴データは得るのが困難なため，予備実験として無撹乱条件で計算を行った．

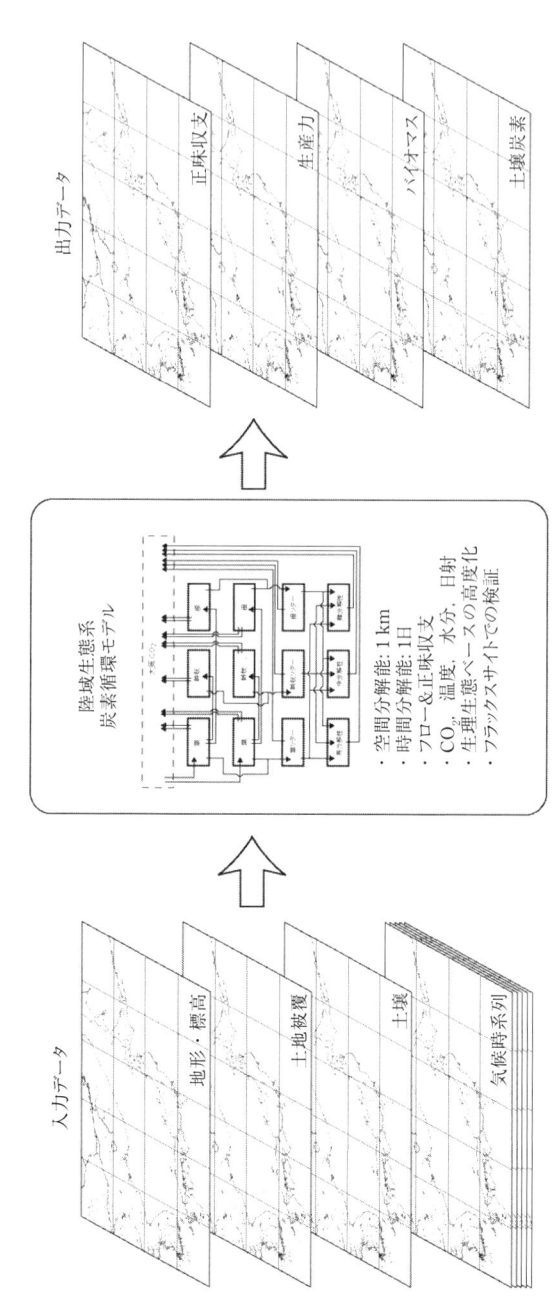

160　第2章　システムアプローチ手法の展開

図2-24 東アジア地域の炭素収支シミュレーションの概念図

表2-4 東アジア地域における土地被覆タイプの面積と気候条件

	面積 ($10^4\,km^2$)	年平均気温 (°C)	年降水量 (mm)
常緑針葉樹林	8.2	3.4	1181
常緑広葉樹林	1.5	14.5	2229
落葉針葉樹林	0.5	−0.5	791
落葉広葉樹林	17.9	4.2	964
混交林	63.2	4.4	1099
疎林	9.6	3.3	928
木本の混在する草原	4.8	5.1	952
密な低木林	0.3	9.6	1398
疎な低木林	4.8	1.1	756
草原	3.2	3.2	751
耕作地	40.2	4.3	734
裸地	0.1	5.3	946
都市	4.7	13.5	1496
湿地	0.1	5.8	1060
合計 (平均)	159.2	4.5	985

岩男らによる土地被覆データに基づく。

最後に,東アジア地域全体の炭素収支において陸域生態系の寄与を明らかにするために,人為的活動による放出データとの比較を行った。ここでは,大気モデルのために整備されたインベントリベースのエミッションデータである EDGAR (http://www.mnp.nl/edgar/) による,1度メッシュの CO_2 放出量に基づいて東アジア地域の人為的炭素放出量を見積もった。

引用・参考文献

Aber, J.D., Driscoll, C., Federer, C.A., Lathrop, R., Lovett, G., Melillo, J.M., Steudler, P. and Vogelmann, J. (1993) A strategy for the regional analysis of the effects of physical and chemical climate change on biogeochemical cycles in northeastern (U.S.) forests. Ecological Modelling, 67: 37–47.

Ahl, D.E., Gower, S.T., Mackay, D.S., Burrows, S.N., Norman, J.M., and Diak, G.R. (2005) The effects of aggregated land cover data on estimating NPP in northern Wisconsin. Remote Sensing of Environment, 97; 1–14.

Alexandrov, G. and Oikawa, T. (2002) TsuBiMo: a biosphere model of the CO_2-fertilization effect. Climate Research, 19: 265–270.

Alexandrov, G.A., Oikawa, T. and Yamagata, Y. (2002) The scheme for globalization of a process-based model explaining gradations in terrestrial NPP and its applications. Ecological Modelling, 148: 293–306.

Allison, L.E. and Moodie, C.D. (1965) Carbonate. In Black, A.C. (ed.), Methods of soil analysis, Part 2: chemical and microbiological properties, 1379–1396. American Society of Agronomy, Inc., Publisher, Madison, USA.

Anderson, J.M. (1992) Response of soils to climate change. Advances in Ecological Research, 22: 163–210.

AsiaFlux (booklet) (2006) A regional network for coordinating the tower-based carbon flux research with the atmospheric, oceanic, soil, and terrestrial water researches.

Baldocchi, D., Falge, E., Gu, L., Olson, R., Hollinger, D., Running, S., Anthoni, P., Bernhofer, C., Davis, C.K., Evans, R., Fuentes, J., Goldstein, A., Katul, G., Law, B., Lee, X., Malhi, Y., Meyers, T., Munger, W., Oechel, W., Paw, U.K.T., Pilegaard, K., Schmid, H.P., Valentini, R., Verma, S., Vesala, T., Wilson, K., Wofsy, S. (2001) FLUXNET: A new tool to study temporal and spatial variability of ecosystem-scale carbon dioxide, water vapor, and energy flux densities. Bulletin of the American Meteorological Society, 82: 2415–2434.

Bekku, Y., Koizumi, H., Oikawa, T., and Iwaki, H. (1997) Examination of four methods for measureing soil respiration. Applied Soil Ecology, 5: 247–254.

Bond-Lamberty, B., Wang, C., and Gower, S.T. (2002) Aboveground and belowground biomass and sapwood area allometric equations for six boreal tree species of northern Manitoba. Canadian Journal of Forest Research, 32: 1441–1450.

Borken, W., Xu, Y., Davidson, E.A., Beeese, F. (2002) Site and temporal variation of soil respiration in European beech, Norway spruce, and Scots pine forests. Global Change Biology, 8: 1205–1216.

Butnor, J.R., Johnsen, K.H., and Maier, C.A. (2005) Soil preperties differently influence estimates of soil CO_2 efflux from three chamber-based measurement systems. Biogeochemistry, 73: 283–301.

Clark, D.A., Brown, S., Kicklighter, D.W., Chambers, J.Q., Thomlinson, J.R., and Ni, J. (2001) Measuring net primary production in forests: concepts and field methods. Ecological Applications, 11: 356–376.

Congalton, R.G. (1991) A review of assessing the accuracy of classifications of remotely sensed data. Remote Sensing of Environment, 37: 35–46.

Curtis, P.S., Hanson, P.J., Bolstad, P., Barford, C., Randolph, J.C., Schmid, H.P., Wilson, K.B., (2002) Biometric and eddy-covariance based estimates of annual carbon storage in five eastern North American deciduous forests. Agricultural and Forest Meteorology, 113: 3–19.

De Pury, D.G.G. and Farquhar, G.D. (1997) Simple scaling of photosynthesis from leaves to canopies without the errors of big-leaf models. Plant, Cell and Environment, 20: 537–557.

De Forest, J.L., Noormets, A., McNulty, S.G., Sun, Ge., Tenney G., and Chen, J. (2006) Phenophase alter the soil respiration-temperature relationship in an oak-dominated forest.

DeFries, R.S., Field, C.B., Fung, I., Collatz, G.J., and Bounoua, L. (1999) Combining satellite data gC/m2/yr and biogeochemical models to estimate global effects of human-induced land cover change on carbon emissions and primary productivity. Global Biogeochemical Cycles, 13: 803–815.

Degree Confluence Project: http://www.confluence.org (last accessed Dec 12, 2008)

Dixon, R.K., Brown S., Houghton, R.A., Solomon, A.M., Trexler, M.C., and Wisniewski, J. (1994) Carbon pools and flux of grobal forest ecosystems. Science, 263: 185-190.

Eswaran, H., Rice, T., Ahrens, R., and Stewart, B.A. (2003) Soil Classification: a global desk reference, pp. 263, CRC Press LLC.

FAO-ISRIC (1990) Guidelines for soil description, 3rd edition, pp. 70, FAO, Rome.

Fang, C. and Moncrieff, J.B. (1996) An improved dynamic chamber technique for measuring CO_2 efflux from the surface of soil. Functional Ecology, 10: 297-305.

Fang, C. and Moncrieff, J.B. (1998) An open-top chanber for a measuring soil respiration and the influence of pressure difference on CO_2 efflux measurement. Functional Ecology, 12: 319-325.

Fang, C. and Moncrieff, J.B. (2001) The dependence of soil CO_2 efflux on temperature. Soil Biology and Biochemistry, 33: 155-165.

Farquhar, G.D., von Caemmerer, S. and Berry, J.A. (1980) A biochemical model of photosynthetic CO_2 assimilation in leaves of C_3 species. Planta, 149: 78-90.

藤沼康実・三枝信子・平野高司 (2003) 温室効果ガスのモニタリングと森林フラックスの測定. 生物の科学遺伝, 別冊 17: 48-57.

Giri, C., Zhu, Z. and Reed, B. (2005) A comparative analysis of the Global Land Cover 2000 and MODIS land cover data sets. Remote Sensing of Environment, 94: 123-132.

GlobCover: http://ionia1.esrin.esa.int/index.asp (last accessed Dec 12, 2008)

萩原秋男 (1987) 森林の光合成生産の推定について. 日本生態学会誌, 37: 123-132.

Hagihara, A., Suzuki, M., and Hozumi, K. (1978) Seasonal fluctuations of litter fall in a *Chamaecyparis obtusa* Plantation. Journal of Japanese Forestry Society, 60: 397-404.

原薗芳信・平野高司・三枝信子・大谷義一・宮田明・大滝英治・文字信貴 (2003) 地球観測研究におけるフラックス長期観測の役割と最近の動向. 農業気象, 59(1): 69-80.

Harmon, M.E., Nadelhoffer, K.J., and Blair, J.M., (1999) Measuring decomposition, nutrient turnover, and stores in plant litter. pp. 202-240. In Robertson, G.P., Coleman, D.C., Bledoe, C.S., and Sollins, P. (eds.), Standard soil methods for long-term ecological research. Oxford University Press, New York.

Haynes, B.E. and Gower, S.T. (1995) Belowground carbon allocation in unfertilized and fertilized red pine plantations in northern Wisconsin. Tree Physiology, 15: 317-325.

Hendricks, J.J., Hendrick, R.L., Wilson, C.A., Michell, R.J., Pecot, S.D., and Guo, D. (2006) Assessing the patterns and controls of fine root dynamics: an empirical test and methodological review. Journal of Ecology, 94: 40-57.

Hijmans, R.J., Cameron, S.E., Parra, J.L., Jones, P.G. and Jarvis, A. (2005) Very high resolution interpolated climate surfaces for global land areas. International Journal of Climatology, 25: 1965-1978.

Hirata, R., Saigusa, N., Yamamoto, S., Ohtani, Y., Ide, R., Asanuma, J., Gamo, M., Hirano, T., Kondo, H., Kosugi, Y., Li, S.G., Nakai, Y., Takagi, K., Tani, M., and Wang, H. (2008) Spatial distribution of carbon balance in forest ecosystems across East Asia. Agricultural and Forest Meteorology, 148: 761-775.

Hishi, T., Tateno, R., and Takeda, H. (2006) Anatomical characteristics of individual roots within the fine-root architecture of Chamaecyparis obtusa (Sieb. & Zucc.) in organic and

mineral soil layers. Ecological Research, 21: 754-758.
ISCGM: http://www.iscgm.org/cgi-bin/fswiki/wiki.cgi (last accessed Dec 12, 2008)
ISSS Working Group RB (1998) World Reference Base for Soil Resources: Introduction, Deckers, J.A., Nachtergaele, F.O., Spaargaren, O.C. (eds.), pp. 165, ISSS-ISRIC-FAO, Belgium. 太田誠一他監訳（2003）『世界の土壌資源：入門＆アトラス』古今書院.
石原光則・松永恒雄・土田聡・西田顕郎・小熊宏之・田村正行（2006）MODIS 波長特性を考慮した Photochemical Reflectance Index の代替指標に関する研究：地上観測分光反射率データを用いた検証．日本リモートセンシング学会誌, 26(2): 125-137.
Isobe, T., Feigelson, E.D., Akritas, M.G., and Babu, G.J. (1990) Linear regression in astronomy. 1. The Astrophysical Journal, 364: 104-113.
Ito, A. (2005) Climate-related uncertainties in projections of the 21st century terrestrial carbon budget: off-line model experiments using IPCC greenhouse gas scenarios and AOGCM climate projections. Climate Dynamics, 24(5): 435-448.
Ito, A. (2008) The regional carbon budget of East Asia simulated with a terrestrial ecosystem model and validated using AsiaFlux data. Agricultural and Forest Meteorology, 148: 738-747.
Ito, A. and Oikawa, T. (2002) A simulation model of the carbon cycle in land ecosystems (Sim-CYCLE): A description based on dry-matter production theory and plot-scale validation. Ecological Modelling, 151: 147-179.
Ito, A., Muraoka, H., Koizumi, H., Saigusa, N., Murayama, S. and Yamamoto, S. (2006) Seasonal variation in leaf properties and ecosystem carbon budget in a cool-temperate deciduous broad-leaved forest: simulation analysis at Takayama site, Japan. Ecological Research, 21: 137-149.
伊藤昭彦（2002）陸上生態系機能としての土壌有機炭素貯留とグローバル炭素循環．日本生態学会誌, 52: 189-227.
伊藤昭彦（2003）東アジア陸域生態系の純一次生産力に関するプロセスモデルを用いた高分解能マッピング．農業気象, 59: 23-34.
Iwao, K., K. Nishida, T. Kinoshita, and Y. Yamagata (2006) Validating land cover maps with Degree Confluence Project information. Geophysical Research Letters, 33: L23404, doi: 10.1029/2006GL027768.
Iwao, K. Nasahara, K., Kinoshita, T., Yamagata, Y., Patton, D. and Tsuchida, S. (2011) Creation of new global land cover map with map integration. Journal of Geographic Information System, Vol. 3 No. 2: 160-165. doi: 10.4236/jgis.2011.32013.
岩男弘毅・西田顕郎・山形与志樹（2006）緯度経度整数地点の土地被覆情報を用いた土地被覆図の検証手法．写真測量とリモートセンシング, 45(4): 34-46.
Jackson, R.B., Mooney, H.A., and Schulze, E.-D. (1997) A global budget for fine root biomass, surface area, and nutrient contents. Proceedings of the National Academy of Sciences, 94: 7362-7366.
Jung, M., Kathrin H., Marti, H. and Galina, C. (2006) Exploiting synergies of global land cover products for carbon cycle modeling. Remote Sensing of Environment., 101: 534-553.
Kajimoto, T., Matsuura, Y., Sofronov, M.A., Volokitina, A.V., Mori, S., Osawa, A., and Abaimov, A.P. (1999) Above- and belowground biomass and net primary productivity of a Larix

gmelinii stand near Tura, central Siberia. Tree Physiology, 19: 815-822.

Kajimoto, T., Matsuura, Y., Osawa, A., Abaimov, A.P., Zyryanova, O.A., Isaev, A.P., Yefremov, D.P., Mori, S., and Koike, T. (2006) Size-mass allometry and biomass allocation of two larch species growing on the continuous permafrost region in Siberia. Forest Ecology and Management, 222: 314-325.

環境省主催：環境省地球環境研究総合推進費戦略プロジェクトワークショップ (2006) 21世紀の炭素管理に向けたアジア陸域生態系の統合的炭素収支研究：システムアプローチで見えてきた東アジア陸域生態系の炭素動態，講演要旨集．

苅住昇 (1979)『樹木根系図説．』pp. 1121, 誠文堂新光社.

Kato, R., Tadaki, Y., and Ogawa, H. (1978) Plant biomass and growth increment studies in Pasoh Forest. The Malayan Nature Journal, 30: 211-224.

Kelliher, F.M., Lloyd, J., Arnrth, A., Luhker, B., Byers, J.N., McSeveny, T.M., Milukova, I., Grigoriev, S., Panfyorov, M., Sogatchev, A., Varlargin, A., Ziegler, W., Bauer, G., Wong, S.C., and Schulze, E.-D. (1999) Carbon dioxide efflux density from the floor of a central Siberian pine forest. Agricultural and Forest Meteorology, 94: 217-232.

木部剛・鞠子茂 (2004) 土壌呼吸の測定と炭素循環，地球環境，9: 203-212.

Kim, J., Lee, D., Hong, J.Y., Kang, S.Y., Kim, S.J., Moon, S.K., Lim, J.H., Son, Y., Lee, J., Kim, S., Woo, N., Kim, K., Lee, B., Lee, B.L., and Kim, S. (2006) HydroKorea and CarboKorea: cross-scale studies of ecohydrology and biogeochemistry in a heterogeneous and complex forest catchment of Korea. Ecological Research., 21: 881-889.

木村允 (1976)『陸上植物群落の生産量測定法』pp. 112, 共立出版.

Kistler, R., Collins, W., Saha, S., White, G., Woollen, J., Kalnay, E., Chelliah, M., Ebisuzaki, W., Kanamitsu, M., Kousky, V., van den Dool, H., Jenne, R. and Friorino, M. (2001) The NCEP-NCAR 50-year reanalysis: monthly means CD-ROM and documentation. Bulletin of the American Meteorological Society, 82(2): 247-267.

Kloeppel, B.D., Harmon, M.E., and Fahey, T.J. (2007) Estimating aboveground net primary productivity in forest-dominated ecosystems. pp. 63-81. In Fahey, T.J. and Knapp, A.K. (eds.), Principles and standards for measuring primary production. Oxford University Press, New York.

Koizumi, H., Nakadai, T., Usami, Y., Satoh, M., Shiyomi, M., and Oikawa, T. (1991) Effect of carbon dioxide concentration on microbial respiration in soil. Ecological Research, 6: 227-232.

Kok, K.K., Farrow, A., Velkamp, A., and Verburg, P.H. (2001) A method and application of multi-scale validation in spatial land use models. Agric. Ecosyst. Environ., 85: 223-238.

近藤純正 (2000)『地表面に近い大気の科学』pp. 324, 東京大学出版会.

小柳智和・本岡毅・西田顕郎・眞板秀二 (2008) SPOT-Vegetation と Terra-MODIS による東アジアの植生変動推定，日本リモートセンシング学会誌，28(1): 36-43.

久馬一剛編 (2001)『熱帯土壌学』pp. 439, 名古屋大学出版会.

Li, C., Frolking, S. and Frolking, T.A. (1992) A model of nitrous oxide evolution from soil driven by rainfall events: 1. model structure and sensitivity. Journal of Geophysical Research, 97: 9759-9776.

Lloyd, J. and Taylor, J.A. (1994) On the temperature dependence of soil respiration. Functional

Ecology, 8: 315-323.

Mabuchi, K., Sato, Y. and Kida, H. (2000) Numerical study of the relationships between climate and carbon dioxide cycle on a regional scale. Journal of Meteorological Society of Japan, 78: 25-46.

Mabuchi, K., Sato, Y., Kida, H., Saigusa, N. and Oikawa, T. (1997) A biosphere-atmosphere interaction model (BAIM) and its primary verification using grassland data. Papers in Meteorology and Geophysics, 47 (3/4): 115-140.

MacGinn, S.M., Akinremi, O.O., MacLean, H.D.J., and Ellert, B. (1998) An automated chamber system for measuring soil respiration. Canadian Journal of Soil Science, 78: 573-579.

牧雅康・後藤誠二朗・石原光則・西田顕郎・児島利治・秋山侃 (2008): 衛星データと数値標高モデル (DEM) を用いた潜在的ササ分布図の作成. 日本リモートセンシング学会誌, 28(1): 28-35.

Mariko, S., Nishimura, N., Mo, W., Matsui, Y., Kibe, T., and Koizumi, H. (2000) Winter CO_2 flux from soil and snow surface in a cool-temperate deciduous forest, Japan. Ecological Research, 15: 363-372.

Mayaux, P., Hougu, E., Javier, G., Strahler, A.H., Herold, M., Agrawal, S., Naumov, S., Eduardo, D.M.E., Di, B.C.M., Ordoyne, C., Kopin, Y., and Roy, P.S. (2006) Validation of the global land cover 2000 map. IEEE Trans. Geoscience and Remote Sensing, vol. 44, no. 7: 1728-1779.

McArdle, B.H. (2003) Lines, models, and errors: regression in the field. Limnology and Oceanography, 48: 1363-1366.

McCallum, I., Obersteiner, M., Nilsson, S., and Shvidenko, A. (2006) A spatial comparison of four satellite derived 1 km global land cover datasets. International Journal of Applied Earth Observation and Geoinformation., vol. 8, no4: 246-255.

McMurtrie, R.E. and Wang, Y.-P. (1993) Mathematical models of the photosynthetic response of tree stands to rising CO_2 concentrations and temperatures. Plant, Cell and Environment, 16: 1-13.

三上寛了・西田顕郎・村岡裕由 (2006) 魚眼デジタルカメラ画像による，林冠の開空域の自動識別と葉面席指数の推定. 写真測量とリモートセンシング, 45(5): 13-22.

Miyaura, T. and Hozumi, K. (1988) Measurement of litterfall in a Japanese larch (*Larix leptolepis* Gordon) Plantation by the cloth-trap method. Journal of the Japanese Forestry Society, 70: 11-19.

Monsi, M. and Saeki, T. (2005) On the factor light in plant communities and its importance for matter production. Annals of Botany, 95: 549-567.

Morisada, K., Ono, K., and Kanomata, H. (2004) Organic carbon stock in forest soils in Japan. Geoderma, 119: 21-32.

Motohka, T., Nasahara, K.N., Miyata, A., Mano, M., and Tsuchida, S. (2009) Evaluation of optical satellite remote sensing for rice paddy phenology in monsoon Asia using a continuous in situ dataset. International Journal of Remote Sensing, 30(17): 4343-4357.

莫文紅・関川清広 (2005) 土壌からの炭素放出の定量. 日本生態学会誌, 55: 125-140.

Nagai, S., Saigusa, N., Muraoka, H. and Nasahara, K.N. (2010) What makes the satellite-based EVI-GPP relationship unclear in a deciduous broad-leaved forest? Ecological Research, 25:

359–365.

Nakaji, T., Ide, R., Takagi, K., Kosugi, Y., Ohkubo, S., Nishida, K., Saigusa, N., and Oguma, H. (2008) Utility of spectral vegetation indices for estimation of light conversion efficiency in coniferous forests in Japan. Agricultural and Forest Meteorology, 148: 776–787, doi: 10.1016/j.agrformet.2007.11.006.

Nakane, K. (1984) Cycling of soil carbon in a Japanese red pine forest I. before a clear-felling. Botanical Magazine, 97: 39–60.

中西理絵・小杉緑子・大久保晋治郎・西田顕郎・小熊宏之・高梨聡・谷誠 (2006) 温帯ヒノキ林における分光反射指標 PRI (photochemical reflectance index) の季節変動. 水文・水資源学会誌, 19(6): 475–482.

Nasahara, K.N. (2009) Simple algorithm for estimation of photosynthetically active radiation (PAR) using satellite data. Science Online Letters on the Atmosphere, 5: 37–40, doi: 10.2151/sola.2009-010.

Nasahara, K.N., Muraoka, H., Nagai, S., Mikami, H. (2008) Vertical integration of leaf area index in a Japanese deciduous broad-leaved forest. Agricultural and Forest Meteorology, 148/6-7: 1136–1146, doi: 10.1016/j.agrformet.2008.02.011.

Nay, S.M., Mattson, K.G., and Bormann, B.T. (1994) Biases of chamber methods for measuring soil CO_2 efflux demonstrated with a laboratory apparatus. Ecology, 75: 2460–2463.

Niinemets Ü. and Tenhunen, J.D. (1997) A model separating leaf structural and physiological effects on carbon gain along light gradients for the shade-tolerant species Acersaccharum. Plant, Cell & Environment, 20: 845–866.

Nishida, K., Nemani, R.R., Running, S.W., and Glassy, J.M. (2003) An operational remote sensing algorithm of land surface evaporation. Journal of Geophysical Research, 108(D9): 4270, doi: 10.1029/2002JD002062.

西田顕郎・岩男弘毅・土田聡 (2005) 可視近赤外センサーにおける雲被覆の影響. 日本写真測量学会平成17年度年次学術講演会, 2005年6月23日, 東京.

西田顕郎・村岡裕由 (2006a) 森林の葉面積指数 (LAI) の時系列観測と, それによる衛星推定 LAI の検証. 日本写真測量学会平成18年度年次学術講演会, 2006年7月7日, 横浜.

西田顕郎・村岡裕由 (2006b) 多層モデル逆解析によって, 衛星の分光情報から森林樹冠の光合成と呼吸を推定する. 日本写真測量学会平成18年度年次学術講演会, 2006年7月7日, 横浜.

西田顕郎・土田聡・三枝信子・村岡裕由 (2005)：地上と衛星観測による落葉樹林の季節変化. 日本写真測量学会平成17年度年次学術講演会, 2005年6月23日, 東京.

Noguchi, K., Sakata, T., Mizoguchi, T., and Takahashi, M. (2005) Estimating the production and mortality of fine roots in a Japanese cedar (*Cryptomeria japonica* D. Don) plantation using a minirhizotron technique. Journal of Forest Research, 10: 435–441.

野本宣夫・横井洋太 (1981)『植物の物質生産』pp. 191　東海大学出版会.

O'Hara, K.L. (1988) Stand structure and growing space efficiency following thinning in an even-aged Douglas-fir stand. Canadian Journal of Forest Research, 18: 859–866.

Obersteiner, M., Alexandrov, G., Benitez, P., McCallum, I., Kraxner, F., Riahi, K., Rokityanskiy, D., and Yamagata, Y. (2006) Global supply of biomass for energy and carbon sequestration from afforestation/reforestation activities. Mitigation and Adaptation Strategies for Global

Change, Vol. 11, No. 5-6, September: 1003-1021(19).
Ogawa, H. (1977) Principles and methods of estimating primary production in forests. pp. 29-35. In Shidei, T. and Kira, T. (eds.), Primary productivity of Japanese forests. —Productivity of terrestrial communities—. JIBP Synthesis, University of Tokyo Press.
Ohtaki, E. (1985) On the similarity in atmospheric fluctuations of carbon dioxide, water vapor and temperature over vegetated fields. Boundary-Layer Meteorol., 32: 25-37.
Ohtsuka, T., Akiyama, T., Hashimoto, Y., Inatomi, M., Sakai, T., Jia, S., Mo, W., Tsuda, S., and Koizumi, H. (2005) Biometeric based estimates of net primary production (NPP) in a cool-temperate deciduous forest stand beneath a flux tower. Agricultural and Forest Meteorology, 134: 27-38.
Oikawa, T. (1985) Simulation of forest carbon dynamics based on dry-matter production model: 1. Fundamental model structure of a tropical rainforest ecosystem. Botanical Magazine, 98: 225-238.
及川武久（2002）地球温暖化に対する陸上生態系の応答．数理科学，470: 78-83.
Parton, W.J., Stewart, J.W.B., and Cole, C.V. (1988) Dynamics of C, N, P and S in grassland soils: a model. Biogeochemistry, 5: 109-131.
Post, W.M., Emanuel, W.R., Zinke, P.J., and Stangenberger, A.G. (1982) Soil carbon pools and world life zones. Nature, 298: 156-159.
Post, W.M., Zinke, P.J., and Stangenberger, A.G. (1985) Global patterns of soil nitrogen storage. Nature, 317: 613-616.
Potter, C.S. et al. (1993) Terrestrial ecosystem production: a process model based on global satellite and surface data. Global Biogeochemical Cycles, 7(4): 811-841.
Pregitzer, K.S., DeForest, J.L., Burton, A.J., Allen, M.F., Ruess, R.W., and Hendrick, R.L. (2002) Fine Root architecture of nine North American trees. Ecological Monograph, 72: 293-309.
Raich, J.W. and Tufekcioglu, A. (2000) Vegetation and soil respiration: Correlations and controls. Biogeochemistry, 48: 71-90.
Ramankutty, N. and Foley, J. (1999) Estimating historical changes in global land cover: Croplands from 1700 to 1992, Global Biogeochemical Cycles, 13: 997-1028.
Read, D.J. and Perez-Moreno, J. (2003) Mycorrhizas and nutrient cycling in ecosystems – a journey towards relevance? New Phytologist, 157: 475-492.
Rochette, P., Desjardins, R.L., Gregorich, E.G., Pattey E., and Lessard, R. (1992) Soil respiration in barley (*Hordium vulgare* L.) and fallow fields. Canadian Journal of Soil Science, 72: 591-603.
Rolston, D.E. (1986) Gas flux. pp. 1103-1119. In Klute, A. (ed.), Methods of soil analysis Part1: Physical and mineralogical methods. Agronomy Monograph, No. 9, SSSA, Madison.
Ruimy, A., Jarvis, P.G., Blaldoochi, D.D., and Saugier, B. (1995) CO_2 Fluxes over plant canopies and solar radiation: A review. pp. 1-68. In Begon, M. and Fitter, A.H. (eds.), Advances in Ecological Research 26. Inc., Academic Press.
Running, S.W. and Hunt, E.R.J. (1993) Generalization of a forest ecosystem process model for other biomes, BIOME-BGC, and an application for global-scale models. pp. 141-158. In Ehleringer, J.R. and Field, C.B. (eds.), Scaling Physiological Processes. Academic Press, Inc.

Ryan, M.G., and Law, B.E. (2005) Interpreting, measuring, and modeling soil respiration. Biogeochemistry, 5: 3-27.

三枝信子(2006) 陸上生態系への吸収と放出.『地球温暖化はどこまで解明されたか：日本の科学者の貢献と今後の展望』(小池勲夫編) pp. 21-27　丸善.

酒井　徹, 賈　書剛, 川村健介, 秋山　侃(2002) 携帯型分光反射計を用いた林床ササ地上部バイオマスおよび葉面積指数分布の推定. 写真測量とリモートセンシング, 41(2): 27-35.

Santantonio, D., Hermann, R.K., and Overton, W.S. (1977) Root biomass studies in forest ecosystems. Pedobiologia, 17: 1-31.

Sasai, T., Ichii, K., Yamaguchi, Y. and Nemani, R.R. (2005) Simulating terrestrial carbon fluxes using the new biosphere model BEAMS: Biosphere model integrating eco-physiological and mechanistic approaches using satellite data. Journal of Geophysical Research, 110: G02014, doi: 10.1029/2005JG000045.

佐藤大七郎(1973)『陸上植物群落の物質生産 I a：森林』pp. 95　共立出版.

Satomura, T., Fukuzawa, K., and Horikoshi, T. (2007) Considerations in the study of tree fine-root turnover with minirhizotrons. Plant Root, 1: 34-45. (doi: 10.3117/plantroot.1.34).

里村多香美(2003) 森林生態系における植物細根と菌根菌のバイオマス. 博士論文 pp. 80　広島大学大学院.

Schmid, H.P. (1994) Source areas for scalars and scalar fluxes. Bound.-Layer Meteorol., 67: 293-318.

Schulze, E.-D. (2006) Biological control of the terrestrial carbon sink. Biogeosciences, 3: 147-166.

Shidei, T. and Kira, T. (eds) (1977) Primary productivity of Japanese forests. —Productivity of terrestrial communities—. JIBP Synthesis, pp. 289, University of Tokyo Press.

Shinozaki, K., Yoda, K., Hozumi, K., and Kira, T. (1964) A quantitative analysis of plant form the pine model theory. 1 Basic analyses. Japanese Journal of Ecology, 14: 97-105.

森林立地学会(1999)『森林立地調査法：森の環境を測る』(森林立地調査法編集委員会編) pp. 284　博友社.

Sims, D.A., Rahman, A.F., Cordova, V.D., El-Masari, B.Z., Baldocchi, D.D., Flanagan, L.B., Goldstein, A.H., Hollinger, D.Y., Misson, L., Monson, R.K., Oechel, W.C., Schmid, H.P., Wofsy, S.C. and Xu, L. (2006) On the use of MODIS EVI to assess gross primary productivity of North American ecosystems. Journal of Geophysical Research, 111: G04015, doi: 10.1029/2006JG000162.

Soil Survey Staff (1998) Keys to Soil Taxonomy, 8th edition, pp. 326, USDA National Resources Conservation Service, Washington, D.C.

Sombroek, W.G., Nachtergaele, F.O., and Hebel, A. (1993) Amounts, dynamics and sequestering of carbon in tropical and subtropical soils. Ambio, 22: 417-426.

Sprugel, D.G. (1983) Correcting for bias in log-transformed allometric equations. Ecology, 64: 209-210.

Subke, J.-A., Reichstein, M., and Tenhunen, J.D. (2003) Explaining temporal variation in soil CO_2 efflux in a mature spruce forest in Southern Germany. Soil Biology and Biochemistry, 35: 1467-1483.

Swift, M.J., Heal, O.W., and Anderson, J.M. (1979) Decomposition in terrestrial ecosystems. Studies in Ecology, Volume 5, pp. 372, Blackwell Scientfic Publications, Oxford.

武田博清（2002）『トビムシの住む森：土壌動物から見た森林生態系』．生態学ライブラリー pp. 266　京都大学学術出版会.

Tang, J. and Baldocchi, D.D. (2005) Spatial-temporal variation in soil respiration in an oak-grass savanna ecosystem in California and its partitioning into autotrophic and heterotrophic components. Biogeochemistry, 73: 183-207.

Tang, J., Baldocchi, D.D., Qi, Y., and Xu, L. (2003) Assessing soil CO_2 efflux using continuous measurements of CO_2 profiles in soils with small solid-state sensors. Agricultural and Forest Meteorology, 118: 207-220.

Tang, J., Misson, L., Gershenson, A., Cheng, W., and Goldstein, A.H. (2005) Continuous measurements of soil respiration with and without roots in a ponderosa pine plantation in the Sierra Nevada Mountains. Agricultural and Forest Meteorology, 132: 212-227.

Tierney, G.L., and Fahey, T.J. (2007) Estimating belowground primary productivity. pp. 120-141. In Fahey, T.J. and Knapp, A.K. (eds.), Principles and standards for measuring primary production. Oxford University Press.

土田聡・西田顕郎・岩男弘毅・川戸渉・小熊宏之・岩崎晃（2005）Phenological Eyes Network: 衛星による地球環境観測のための地上検証ネットワーク．日本リモートセンシング学会誌, 25: 282-288.

Vogt, K.A., and Persson, H. (1991) Measuring growth and development of roots. pp. 477-501. In Lassoie, J.P. and Hinckley, T.M. (eds.), Techniques and Approaches Forest Tree Ecophysiology. CRC Press, Florida.

Vogt, K.A., Vogt, D.J., and Bloomfield, J. (1998) Analysis of some direct and indirect methods for estimating root biomass and production of forests an ecosystem level. Plant and Soil, 200: 71-89.

Webb, E.K., Pearman, G.I., and Leuning, R. (1980) Correction of flux measurements for density effects due to heat and water vapor transfer. Quarterly Journal of the Royal Meteorological Society, 106: 85-100.

Whitmore, T.C. (1977) A first look at *Agathis*. Tropical Forestry papers No. 11, pp. 54. Unit of Tropical Silviculture, Commonwealth forestry Institute, University of Oxford.

Whittaker, J.B. (2003) Root-animal interactions. pp. 363-385. In de Kroon, H., and Wisser, E.J.W. (eds.), Root ecology. Ecological Studies, 168, Springer-Verlag.

Witkamp, M. (1969) Cycles of temperature and carbon dioxide evolution from litter and soil. Ecology, 50: 922-924.

山田和人・邉見達志（2003）京都議定書と森林吸収源の問題．生物の科学遺伝，別冊 17: 17-25.

Yamakura, T., Saito, H., and Shidei, T. (1972) Production and structure of under-ground part of Hinoki (*Chamaecyparis obtusa*) stand. (1) Estimation of root production by means of root analysis. Journal of Japanese Forestry Society, 54: 118-125.

Yamakura, T., Hagihara, A., Sukardjo, S., and Ogawa, H. (1986) Aboveground biomass of tropical rain forest in Indonesian Borneo. Vegetatio, 68: 71-82.

Yamamoto, S., Saigusa, N., Murayama, S., Gamo, M., Ohtani, Y., Kosugi, Y. and Tani, M. (2005)

Synthetic analysis of the CO_2 fluxes at various forests in East Asia. pp. 215-225. In Omasa, K., Nouchi, I., and DeKok, L.J. (eds.), Plant Responses to Air Pollution and Global Change, . Springer-Verlag Tokyo.

依田恭二 (1971)『森林の生態学.』pp. 331 築地書館.

Yu G.-R., Wen X.-F., Sun X.-M., Tanner B.D., Lee X.H., and Chen J.-Y. (2006) Overview of ChinaFLUX and evaluation of its eddy covariance measurement. Agricultural and Forest Meteorology, 137: 125-137.

▶ I節：山本　晋，II節：三枝信子，III節：鞠子　茂・山本昭範・小泉　博，IV節：松浦陽次郎・梶本卓也，V節：奈佐原顕郎・佐々井崇博，VI節：伊藤昭彦

第 3 章

地上観測からみた各種陸域生態系での炭素動態

　地球上には，第1章に概説したように，その場の環境条件に応じてさまざまな自然植生が分布している。本書でおもに取り扱う東アジアには世界に例をみないモンスーン気候の影響を受けて，ヨーロッパや北米とは異なった，多様な植生が分布している。本章ではシステムアプローチにおける CO_2 フラックス観測，土壌炭素動態観測，生態学的手法などの諸手法を東アジアの代表的な陸域生態系である亜寒帯針葉樹林（北方林），温帯林，熱帯林，高山草原といった特徴的な自然植生で得られた炭素動態について詳しく述べるとともに，水田という正にモンスーン気候の元で広く分布している人為生態系についても，炭素動態の特性と差異を総合的に考察した結果について記述している。また，後の第4章で述べる東アジアの陸域生態系による広域の炭素動態を解明するうえでの基礎的知見を与え，さらに各サイトでの地上観測の結果は個別の陸域生態系の数値モデルのプロセス検証，計算結果のチェック，リモートセンシングにより得られるサイト特性パラメータの検証に利用される。本章では，この視点からみた土壌圏を含む東アジアでの各種陸域生態系での炭素循環と気象・環境条件，生態学的特性との関連の最新の研究成果を紹介する。

I　亜寒帯針葉樹林 — 北方林

　亜寒帯林とは北半球高緯度地域に広がる高木針葉樹を主体とする植生である。北極をリング状に取り巻く北緯約50度以上の地域にあり，高木の種構成は比較的単純である。地理的分布の特徴からこの森林帯はまた周北極森林帯（northern circum-polar forests）ともよばれる。しかし，後述するようにその分布は必ずしも

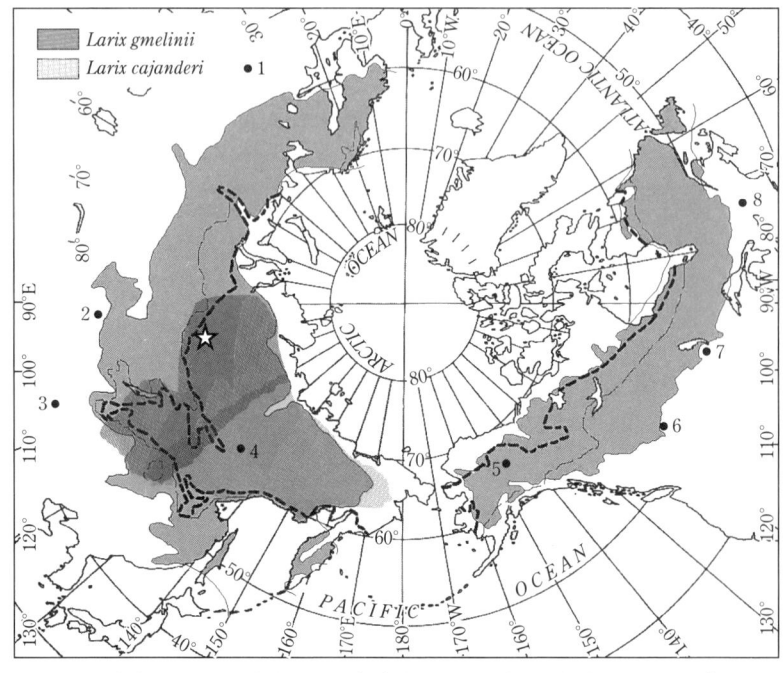

図 3-1 北半球における亜寒帯林の分布（影つきの地域），永久凍土の連続分布地域の南限（太い破線），および不連続分布地域の南限（細い破線）(Osawa and Zyryanova 2009 より転載)

Larix gmelinii と L. cajanderi の天然分布範囲も示してある．点と数字で都市の位置が示してある．1はモスクワ，2はクラスノヤルスク，3はウランバートル，4はヤクーツク，5はフェアバンクス，6はエドモントン，7はウィニペグ，8はモントリオールである．星印は凍土上カラマツ林の研究が行われたトゥラ村を示す．

緯度に並行でもなければ，常緑針葉樹だけから構成されるのでもない（図3-1参照）。亜寒帯林を構成する主要樹種はマツ属 *Pinus*，トウヒ属 *Picea*，モミ属 *Abies* などからなる常緑針葉樹である。しかし，ヤマナラシ属 *Populus* やカンバ属 *Betula* といった落葉広葉樹も広く分布し，これらからなる単純林もめずらしくない。前述したように，シベリア中部以東の内陸地帯には，永久凍土上に落葉針葉樹のカラマツ属 *Larix* が優占する森林が広がっている。このように構成樹種にはある程度の違いがあるが，亜寒帯林は一般的に単一種あるいは少ない樹種によって構成されている。また，比較的乾燥した気候帯にあたっているため森林火災がしばしば発生し，火災による自然攪乱を契機とした一斉更新による優占樹種の世

代交代が卓越する。そのため，亜寒帯林には同齢林が多い。

　このように生育期の降水量が年間 200〜300 mm 程度と限られているが，凍土層によって水の地中への浸透が妨げられ，凍土層の融解水を植物は利用するので，森林の成立が可能になる。しかし樹木の成長は遅く，森林は疎林状で，森林高も 10 m 程度にしかならない。温暖化によって含氷率の高い凍土層が融解すると，サーモカルストとよばれる池沼が形成される。東シベリアのヤクート地方では，サーモカルストの水が干上がった後も土壌の塩類化のために森林への回復が困難になることが多い。サーモカルストの形成や露出した永久凍土の崖錐の浸食によって，永久凍土中の地下氷（氷楔）の気泡に含まれるメタン放出が懸念されている。

　亜寒帯の常緑針葉樹林帯に多くみられる土壌は，ポドゾルである。しかし，北東ユーラシアの永久凍土地帯のカラマツ林地帯には，ポドゾルではなくてクリオソルが広く分布する。この土壌は断面に凍土層が出るのが特徴で，以前はカンビソルあるいはインセプティソルと分類されていたが，最新の土壌図ではクリオソルに変更されている。

1　カラマツからなる落葉針葉樹林の特徴

　前述したように，亜寒帯林のなかには落葉樹であるカラマツを主体としたものがある。とくに，シベリア中央部から北東部にかけての地域には，ほぼカラマツのみからなる広大な落葉針葉樹林地域が存在する。これ以外の亜寒帯林では常緑針葉樹が優占する場合が多いので，一般的な亜寒帯林とは区別することができる。このカラマツからなる亜寒帯林には，常緑針葉樹の亜寒帯林とは大きく異なるいくつかの特徴がある。第一に，カラマツが優占する亜寒帯林はおもに連続して永久凍土が分布する地域に一致している。グメリン・カラマツ *Larix gmelinii* とカヤンデリ・カラマツ *L. cajanderi* の 2 種がそれぞれシベリア中央部と北東部に広がっている。第二に，地中の永久凍土の影響を受けて，自然攪乱後の森林の発達様式が一般的な亜寒帯林とは異なっている。本章の後半でその特徴を詳述する。連続して永久凍土が分布していない地域の亜寒帯林にもカラマツが生育している。西シベリアからヨーロッパにかけてみられるシベリア・カラマツ *Larix sibirica*，スカチョフ・カラマツ *L. sukaczewii*，ディシジュア・カラマツ *L.*

decidua，北アメリカのラリシナ・カラマツ *L. laricina* が代表的な種である。これらのカラマツは常緑針葉樹であるトウヒ属との混交林を構成することが多く，大面積の単純林（一種のみからなる森林）は稀である。

2 永久凍土とカラマツ林

　北東ユーラシアに広大な分布域をもつ落葉針葉樹（カラマツ）林生態系は，現在の厳しい大陸性気候条件に適応した生物群系（バイオーム）と考えることができる。植物生態学の常識では，永久凍土の分布域に卓越する植生景観はツンドラ植生とされている。このような観点からも，永久凍土の連続分布の上にこれほど広大な森林生態系がなりたっている北東ユーラシア地域は注目に値するだけでなく，例外として取り扱うには大きすぎる。

（1） 永久凍土の分布パターン

　永久凍土はその分布するパターンによって，連続分布域（continuous: 面積の90％以上に永久凍土が存在する地域），不連続分布域（discontinuous: 面積の50～90％に永久凍土が存在），点状分布域（sporadic: 面積の10～50％が永久凍土），隔離分布（isolated: 面積の10％以下しか永久凍土が分布しない）などに区分される（Brown et al. 1997）。この永久凍土の分布は，亜寒帯林の分布のように北極点を中心にドーナツリング状になっているかといえば，そのようにはなっていない。永久凍土の連続分布域が広がる地域は緯度の高低や現在の寒冷気候だけでは説明がつかない，緯度線には沿わない分布パターンを示している。その緯度に沿わない奇異な分布パターンを示す典型的な地域が，北東ユーラシアのおよそ北緯60°以北，東経90°からベーリング海峡までにいたる，中央シベリアと東シベリアを含んだ地域である（図3-1）。

　一方，北米大陸のアラスカ内陸部からカナダ北西準州を経てハドソン湾・大西洋にいたる北緯50～70度付近のドーナツリングに注目すると，次の特徴がみられる。①凍土の分布は緯度にそっているようにもみえるが，「西高東低」（アラスカ側で北緯60度あたりからみられる凍土は大西洋側では点状分布とはいえ北緯50度付近から分布する）。②森林分布の北限も同様に西高東低となっている。北限に分布するのは常緑針葉樹（主としてトウヒ）である。③森林の分布北限は永久凍土の連

続分布域の南限とほぼ一致する。つまり，北米大陸では永久凍土の連続分布域に入ると森林は成立せず，ツンドラ植生になっている。

　北米大陸における永久凍土分布パターン（連続分布や不連続分布）と森林北限の位置関係は，北東ユーラシアに目を転じるとまったくなりたっていないことがわかる。永久凍土の連続分布域が，北東ユーラシアでは北緯 55 度付近まで南に広がり，一部は北緯 50 度付近のモンゴル中西部の山岳地帯に分布している。そしてこの永久凍土の連続分布域の北緯 60 度以北は落葉針葉樹であるほぼカラマツのみからなる森林が広がり，ところによっては北緯 70 度以北にまでカラマツ林が成立している。森林分布の北限が永久凍土の連続分布域の南限とほぼ一致する，という北米大陸で認められたような現象（前述の③の特徴）は北東ユーラシアにはない。

　北東ユーラシアに広がる永久凍土の連続分布域は，中央シベリアと西シベリアを分けるエニセイ川を境にして様相が一変する。エニセイ川以西とオビ川の流域に含まれる西シベリア（およそ東経 60〜90 度で北緯 55 度以北の範囲）では，永久凍土は北緯 60 度付近ではごく一部に隔離分布するのみで，緯度が高くなるに従い不連続分布域に漸移し，北極圏に入った北緯 67 度付近から連続分布域になる。この地域では永久凍土の連続分布域の南限と森林の北限がほぼ一致し，北米大陸でみられる分布パターンと同じである (Brown et al. 1997)。

　また西シベリアの森林植生は，カラマツが優占せずに常緑針葉樹が構成樹種の主要なメンバーになることも北米の北方林と類似する特徴のひとつである。永久凍土が分布しない西シベリア低地帯に優占する森林植生は，カンバ類の落葉広葉樹と常緑針葉樹であるマツ，トウヒの混交林である。カラマツ林も一部成立しているが，北東ユーラシアの永久凍土の連続分布域に成立しているカラマツ林とは異なる樹種である。西シベリアでは緯度が高くなるにつれて疎林となり，森林ツンドラを経て永久凍土の連続分布域ではツンドラ植生に移行している。

(2) 永久凍土の成因と凍土の性質

　学問的な永久凍土の定義は，「少なくとも二冬とその間の一夏を含めた期間より長い間，0℃以下の温度を保つ土または岩石」である（町田ら編 1981）。このような条件を満たす地球上の場所は極域や高山に限られると思われがちだが，永久凍土が存在するのは現在の気候条件だけでは決まらない。いまから 2〜4 万年前

の第四紀更新世（Pleistocene）の気候条件と氷床の発達範囲が，現在確認されている永久凍土の分布に大きく影響している。

　旧ソ連時代に行われた寒冷地形・地質研究の成果を集約した Velichiko et al.（1984）によれば，20000～18000 年 BP の時期には，北東シベリアの山岳域（ベルホヤンスク山脈およびチェルスキー山脈）と中央シベリアの山岳域（プトラナ山地）に，小規模な山岳氷河が発達しただけで，大部分の平野部と台地上では氷床が発達しなかったこと，またヨーロッパ北部から拡大してきたフェノスカンジア氷床は現在の北緯 60 度付近の西シベリアとタイミル半島が最大拡大範囲であったことが明らかにされている。北東シベリアと中央シベリアの永久凍土の連続分布域となっている地域では，氷床下の北米大陸とはまったく異なり，地表面を覆う大陸氷床がなかったために永久凍土が形成されたことがわかる。その結果として，凍土層の厚みが数百 m に及ぶ永久凍土が形成されたのである。北東シベリア北緯 62 度のヤクーツク付近では 400～500 m，中央シベリア北緯 64 度のトゥラ周辺では 200～550 m という凍土層厚の測定結果が示されている（Brown et al. 1997）。

　永久凍土の表層近くは，毎年春になると表層から融解し，夏の終わりごろに融解深は最大になり，秋には再び表層から凍結していく。春から秋までの生育期間に融解する土層の部分は，活動層，とよばれている。その年の天候によって活動層の深さは変動する。活動層の層厚は斜面方位によっても異なり，南向き斜面は深く北向き斜面では浅い傾向がある。さらに，地形面上の位置によっても変化し，たとえば水はけの悪い平坦面では活動層は浅く，河川近くになると深くなる。

　永久凍土が占める面積の割合で，連続・不連続・点状・隔離の 4 つの分布パターンに区分されていることは前述の通りである。さらに永久凍土の性質として重要な特性に含氷率がある。凍土のなかにどれくらいの氷が含まれているかは，凍土が融解していく過程で，その地点の立地環境を激変させる重要な因子になる。森林火災などによって断熱シートの役割をもっていた林床植生や堆積腐植が破壊されると，日射のエネルギーが伝わりやすくなって凍土は融解する。

　その地点の含氷率が低い場合には，湿潤な活動層厚が深くなる程度の変化である。地下氷の融解による地表面の陥没も深刻ではない。しかし，含氷率の高い凍土が融解すると，平坦面地形ならばサーモカルストとよばれるフライパン状の水たまり，アラスが形成され，立地環境は激変する。永久凍土地帯のカラマツ林生態系は，厳しい大陸性気候条件下に分布しているので，このようなサーモカルス

トでは水分蒸発が進むと地表面付近に塩類集積を引き起こし，森林の更新が困難になる。また，斜面地形で含氷率の高い凍土の融解が起こると，凍土面最上部が滑り面となってソリフラクション崩壊が発生し，森林下で形成された表層土壌が流亡する。

　永久凍土の含氷率区分として IPA (International Permafrost Association) が用いているのは，表層近くの深さ 10〜20 m の堆積物中に確認できる氷楔とよばれる地下氷（凍土中に発達した楔形の巨大な氷）の体積％表示である。平坦面地形で地下氷までの堆積物層厚が厚い（5〜10 m より厚い）地形面では，3 段階に高（20％を超える），中（10〜20％），低（10％未満）と区分し，山岳地形や尾根地形で堆積物層厚が薄い（5〜10 m より薄い）地形面では，含氷率 10％を境に高・低の 2 段階に区分している。

　北東ユーラシアでは，中央シベリアも北東シベリアも同じ連続分布域ではあるが，東シベリアの大河川（レナ川，コリマ川など）の堆積物によって形成された平坦面地形と段丘面地形に，含氷率の高い凍土が分布しているため，一面カラマツが広がる中に，サーモカルストの発達した地域がみられる。一方，中央シベリアの凍土地帯では凍土の含氷率がやや低い。また，中央シベリアの大河川は古いマントルプルーム（玄武岩質の楯状地）を侵食して流れるので，細粒質な堆積物の段丘地形をともなう東シベリアの河川地形とは異なっている。そのため，中央シベリアの台地上の平坦面地形では，典型的なサーモカルストはみられず，むしろ河川沿いの急斜面にソリフラクション崩壊がみられる。

3　永久凍土地帯の森林生態系

　中央シベリアと北東シベリアの多くのカラマツ林では，地下数十 cm より深い土壌は凍っていて 1 年中融けることがない。地表面の土だけが夏のあいだに融け，植物はその部分の水を使って生きている。この土壌融解層の深さは場所によって異なるが，私たちが調べた中央シベリアのトゥラ（北緯 64 度，東経 100 度）では，大体 30 cm から 80 cm くらいのあいだだった。大規模な森林火災が起こると，地上部の樹木だけでなく，地下の凍土も影響を受ける。それまで地表を覆っていたコケなどの断熱層がなくなり，また炭化物によって黒っぽく変わった地表は太陽熱をより多く吸収するようになる。その結果，森林火災の次の年には土壌融解

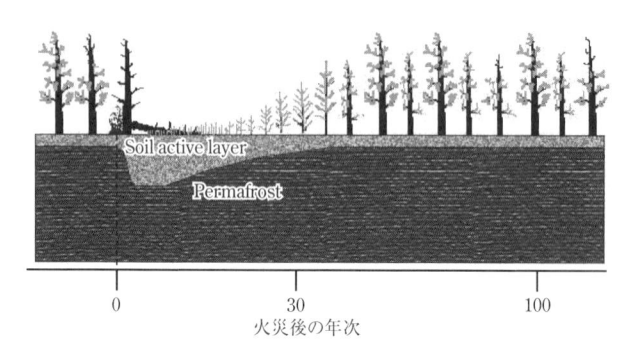

180　第3章　地上観測からみた各種陸域生態系での炭素動態

図 3-2 シベリアのトゥラ地域における大規模森林火災後のカラマツ林構造発達様式，および連続して永久凍土が存在する場所の土壌層変化の模式図（Osawa, Matsuura Kajimoto, 2009a）
年数 0 の時点で火災が起こったと仮定する．横軸も縦軸も実際のスケールとは異なる．

層の厚さが 150 cm あるいはそれ以上にまで深くなってしまう（図3-2参照）．地表近くの地温は，凍った層が遠ざかることによって数度高くなる．また，土壌中での有機態窒素の無機化が加速される可能性が高くなる．土壌融解層が深い状態は火災後 30～40 年間続くと考えられているが，このあいだ，植物に対する凍土の影響は限定的なものとなる．これらの変化は植物の成長をうながす．とくに，森林火災に適応したグメリン・カラマツとカヤンデリ・カラマツは火災後多くの種を散布し，しばしば，密度の高いカラマツ群落が自然に再生してくる．高密度の状態を保ちつつカラマツの成長が進むので，隣り合った植物が干渉を起こし，多くの植物個体の枯死が起こりながら群落全体の成長が進んでいく．この過程で，よく知られた「自己間引きの法則」に従った樹木の成長がみられるようになる．

　火災後約 30～40 年経過すると，生態系に変化が起こる．背丈の高くなった群落が地表を太陽光から遮ることによって地表面の温度が下がり，湿度も増して，林床に厚いコケの層が再生してくる．コケ層の復活は地温の低下を招き，ついには地下深くに退いていた凍土が地表近くにまで再上昇してくることになる（図3-2）．その結果，地表近くの地温は低下し，地中で根が占めることのできる土壌体積が激減する．これらの変化によって窒素無機化速度も低下し，植物の土壌養分環境が悪化すると考えられる．火災後 30～40 年を過ぎると，カラマツ林の構造

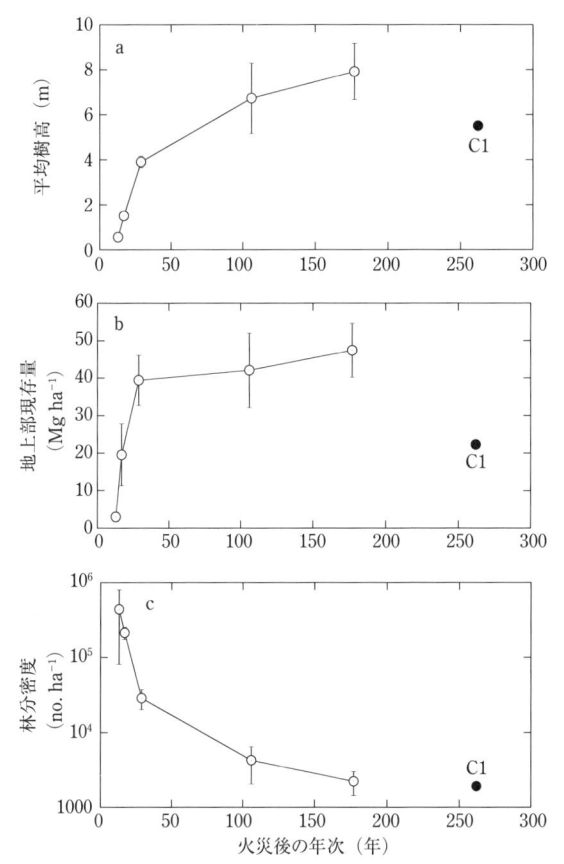

図 3-3 クロノシークエンスを用いて推定した，トゥラのカラマツ林における a) 平均樹高，b) 地上部現存量，c) 林分密度の経年変化（Osawa and Kajimoto 2009）

推定に用いた林分は地位指数 Vb に属し，また，黒丸は異齢林（その林齢は林冠木の平均）を示す．

も大きく変化をはじめる．

　林分構造の最も大きな変化は，地上部現存量の増加が止まることである（図3-3b）．個々の樹木の成長が止まるわけではなく（図3-3a），樹木の枯死が継続して起こることにより（図3-3c），成長と枯死が打ち消しあって，林分全体の地上部現存量がほぼ一定の値になるものと考えられる．その結果，年数がたつに従って

森林はまばらに木が生えた状態に移行していく。疎林が形成されていくわけだが，樹木の枯死は起こりつづける。この原因はまだよく理解されていない。疎林であっても地下部の根は活発に競争を行っているからではないかと考えられる。火災後30〜40年以上を経過した林分では樹冠の枯れ下がり現象（dieback）が頻繁にみられる。植物生理学者によれば，これは水分ストレスによって起こるそうなので，地下部の競争が起こっている証拠とみることができる。窒素などの土壌養分をめぐる競争も起こっていると想像される。

4　凍土地帯のカラマツ林生態系における炭素蓄積とフロー

　北東シベリアと中央シベリアの永久凍土地帯に成立している広大なカラマツ林生態系に関する研究は，旧ソ連時代に行われた研究のほとんどがロシア語で印刷された情報であり，生態系の物質循環研究では西側諸国で確立された手法で得られたデータと比較可能なデータセットはほとんど見あたらなかった。土壌学に関してはロシア語学術誌の翻訳版で情報の入手は可能であったが（たとえばSoviet Soil Science，現誌名はEurasian Soil Science），調査地点の緯度経度の数値に関しては不明のままで，比較研究が難しかった。土壌有機炭素の蓄積量推定値についても，土壌の仮比重や石礫率の補正に関する情報が明瞭にはなっていないため，ある係数を乗じて推定する研究が多い（たとえばAlexeyev and Birdsey 1998）。

　1990年代以降はロシア人研究者による生態学研究成果の情報発信が英語圏学術誌にも増加し（たとえばBondarev 1997; Abaimov et al. 2000など），さらにロシアと諸外国との国際共同研究が進み，永久凍土地帯のカラマツ林に関する生態学的な研究が進展した（Schulze et al. 1995; Kajimoto et al. 1999, 2003, 2006; Matsuura et al. 2005など）。これまでの成果と，さらにトゥラ周辺のカラマツ林生態系で行った二酸化炭素フラックス観測結果（Nakai et al. 2008）も加えて，永久凍土地帯のカラマツ林生態系における炭素貯留と炭素循環を以下で概観してみよう。

（1）　生態系の炭素貯留

　凍土地帯のカラマツ林生態系に貯留された炭素について，土壌（有機炭素と無機炭素），林床の堆積腐植と林床植生，樹体（根系・幹・葉）に分けて測定した結果を示したのが，図3-4である（Matsuura et al. 2005）。図に示された3ヶ所は北か

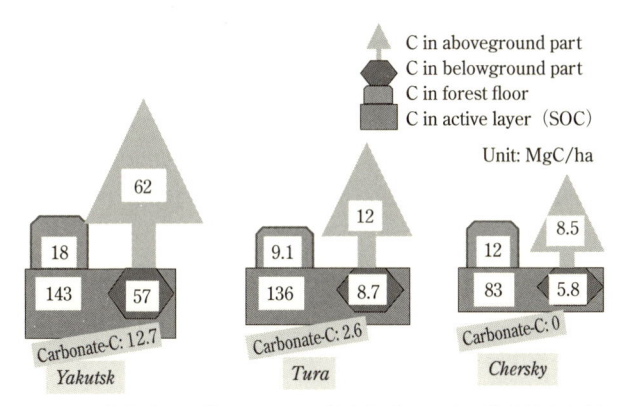

図 3-4 永久凍土地帯のカラマツ林生態系における炭素貯留比較
　　　　（Matsuura et al. 2005 より描く）
調査地点の位置と活動層厚は，本文を参照。

ら順番に，コリマ川低地のチェルスキー付近（北緯 68°41′ 東経 160°16′），中央シベリアのトゥラ付近（北緯 64°19′ 東経 100°14′），東シベリアのヤクーツク付近（北緯 62°15′ 東経 129°37′）である。生育期における永久凍土の融解深度，活動層厚はチェルスキーが 38 cm と最も浅く，トゥラでは 77 cm，ヤクーツクは 115 cm となっていた。

　有機炭素の貯留量について比較してみよう。永久凍土上のカラマツ林では，地上部現存量（林床の堆積有機物と林床植生を除いた部分）に蓄積する炭素量に匹敵する規模で，地下部現存量にも炭素が蓄積しているのがわかる。地上部現存量中の炭素／地下部現存量中の炭素の比は，1.1〜1.5 という範囲であった。生態系全体に貯留されている有機炭素は 110〜280 Mg C ha^{-1} と推定されており，そのうちおよそ 50〜80％が土壌有機炭素（SOC: soil organic carbon）として活動層に貯留されていることになる。林床の堆積腐植と林床植生を合わせた有機炭素の貯留量は，森林の状態や乾湿条件にともなう種組成の違いに影響されるが，9〜18 Mg C ha^{-1} となっていた。

　土壌に無機炭素（主として炭酸カルシウム）の形態で貯留された炭素が，ヤクーツクとトゥラでは活動層から検出されたが（ヤクーツクでは土壌全炭素の 8％，トゥラでは 2％），北緯 62 度と 64 度という高緯度地域の森林土壌であるにもかかわらず，炭酸塩形態の無機炭素が土壌中に形成されていたおもな理由は，これら北東

ユーラシアの永久凍土地帯に分布するカラマツ林の地域が極端な大陸性気候の条件下（年降水量が200〜350 mm程度）にあるためである。北極海に近いチェルスキー付近では，降水量の減少も起こるが夏季の気温がそれほど上昇しないので，ヤクーツクやトゥラのような地表付近における炭酸塩の集積は起こらないのであろう。炭酸塩の検出されないチェルスキー付近のカラマツ林では，活動層のpHは酸性側になっていた。

(2) 炭素の流れ

中央シベリア，トゥラで行われた永久凍土上のカラマツ林のフラックス観測は，現地のインフラ上の制約やアクセス可能な気象・地理的条件の制約があり，5月下旬から9月中旬の生育期（カラマツの着葉期間）のみの観測である。約100年生林において生態学的積み上げ法（本書第2章IV節参照）による測定値に基づいて推定した，各コンパートメントの炭素蓄積量，コンパートメント間の炭素移動速度について，図3-5にまとめた。

炭素貯留量は生態系全体で92 MgC ha^{-1}だった。これは土壌活動層中の有機炭素（SOC; 71 MgC ha^{-1}），生きたカラマツ樹体の現存量として蓄えられたもの（8.3 MgC ha^{-1}），生きた林床植物中の炭素（1.0 MgC ha^{-1}），粗大枯死有機物および林床の堆積腐植中の炭素（12 MgC ha^{-1}）の四つの部分の和である。生態系の全貯留炭素の約77％は，夏のあいだだけ溶けている薄い土壌層に存在する。したがって，永久凍土が卓越する地域においても，土壌が生態系炭素のおもな貯留の場となっている。ただし，このカラマツ老齢林の土壌と植生中にある有機炭素の量は，ロシアの非凍土地域の亜寒帯林の値（それぞれ281および83 MgC ha^{-1}）に比べるとかなり少ない（Dixson et al. 1994）。

この永久凍土地帯のカラマツ林における純一次生産量（NPP）は小さい（1.2 MgC ha^{-1}y^{-1}）。また，固定された炭素の多くが，資源獲得に必要な針葉や細根を作るのに使われている（図3-5）。材組織の現存量増加量（0.2 MgC ha^{-1}y^{-1}）は針葉と細根の生産量（あわせて1.06 MgC ha^{-1}y^{-1}）より少ない。また細根生産量が生態系の純生産量に占める割合（約60％）が大きい。これは，他地域の亜寒帯林で報告されたパターンに似ている。

この老齢カラマツ林で3ヶ月の成長期間に渦相関法を用いて推定した炭素収支データから，純生態系交換量（NEE）を計算した。NEP（=−NEE）の値はわずか

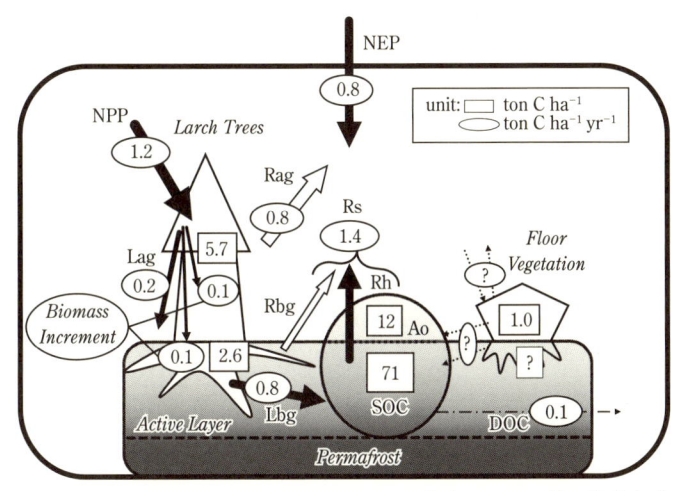

図 3-5 中央シベリアのトゥラにおける 105 年生カラマツ林の炭素収支を表す模式図（Osawa et al. 2009b）

な正の値を示し（0.8 MgC ha^{-1}y^{-1}），炭素吸収源になっているとみなされた。しかし，測定精度や年変動を考慮すると，このカラマツ老齢林の炭素収支は，ほぼ平衡状態（NEP＝0）にあるととらえるべきかもしれない。

　NEP はまた，純一次生産量（NPP）から従属栄養生物呼吸量（Rh），炭化物，溶存有機炭素（DOC）で系外に流出した量を差し引いたものとして定義できる。カラマツ老齢林の場合，NPP の推定値は 1.2 MgC ha^{-1}y^{-1}，1 年間に土層から流出する溶存有機炭素量は 0.1 MgC ha^{-1}y^{-1} だった。また，閉鎖チェンバー法によって測定した年間の土壌呼吸速度（Rs）は 1.4 MgC ha^{-1}y^{-1} だった（Morishita et al. 2009）。Rs は植物の根呼吸量（Rbg）と微生物などの呼吸量の和なので，上の NEP の推定値を適用すると，従属栄養生物呼吸量は，次のように推定できる。すなわち，Rh＝NPP(1.2)－NEP(0.8)－DOC(0.1)＝0.3 MgC ha^{-1}y^{-1}。植物の根呼吸量も次のように推定できる。すなわち，Rbg＝Rs(1.4)－Rh(0.3)＝0.9 MgC ha^{-1}y^{-1}。つまり，Rbg はこのカラマツ林の地上部総呼吸量 Rag（0.8 MgC ha^{-1}y^{-1}; Mori et al. 2009）にほぼ等しいということになる。

　今回議論の対象としたカラマツ林生態系の炭素動態様式には，まだよくわかっていない部分がある。とくに，林床植物を介した炭素の動きに関する信頼できるデータがない。予備的な推定によると，林床のコケ，地衣類，潅木類による地上

部分の純一次生産量は約 0.2 MgC ha^{-1}y^{-1} である（福崎 2008）。これは同じ生態系のカラマツによる生産量の約 17％ にあたる。林床植物の根の成長量はまだ推定がない。したがって、生態系全体の NPP はさらにもう少し大きな値になる。

5 非凍土地域の北東アジアのカラマツ林生態系

　北東ユーラシアの永久凍土地帯ではほぼ 1 種類の優占した林を形成するカラマツだが、永久凍土地帯をはずれると、カラマツのみが優占する森林はみられなくなり常緑針葉樹のマツ・トウヒ・モミ属の樹種や、カンバ・ポプラ等の落葉広葉樹とカラマツが混生する森林になる。北東ユーラシアの非凍土地帯のうち、バイカル地方に分布するカラマツは *Larix sibirica* となり、モンゴル北西部の森林地帯まで広がっている。一方、東シベリアのヤブロノイ山地を越えた中国東北部の大興安嶺山脈では、ふたたび *Larix gmelinii* が優占して分布する（吉良 1952）。

　天然性カラマツ林の他に、中国東北部にはカラマツの人工林も成立している。

　黒竜江省の省都ハルビンの東南東およそ 70 km に位置する Laoshan（老山）サイトで行われた、*Larix gmelinii* の人工林でのタワー観測結果（Hirata et al. 2008）と生態学的手法による NPP 推定（Jomura et al. 2009）に基づいて、カラマツ人工林の炭素動態をつぎに紹介しよう（図 3-6）。

　測定したカラマツ人工林は 35 年生であり、現存量蓄積が永久凍土の連続分布域のカラマツ林よりも 1 オーダー大きかった。地上部の炭素蓄積は 78 MgC ha^{-1} で地下部には 15 MgC ha^{-1} が蓄積していた。地上部と地下部の比率は永久凍土地帯の場合が 1～2 であったのに対して、Laoshan では 5 を超えていた。生態系全体の炭素蓄積は、鉱質土壌の集積量が少ない立地条件のために、162 MgC ha^{-1} と少なかった。

　NPP を推定した結果、地上部の現存量増加（幹と枝器官の増加）が 5.5 MgC ha^{-1}yr^{-1}、地下部根系の増加が 1.4 MgC ha^{-1}yr^{-1} と推定された。これらと針葉の生産量を合計すると、NPP は 9.0 MgC ha^{-1}yr^{-1} となり、冷温帯に位置するカラマツ林としてはかなり大きな値となった。一方、フラックス観測で推定した NEP は 0.1 MgC ha^{-1}yr^{-1} なので、7.5 MgC ha^{-1}yr^{-1} と推定された Rs の 5～7 割が Rh であることや、中国東北部のカラマツ天然林／人工林の NPP は 0.8～6.3 MgC ha^{-1}yr^{-1}（Wang et al. 2005）または 2.36～4.74 MgC ha^{-1}yr^{-1}（Gower et al. 2001）の範囲であ

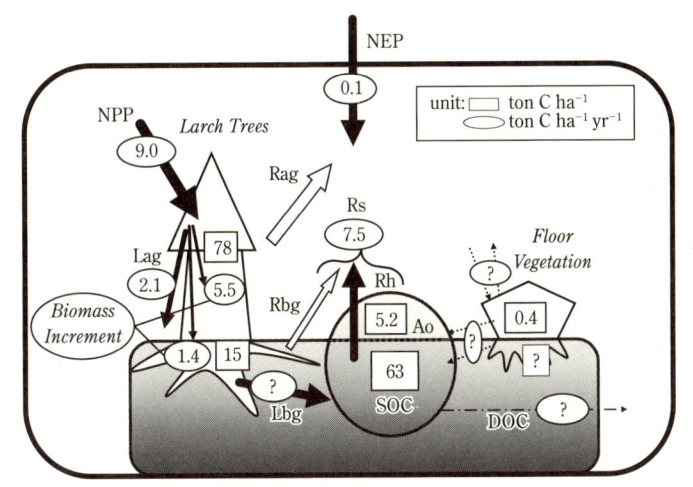

図3-6 中国東北部，老山 Laoshan のカラマツ人工林における炭素動態 (Jomura et al. 2009 の数値より作図)

ることから，NPP が過大評価されているかもしれない。

6 まとめ

　北東ユーラシア，エニセイ川以東からチェルスキー山脈にいたる広がりをもつカラマツ林生態系は，永久凍土の連続分布域に成立する植物地理学の常識を覆す生態系でありながら，これまで植生分布図やバイオーム型の分布図では，タイガ＝亜寒帯常緑針葉樹林と同じ帯状のなかに塗られてきた。落葉針葉樹であるカラマツを優占樹種とするこの生態系は，現在の極端な大陸性気候下に適応した森林生態系である（Berg and Chapin 1994）と同時に，更新世 Pleistocene に形成された永久凍土の分布域に重なるように分布している。

　本節では，永久凍土の存在がどのようにカラマツ林生態系を特徴づけているか，森林構造の時系列変化，炭素貯留分布と炭素動態の観点から説明した。大規模森林火災後の一斉更新した林分において，森林構造が凍土面の上下でどのように影響されるか，また老齢の疎林が形成されていく過程と樹冠「枯れ下がり」現象に，凍土の環境条件と養分獲得をめぐる個体間の競争が示唆された。凍土地帯の森林では地上部と地下部比率が1～2になっていた。また，生態系の炭素貯留の

場（地上部植物体，地下部植物体，堆積腐植，土壌）のなかで最も大きな貯留の場は土壌であり，生態系の5〜8割の有機炭素が貯留されていた（図3-4）。永久凍土地帯のカラマツ林生態系は，炭素収支の観点からは多少の吸収機能を発揮しているが，ほぼ収支ゼロの平衡状態といえる。北東アジアの非凍土地帯のカラマツ林生態系では現存量蓄積も1オーダー大きく，地上部／地下部比は5前後になっていた。

II 温帯林

II-1 温帯林における大気と森林間のCO_2の交換量

1 日本列島における天然林

ユーラシア大陸東側の中緯度に位置し，およそ3000 kmもの長さをもってほぼ南北に連なる日本列島には，亜熱帯から亜寒帯にいたる広い気候帯の影響を受けたさまざまな種類の森林が生育している。このなかで，天然林としては亜熱帯から暖温帯域に分布する（1）常緑広葉樹雨林と，（2）冷温帯域に分布する落葉広葉樹林とに大別される。

（1）亜熱帯・暖温帯多雨林

北回帰線以北では，緯度にそって平均気温が低下するとともに年較差も増大する。しかし冬季の低温が著しくなく，純光合成量がプラスになる（場合によっては呼吸量の増大する温暖期より高くなる）地域では，冬季に葉をもつことが物質収支上有利になるので，常緑広葉樹林が発達する。湿潤で比較的温暖な冬季に適応して常緑広葉樹が優占するバイオームは，亜熱帯多雨林とよばれる。温度環境から亜熱帯と暖温帯を識別することもあるが（図1-9参照），主要な属レベルの組成や相観からは，亜熱帯と日本の南西部をほぼ覆う暖温帯照葉樹林は共通性が高い。熱帯で標高がだいたい1000 m以上に出現する熱帯山地林とも類似する。樹木種多様性は，緯度とともに減少する。暖温帯の照葉樹林では，遷移初期には，熱帯のパイオニアと類似性の高い落葉樹種（オオバギ属，アカメガシワ属，ウラジ

ロエノキ属)や,常緑性でも葉寿命が1年程度の樹種が出現する(南九州の照葉樹二次林のトキワガキ,ホルトノキ,アコウなど)。熱帯でもこれらパイオニア種は葉寿命が短いが,一斉に葉を落とす寒冷期が存在しないために,めだたないだけである。

(2) 冷温帯落葉広葉樹林

夏緑落葉性は,毎年の一生育期間にだけ葉をもつ戦略であり,寿命を短くする代わりに光合成能の高い効率的な葉をもつ。この生活形は,大陸気候下の北半球の温帯域で優占し,明瞭な植生帯を形成するが,海洋性気候下で冬季が温暖な南半球の温帯では,緯度傾度にそって常緑広葉樹林が優占し,落葉樹林帯は認められない。日本では,固有種のブナが優占する森林が,南九州から北海道渡島半島にかけて広く分布し,冷温帯林を特徴づける。しかし,大陸側には日本のブナ帯に相当する森林タイプは存在しない。中国大陸や台湾に分布するブナ属数種は,照葉樹林帯が分布の中心であり,しばしば常緑広葉樹林と混交する。大陸では,ミズナラやイタヤカエデなどが主要な落葉広葉樹林の構成種である。冷温帯域北部の中国東北部・沿海州・サハリン・北海道・千島列島には,トドマツ・エゾマツ等の常緑針葉樹を交える針広混交林が分布する。

湿潤温帯の落葉広葉樹林を特徴づける土壌型は褐色森林土である。微生物や土壌動物の活発な活動で落葉は急速に分解されて無機物とよく混合されるので,細かい粒状構造が発達した肥沃な暗色の表土,A層が形成される。A層の下には酸化鉄で褐色に着色されたB層が続く。しかし,酸化鉄は可動性を示さないので,溶脱層と集積層との分化は不明瞭である。

2 天然林と人工林

森林は,人為的に育成されたものかどうかによって人工林と天然林に分けられる。人工林は植林したり種子をまいたりすることによって人工的に育成された森林である。日本では第二次世界大戦の後でスギ,ヒノキ,カラマツなど(北海道ではドトマツ,エゾマツを含む)を中心に積極的な造成が進められた結果,人工林の面積はおよそ1000万haに及んでいる。これは日本の森林面積(2500万ha)のおよそ4割である。

人工林以外の森林は自然の力で成立している森林であり，天然林とよばれる。天然林のうち，人為または自然の撹乱を受けた後で自然に回復しつつある森林を二次林，人為や自然撹乱の影響がほとんどみられない森林を原生林と分けてよぶこともある。天然林の分布は一般に気候条件の影響を強く受ける。たとえば，亜熱帯から暖温帯気候下にある南西諸島，九州，四国，本州南部には常緑広葉樹林が分布する。日本の常緑広葉樹林にはブナ科やクスノキ科の常緑樹が多く，葉の表面に光沢があることからこうした森林は照葉樹林ともよばれる。つぎに，暖温帯から冷温帯気候下にある本州から北海道の広い地域には落葉広葉樹林が分布する。日本の落葉広葉樹林を構成する高木層にはブナ科のブナ属やコナラ属の落葉樹が多いが，森林の中層や低層には落葉性や常緑性のさまざまな種類の植物が生育していることが多い。さらに，北海道の亜寒帯気候下や標高の高い山岳地域にはマツ科などの常緑針葉樹が生育し，常緑針葉樹林や針広混交林を形成している。

　これまで何百年もの長い間にわたって薪炭を得るためなどの目的で人が森林を利用してきた日本においては，天然林の多くはなんらかの人為的撹乱の影響を受けた二次林であるともいわれている。日本の二次林に出現する主要な種はアカマツであり，全国的に広く分布している。アカマツはまた，岩の多い尾根や溶岩流上などの土壌の未発達な場所にも先駆的に生育できるという特徴をもつ。

　日本にはこのように気候と撹乱の影響を受けて多種多様な森林が成立している。これらの森林が地球規模で起こる環境変動に現在どのように応答しているか，将来どのように応答し変化していく可能性があるかを明らかにすることは重要な課題である。そこで本節では，森林上での熱・水・二酸化炭素（CO_2）収支の長期観測に基づいて環境変動に対する日本の森林の応答を明らかにしようとする研究に注目し，最近の研究の成果について紹介する。

3　地球規模の環境変動と日本の森林のあいだの動的な相互作用

　地球規模で起こる環境変動には，日変動，季節変動，2〜数年の周期をもつ変動，10〜数十年の周期をもつ変動，さらに長い時間をかけて起こる変動など，さまざまな時間スケールで起こる変動現象があり，それぞれの現象は異なるメカニズムによって引き起こされている。たとえば，日変動や季節変動を支配するおも

なメカニズムは地表面が太陽から受ける放射量の変化である。年々の変動から数十年の変動には大気と海洋のあいだの熱力学的および流体力学的な相互作用が深く関与している。さらに長い時間スケールの変動については，CO_2などの温室効果気体の増加にともなう気温上昇などが重要な役割を果たすと予想されている。

気象学的な観点から日本付近の大気環境の変動に大きな影響を及ぼす要因をみると，まず季節変動から年々変動の時間スケールでは，夏の暑さと降水量を左右するアジアモンスーンおよびオホーツク海高気圧の変動，冬の寒気の強さを決める中緯度の偏西風の位置と強さの変動，日本海側に積雪をもたらす日本海上での対流活動の変動などが挙げられる。また，熱帯海洋上の対流活動に強い影響を与えるエルニーニョ現象は，熱帯地域だけでなく地球規模でさまざまな異常気象を起こすことが知られており，日本付近の気象の年々変動にも大きな影響を与える。これらの大気環境の変動は，日本付近の森林の生産量や蒸発散量の季節変動や年々変動を引き起こす重要な要因である。

さらに長い時間スケールでは地球規模でのCO_2濃度や気温上昇の影響が考えられるが，その際にはCO_2施肥効果や温暖化による生態系への直接的な影響に加えて，日本付近の大気環境が変化することによる間接的影響を考える必要がある。直接的な影響とは，たとえば，気温上昇が冷温帯，亜寒帯，高山などの森林に対して生育期間を延ばしたり生産量を増加させたりする影響，暖温帯や亜熱帯などの森林に対して水ストレスを強めたり高温阻害を引き起こしたりする影響である。一方，間接的な影響とは，気温上昇が日本付近の大気現象の変動メカニズムを変化させることにより，梅雨前線の位置や強さの変化，台風の強さや上陸頻度の変化，積雪深や積雪分布域の変化などを引き起こし，これらが日本付近の森林の種組成や空間分布を制御するといった影響である。

このように，地球規模の環境変動は日本の森林に対して直接的，間接的な影響を及ぼすことから，環境変動と森林の応答のあいだにさまざまな時間スケールで動的な相互作用が起こりえる。したがって，将来の大気環境下における日本の森林の応答を正確に予測するためには，第一に現在の大気環境変動に対する森林の応答について，多地点で総合的な観測を行うことにより時間的変動と地理的分布の現状を正しく把握すること，第二に，将来の日本付近における大気環境の変化とそれにともなう森林の応答変化を動的にとらえ的確にモデル化することにより，気候変動に対する生態系のフィードバックを考慮した将来予測を行い，その

精度を上げていくことが必要不可欠である。

4　日本におけるフラックスネットの活動

現在の大気環境変動に対する森林の応答を多地点で総合的に観測し，時間的変動と地理的分布を明らかにするための手段として，気象観測タワーを使った熱・水・CO_2 フラックスの観測ネットワークを構築し，データを広く公開するしくみをつくることは重要である。一地点のフラックス観測によってわかるのはタワーの周囲数百 m 程度の領域の熱・水・CO_2 収支にすぎないが，地球上のさまざまな気候下にある異なるタイプの森林の観測結果を集めて総合的に解析することで，大気環境の変化に対する森林の複雑な応答の時間的変動と地理的分布について総合的な理解を得ることができる。

1990 年代後半以降，渦相関法に基づく熱・水・CO_2 フラックスの観測ネットワークが世界的に構築され，現在 500 地点を超える数の観測サイトが登録されている（http://www-eosdis.ornl.gov/FLUXNET/）。こうした FLUXNET の活動を受けてアジアにおける地域ネットワーク（AsiaFlux）が 1999 年に組織され（http://www.asiaflux.org），日本，韓国，中国，タイといった国別のネットワークを率いている。日本においては JapanFlux が 2006 年に組織され（http://www.japanflux.org），情報交換やデータ統合解析などの活動を行っている。フラックス観測サイトでは，微気象と各種フラックスの観測のみならず，生態学，林学，水文学といった異なる分野の専門家による共同研究が同時に行われることが多く，森林の熱・水・CO_2 収支とそれらを制御する生態系機能に関する総合的な知見とデータセットを得ることができる。JapanFlux に登録されている国内のサイトは 28 地点であり（2009 年 5 月現在），森林，草地，農耕地などを含む。

AsiaFlux，JapanFlux といった観測ネットワークでは，研究者間の情報交換を活発化するとともに，データの互換性を高めるため，熱・水・CO_2 収支の観測手法，データ処理方法，データの品質管理手法などの標準化と，観測結果のデータベース化を進めている。以下の節では，こうしたネットワーク活動に基づいて行われた日本の温帯林の CO_2 吸収・放出量を対象とするさまざまな研究の結果を紹介する。

5 日本の温帯林における観測結果の例

　森林による CO_2 吸収量はいつも一定なのではなく，日射量や気温，大気の湿度などの気象条件の影響を受けて時々刻々変化している。また，春に新しい葉が展開し，秋に紅葉して落葉するといった，生物の季節的な推移にともなって大きく変動する。ここでは，日本の温帯林にある二つのフラックス観測サイトで得られたデータをもとに，森林と大気のあいだで行われる CO_2 交換過程の特徴について述べる。

(1) 高山落葉広葉樹林サイト（以下，高山サイト）

　　岐阜県高山市郊外，標高 1420 m の位置にある落葉広葉樹林のサイト。優占種はシラカンバ，ダケカンバ，ミズナラ。年平均気温はおよそ 7℃，年降水量はおよそ 2300 mm。（詳細なサイト情報は http://www.asiaflux.net/network/015TKY_1.html を参照）

(2) 富士吉田サイト

　　山梨県富士吉田市郊外，標高 1030 m の位置にある常緑針葉樹林のサイト。優占種はアカマツ。年平均気温はおよそ 10℃，年降水量はおよそ 1500 mm。（詳細なサイト情報は http://www.asiaflux.net/network/003FJY_1.html を参照）

　高山サイトで観測された CO_2 吸収量の典型的な日変化と季節変化のパターンを，光合成有効放射量（光の強さ）と併せて図 3-7，図 3-8 に示す。図 3-7 をみると，光を受けない夜間には，森林は植物の呼吸や土壌微生物による有機物分解のために CO_2 を放出し，光を受ける日中には，光合成速度が呼吸速度を上回るため，光の強さに応じた速度で CO_2 を吸収することがわかる。また，図 3-8 には，落葉樹林である高山サイトでは季節によって変化する葉量に応じて CO_2 吸収量が明瞭に変化する様子が現れている。すなわち，森林は葉のない季節（1～4 月，11～12 月）に CO_2 を放出し，展葉期（5～6 月）に葉量と光合成速度の上昇にともなって CO_2 吸収量を増加させ，葉量がほぼ一定の盛夏期には日々の天候に応じて吸収量が変動し，落葉期（9～10 月）に葉量と光合成速度の低下にともなって CO_2 を放出するようになる。

　森林による CO_2 吸収量の季節変化パターンや年々変動の傾向は，落葉性や常緑性といった森林のタイプに応じて異なる特徴をもつ。富士吉田サイトと高山サ

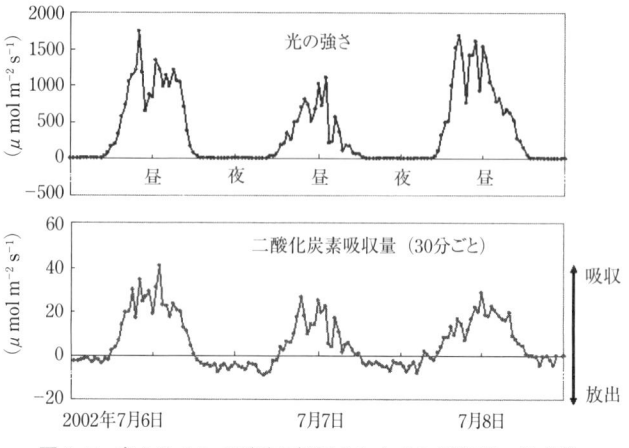

図 3-7 高山サイトで夏季に観測された CO_2 吸収量の日変化

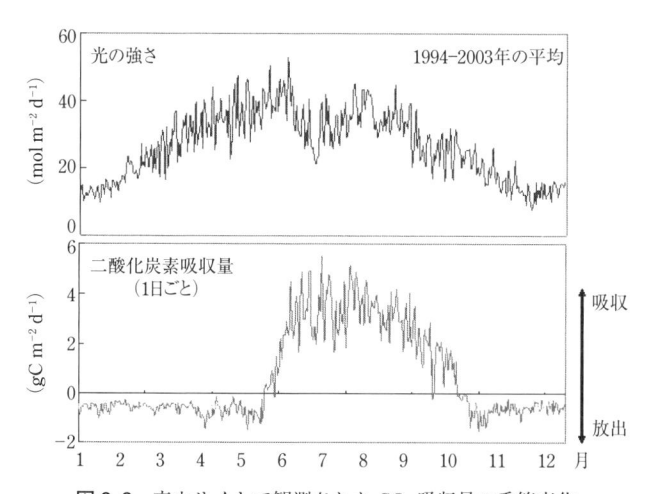

図 3-8 高山サイトで観測された CO_2 吸収量の季節変化
1994 年から 2003 年に観測された 1 日ごとの吸収量を 10 年間平均した値。

イトで同じ年に観測された CO_2 吸収量を比べると（図 3-9），落葉広葉樹で構成される高山サイトの CO_2 吸収量の夏のピークの値は常緑針葉樹林に比べて約 1.5 倍も多いが，1 年のあいだで光合成をすることのできる期間は常緑針葉樹からなる富士吉田サイトの方が 2 倍も長い。こうした違いが現れる理由は，落葉広葉樹林は短い生育期間（樹木が葉を出して光合成を行う期間）に高い効率で光合成を行う

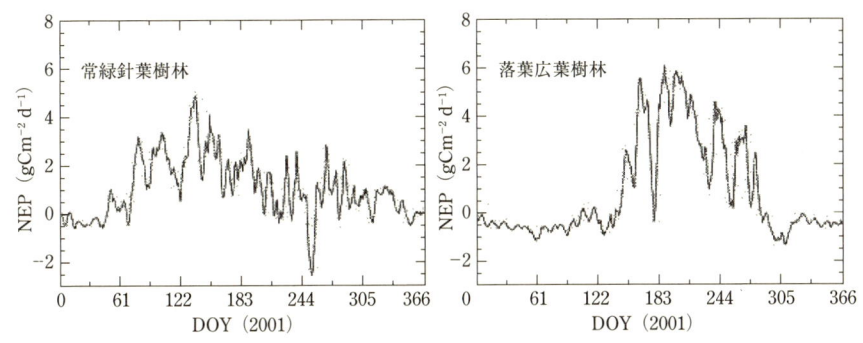

図 3-9　富士吉田サイト（常緑針葉樹林，左図）と高山サイト（落葉広葉樹林，右図）で観測された1日当たりの炭素吸収量の季節変化（Ohtani et al. 2005）

性質をもつ一方，常緑針葉樹林は年間をとおして葉をつけ，気象条件がよければ冬でも弱いながら光合成を行うためと考えられる。

　日本各地の森林による CO_2 吸収量の年々変動に大きな影響を及ぼす要因としては，光合成速度の高い夏のあいだの日射量や気温，春の展葉開始時期を左右する冬から早春の気温などが重要である。日本の本州付近の夏の日射量は，その年の梅雨前線の強さと停滞位置によって大きく左右される。また，東北，北海道太平洋側の夏の日射量と気温は，オホーツク海高気圧の強さと位置によっても強く影響を受ける。こうした影響を受けて，本州上に梅雨前線が長期間停滞し記録的な寡照・冷夏となった2003年の夏は，高山サイト，富士吉田サイトを含む本州の複数の森林サイトで総生産量が大幅に低下した（図3-10）。

　日本付近の冬の積雪深や早春の気温は，ユーラシア大陸北東部の広い範囲で数年に一度程度の頻度で起こる暖冬現象によって大きな影響を受ける。たとえば1998年と2002年の1月から4月にかけて，ロシア南東部，モンゴル，中国東北部，朝鮮半島から日本にいたる広い範囲で平年より異常に高い気温が観測された。この高温は日本の森林に対して，常緑林の春の光合成速度を増加させ，落葉林の展葉開始時期を早めるなどの影響を及ぼした。こうした森林タイプの違いを考慮して長期的な環境変動に対する森林の応答を比較するために，日本における主要な生態系をカバーし適正に配置された観測点において，年々変動も含む長期のモニタリングを実施することが必要不可欠である。

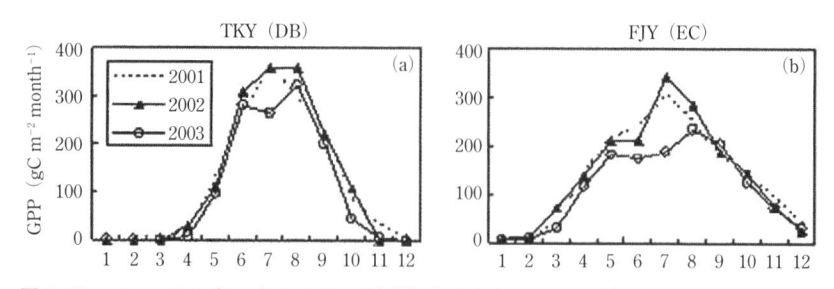

図 3-10 2001〜2003 年に高山サイト（左図）と富士吉田サイト（右図）で観測された月別の総生産量（Saigusa et al. 2008）2003 年 7 月の総生産量は他の年に比べて 20〜30％低下した

6 森林による CO_2 吸収・放出量の長期変動

近年では，日本の森林サイトでも 10 年を超える長期間の観測データが蓄積されている。一例として，高山サイトで 1994 年から 2006 年までの 13 年間に観測された CO_2 収支年々変動の結果を図 3-11 に示す。この森林では年間の炭素吸収量は 1 ha あたりおよそ 2 t であるが，吸収量は毎年一定ではなく，多い年と少ない年で 1 ha あたり 1〜2 t もの差があることがわかった。

地球上のさまざまな生態系で年間炭素吸収量の長期変動を正確に把握し，その変動を引き起こす要因を正しく理解することにより，冷夏や猛暑，暖冬や旱魃といった自然に起こる変動に対して動的に反応している各種生態系の炭素収支量の変動を予測することが可能となる。

7 微気象学的方法と生態学的方法の結果は一致するか

さまざまなタイプの森林による炭素吸収量の違いや時間変動の特徴がしだいに明らかになる一方で，微気象学的方法によるフラックス観測結果そのものに，無視できない程度に大きい観測誤差が存在するという問題が未解決のまま残されている。このため観測精度の向上を目的として現在でも数多くの研究が進められている。

そのなかでも特筆すべきことは，最近数年間で観測手法について一定の標準化が進んだことから，観測誤差の範囲を把握したうえで，微気象学的方法と生態学

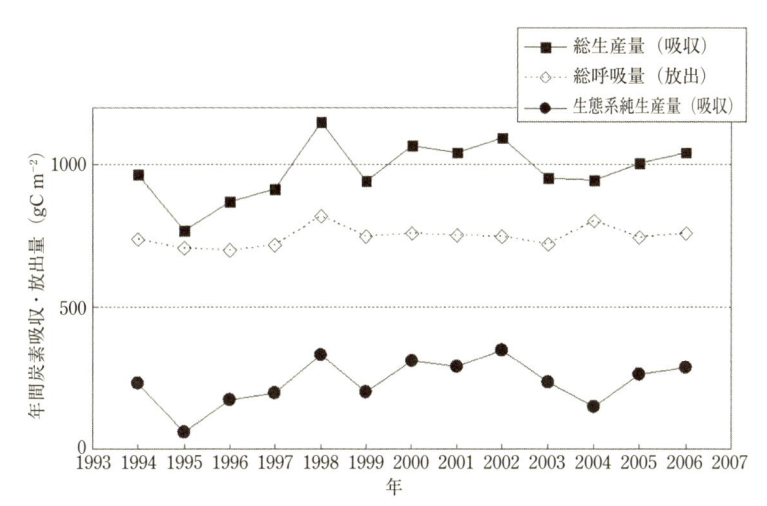

図 3-11 高山サイトにおける総生産量，総呼吸量，および生態系純生産量の年々変動

的方法の炭素吸収量を詳細に比較検討することができるようになったことである。微気象学的方法と生態学的方法を比較する研究はとくに米国などでさかんに進められており，これまでの研究によると，両者のあいだに大きな差があるサイトとそうでないサイトがあるが，どうしてそのような違いが生まれるかについては未解明であること (Curtis et al. 2002)，また，どちらかというと微気象学的方法の方が吸収量を多く算出する傾向があることなどが少しずつ明らかになってきた。また，アジアで行われた統合解析の結果によると，亜寒帯林から熱帯の数サイトで精力的な比較研究が行われ，微気象学的方法と生態学的方法による年間生態系純生産量の差は，1 ha あたり年間でおよそ ±1.5 t の範囲にあることがわかった (Hirata et al. 2008)。微気象学的方法と生態学的方法の結果の差について定量的評価ができるようになったのは最近数年間で大きく進展した点である。

年間の炭素収支の絶対値を正確に求めるのは依然として困難な課題であるが，微気象学的方法と生態学的方法でそれぞれ森林の炭素収支の年々変動を測定し，その変動傾向が一致するかどうかを調べる試みも行われている。高山サイトで 1999 年から 2006 年のあいだに行われた微気象学的方法による年間炭素吸収量と生態学的方法による炭素吸収量の年による違いを求めた結果を図 3-12 に示す。この森林では年によって吸収量の多い年と少ない年があること，年々の変動のし

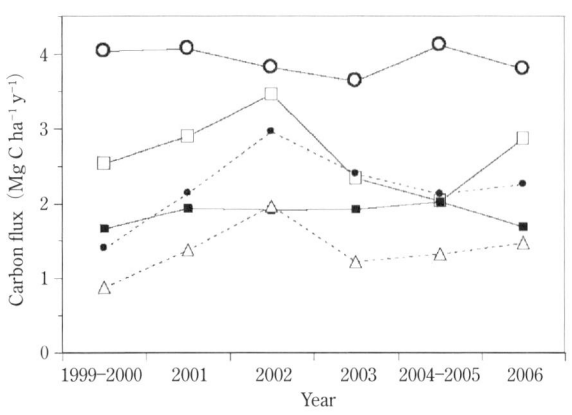

図 3-12 微気象学的方法（図中の Eddy covariance based NEP）と生態学的方法（Biometric based NEP）による炭素収支の年々変動（Ohtsuka et al. 2009）

かたは微気象学的方法と生態学的方法で類似であることなどが表れている。

　微気象学的方法と生態学的方法で求める年間炭素収支量は，絶対値については依然として無視できない程度に大きな不確実性をもつが，年々変動の傾向はほぼ一致することが示された。絶対値の差の原因については，現在のところ，どちらかの方法に原因があるというよりは，どちらの方法にも無視できない程度に大きな誤差が存在すると推測されている。とくに微気象学的方法では，夜間の風の弱い条件下で観測誤差が大きくなることがわかっている。また生態学的方法では，植物の根などから土壌に供給される炭素量がまだ正確に求められていないことなどが重要な問題として指摘されている。今後は，両者の差の原因を全力で解明する必要がある。そのことを通して，陸上生態系の CO_2 吸収量の不確実性を小さくし，さらには炭素収支の詳細な検討が可能となる。

II-2　冷温帯を中心とした土壌圏における炭素動態

　土壌圏には大気中の2倍に相当する約 1500 Pg の炭素が貯留されており，陸域生態系における主要な炭素貯留の場となっている。土壌圏に貯留される炭素の量は主として植物由来の有機物による土壌への炭素供給と土壌有機物の分解にともなう大気への炭素放出の差し引きで決まる。炭素の供給と放出のプロセスは植生

の種類,土地利用形態や環境変動などによって影響を受けるため,土壌炭素貯留量には時空間的な変動がみられる。土壌圏の炭素動態研究では,土壌の炭素貯留機能の時空間変動が生ずるメカニズムを明らかにすることが重要な課題となっているが,そのためには土壌炭素動態に関わる炭素フラックスを精緻に定量化し,これらのフラックスと土壌環境との関係を明らかにする必要がある。そして,土壌炭素動態に関わるフラックスと植物の光合成や呼吸のフラックスを同時に観測することにより,微気象学的に観測された生態系呼吸や生態系純生産における時空間変動のメカニズムを詳細に解析することもできる。

われわれ,土壌圏調査グループは,土壌圏を中心とした生態系炭素循環の生態プロセスを解明し,最終的には土壌炭素動態の時空間変動を表現する機能モデルを構築することを目的として研究を行ってきた。土壌圏調査グループが調査対象とした生態系は7サイト,22生態系に及ぶ。これらの生態系は北緯4度から42度に位置し,気候帯は熱帯,暖温帯,冷温帯,亜寒帯を含んでいる。また,生態系の種類としては,森林(常緑広葉樹林,落葉広葉樹林,落葉針葉樹林,常緑針葉樹林),草原(温帯草原,高山草原),農地(果樹園),湿地(温帯湿地,高山湿地)を含んでいる。遷移の調査サイトは主として富士北麓(一次遷移)と長野県菅平(二次遷移)である。これらの遷移調査サイトでは,土壌の物理化学性,リターフォール,リターの化学的性質,NPP,バイオマス,一般的な気象要素(光,気温,降水量,降雪量など)について測定を行った。本節では,土壌圏グループの研究成果のうち,主として冷温帯の生態系における土壌圏で得られたトピック的な事柄について紹介する。

1 植生遷移にともなう土壌炭素動態の変化

生態系の炭素循環機能の時間変動にはさまざまな時間スケールを考えることができる。短期的な時間スケールには,昼間と夜間の日変動,あるいは降雨イベントの前後にみられる変動などが含まれるであろう。長期的なスケールには,季節ごとの変動,生育期間中の変動,経年(年々)変動などを挙げることができる。これらの時間スケールでの炭素循環研究は,生態系の構造と機能がドラスティックに変化しないことを想定して行われてきた。つまり,研究を行っている期間に生じた炭素循環機能の変化は基本的には環境の時間変動によって生じたものとみ

なすことにより，炭素循環の時間変動のメカニズムを理解するのである。一方，時間スケールをより長期に拡大すれば，生態系は植生遷移という現象によって優占種が交代し，それとともに生態系プロセスも変化していく。遷移にともなう生態系炭素循環機能の変化は数十年，数百年，あるいは数千年という時間のオーダーで行われるが，わが国において，このような長期スケールを考慮した炭素循環研究が体系的に行われることはほとんどなかった。

　生態系の構造と機能には時間変動だけでなく空間変動もあるが，遷移という現象を通してみれば，両変動のあいだには密接な関係のあることがわかる。もう少し具体的にいえば，その関係は"truncated succession（トランケイティッド遷移）"という概念を通じて容易に理解される。トランケイティッド遷移概念は，野外で観察される次の二つの事実に基づいてつくられたものである。一つは，生態系は決まった方向に変化していくが，実際の生態系はある時間間隔で撹乱が与えられ遷移の進行が妨げられたり，それ以前の段階に戻されていること，もう一つは，撹乱によって生じたさまざまな遷移段階をもつ生態系がモザイク状に空間分布していることである。以上のことを認めるならば，生態系の時空間変動は土地と気候条件で決まる遷移系列（時間軸）という座標で一律に表されることになる。たとえば，日本における二次遷移は裸地→草原I→草原II→森林I→森林IIという遷移系列で表現できる（林 1990）。人間や自然の撹乱により，生態系はこれらのいずれかの段階にとどまっている。このように考えれば生態系の時空間変動をパターン化することができる。実際，大沢（1982）はわが国の中性的立地に成立する生態系のパターン化を試みている。林（1990）も気候帯を4区分（亜熱帯，暖温帯，冷温帯，亜寒帯），二次遷移段階を8区分することにより，日本の生態系は32区型に分類できると主張している。この主張を認めるなら，日本の各地にみられるさまざまな生態系は32区型のうちのどれかに当てはまることになる。

　32区型分類を提案した林（1990）は，各気候帯における遷移のプロセスは同じ生態学的なメカニズムによって進行するとも述べている。そうであれば，遷移と生態系炭素循環との関係を研究する際に，きわめて魅力的かつ意義のある考え方を提唱できる。つまり，一つの気候帯における八つの遷移段階の生態系を対象として研究を行い，そこから導かれる遷移—炭素循環モデルを作ることができれば，それはすべての気候帯の遷移過程に適用できる基本モデルとして使うことができるのである。生態系の炭素循環において最も重要な生産活動は植物（生産者）

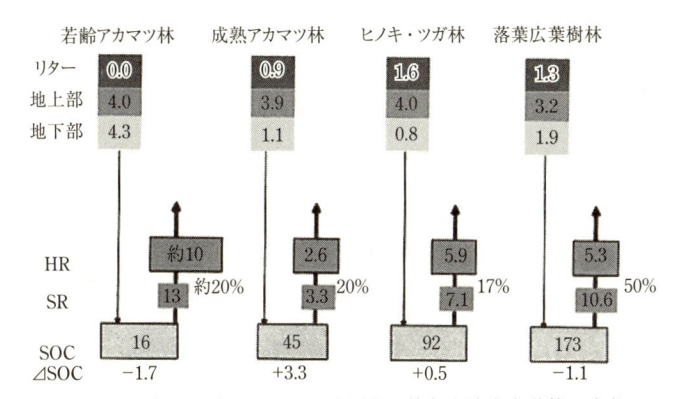

	若齢アカマツ林	成熟アカマツ林	ヒノキ・ツガ林	落葉広葉樹林
リター	0.0	0.9	1.6	1.3
地上部	4.0	3.9	4.0	3.2
地下部	4.3	1.1	0.8	1.9
HR	約10	2.6	5.9	5.3
SR	13 (約20%)	3.3 (20%)	7.1 (17%)	10.6 (50%)
SOC	16	45	92	173
ΔSOC	−1.7	+3.3	+0.5	−1.1

図 3-13 富士北麓における一次遷移に伴う土壌炭素動態の変化
フラックス：t C ha^{-1} yr^{-1}；プール（SOC のみ）：t C ha^{-1}
Litter: 総植物枯死量，CWD: 粗大有機物，Above: 地上部枯死量，Below: 地下部枯死量，
HR: 従属栄養生物呼吸，SR: 土壌呼吸（土壌 CO$_2$ フラックス），SOC: 土壌有機炭素，
ΔSOC: 土壌炭素収支
図中のパーセントは土壌呼吸に対する根呼吸の割合を示す

によって担われており，動物（消費者）や微生物（分解者）はその生産に依存して生きているが，このことに考えが及べば，このアイデアは決して現実離れしているとは思われない。そうしたコンセプトのもとに，土壌圏グループでは冷温帯を対象としてさまざまな遷移段階の生態系を調査し，遷移にともなう生態系炭素循環の変化について研究を行ってきたのである。以下に土壌炭素動態に関する成果を抜粋して紹介するが，労力の問題から現時点ですべての遷移段階を対象とした調査は困難であり，紹介できる成果は一部の遷移系列に限られていることをあらかじめお断りしておく。

植生遷移には溶岩跡地などから始まる一次遷移と森林伐採跡地などから始まる二次遷移がある。前述したように，土壌圏グループでは一次遷移については富士山北麓，二次遷移については長野県菅平における生態系を対象として研究を行ってきた。富士北麓の一次遷移の研究は，溶岩年代の異なる場所に成立した4種の森林生態系を調査したものであり，遷移系列としてみると若齢アカマツ林，成熟アカマツ林，ヒノキ・ツガ林，落葉広葉樹林の順になる。その結果を図 3-13 に示す。土壌へ供給される有機物は CWD（樹木の幹や枝などの粗大枯死有機炭素），地上部枯死量と地下部枯死量に分けて測定されている。一次遷移にともなって CWD は漸次増加する傾向にあるが，地上部枯死量は遷移系列にともなう変化は

表 3-1 ススキ草原とアカマツ林における土壌炭素動態

炭素動態

	ススキ草原	アカマツ林
炭素フラックス (t C ha^{-1} yr^{-1})		
土壌へのインプット	5.2	3.2
土壌からのアウトプット*	4.3	3.4
収支 (インプット－アウトプット)	＋0.9	－0.2
炭素プール (t C ha^{-1})		
植物体地上部	2.2	90
植物体地下部	14.7	31
土壌 (深さ1 m)	376	259

＊従属栄養生物呼吸

みられない．しかし，地下部枯死量は遷移初期の若齢アカマツ林で最も大きく，他の遷移段階の森林の2～3倍もある．地下部枯死体は従属栄養生物の呼吸基質となることから，地下部枯死量の差異は土壌呼吸や従属栄養生物呼吸にも影響を与える．実際，最も高い呼吸が若齢アカマツ林で観察されている．なぜ地下部枯死量が若齢アカマツ林で大きくなるのか，その答えは今後の研究を待たなければならないが，筆者らは，この遷移段階では前段階であるススキ草原時代に優占していた，地上部/地下部比の小さい草本植物がまだ残存していることが一因と考えている．土壌有機炭素量は遷移の進行にともなって増加しているが，計算された炭素収支からこのことを説明することは困難であるようにみえる．そもそも，長い時間をかけて変化していく土壌炭素量と，わずか1～2年という短期間に得られた炭素フラックスから計算された土壌炭素収支を対比することには無理がある．今後は，時間スケールのギャップを埋める長期のフラックス測定が必要と考えている．

　二次遷移にともなう炭素循環の変化に関する研究は，筑波大学菅平高原実験センターの生態系を対象として行われてきた．当センターでは，敷地内の生態系を利用して約40年に及ぶ二次遷移の研究が行われてきたが，ここで紹介する研究成果は，刈り取りによって維持されているススキ草原と40年前に刈り取りの放棄により遷移が進んだアカマツ林を比較することによって，草原から森林への変化にともなう土壌炭素動態の変化を明らかにしたものである (表3-1)．まず注目したいのは，アカマツ林はススキ草原より土壌炭素量が117 t C ha^{-1}ほど少ないことである．これまで植物バイオマスは極相にいたるまで一方的に増加するとい

われてきたが，この一般常識から考えると，土壌炭素量が減少するという事実はちょっと奇異に思える。しかし，実測された土壌炭素収支は，ススキ草原で$0.9\,t\,C\,ha^{-1}\,yr^{-1}$，アカマツ林で$-0.2\,t\,C\,ha^{-1}\,yr^{-1}$となっており，アカマツ林の土壌炭素が毎年減少する可能性を示している。われわれは，このような現象が生じた最大の原因は土壌への炭素インプットの減少にあると考えている。そのような考えに至ったのは，木本植物はキャノピーを草本植物よりも高い位置につくるために地上部生産の分配を変える必要があったという生態学的な背景に気づいたからである。

土壌への炭素インプット量はススキ草原で$5.2\,t\,C\,ha^{-1}$，アカマツ林で$3.2\,t\,C\,ha^{-1}$となっており，ススキ草原の方が2tも多くの有機物が土壌へ供給されている。それに対して，土壌有機物の分解にともなう炭素のアウトプットはススキ草原の方が約1tも大きくなっている。なぜススキ草原で土壌への炭素インプット量が大きくなるのかというと，ススキ草原を構成する草本植物は毎年地上部をつくり変えるので枯死した地上部をすべて土壌へ落とすが，アカマツ林を構成している樹木では同様なことが起こらないからである。これは幹や枝の肥大生長のしくみを考えればすぐわかることである。幹や枝では，樹皮付近に維管束形成層（分裂組織）が環状に取り巻いており，生育期間にはそれが分裂して内側に木部，外側に師部を形成する。内側につくられた木部は古い木部の外側につけ加わるので幹や枝は毎年肥大生長していくが，外側につくられた師部は古くなったものから剥がれ落ちていく。これが枯死した葉，枝，果実などとともに毎年土壌へ加わる有機物（リターフォール）であり，土壌炭素の重要なソースとなっている。一方，内側につくられた木部はリターフォールとはならず，バイオマスとして幹や枝のなかに蓄積されていく。このように，アカマツ林では枯死した地上部のすべてが土壌に供給される炭素となるわけではないので，地上部生産量がススキ草原と大きく違わなければ土壌への有機物供給はアカマツ林の方が小さくなるはずである。実際，ラフに見積もった地上部生産量はススキ草原とアカマツ林のあいだで大きな差異はなく（データは未掲載），地上部生産量に対するリターフォール量の割合もススキ草原で1，アカマツ林で約0.45となっている。

以上の結果は，草原から森林へ遷移する過程で炭素の分配が大きく変化し，それによって炭素プールも変化する可能性を示唆するものである。これは，本研究は，遷移と炭素循環，あるいは炭素貯留との関係を理解するには生産者である植

物を中心とした生態プロセス（とくに純一次生産の分配）に着目することの重要性を示しており，今後の研究に一つの道筋を与えたものといえる。

2　農地生態系における人為的な管理と土壌炭素収支

　農地生態系には畑地，水田，果樹園などのいくつかのタイプがあるが，いずれにおいても炭素のインプットとアウトプットが人為的に管理されている点で共通している。人為的なインプットとは堆肥などの有機肥料が外部から農業生態系内の土壌へ投入されることであり，人為的なアウトプットとは収穫を前提に植えられた植物（作物）の搾取による系外への炭素除去のことである。人為的なインプットが必要な理由は，本来なら土壌に供給されるはずの植物体の有機炭素が人為的なアウトプットとして系外に持ち出されてしまうからである。このように，農地生態系では年間を通して炭素が貯留できるところは土壌であるので，炭素シーケストレーション機能を評価するには土壌における炭素収支を考えればよいことになる。また，移入と移出が炭素シーケストレーション機能に与える影響は，自然生態系では光合成や呼吸による炭素フローよりも圧倒的に小さいが，農地生態系においてはかなり大きな値となる。

　一般に，農地生態系の土壌における炭素シーケストレーション能力は自然生態系の土壌より劣るとされている（小泉 1996）。これは人為的な炭素のアウトプットがインプットよりも，かなり上回るためと考えられている。わが国の農地生態系において報告されている土壌炭素収支を表 3-2 に示す。陸稲，トウモロコシ，ダイズを一毛作で栽培した畑，あるいは陸稲―オオムギ，陸稲―コムギ，ラッカセイ―コムギ，トウモロコシ―オオムギを二毛作で栽培した畑のいずれにおいても年間の土壌炭素収支はマイナスであり（Koizumi 2001; Nishimura et al. 2008），おおよそ $-160 \sim -360 \, \mathrm{g \, C \, m^{-2} \, yr^{-1}}$ の範囲に入っている。また，一毛作畑と二毛作畑を比較してみると，土壌炭素の減少量は一毛作畑でより大きい傾向がある。これは収穫されなかった地下部による炭素供給が二毛作畑で大きかったためと推察される。このように畑地生態系はソースとして機能しているが，表 2 に記載された畑地生態系の土壌はもともと炭素含量の大きい火山灰土壌（黒ボク）であり，土壌有機物分解による炭素放出が大きいことが顕著な炭素ソースにしている可能性がある。たとえば，Sleutel et al.（2007）がジャガイモ，トウモロコシ，サトウ

表 3-2　わが国の農業生態系における土壌炭素収支

	インプット $gCm^{-2}yr^{-1}$	アウトプット $gCm^{-2}yr^{-1}$	土壌炭素収支 $gCm^{-2}yr^{-1}$	出典
陸稲	144	460	−316	Koizumi (2001)
陸稲	114	457	−343	Nishimura et al. (2008)
	69	342	−273	
トウモロコシ	202	469	−267	Koizumi (2001)
ダイズ	210	479	−269	Koizumi (2001)
陸稲―オオムギ*	332	599	−267	Koizumi (2001)
陸稲―コムギ*	12	373	−361	Nishimura et al. (2008)
	173	429	−256	
ラッカセイ―コムギ*	371	554	−184	Koizumi (2001)
トウモロコシ―オオムギ*	409	568	−160	Koizumi (2001)
水田	232	238	−6	Koizumi (2001)
水田	−	−	−32〜−188	Minamikawa and Sakai (2007)
水田	244	165	79	Nishimura et al. (2008)
	225	88	137	
ブドウ園	401	223	179	Sekikawa et al. (2003a)
モモ園	1136	565	571	Sekikawa et al. (2003b)

*二毛作

ダイコン，コムギの畑で測定した土壌炭素収支は $-17〜-45\,gCm^{-2}yr^{-1}$ であり，日本の黒ボク畑よりも一桁小さい値となっている．しかし，他の報告を含めて総括するならば，畑地土壌がソースとして機能していることは間違いない事実であり，現状の管理をつづける限り畑地土壌の炭素は減りつづける運命にあるとみてよいだろう (Buyanovsky and Wagner 1998; Duiker and Lal 2000; Paustian et al. 1990)．

つぎに，水の涵養機能などの生態系サービスにすぐれ，わが国が世界に誇る水田生態系についてみてみよう．表 3-2 にみられるように，水田土壌の炭素収支は $-188〜+137\,gCm^{-2}yr^{-1}$ まで幅広い範囲の値が報告されている (Koizumi 2001; Minamikawa and Sakai 2007; Nishimura et al. 2008)．このような幅の広いデータが得られた理由は明らかではないが，たとえ水田土壌がソースとして機能しているとしても畑地土壌のそれを上回るものではないことは確かなようである．水田土壌が顕著なソースにならない理由として，イネ栽培期間中の土壌は湛水により嫌気的になって有機物の分解が進まないこと，田面水に繁殖する藻・ウキクサや収穫後のひこばえ（蘖）の固定した炭素が土壌へ供給されることなどが考えられる

（Koizumi et al. 2001）。このように，水田生態系は畑地生態系よりも炭素収支の面ですぐれているとみることができるが，農地の土壌が明らかなシンクになりえないのかというとそうではない。つぎに紹介する果樹園はシンクとして確実に機能していることが明らかとなっている。

　土壌圏グループが山梨県の果樹園で行った研究（Sekikawa et al. 2003a, 2003b）によると，ブドウ園とモモ園の土壌は 1 m^2 あたり 179 および 571 g C の炭素を毎年蓄積している。これより果樹園はシンクとして機能していることがわかる。炭素収支の内訳をブドウ園でみてみると，土壌への炭素インプット量は約 401 g C m^{-2}yr^{-1} となり，そのうち約 3 割がブドウ由来，約 6 割が下層植生由来，約 1 割が施肥由来であった。一方，土壌から放出される炭素のフラックスは約 223 g C m^{-2}yr^{-1} であった。果樹園がシンクとなる最大の理由として，下層植生（対象作物以外の植物）の存在を挙げることができよう。果樹園は他の農地と異なり，果樹はキャノピーが地上から高いところにあるため雑草などの下層植生とのあいだで光競合が起こらない。そのため，下層植生を除去するどころか，むしろ土壌の乾燥や浸食を防止する目的で残す管理を行っている。このような栽培管理を草生法と呼んでいるが，反対に下層植生を残さない清耕法もある。草生法で管理された場合，下層植生は土壌にすき込まれるなどして土壌炭素の供給源となる（マメ科植物を下草にすれば緑肥となる）が，清耕法ではこうした炭素供給は期待できない。したがって，土壌炭素収支面からいえば清耕法よりも草生法を採用した方がよい。さらに，果樹園では，収穫対象植物が樹木であるため，植え替えが行われるまでは毎年幹に蓄積していく炭素もあり，土壌だけでなく植物体が有効な炭素プールとして機能している。このように炭素プールの多様化も，果樹園が他の農地よりもかなり大きな生態系純生産を示す理由である。

　現在，農林水産省では地球温暖化対策総合戦略を推進するべく，農地土壌に炭素貯留能を増加させる技術の開発をめざしている。これまで述べたことを踏まえていえば，炭素貯留能の技術開発が最も必要なのは畑地であろう。世界の畑地生態系の土壌は潜在的に可能な土壌炭素蓄積量からほど遠い状態にあるとされていることから（Watson et al. 2000），収穫対象外の植物体を土壌に戻すことが何よりも重要である。また，土壌に戻す植物体が難分解性の有機物であるような作物を作出することも有効であろう。さらに，果樹園がすぐれた炭素シンク能力を発揮できる点に着目すれば，その背景としてある森林と同様の植生構造をもつことが

農地生態系の炭素貯留機能を高めるヒントとなるであろう。

3 土壌呼吸の空間変動をもたらす環境要因

　土壌有機物の分解過程で放出される炭素のフラックス（従属栄養生物呼吸）は生態系の炭素循環において主要なフラックスであるため，これまでにさまざまな手法を用いて測定されてきた。代表的な手法がチャンバー法である。断っておくが，チャンバー法（それ以外の手法でも）で測定されるフラックスは土壌呼吸とよばれるもので，植物根の呼吸も含んでいるため純粋な従属栄養生物呼吸ではない。しかし，従属栄養生物呼吸のみを測定するには時間と労力と工夫が必要なので，簡便に測定できる土壌呼吸に別途測定した分解呼吸の割合を掛けた値を代用することが多い。話をもとに戻そう。チャンバー法によって測定される土壌呼吸は点のデータである。ポイントスケールで測定される土壌呼吸は空間変動が大きいことがわかっており，数ヶ所に置かれたチャンバーで得られたデータから生態系全体の土壌呼吸を知ることはきわめて困難である。そこで，面的に広い範囲の土壌呼吸を観測できる渦相関法を用いることも行われているが，観測条件の制約もあってこれも難しい。となれば，チャンバーをできる限りたくさん設置して，多点測定による広域推定を試みることになるが，どれくらいの数のチャンバーをどのように配置すればよいのかという問題が生じる。この問題に対する答えを見出すには，空間変動をもたらす要因は何であるのかを知る必要がある。これまでに，さまざまな要因が検討され明らかにされていることも多いが，その研究の多くは外国で行われたものであり，日本の生態系で行われた研究はきわめて少ない。土壌圏グループでは，真夏のススキ草原（筑波大学菅平高原実験センター）で行った研究があり，ここでその概要を紹介しておこう。

　ススキ草原（約 4.55 ha）内の 9 ヶ所に 5 m × 5 m の大プロットを設け，それぞれのプロット内に 25 個の 1 m × 1 m 小プロット（計 225 プロット）を格子状に区画した。大プロットはマクロな空間変動をもたらす要因を明らかにするために設置したものである。一方，小プロットの設置はミクロな空間変動の要因を調べることを目的としている。各小プロットの中央にチャンバーを設置し，密閉法による土壌呼吸の測定を行った。同時に，空間変動をもたらす要因であると予想された土壌温度，土壌水分，土壌炭素量，土壌窒素量，土壌空隙率，植生群落諸量などの

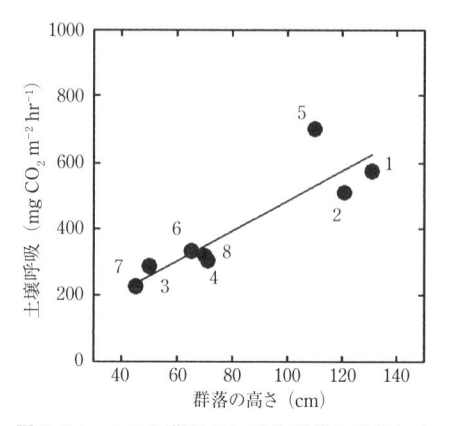

図 3-14 ススキ草原における群落の高さと土壌呼吸との関係

図中の数字はプロット（5 m×5 m）番号を示し，値はプロット内の25地点での平均値を示す。

環境要因も測定した。すべての測定は10〜14時のあいだに行われた。この測定調査によって，225個のデータセットが得られ，土壌呼吸と環境要因とのあいだの相関関係を解析した。その結果，有意な相関はプロット間での土壌呼吸と群落高の関係においてのみみられた（図3-14）。それ以外の環境要因については本ススキ草原における大プロット間および大プロット内のいずれにおいても，土壌呼吸とのあいだに有意な相関はみられなかった。つまり，群落高以外の環境要因は真昼の土壌呼吸にみられたマクロとミクロの空間変動を説明するものではなかったことになる。この調査が行われた7月の植生の被度はほとんど100％であったので，群落高はほぼバイオマス量を表すものと考えられる。さらにいえば，植物の地上部バイオマスは地下部バイオマスとも正の相関があると推定されるので，実質的には地下部バイオマスの空間分布が土壌呼吸の空間分布を決めていると考えられる。

筆者らの研究は植物のバイオマスが土壌呼吸の空間変動をもたらす最大の要因であることを明らかにしたが，同様のことはRochette et al. (1991) によっても指摘されている。したがって，一つの生態系における土壌呼吸の空間変動を把握するには，群落の疎密を考慮したチャンバーの配置を考えることが望ましい。しかし，土壌呼吸の年間値を推定するには，土壌呼吸の時間変動，すなわち季節変化

を明らかにしなければならない。それには，土壌呼吸とそれを規定する環境要因の連続測定が必要となる。究極的にいえば，土壌呼吸の時間変動と空間変動の両方を定量的に評価するために，多点かつ連続した測定が求められる。しかし，時間と労力を考えると，多点連続測定は現実的ではない。そこで，現在考えられる最も現実的な対応として Ryan and Law (2005) が提唱している方法を紹介しておく。彼らの提唱する方法は，自動開閉式チャンバー法により数地点で1時間単位の土壌呼吸の時間変動を測定し，これと簡易チャンバー法（たとえば，密閉法やLI-6400 などによる携帯チャンバー法）を用いた多点での空間変動の測定を組み合わせるというものである。

4　土壌 CO_2 フラックスに対する CH_4 酸化の寄与

　CO_2 に次いで強力な温室効果ガスであるメタン（CH_4）は温暖化に対して約15％寄与しており，近年その動態が注目されている。CH_4 の発生源は多種多様であるが，CH_4 の吸収源は，対流圏での OH ラジカル反応による消失（490 ± 85 Tg yr^{-1}）と酸化土壌における微生物による酸化での消失（30 ± 15 Tg yr^{-1}）しかない。土壌での CH_4 酸化はおもに土壌表層に存在するメタン酸化菌（methanotrophic bacteria）によって行われている。土壌での CH_4 酸化によって大気から除去される CH_4 は大気中の CH_4 の 3-9％を占めると見積もられている。これは年間の大気 CH_4 増加量とほぼ等しいことから，土壌での CH_4 酸化は大気 CH_4 濃度に重要な役割を果たしていると考えられる。

　土壌有機物の分解過程で放出される CO_2（土壌 CO_2 フラックス）はチャンバー法や微気象学的手法によって測定されているが，その土壌 CO_2 フラックスには，土壌で酸化された CH_4 由来の CO_2 が含まれている。CH_4 酸化プロセスが量的に大きければ分解プロセスの評価に誤差を与えることになるが，現時点で CH_4 酸化量が CO_2 放出量に対してどの程度寄与しているのかは明らかになっていない。そこで，土壌圏グループが冷温帯ミズナラ林において行った土壌 CO_2 フラックスに対する CH_4 酸化由来の CO_2 放出量の寄与に関する調査結果を紹介する。

　調査した森林は長野県菅平にある筑波大学菅平高原実験センター内のミズナラ林である。チャンバー法を用いて，土壌 CO_2 フラックスと土壌 CH_4 フラックスを測定した結果が図 3-15 に示されている。ただし，ここで示されている土壌

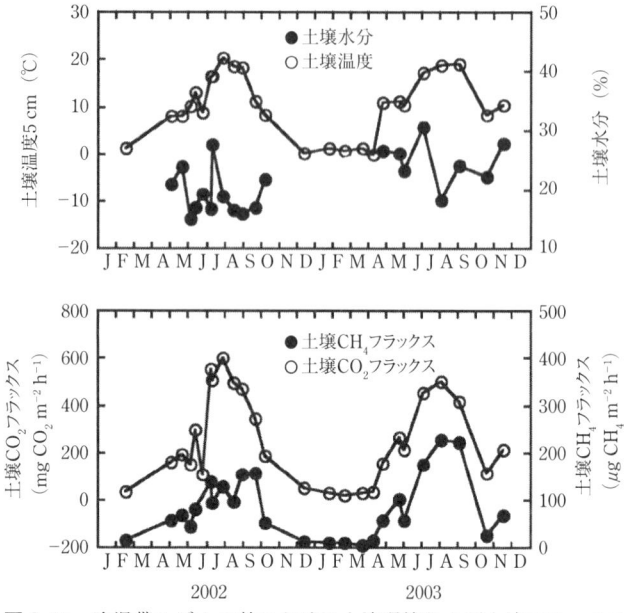

図 3-15 冷温帯ミズナラ林における土壌環境および土壌フラックスの季節変化（Oe and Mariko 2006 を改変）

CO_2 フラックスはいわゆる土壌呼吸であり，有機物分解に関わる従属栄養生物呼吸だけでなく植物の根呼吸も含まれている．両フラックスとも，夏に高く，冬に低い季節変化パターンを示しているのがわかる．CH_4 フラックスは夏期に $200\,\mu g\,CH_4\,m^{-2}\,h^{-1}$ の最大値を示し，冬期は $5\sim15\,\mu g\,CH_4\,m^{-2}\,h^{-1}$ の低い値になる．両フラックスは土壌水分よりも土壌温度と強い相関があることから，フラックスの季節変化を土壌温度の関数として近似し，年間のフラックスを計算した．その結果，冷温帯ミズナラ林における年間 CO_2 放出量は炭素ベースで $451\,g\,CO_2-C\,m^{-2}\,yr^{-1}$，年間 CH_4 吸収量は $1.83\,g\,CH_4-C\,m^{-2}\,yr^{-1}$ であると推定された．菅平のミズナラ林の CH_4 吸収量は世界の冷温帯林よりも 4～9 倍高い値であった．これまでにも，わが国の森林生態系ではこうした高い CH_4 吸収量が報告されてきたが（Ishizuka et al. 2000; Tamai et al. 2003），なぜわが国の森林土壌の CH_4 酸化能力が高いのか，その理由は明らかになっていない．土壌圏グループはわが国の森林土壌（とくに表層土壌）の多くが火山灰起源の土壌であることと関係があるのではないかと考えており，現在確認の研究を進めているところである．

さて,年間のフラックスからCH_4酸化によるCO_2放出が土壌CO_2フラックスにどの程度寄与しているのかを計算してみると,約0.4%に相当すると見積もられた。また,植物根の呼吸が土壌CO_2フラックスの半分を占めるとしても,微生物による分解呼吸の1%程度にしかならないと推定される。したがって,CH_4酸化の寄与率は測定手法のエラーの大きさを考えればきわめて小さいものと考えてよい。しかし,CO_2よりも地球温暖化ポテンシャルが20倍も高いCH_4の酸化分解は,土壌有機物分解プロセスによる温暖化促進効果を20%も減少させるはたらきをもつと推定されることから,CH_4酸化プロセスは温暖化抑制として重要なはたらきをもつといえる。以上の結果は,炭素の量的側面では小さいCH_4酸化プロセスであっても,CO_2フラックスと合わせて定量的評価を進めていくことの重要性を示している。

5 土壌圏からみた生態系炭素収支の経年変化の解析

アジア陸域生態系の炭素動態を統合的にとらえるわれわれの研究では,さまざまなフラックス観測サイトを設け,その主要なサイトでは土壌圏グループによるプロセス調査とタワー観測が平行して行われている。ここでは,苫小牧(カラマツ林,2001〜2003),高山(ミズナラ林,2000〜2004),富士吉田(アカマツ林,2000〜2004)のサイトで得られたデータを総合し,サイト間比較を通じて明らかとなった知見について紹介する。

図3-16は年間のGPP(総一次生産),RS(土壌呼吸),RA(植物地上部呼吸=生態系呼吸—土壌呼吸),NEPの経年変化をサイトごとに示したものである。GPPは苫小牧と富士吉田で大きい値を示し,高山で小さい値を示している。RSは苫小牧と高山で大きいが,富士吉田はそれらの1/2以下である。逆に,RAは富士吉田で最も大きく,次いで苫小牧,高山の順で小さい。以上の差異を反映して,NEPの大きさが富士吉田,高山,苫小牧の順で大きい結果となっている。すべてのサイトで各フラックスとも経年変化がみられるが,その変化パターンをサイト間で比較してみても類似性は見出せない。それが,気象要素に特異性があるためなのか観測条件の違いによるものなのかは明らかではない。ただ,RSの経年変化が比較的小さいという点は各サイトで共通しているようである。

図3-17は渦相関法で観測された年間のGPPとREの関係をみたものである。

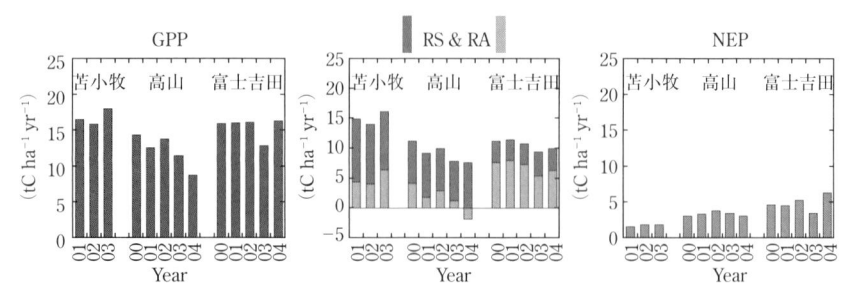

図 3-16 苫小牧，高山，富士吉田の観測サイトにおける炭素フラックスの経年変化
GPP: 総一次生産，RS: 土壌呼吸，RA: 植物体地上部呼吸，NEP: 生態系純生産
GPP と NEP は渦相関法で観測された値
RS はチャンバー法で測定された値
RA は渦相関法で別個に観測された RE から RS を引いた値

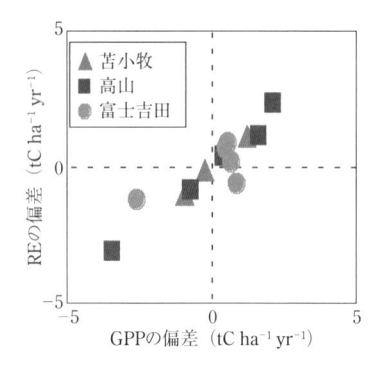

図 3-17 苫小牧，高山，富士吉田の観測サイトにおいて渦相関法で観測された総一次生産（GPP）と生態系呼吸（RE）との関係
苫小牧: 3 年間（2001～2003）の平均値からの偏差
高山と富士吉田: 5 年間（2000～2004）の平均値からの偏差

それぞれの値は数年間の平均値からの偏差で示してある．両者にはきれいな正の直線的な関係があり，その直線はほぼ 1：1 ラインに乗っていることがわかる．このことは，RE が GPP に強く依存しながら経年変化することを意味しているが，RE の GPP に対する依存度が生態系の種類や気候に依存しない点は生態学的に大変興味深い現象といえよう．

RE はいくつかの呼吸プロセスの総和である．ならば，GPP の経年変化と連動して変化するのはすべての呼吸プロセスであろうか，それとも一部の呼吸プロセスなのであろうか，という疑問がわく．そこで，RE の年変動を RA と RS に分けて解析したのが図 3-18 である．その結果，RE の経年変化は RS とはまったく無関係であり，RA に依存していることが明らかとなった．RA は RE の一部であるから，両者に関係があるのは理解できるが，RS が無関係であることを直感的に

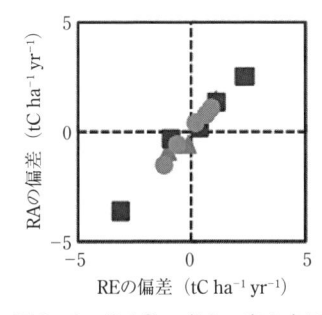

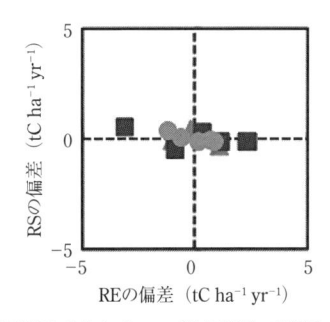

図 3-18 苫小牧，高山，富士吉田の観測サイトにおいて渦相関法で観測された生態系呼吸 (RE) とチャンバー法で測定された土壌呼吸 (RS，右図) および植物体地上部呼吸 (RA＝RE−RS) との関係

苫小牧: 3 年間 (2001〜2003) の平均値からの偏差
高山と富士吉田: 5 年間 (2000〜2004) の平均値からの偏差

理解することは難しい。あえて理由を探るとすれば，呼吸を規定する最も大きな環境要因である温度の安定性に答えを求めるのが妥当なように思われる。まだ確認はしていないが，RS に影響を与える土壌温度の経年変動は RA に影響を与える気温の経年変動に比べて安定しているのではないかと推察される。また，気温は日射量とある程度関係があるであろうから，GPP と RA が連動して変化するとしても不思議はない。

以上のように，観測手法の垣根を越えた統合的解析をする場合には，それぞれの観測手法の確からしさを確認しておく必要がある。たとえば，図 3-16 では，2004 年の高山の呼吸フラックスに異常な値がみられる。これは渦相関法による RE の観測値とチャンバー法による RS の測定値のどちらか，あるいは両方に問題があることを示すものである。そこで，次のような解析を試みた。図 3-19 は，苫小牧，高山，富士吉田において渦相関法で観測された RE とチャンバー法で測定された RS との関係をプロットしたものである。理論的には RS＜RE であるので，データは 1：1 ラインの下にプロットされなければならない。理論的に予想されたとおり，ほとんどのデータが 1：1 ラインの下にプロットされているが，高山のデータの多くは 1：1 ラインにかなり近いところに分布している。また，高山や苫小牧のデータの一部はラインより上にプロットされているものもある。さらに，月別の RS/RE 比をみてみると，冬期において苫小牧と高山で 1 を超える値が観察されていることから (図 3-20)，RE-RS プロットにおいて 1：1 ライン

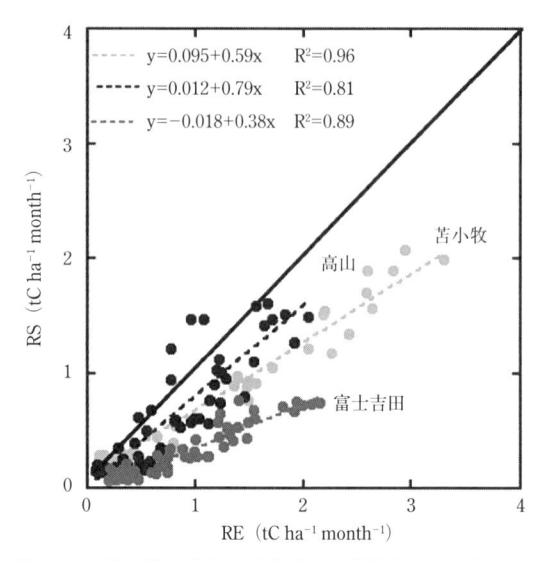

図3-19 苫小牧,高山,富士吉田の観測サイトにおいてチャンバー法で測定された土壌呼吸(RS)と渦相関法で観測された生態系呼吸(RE)の関係

苫小牧: 2001～2003年の月ごとの値
高山と富士吉田: 2000～2004年の月ごとの値

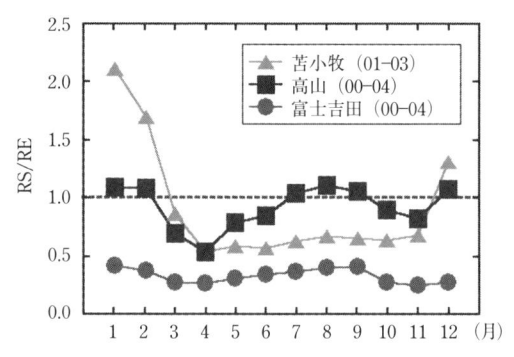

図3-20 苫小牧,高山,富士吉田の観測サイトにおいて渦相関法で観測された生態系呼吸(RE)に対するチャンバー法で測定された土壌呼吸(RS)の比の季節変化

苫小牧: 2001～2003年の月ごとの値
高山と富士吉田: 2000～2004年の月ごとの値

の上にプロットされるデータの多くは冬期に取られていることがわかる。渦相関法とチャンバー法の両手法とも，考えられうる測定エラーはいくつか存在する。したがって，以上の結果だけでは，渦相関法によるREとチャンバー法によるRSのどちらの値が正しくないのか，あるいは両方とも正しくないのか，それに白黒をつけることはできない。しかし，つぎに述べるように，高山に限って考えてみると，渦相関法のデータにエラーが含まれているように思われる。

チャンバー法は点測定であるので，渦相関法のように広域の呼吸を推定した値と比較するには，空間変動を補正した値を用いる必要がある。実際，図3-20に示した高山の土壌呼吸は100 m四方の空間変動を補正した値を用いており，空間変動に対する信頼度の高い値となっている。しかし，この値を渦相関法で観測されたREから差し引いたRA（植物体地上部呼吸）は他のサイトよりもかなり小さい値になってしまう（2004年はマイナスになる）。もちろん確定的な言い方はできないが，以上の点を考えれば高山において渦相関法で観測されたReの値にはエラーがあるのではないかと思われる。従来から指摘されているように，渦相関法において，風速の小さい夜間のフラックスが正しく観測されているのか，夜間のフラックスで昼間のフラックスを推定してもよいのかなど，夜間のフラックスから生態系呼吸を推定する際に十分な検討が必要である（第2章II節を参照）。

III 熱帯林

熱帯（tropics）とは，南北両回帰線の内帯を指す。典型的な熱帯多雨林では，樹高70～80 mに達する巨大高木層が，30 m前後のほぼ閉じた高木層から突出して散在するという，他の森林タイプではみられない独特の景観を示す。世界の熱帯林は面積にして約16億haあるが，全森林面積の約40％，陸地面積の約12％を占めている。また，熱帯多雨林の約半分がアマゾン川流域を中心としたラテンアメリカにあり，残りの2/3がアフリカ中央部，1/3が東南アジアに分布する（FAO 2001）。生態系としての森林構造は酷似している。しかし，主要な構成種は，必ずしも同じではない（第1章VII-2参照）。アマゾン川流域の南米大陸・中北部ではマメ科とサガリバナ科の樹種が多く，ザイール川中流域～ギニア湾沿岸部のアフリカ大陸・中西部ではマメ科とキョウチクトウ科の樹種が多く，スマト

ラ，ボルネオ，マレー半島の東南アジア島嶼群ではフタバガキ科とフトモモ科の樹種が多い。

　熱帯多雨林の樹木は，板根をもったものが多い。着生植物や蔓植物も多くみられ，土壌有機物の分解が早く，林床にリターが少ない，といった特徴もある。

　いずれの地域でも年間を通じて高温多湿な熱帯多雨林気候下にあるので，土壌はラテライト性赤色土が分布する。熱帯の高温湿潤な環境条件下では，風化されやすい鉱物はほとんど分解されて消失し，石英のような風化に対する抵抗性の強い鉱物だけが残留する。塩基類はほとんど溶脱されてしまっているだけでなく，ケイ酸までも溶脱されているため，土壌はほとんど酸化鉄やアルミナだけからなるので，赤色〜黄色を呈している。

　本書でおもに扱う東南アジアの熱帯多雨林では，フタバガキ科が巨大高木，高木層の主要なグループであり，際だった樹木の科・属・種レベルの多様性をもつので，混交フタバガキ林とよばれる。一方で，林床草本の多様性は温帯林と比べても高くない。また，撹乱からの回復ステージに対応したパイオニア性樹種の多様性も高い（オオバギ属やイチジク属など）。典型的な熱帯多雨林は，微地形の発達した山麓丘陵地にみられる。一方，低地では，木質泥炭が蓄積した泥炭湿地林や，腐植酸酸性の薄い泥炭的な腐植が珪砂層の上に乗ったヒース林が広く出現する。これらの森林の高さはせいぜい35 mで，構成種も（フタバガキ科は重要な要素であるが）混交フタバガキ林とはほとんど重複しない。熱帯多雨気候下では，降水量が蒸発散量を上回るために，丘陵地では地表水が有機物土壌の流去をもたらし，低地では長期の滞水によって泥炭林やヒース林植生が出現する。全地球的なスケールにおいても，熱帯泥炭の炭素蓄積や開発による放出は無視できない。数年〜10年程度のスケールで生じるENSOで数ヶ月降雨をみないような乾燥期が起こると，大規模な火災に見舞われることがある。熱帯域でもより北回帰線に近く，また大陸型になってモンスーン気候による降水の年変動が明瞭なインドシナ半島では，熱帯モンスーン林（熱帯季節林）が発達する。乾季の強さにより，常緑性から落葉性の雨緑林に変化する。

　地球上で日射量が最も多く，かつ降水条件に恵まれた地域に広がる熱帯林は，大量の蒸発散とそれにともなう熱交換によって気候に影響を及ぼすことが，早くより指摘されている（Nobre et al. 1991）。ここでは，炭素交換を通じた気候への影響をおもに東南アジア熱帯林の調査結果をもとに検討する。

すでに述べられているように，地上調査から陸上生態系と大気とのあいだで二酸化炭素の交換量を推定するためには，その刻々の輸送量を測定する微気象学的手法と，植物によって固定された炭素量を調査してその差分から推定する生態学的手法がある。いずれも推定に関する問題点を含んでいて改善の工夫がなされているが，熱帯林の場合，その鉛直構造が大きく複雑であることや時間・空間両面における不均質性が大きいことなどから，温帯林や草原などに比べて推定がより難しい。このことから微気象学的手法と生態学的手法による結果のクロスチェックがとくに重要と考えられる。熱帯林に限らず極相に達した森林では，それを取り巻く環境が変動をもっていても周期的であるとみてよいならば，光合成による炭素吸収と生態系呼吸による放出は長期間にわたる平均では等しく，つりあっていると考えられる（Carey et al. 2001）。しかしながら，大気中の二酸化炭素濃度増加など大気環境が非周期的に変動している場合は，炭素の吸収量と放出量は必ずしもつりあわない。また，極相に達していないで生態系が成長または衰退している場合，泥炭湿地林において有機態炭素の分解抑制で炭素蓄積量が増加している場合や逆に過去の蓄積の分解が促進されてるような場合も両者はつりあわない（Hirano et al. 2007）。熱帯林の場合，あるいは，その巨大な面積からみて，わずかな不つりあいが，地球規模でみた炭素収支のうえで大きな役割をもつことが指摘されている（Bousquet et al. 2000; Saleska et al. 2003; Lewis et al. 2009）。熱帯林生態系は現時点でのシンクかソースかという観点から重要であるばかりではなく，そこでの炭素動態が気象や人為による環境変化によってどのような影響を受けるのかを予測することが，とりわけ重要な課題に位置づけられる。大きな光合成と大きな生態系呼吸が経年変動し，それがほぼつりあっている状態から，気象変化や人為によってそのつりあいが大きく崩れることが十分考えられるし，現にそうなっているのではないか，これを検出することが大きな課題と考えられるからである。

1　熱帯林の種類と環境の多様さ

　熱帯林の成立している領域は，南と北の回帰線に囲まれた1年を通じて日射量の大きい地域に位置し気温の季節変化が小さいため，生態系の分布には，降水量の多少が大きな影響を及ぼす。もちろん，標高が高い山地では気温低下の影響が現れるが，乾燥の影響を第一に挙げなければならない。熱帯林のなかで，熱帯多

雨林は最も湿潤で高温の平地を占めており，樹高が高く，また，種の多様性が高い特徴があり，まさしく熱帯林の代表といえる。熱帯多雨林には，連続した樹冠よりもさらに突出したエマージェントとよばれる超高木がところどころにみられ，その高さは 50 m を超えることもある。この巨大で構造の複雑な熱帯多雨林は，常に高温である赤道付近に南北からの偏東風によって湿潤な空気が集まり年中雨が多いという気候条件に支えられている。緯度にそって赤道から離れていくと降水量が徐々に少なくなって熱帯季節林に移行し，長い乾季に葉を落とす落葉樹林（雨緑林）が現れて，森林が一般に貧弱になっていく。こうした湿潤から乾燥への移行は，緯度による変化だけではなく，海洋からの風による湿潤な空気の供給が及ぶかどうかにも依存する。島嶼や半島によって陸地が構成されている東南アジアは，海陸の温度差に基づく季節風（アジアモンスーン）が季節ごとの乾湿において支配的な役割を果たす（松本 2002）。しかし，南米や中央アフリカでは大陸奥地にも熱帯多雨林が存在し，これには，森林の活発な蒸発散が多量の降雨のソースとなる水のリサイクルによって支えられている（Makarieva and Gorshkov 2007）。東南アジアのタイでも，季節風の弱まった雨季の後半に降雨が森林の蒸発散によるリサイクルでもたらされる傾向が大きくなるため，過去数十年の森林消失によって降雨が減少したことが検出されており（Kanae et al. 2001），生態系が熱・水交換を通じて気候に及ぼす影響も重要ということがわかってきた（Yasunari et al. 2006）。また，熱帯地域においても標高が上がると，降雨が増加し気温が低下していくから（蔵治・北山 2002），相対的に湿潤な環境となり，日本の照葉樹林に近い森林や着生植物に覆われた雲霧林など，さまざまな森林のタイプが出現する。また，熱帯地域には広大な泥炭湿地林があり，海岸には汽水域にも生育できるマングローブ林も分布している（熊崎・渡辺 1994）。

　以上のように，熱帯林は乾湿条件をはじめとする環境条件に順応して，多様な空間分布を成立させている。ここで問題としている炭素収支においても，それぞれのタイプごとに特徴をもっていると考えられるが，それを十分に理解するにはデータがあまりにも乏しい。ここでは，数少ない研究サイトでの炭素収支の実態をみる前に，熱帯林試験地付近の気候を具体的に調べておく。図 3-21 は，半島マレーシアの熱帯多雨林（Pasoh 森林保護区）（Tani et al. 2003），タイの熱帯季節林2ヶ所（丘陵常緑林の Kog-Ma 試験地）と乾燥常緑林の Sakaerat 研究林における月降水量と月平均気温と森林蒸発散量の季節変化（Tanaka et al., 2003; Tanaka et al.

図 3-21　熱帯林試験地の気候および推定された森林蒸発散量の季節変化

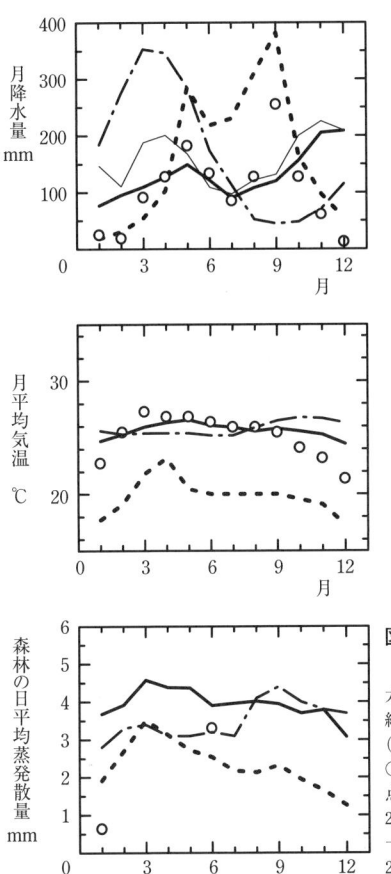

太い実線: Pasoh (1996-99 の平均; Tani et al. 2003)
細い実線: Kuala Pilah (1896-1975 の平均降水; Macrofocus (http://www.worldclimate.com/) に基づく)
○: Sakaerat (1967～1970 の平均, Pinker et al. 1980)
点線: Kog-Ma (2000～2005 の平均降水，気温; Tanaka et al. 2008, 1998～1999 の平均蒸発散; Tanaka et al. 2003)
一点鎖線: Tapajós の蒸発散 (2000～2001; da Rocha et al. 2004)，その近郊 Santarem の気温，降水量 (1914-1981; Macrofocus (http://www.worldclimate.com/) に基づく)

2008; Pinker et al. 1980) を，南米アマゾンの熱帯多雨林 (Tapajós 試験地) (da Rocha et al. 2004) と対比して示した。蒸発散の推定法を簡単に説明すると，Pasoh では，ボーエン比法によって無降雨期間の蒸発散を，林内雨量測定に基づく水収支法で遮断蒸発を測定し，これによって Penman-Monteith Rutter モデルのパラメータの値を求めて蒸発散量が連続推定された。Kog-Ma では，渦相関法で無降雨時の蒸発散を，水収支法で遮断蒸発を，さらにヒートパルス法で樹木個体の蒸散速度を測定して多層モデルのパラメータの値を求めて連続推定された。Sakaerat では，傾度法によって測定された顕熱を放射収支量から差し引いて潜熱を求めるこ

とによって短期間のみ蒸発散量が推定された。Tapajósでは渦相関法の連続測定によって蒸発散量が推定された。なお，Pasohの蒸発散量は1996-99年の平均であるが，エルニーニョの少雨期間を含むため，Pasohのこの期間の降水量に加えて，近隣のPasoh Duaでの長期間の平均降水量を併記した。

　Pasohでは，降水量が最も多い月は11月で5月にもやや多く，これらに挟まれた期間には雨が少ない傾向があるが，月降水量が100 mmを大きくは下回らず季節変化は小さい。ただし，年降水量は半島内陸部にあたるため1800 mm程度で熱帯多雨林気候としては多くない（1996〜1999年は1600 mm程度とさらに少ない）。また，気温の季節変動は非常に小さい。蒸発散量は，雨季にやや小さい傾向はあるが，年内変化は乏しい。つぎに，タイの2ヶ所は12月から3月にかけて降雨がきわめて少ない乾季で残りの季節が雨季であり，5月と9月に降水量のピークがみられる。気温は乾季の終わりに高くなり，雨季の後半が低くなっている。丘陵常緑林のKog-Maは乾燥常緑林のSakaeartよりも気温がかなり低い。年降水量はそれぞれ1600 mmと1200 mm程度である。蒸発散量はKog-Maでは乾季後半に多いが，これは根が4-5 m以上深層まで到達して表面土壌の乾燥の影響を受けにくいためと説明されている（Tanaka et al. 2004）。Sakaeratは短期間の結果ではあるが，乾季に雨季よりも少ない蒸発散量が推定されている（Pinker et al. 1980）。ここでは，常緑林と落葉林が混在しており（Lamotte et al. 1998），Kog-Maに比べて雨が少なくかつ高温のため乾燥の厳しい環境であることがわかる。南米のTapajósは，3〜4月の雨季の降水量が非常に大きいが，8〜11月の乾季の降水量は100 mmを下回っており，年降水量は2000 mm程度と多いにもかかわらず雨季と乾季の差がマレーシアよりむしろ大きい。気温の変動は小さいが乾季にやや高くなる。蒸発散量は，明確な乾季が存在するにもかかわらず，乾季に大きくなることが注目される。

　図3-21に示す気候は一例であって，熱帯林にはさまざまな森林タイプが存在する。そのなかで，降雨の少ない時期に蒸発散量が低下しないか，むしろ大きくなるという傾向は常緑林にかなり広くみられるようであり，年降水量が小さくても長い乾季がなければPasohのように熱帯多雨林が成立できる。しかし，乾燥が厳しくなると常緑林の存在が限界に達してきて，落葉樹林に移行していくと推定できそうであるが，Sakaeratの測定には精度の問題があり，どの程度の乾燥で蒸発散量が低下してくるのかは，今後の研究課題であろう。つぎに，これらの熱

帯林の炭素交換について，微気象学的調査と生態学的調査の両面から進められている数少ないサイトの研究結果を紹介する。

2 熱帯林の炭素収支概要

熱帯林における生態系純生産量（NEP），光合成総生産量（GPP），生態系呼吸量（RE）の実測データは南米アマゾンでの研究例が多く，年間の GPP は 30〜36 tonCha^{-1} 程度である（Carswell et al. 2002）。また，世界全体の熱帯林での生態学的調査を集めて解析した研究によると，NEP は，南米ではほとんどの熱帯林で炭素のシンクになっているという結果である一方，アジアやアフリカではそのような傾向が見出されておらず，人間による攪乱影響が大きいことが理由として考えられてきたが（Phillips et al. 1998），最近，アフリカでも同様の解析により炭素シンクを示すとの報告が得られた（Lewis et al. 2009）。このように，熱帯林の炭素収支については，生態学的手法による調査結果がデータ集積とともに微妙に変動している現状であり，だからこそ，生態学的および微気象学的な調査がますます重要になっているといえる。

ここでは，おもに微気象学的手法によって最近得られた東南アジアの試験地での炭素交換の結果を紹介してゆきたい。まず，Pasoh 熱帯多雨林における 2003〜2005 年の 3 年間における 3 年平均炭素フローの値は，GPP，RE，NEP の順に，32.4，31.2，1.2 tonC ha^{-1} year^{-1} と推定されている（Kosugi et al. 2008）。また，Sakaerat 常緑季節林では，2002 年と 2003 年とでは値がかなり異なり，GPP，RE，NEP の順に，2002 年は 35.6，37.4，-1.8，2003 年は 39.6，38.7，0.9 tonC ha^{-1} year^{-1} となっている（Hirata et al. 2008）。図 3-22 は Pasoh の 2003〜2005 年の 3 年間平均の，NEP，GPP，RE および土壌呼吸量（REsoil）の変化を示したもの，図 3-23 は Sakaerat の 2002，2003 年の NEP，GPP および土壌水分量の季節変化を示したものである（Saigusa 2008）。Pasoh では，季節変化が乏しいが，雨の最も多い 11 月に RE が GPP を上回って CO_2 が放出される。また，Sakaerat では，土壌水分の減少する乾季に GPP が少なく雨季に大きくなる明瞭な季節変化がみられる。とくに東南アジア全体に降水が少なかった 2002 年前半は，これを反映して乾燥が続き 1〜4 月の GPP が非常に小さくなっており，その結果が 2002 年と 2003 年の値の違いに現れている。

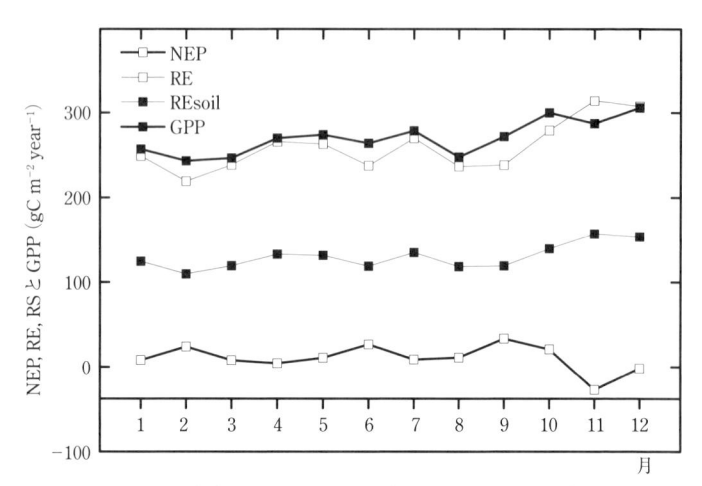

図 3-22 Pasoh 熱帯多雨林における炭素収支の季節変化（Kosugi et al. 2008 を一部改変）
NEP: 生態系純生産，GPP: 光合成総生産量，生態系呼吸量（RE），土壌呼吸量（RS）

日射が年中多い熱帯において，気温変化も乏しい平地では，おもに降水量の変動が蒸発散の季節変化に影響することは前節で述べた。そのため，GPP や RE も降水量変動の影響を受けるが，乾湿の影響の現れ方が試験地それぞれで異なっており，大気中 CO_2 濃度への影響からみて重要な NEP の値が GPP と RE のデリケートな差を反映することになる。そこで，GPP と RE の季節変化について，さらに詳しくみていくことにしたい。

3　Pasoh 熱帯多雨林におけるプロセス研究

炭素交換の結果をもたらす詳細なプロセスについての東南アジア熱帯林を対象とした研究は非常に少ないが，Kosugi et al.（2008）の Pasoh 熱帯多雨林での調査に基づいて検討する。まず光合成による日中の CO_2 吸収であるが，日中の NEP は日射とともに大きくなり，日射がある程度大きい場合，飽差の増加とともに小さくなる。ところが図 3-24 に示すように，これらの条件が同じ場合でも，NEE（NEP に負号をつけたもの）が午後は午前に比べてゼロに近づく，すなわち，NEP が低下する傾向があり，この傾向は季節を問わず年中みられることが注目される。これは，午後になんらかの理由で NEP が抑制されるためで（Kosugi et al.

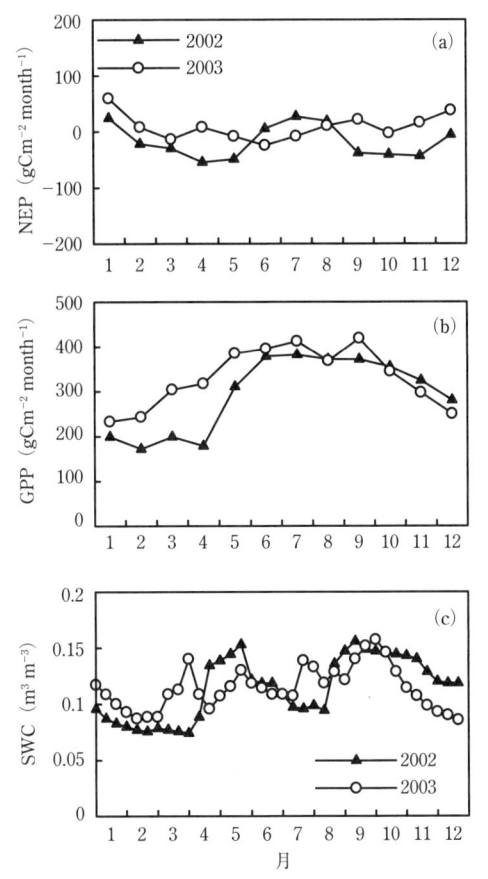

図 3-23 Sakaerat における炭素収支（NEP, GPP の月量）と土壌水分（SWC: 体積含水率の10日平均）の季節変化（Saigusa et al. 2008 の原図を一部改変）

2008），この抑制には不均質な気孔の閉鎖が関わっていることが報告されている（Takanashi et al. 2006）。また，温帯林に比べて林内の CO_2 貯留の変動が非常に大きく，午前中の光合成には夜間の呼吸によって蓄積した CO_2 が使われる傾向が顕著にみられる（Kosugi et al. 2008; Ohkubo et al. 2008）。これは，Pasoh 以外でも南米アマゾンでも観測されており（Carswell et al. 2002），巨大で複雑な熱帯多雨林共通の特徴とみられる。

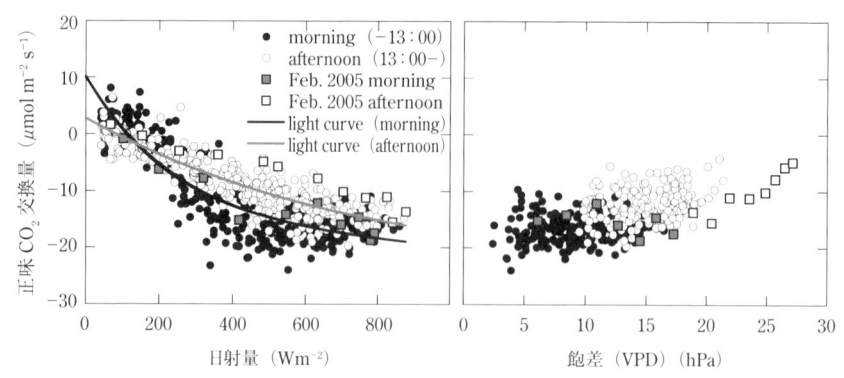

図 3-24 午前と午後の正味二酸化炭素交換量（NEE＝吸収量 NEP に負号をつけたもの）の (a) 日射および (b) 飽差（VPD）に対する関係（Kosugi et al. 2008）
(a) は日射が 40 Wm^{-2} 以上，(b) は日射が 400 Wm^{-2} の場合をプロットした．
午前午後を 13 時で分けているのは，半島マレーシアローカル時間では約 13 時に太陽高度が最大になるためである．
観測期間で最も乾燥していた 2005 年 2 月を記号で区別しているが，そのときを含めて，午後に吸収量が小さくなる傾向がみられる．

　夜間の生態系呼吸による CO_2 放出については，渦相関法で測定した樹冠上 CO_2 輸送量が静穏で乱流混合の弱い場合に過小評価の傾向をもつことが一般に指摘されている．この問題点に対し，摩擦速度が閾値よりも大きい場合に限っては樹冠上の放出量の測定値が正しいとみなして，閾値未満の場合の放出量を温度に対する依存関係式から計算する補正方法が，温帯林では一般に適用されている（Goulden et al. 1996; Hirata et al. 2008）．しかし熱帯林では，摩擦速度の閾値をいくらにするかによって NEP が変化してしまう問題点が温帯林より大きく現れ（Miller et al. 2004），Pasoh，Sakaerat ともこの補正方法の適用が難しいことがわかってきた．すなわち，Pasoh の場合には，摩擦速度の補正によって推定された夜間の CO_2 放出量に林内 CO_2 貯留量の時間変動を加味しても，推定される生態系呼吸にとうてい満たないことが明らかになった（Kosugi et al. 2008）．生態系呼吸は，根の呼吸と土壌中の従属栄養生物呼吸の和である土壌呼吸に加え，幹，枝，葉の呼吸，粗大有機物の分解にともなう呼吸の合計であって，これらをすべて精度よく推定することは熱帯林に限らず容易ではない．摩擦速度の補正の妥当性については，温帯森林で生態系呼吸をチャンバー法によって別途推定して検討する試みがなされているが（Ohkubo et al. 2007; van Gorsel et al. 2007），熱帯林における夜間

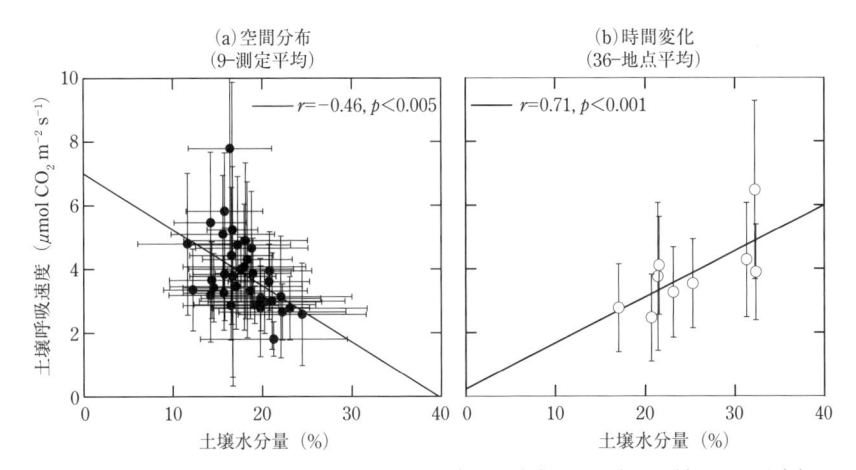

図 3-25 Pasoh における (a) 土壌呼吸の空間分布の土壌水分に対する関係,および (b) 土壌呼吸の空間平均値の時間変化の土壌水分に対する関係 (Kosugi et al. 2007)
(a) は 9 回行った測定を平均して,場所による土壌呼吸と土壌水分の関係をみており,(b) は 36 点で測定した土壌呼吸の空間平均値が土壌水分によって季節とともにどのように変化するかをみたものである。

NEP の過小評価の改善には,同様の調査に基づく検討が今後さらに必要という段階である (Goulden et al. 1996; Chambers et al. 2004)。こうしたことから,Pasoh では土壌呼吸観測をもとにした推定結果が示され (Kosugi et al. 2008),Sakaerat では,渦相関法による測定値が妥当とみなせる夕刻時の大きな CO_2 放出をもとにした van Gorsel et al. (2007) の補正法が検討されている (Saigusa et al. 2008)。熱帯林の炭素交換評価において非常に重要な問題点であるので,Pasoh での土壌呼吸観測結果 (Kosugi et al. 2007) について,さらに説明を加えたい。

土壌呼吸は生態系呼吸の構成成分として一般に最も寄与が大きいことが知られている。土壌呼吸量は一般に地温によって大きく変動するが,地温変化の小さい熱帯においては土壌水分の影響が相対的に大きく現れる。しかし,土壌水分の土壌呼吸への影響は,土壌呼吸が根の呼吸と従属栄養生物による分解呼吸で構成され,いずれも空間分布が不均質であるため,単純ではない。すなわち,場所ごとの根や土壌微生物の密度が土壌水分の空間分布と関係をもっているのに加え,時間的な乾湿変動の影響が土壌呼吸に現れる。Pasoh で空間分布を季節ごとに調べた結果は,図 3-25 に示すとおり,湿潤な場所で呼吸が小さくなる傾向があるが,土壌呼吸の空間平均値は乾燥期に大きくなるわけではなく,逆に小さくなる。この一見不合理にみえる結果は,空間的に湿潤な場所では,土壌水分が根量・微生

物量・有機物量などになんらかの負の影響を及ぼしている可能性がある一方で，時間的にみた場合には乾燥期よりも湿潤期に根呼吸や有機物分解の活動が活発になると推定されることから解釈できると考えられる。Pasohでは，空間的に湿潤な場所で土壌呼吸が小さい傾向は，この場所が乾燥しても回復しないことから，飽和に近い土壌でのガス拡散の抑制によるものではないと考えられる。これに対し，アマゾンの熱帯多雨林では，Pasohと類似した結果もある（Davidson et al. 2000）が，降雨の後など土壌間隙が飽和に近づいた場合にガス拡散が抑制され，土壌呼吸が小さくなる場合も報告されている（Sotta et al. 2006）。このような相違は，Pasohが熱帯多雨林にしては比較的降水量が小さい環境によるのかもしれず，気候条件によって土壌水分の影響は多様に現れると考えられる。また土壌呼吸以外の成分，すなわち葉・枝・幹呼吸であるとか，土壌呼吸の構成成分，すなわち根呼吸・土壌有機物（SOM）分解，粗大有機物分解といった，生態系呼吸を構成する各成分についての詳細な研究は，さらに立ち遅れており，今後のデータ蓄積が望まれるところである。

4 熱帯林環境応答のデリケートさ

すでに述べたように，熱帯林のNEPは光合成生産と生態系呼吸のいずれも大きな値の微妙な差として求められる。渦相関法をもとにした推定研究の例が報告されているアマゾンでは，年間NEPが正で炭素吸収の結果になった例（Grace et al. 1996; Carswell et al. 2002）や，生態系呼吸が光合成を上まわり炭素放出となった例（Saleska et al. 2003）が得られている。このことから，炭素交換が吸収か放出かは，光合成と生態系呼吸のそれぞれの環境への応答の違いによって変動することがわかる。

日中における群落の光合成についてはPasohの場合，樹木の生理的な特性によって午後に低下する傾向はあっても，土壌の乾燥の影響は小さいようである（Kosugi et al. 2008）。こうした傾向はアマゾンのTapajósの熱帯多雨林でも指摘され，根が深くまで達し土壌乾燥による光合成への制限がかかりにくいためであろうと推測されている（Goulden et al. 2004）。これに対して，生態系呼吸の半分程度を占める土壌呼吸は，土壌水分と正の関係があり，結果的に，乾燥期に炭素吸収，湿潤期に炭素放出の傾向が得られる（Kosugi et al., 2008, Saleska et al. 2003; Goulden et al. 2004)。このような傾向は，アマゾンの熱帯多雨林において，CO_2 は一般に吸収傾向であるが，乾季には利用可能な水の制限によって吸収が低下するという従前の結果 (Tian et al. 1998) と異なっており，議論がつづけられている (Saleska et al. 2003)。Tapajós での研究によると，CO_2 が吸収される時期は，土壌呼吸が低下するときに対応するが，それは樹幹成長が低下するタイミングにあたっている。また，樹幹成長は雨季終了時期に先だって低下することから，樹幹成長が乾燥への応答というよりは植物自体の固有の性質として季節変動している点が指摘されている。樹木が乾燥に対する固有の複雑な耐性をもっているため，樹幹成長の季節変化のようなゆっくりした CO_2 吸収プロセスの変動が CO_2 収支に現れるのではなく，むしろ，乾燥による落葉の分解量の急な低下などにともなう CO_2 放出量の減少が CO_2 収支を吸収側に変化させる原因になっていると考えられている (Goulden et al. 2004)。

　ところが，落葉林が現れるような厳しい乾季がある場合には，光合成生産による CO_2 吸収量そのものが低下せざるをえないわけであり，その一方，生態系が生存している以上呼吸は継続するので，NEP はマイナス，すなわち CO_2 放出傾向になってくる。図 3-23 にみた Sakaerat のエルニーニョ時の CO_2 放出増加はその現れのひとつとして説明される。いずれにしても，熱帯環境における光合成生産と生態系呼吸はともに大きく，その大きな量の引き算による微妙なバランスが CO_2 の吸収・放出を左右していることがわかってきたわけである。

　さて，Pasoh，Sakaerat，あるいはアマゾンの Tapajós はなんらかの攪乱の影響を受けていたとしても基本的には自然環境が維持された森林として炭素収支が研究されている。現実には，熱帯では，広く人為影響が生じているのだが，炭素収支のデータは乏しい。そのなかで，泥炭湿地林で排水路を設けている場合の炭素収支の貴重な研究が，Hirano et al. (2007) によって行われているので，ここで紹介する。インドネシアのカリマンタン島の Palangkaraya では，乾季前半には土壌水分が低下し微生物呼吸が減少するが地下水位がまだ高いため泥炭の分解は進まず，CO_2 は吸収または放出吸収がつりあった状態であるのに，乾季後半から雨季初期にかけては地下水位が低下して泥炭分解による放出が大きくなる一方，光合成は乾燥のために減少して，結果的に大きな CO_2 放出が起こることが明らかになった。排水による環境変化が大きな炭素放出を招く結果であり，人間活動の炭素収支への影響が大きいことを明確に示すものとして重要な研究結果といえ

る。

5 生態学的調査とのクロスチェック

　前節でみた光合成と呼吸の季節ごとにおける炭素収支の微妙な変動は，長期的に平衡に達している熱帯の天然林で広くみられる現象と考えられるが，倒木によって形成されるギャップの空間分布の不均質性もまた，炭素収支に大きな影響を及ぼす。生態系調査においては，対象とする生態系のなかにこのようなギャップを平均的に含んでいるような広さを取らないと調査結果に大きな誤差を生じるので，構造が大きくかつ種の多様性に富む熱帯林を対象とする場合には，この誤差を小さくすることがとくに重要で，かつ手間のかかる課題になる。Pasoh においては，1973 年から生態学的調査が行われており，1994 年からは 6 ha プロットにおける地上部バイオマスの変動調査が 2 年ごとに行われている。Hoshizaki et al.（2004）によると，1973 年に比べて 1994 年は地上部バイオマスが減少し，98 年はさらに減っている。これはおもに直径の大きな樹木の枯死による粗大有機物蓄積によるところが大きかったためである。このような場合，少ない枯死個数で大きなバイオマス減少を引き起こすため，空間的な不均質性がきわめて大きく，微気象学的観測の結果との比較において課題を残すことになる。その後の調査継続によって，地上部バイオマスは 2002 年以降減少から逆に増加に転じたことがわかっており（Niiyama 未発表），粗大有機物が大きなプールとして年を単位とする炭素収支の変動を支配していることが理解されてきた。Sakaerat の熱帯季節林においては，生態学的調査は生態系全体の炭素貯留量はほぼ安定，あるいはやや減少しつつある結果を示し，炭素のわずかな放出を示唆している（Kanzaki et al. 2009）。

　このような熱帯林における大きな空間不均質の問題点にかんがみて，Pasoh では 50 ha という面積の大きな試験プロットにおいて倒木調査を行い，ギャップを含む群落全体の時間的空間的な不均質性を考慮したうえでの炭素動態の把握を試みている（Yoneda 未発表）。また，不均質性の問題とは別に，地下部のバイオマスの情報が乏しいことも炭素収支推定における問題点になる。すなわち，地上部バイオマスの変動と地下部バイオマスの変動は時間的にずれがあると考えられ，細根の生成と枯死の速度，土壌炭素の増加減少など，地下部の炭素動態が炭素収

支に影響する．また，それらの時間変化の推定以前に，地上部バイオマスと根のバイオマスの現存量の関係を推定するためのデータも乏しい．Pasoh 試験地に近い森林で伐採が行われたのを機会に，このような地下部堀り取りによるバイオマス現存量調査も行われ，地上部と地下部のバイオマスの量的関係がわかりかけてきた（Niiyama 未発表）．熱帯林の炭素収支の把握には，こうした多方面からの調査努力がどうしても必要である．こうした生態学的調査の努力と，最近わかってきた微気象学的手法からの知見，すなわち，熱帯林における光合成吸収と呼吸放出の差が乾湿条件に応答してそれぞれのタイプごとにデリケートに変動するという知見を組み合わせてはじめて，環境変動に対応して熱帯林が炭素交換がどのように変動をしているのかが正しく理解できていくものと考えられる．

Ⅳ 高山草原の炭素収支 — 青海・チベット草原

草原は狭い意味ではイネ科の草本植物が優占している生態系であるが，広い意味では「イネ科に限らず，木本植物以外の植物により構成される丈の低い群落をすべて草原と称している場合が多い」（岩城 1973）．陸域生態系の炭素収支を考える場合，草原について注目すべき点がいくつかある．まず，草原生態系は非常に広大な面積を占める点である．定義や生態系の分類にもよるが，草原生態系は陸域生態系面積の約 30～43％ を占める（Ajtay et al. 1979; Whittaker and Likens 1975; Olson et al. 1983; White et al. 2000）．IPCC 第 3 次報告書（2001）では，陸域生態系を森林，草原，農地および砂漠・半砂漠に分けた場合，草原の面積は森林とほぼ同じ程度（陸域生態系の約 1/3）としている（表 3-3）．つぎに，草原には多量の炭素が蓄積されている．上記の報告書では，草原生態系の炭素蓄積量は 965 Pg C と推定されている．これは陸域の炭素蓄積総量 2441 Pg C の約 40％ にも達している（IPCC 2001）．他の推定値も，草原の総炭素蓄積量は 650 Pg C から 965 Pg C までのあいだにある（White et al. 2000）．すなわち，草原と森林を比べたとき，炭素蓄積総量には大差がないことがわかる．さらに，草原生態系の炭素は，森林生態系とは異なりおもに土壌中に蓄積されていることも注目すべきである．土壌中の多くの易分解性有機炭素は植物体炭素と比べ分解されやすい．また，草原生態系の炭素収支は，土壌炭素の割合が高いため温暖化にともなう気候変動に対してよ

表 3-3　陸域バイオマスの炭素蓄積量と平均炭素密度（IPCC 2001 から再計算）

	面積 (10^9 ha)	炭素蓄積量（Pg C）			平均炭素「密度」（t C/ha）		
		植生	土壌	合計	植生	土壌	生態系
森林	4.17	359	787	1146	86	189	275
草原	4.80	96	869	965	20	181	201
砂漠と半砂漠	4.55	8	191	199	2	42	44
作物	1.60	3	128	131	2	80	82
合計（平均）	15.12	466	1975	2441	31	131	161

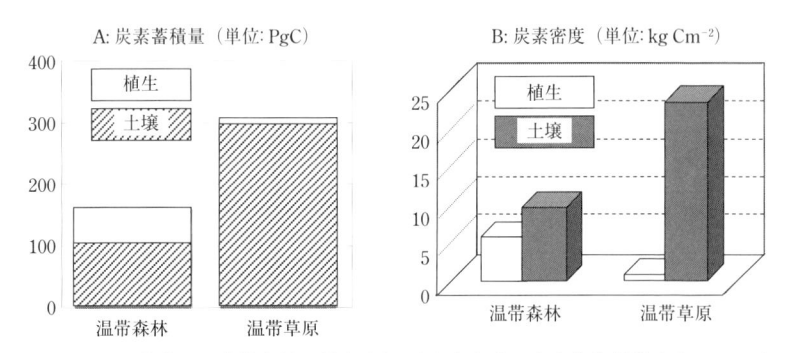

図 3-26　温帯草原と温帯森林の植生（地上部）と土壌の炭素蓄積総量（A），およびそれぞれの面積あたりの炭素蓄積量（炭素密度）（B）（IPCC 2001（表 3-3））

り「敏感」で変化しやすいかもしれない（Post et al. 1982）。

　これらのことから，陸域生態系全体の炭素収支を考える場合，草原生態系に対する温暖化の影響を正しく評価することが非常に重要であることがわかる。しかし，森林生態系に比べ，草原生態系の炭素収支に関する知見は乏しい。とくにアジア地域では，草原生態系の炭素収支に関する観測データがこれまで非常に不十分であった。

　アジアの草原（中東地域を除く）は，世界の草原面積のうち 16.8％を占め，その多くは東アジアの中国，西アジアのカザフスタンと北アジアのモンゴルに集中している（White et al. 2000）。この三つの国，つまり中国，カザフスタンとモンゴルでは，草原植生はそれぞれ国土の 41.9％，61.5％および 83.8％を占め，合計面積は約 690 万平方キロにのぼる（White et al. 2000）。他の草原生態系と比べて，アジアの草原生態系の多くは標高の高いところに分布している。そのなかで，青海・

チベット草原は地球上で最も高地に分布している。とくに、チベット草原は平均標高が 4000 m を超えている。また、モンゴル高原の草原もほとんどが標高 1000 m 以上の場所にある。高地の生態系は、気候が寒冷なため、地球温暖化による気温の上昇幅が大きい可能性がある (Beniston 1997)。過去 50 年間の気象データを解析した結果、チベット高原の年平均気温と冬の平均気温の上昇速度は、同緯度の他の地域より大きいことがわかった (Liu and Chen 2000)。さらに、チベット高原の気温上昇に伴い、降水量も増加傾向にあることが示唆されている。一方、気温の上昇にともなって、高い標高の地域では土壌呼吸速度の上昇も大きいことが予想される (Rustad et al. 2001)。したがって、高山草原に及ぼす温暖化の影響も大きい可能性があり、陸域の炭素動態と温暖化とのあいだの関係を検討する場合、高山草原生態系は大変興味深い生態系といえる。アジア草原生態系の炭素収支を評価するためにも、高山草原の炭素蓄積量や炭素収支を把握する必要がある。

1 青海・チベット草原の環境

　青海・チベットは中国語で「青蔵 (藏)」といい、青海省 (青) とチベット自治区 (藏) の所轄地域を指す。青海・チベット「高原」は、この二つの行政地域に、さらに甘粛省の南部地域と四川省の北部地域、および雲南省と新疆ウイグル自治区の一部も含める。しかし、標高・地勢からみると、この「高原」地域の範囲はさらに広く、ネパール、インド、パキスタンなどの一部も含まれる (図 3-27、左)。面積でいえば、青海・チベット高原は、中国領内ではおよそ 250 万 km^2 を占め、その隣国につながる高原地域を含むと約 370 万 km^2 にもわたる。そのうちの約 60% を草原が占めるとすれば、この高山草原は地球上の高地に分布する草原生態系のなかで面積の最も広いものとなる。

　青海・チベット高原の草原生態系は、地球上例のない独特な気候環境をもつ。まず、標高が高いため、対流層が薄く大気中の塵埃と水蒸気分子が少なく、地面に到達する太陽の放射は非常に強い。日射量は 212 から 252 Wm^{-2} までのあいだにあり、同じ緯度で太陽放射が最も高い生態系である (Weng 1997)。太陽の放射特徴だけからみれば、この高山草原では、植物の光合成に十分なエネルギー供給がある一方、過剰な日射は光合成速度を低下させることも考えられる (強光阻害)。また、青海・チベット草原では、気温の年較差が比較的小さく、日較差 (昼夜の

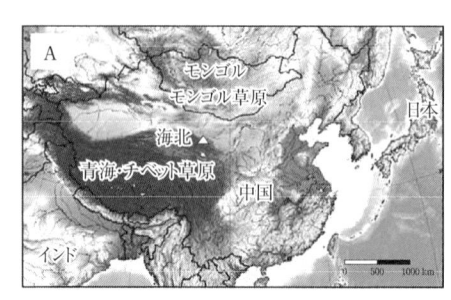

図 3-27 (A) 青海・チベット草原の位置と青海省海北の渦相関法 CO_2 フラックス観測サイト（中央の白三角）；(B) 海北サイトの観測風景

温度差）が大きいことも特徴的である．たとえば，気温の日較差は 20℃ 以上になるところが多く，天候の変化も激しく，「1 日に春夏秋冬の四季がある」ともいわれている．季節的には，冬は長いが夏が短く，春の温度上昇と秋の温度低下が激しい．さらに，青海・チベット草原の降水量は，空間的変動が非常に大きいことが特徴である．青海・チベット高原の東南部から西北部へ，平均年降水量は約 600 mm から 50（20）mm 前後まで低下する．降水量のこのような空間的変化に対応して，青海・チベット高原の草原植生も東南部の低木湿地草原から，西北部の高寒草原または高寒荒漠草原へと推移している．

青海・チベット草原の炭素収支を検討する場合，年間の降水と気温の変動パターンが注目される．青海・チベット高原の年降水量の多くは，気温の高い 5 月から 8 月までのあいだに集中する．たとえば，青海省の海北ではこの期間の降水量は年降水量の約 90％ にも達している．このような温暖で湿潤な季節は，草原植物の光合成生産に大変好適な環境を提供し，生態系の炭素吸収をうながしている．一方，10 月から 3 月までのあいだには，高原全域で低温で強く乾燥した日が続く．このような寒冷・乾燥した環境は，生態系のとくに土壌炭素の分解速度を低下させ，炭素の蓄積に有利にはたらく．

草原土壌炭素の蓄積量と蓄積速度は，草原植生の発達過程とも深い関連がある．現在のチベット高原は，いまから約 4000 万年前に海から高原への隆起が始まったとされている．高原植生の発達は高原地域の形成がある程度進んでから始まっている．それは，高原の形成によって，インド洋からの季節風が遮断され，気候が乾燥・寒冷化するのに伴い，草原植生の発達が可能となったためである．一部の研究では，いまから約 8000 年前以降，標高の低いところではイネ科の湿地草

原またはカヤツリグサ (Cyperaceae 科) の優占する沼沢・湿地草原が青海チベット高原で拡大し，その後，気候がさらに乾燥化して高原の中部地域でも草原が広がったことがわかっている (Li and Zhou 1998)。いまから約 6000 年前から，高原の気温はさらに低下し，降水量の季節変化も大きくなり，植生の分布はほぼ現在のようなパターンになった。

1980 年代，中国科学院が青海・チベット高原の一部地域について土壌炭素の調査を行った。その調査データから，高山メドウ (alpine meadow) 草原の土壌炭素密度は非常に高く，平均 15〜20 kg C m^{-2} 以上とも推定されている (Ni 2002)。この値は，同緯度に位置する他の草原と比べ，単位面積あたりの炭素蓄積量が約 1.5 倍にもなり，大変興味深いデータである。しかし，青海・チベット高原における草原生態系で，広範囲に多量の炭素が蓄積されているかどうかについては，これまでのデータが少なく回答が不可能であった。そこで，広範囲の土壌炭素蓄積量を把握するため，まず，青海・チベット高原において，できるだけ広い範囲での土壌炭素蓄積量の調査を行った。

チベット高原の炭素蓄積量を把握するため，二つ難題がある。まず，青海・チベット草原は，気候環境や生態系の種類が空間的にきわめて不均一であるので，炭素の蓄積も空間的に不均一性が高いことが予想された。つぎに，平均標高 4000 m を超える高原では野外調査作業は容易ではない。そこで，筆者らは，北京大学の学生の応援を得て，青海・チベット高原でなるべく多くの草原生態系タイプについて，炭素蓄積量の調査を行った。調査は，2001 年から 2004 年までの 4 年間に，毎年 7 月から 8 月の夏休みを利用して行われた。この季節には，草原生態系は地上部バイオマスが最大でかつ安定しているため，地上部バイオマスに基づいて土壌炭素を推定するのも比較的容易になる。

具体的には，青海・チベットのおもな草原生態系を代表する 135 地点を選び，それぞれの地点で 3 ヶ所以上の土壌プロファイルを調べた。各土壌プロファイルについて，0〜10，10〜20，20〜30，30〜50，50〜70 と 70〜100 cm の深さで土壌コアサンプルを取り，土壌水分や土壌炭素量などの測定を行った。図 3-28A に調査地点と植生の空間分布を示した。青海・チベット高原にはさまざまな草原植生が発達しているが，大きく分けて高山ステップ草原 (alpine steppe) と高山メドウ草原がある。高山ステップ草原は，おもに西北部の乾燥した地域に分布する。一方，高山メドウ草原はおもに東南方向にそって帯状に分布する。地図の白

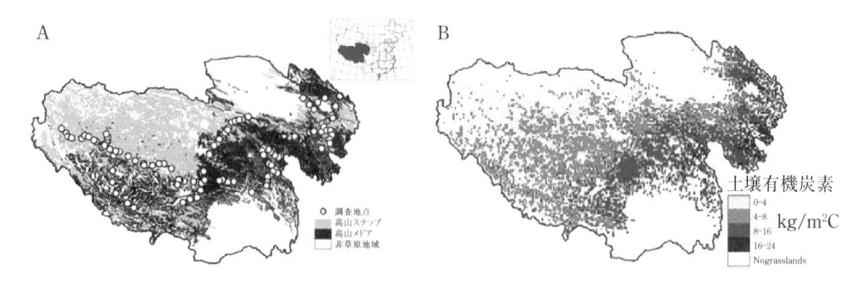

図 3-28 （A）青海・チベット草原炭素蓄積量の調査地点と植生分布（B）: 0–100 cm までの土壌有機炭素の蓄積量の空間分布（Yang et al. 2008）

抜き地域は，東北方面の格爾木（ゴルムド）砂漠や半砂漠地域と東南部の森林地域を示す．調査の 1 年目は，青海省の北部で展開し，おもに高山メドウ草原についてのサンプリングを行った．その後の 3 年間，青海省の西寧から南のチベット自治区に向かって，主要な国道に沿いに順次さまざまな代表植生を選び，調査を進めた．

2　青海・チベット草原の炭素蓄積

（1）　青海・チベット草原全体の炭素蓄積量の推定

　上記の土壌調査結果は Yang et al.（2008）に詳しく報告されている．ここでは，そのおもな内容について述べる．まず，高原全体の炭素蓄積量を推定するため，調査した 135 地点について，植物の地上部バイオマスと土壌炭素蓄積量（密度）との回帰式を求めた．すなわち，7 月下旬から 8 月までのあいだの地上部バイオマスから土壌炭素の蓄積量を推定することを試みた．その結果，データのばらつきは大きいが，地上部バイオマスと地下 1 m までの土壌有機炭素量のあいだに有意な相関が認められた（$r^2=0.39$，$P<0.001$，図 3-29）．これは，地上部バイオマスが高い草原は，土壌有機炭素の蓄積量も高いことを示している．一つの解釈としては，青海・チベット草原は標高が高いため土壌温度が低く，そのため土壌炭素の分解速度も常に低く抑えられ，土壌炭素の蓄積量は相対的に植物の光合成に対する「依存度」が高くなる．とくに，高山草原植物は地上部のほとんどが同化器官（葉）で，C/F 比が低いために光合成生産を高めることができ，生態系に高い炭素吸収能力を持たせることが可能である．他地域の草原についても，土壌炭

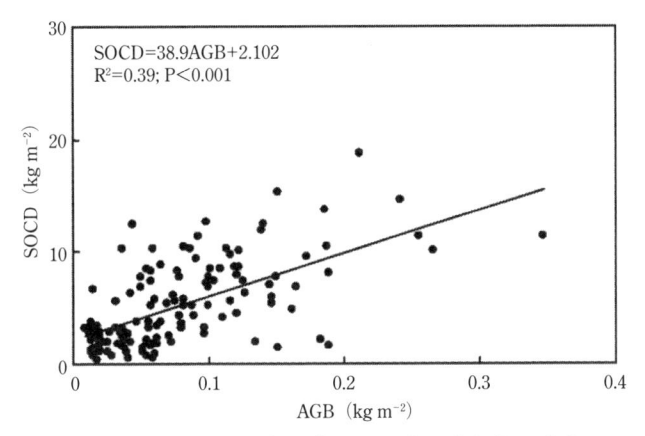

図 3-29 青海・チベット高山草原における地上部バイオマス（AGB）と土壌有機炭素「密度」（SOCD）の関係（Yang et al. 2008 から抜粋，改訂）

素の蓄積量が地上部バイオマスに大きく依存することが報告されている（Burke et al. 1989; Epstein et al. 2002）。しかし，現在の土壌炭素蓄積量は長い年月を経た結果であり，植物の地上部バイオマスは年々変動が大きいことを考えると，両者のあいだの相関関係は年によって変動することにも留意する必要がある。したがって，われわれの研究で得た土壌有機炭素の蓄積量と地上部最大バイオマスとのあいだの高い相関が一般に存在するかについては，さらに検討する必要がある。

つぎに，青海・チベット草原全体の炭素蓄積量を推定するため，調査期間に合わせ，MODIS 衛星データから Maximum Value Composition（MVC, Holben 1986）法によって毎月の改良植生指数（EVI）を求め，5月から9月までの平均 EVI を生育期間中の EVI 指標とした。推定の空間精度を上げるため 0.1×0.1 度ごとに EVI を外挿した（Piao et al. 2003）。さらに，衛星データと地上部バイオマスの関係を求めて外挿した月平均の MODIS-EVI 指数と，地上部バイオマスとのあいだには高い相関の直線関係があった（$r^2 = 0.40$, $P < 0.001$）（Yang et al. 2008）。土壌有機炭素蓄積量と地上部バイオマスの相関に基づいて，土壌有機炭素蓄積総量を広域的に推定した（$r^2 = 0.66$, $P < 0.001$）。

われわれの研究では，チベット高原の約 112 万 km^2 の草原について，土壌深度 1 m までの炭素蓄積量は約 7.36 Pg C で，平均炭素「密度」は 6.52 kg C m^{-2}

表 3-4 チベット高原二つの主な草原植生の地上部バイオマス（ABG）と地表面から各深度までの土壌有機炭素密度および炭素蓄積量（SOC，Yang et al. 2008 より改訂）

植生	面積 ($10^4 m^2$)	ABG ($g m^{-2}$)	土壌有機炭素密度（$kgC m^{-2}$）			土壌有機炭素蓄積量（GgC）		
			30 cm	50 cm	100 cm	30 cm	50 cm	100 cm
高山低草草原	62	54	2.94	3.67	4.38	1.80	2.24	2.68
高山メドウ	52	110	6.17	7.51	9.05	3.19	3.89	4.68
合計（平均）	113	80	4.42	5.43	6.52	4.99	6.13	7.36

と推定された（Yang et al. 2008）。また，二つのおもな高山メドウ草原の炭素蓄積量と地上部バイオマスについて，ともに高山ステップより高いことが明らかになった（表 3-4）。この結果は，中国の第二次土壌調査データから推定した炭素蓄積量より若干低い（Wu et al. 2003）。われわれの推定値は，Ni（2002）の推定結果よりかなり低くなっている。ただし，いずれも推定範囲が異なるので直接比較できない部分もある。さらに，青海・チベット草原の炭素蓄積密度は，温帯草原の平均値と比べてかなり低いことも判明した（IPCC 2001）。

（2） 土壌炭素蓄積量と環境要因

これまでの研究では，土壌炭素蓄積量は年平均温度に依存する（Jobbagy and Jackson 2000; Callesen et al. 2003）。陸域全体をみた場合，年平均気温 1℃の上昇に対して土壌有機炭素密度は 3.3％低下する（Schimel et al. 1994）。しかし，寒冷地域だけをみた場合，気温の上昇にともなって土壌有機炭素量が増加している（Callesen et al. 2003）。われわれの調査結果から，青海・チベット草原全体を対象とした場合，草原土壌の有機炭素蓄積量（ここでは密度）は，調査地点の年平均気温の上昇に伴い増加することが示された（図 3-30A）。今後，青海・チベット高原の温度環境の変化がこの地域の草原生態系に蓄積されている多量の炭素にどのような影響を与えるかについて検討する必要がある。

多くの草原，とくに乾燥地域の草原は，土壌有機炭素の蓄積が土壌水分に制限されている（Burke et al. 1989; Callesen et al. 2003）。青海・チベット草原の水分環境は空間的に大きな変動がある。土壌中の有機炭素「密度」は草原の生長ピーク時期に測定した土壌水分と非常に高い相関を示し，土壌水分の増加にともなって指数関数的に増加することが示された（図 3-30B）。土壌水分はチベット高原における土壌炭素の空間変動を引き起こす主要因と考えられるが，ある瞬間の土壌水分

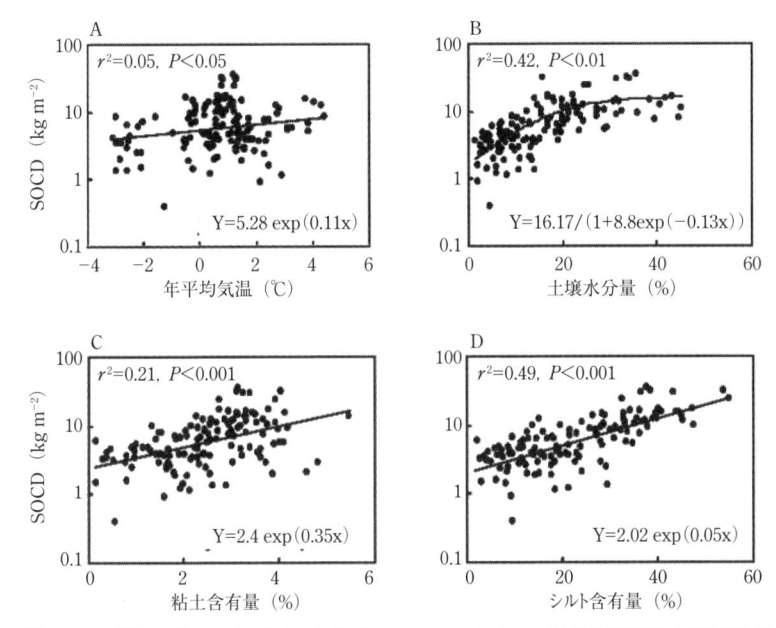

図3-30 青海・チベット高原における 0-100 cm までの土壌有機炭素量と年平均気温 (A), 調査時の土壌湿度 (B), 粘土含有量 (C) とシルト含有量 (D) との関係 (Yang et al. 2008 から抜粋, 改訂)。

量は, そのときまた直前の降水量や降水強度に依存する。したがって, ある時間断面の土壌水分量が生態系の土壌水分状況を代表しているかどうかに注意する必要がある。一方, 青海・チベット草原の場合, バイオマスの生長ピークに達する前後の7月下旬から8月のあいだ, 降水強度は比較的弱く, 太陽放射が強く蒸発散量も大きい。この時期は, 土壌中に到達する水分量が少なく, 土壌水分量に急激な変化は起こりにくいため, 土壌水分状況を「代表」できるかもしれない。また, 土壌水分量の変化に及ぼす土壌構造の影響も考慮する必要がある。Yang et al. (2008) の調査では, 土壌の粘土含有率または土壌シルトの含有率が高くなると土壌炭素の蓄積量 (密度) も高くなることが示された (図3-30, C, D)。すなわち, 粘土やシルトの含有率が高い土壌は粘性が高く, 土壌有機物の含有量も高い傾向がある。

以上の環境要因以外に, 放牧強度と土地利用状況も草原生態系の土壌炭素蓄積に大きな影響を及ぼす。Cao et al. (2004) は, 放牧強度の高い条件下では土壌構

造と土壌有機物含有量の低下によって土壌呼吸速度が大きく低下することを示した。過放牧が土壌炭素を低下させることは，他の多くの草原でも報告されている（Conant and Paustian 2002; Cui et al. 2005; Zou et al. 2007）。また，草原から農地への転用により，土壌中に蓄積されている炭素が大量に放出されることが危惧されている。青海・チベット高原でも近年放牧量の増加が激しく，草原の退化・砂漠化が進んでいる（Zhou et al. 2006）。青海・チベット草原の炭素蓄積量を評価するときに，このような人為的影響を的確に把握する必要がある。

3　高山メドウ草原の CO_2 フラックス動態

　北半球の陸域生態系，そのなかでも中高緯度の陸域生態系は，大気 CO_2 の大きな吸収源であるとの推測が出されている（Tans et al. 1990; Janssens et al. 2003）。しかし，どこでどのぐらいの速度で大気 CO_2 が吸収されているかについては，いまなお明らかでない。北半球の植生分布を考えると，北米やユーラシア大草原とツンドラ生態系が非常に広い面積を占めていることが注目される。したがって，北半球陸域の炭素収支の空間分布パターンを把握するためには，これらの広大な草原地域の炭素収支を正確に評価することが不可欠である。しかし，草原生態系，とくに青海・チベットとモンゴル草原を含めたユーラシア大草原の炭素収支に関する的確な評価は行われておらず，必要な観測データもきわめて不足している。

　われわれは，青海高原の高山メドウ草原を炭素収支の観測対象として，2001年から渦相関法による生態系の CO_2 フラックスの長期観測を行った。この地域のメドウ草原は広大な面積をもち，炭素蓄積量も他の多くの草原に比べてはるかに高い。また，青海・チベット草原の炭素フラックスを広域的に把握するために，さまざまな草原植生において，生育期間中で植物バイオマスがピークに達した時期に，生態系光合成と生態系呼吸の集中観測も試みた。

（1）　渦相関法による高山メドウの炭素収支の観測

　渦相関法を利用した CO_2 フラックス観測は，青海省北部のカヤツリグサ科ヒゲハリスゲ属（*Kobresia*）の高山メドウ草原で実施された（図3-27）。観測サイトは青海高原の北限であるチーレン（祁連）山脈の南側にあり，夏季は降水量が集中

するため湿潤・温暖であるが，冬季は乾燥・寒冷である．1月と7月の平均気温はそれぞれ−15℃と10℃である．年降水量は500から600 mm程度で，草原としては比較的湿潤な環境である．また，年降水量の約90%は植物の生長期に集中する．観測サイトの土壌は「高山メドウ土」に分類され，このタイプの土壌はチベット高原面積（植生のない部分も含め）の約22%を占める．炭素収支に関わるこのサイトの環境条件は関連論文に詳細に記載されている（Gu et al. 2003; Cao et al. 2004; Kato et al. 2004a）．

2002〜2004年の観測結果では，上記の *Kobresia* 草原の年間 CO_2 正味吸収量（NEP）は，推定方法にもよるが，平均約 120 g C m^{-2} yr^{-1} 前後である（Kato et al. 2005）．これは冷温帯針葉樹林と同程度の炭素吸収能力であるが（Kato et al. 2005），ほかの多くの草原と比べやや高い値であった（Li et al. 2005）．観測地の草原では冬季のみに放牧が行われ，そのため冬のあいだに枯れた地上部バイオマスは家畜（羊とヤク）にほぼ全部採食されている．生長ピーク時期の地上部バイオマスを 300 g m^{-2} 前後とすれば，この *Kobresia* 草原における年間の炭素はほぼ均衡していることになる．ただし，実際に採食されるのは植物地上部の全体ではないこと（とくに低木のある草原），家畜の呼吸や糞尿の分解も渦相関法で測定したNEPには含まれていることを考慮し，また生態系から地下水への炭素流失量が無視できるとすれば，*Kobresia* 草原は炭素を正味で蓄積していると考えた方が適当である．広域の土壌炭素調査では，青海・チベット高原の *Kobresia* メドウ草原は非常に多くの土壌炭素が蓄積されていることからも，現在までの気候条件下では，この地域の草原は「二酸化炭素のシンク」になっていることが示唆されている．

Kobresia メドウ草原とほぼ同じ気候条件下でも，土壌水分が少し高い場所では，低木の *Potentilla fruticosa*（バラ科の金露梅）が優占する草原（*Potentilla* 低木草原）が発達する．渦相関法の観測結果として，金露梅草原のNEPは，2003年と2004年でそれぞれ58.5と75.5 gC m^{-2} yr^{-1} という値が得られた（Zhao et al. 2005; Zhao et al. 2006）．同じ年でほぼ同じ気象条件下では，*Kobresia* 草原と比べ *Potentilla* 低木草原のNEP観測値は高かった．しかし，*Potentilla* 低木草原は家畜による採食量が少なく，地上部の植物バイオマスも多いことから，炭素蓄積速度が *Koresia* メドウ草原より高い可能性がある（Zhao et al. 2005）．

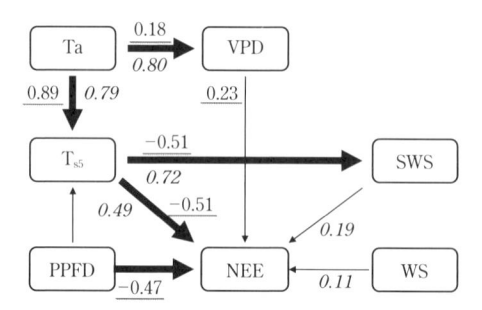

図 3-31 2002 年から 2004 年までの NEE の日変化に及ぼす環境要因の影響のパス解析結果（Saito et al. 2009 より改訂）
数字は径路係数（path coefficient）を示す。生育期間（中の経路係数は下線を引いた数字で，生育期間外の結果は下線のない斜体数字で表す。0.1 以下の経路係数は示していない。また，経路係数が 0.4 以上の場合は太い矢印で示す。Ta, Ts, PPFD, VPD, SWC と WS は，それぞれ地上 2 m の気温，土壌深度 5 cm の地温，光合成有効光量子密度，水蒸気圧飽差，土壌水分と地上 2 m の風速を表す。パス解析に使ったデータは，すべて日平均値である。

（2） 高山メドウ草原の CO_2 フラックス動態と環境要因

渦相関法の測定結果によると，*Kobresia* 草原の純生産速度 NPP（CO_2 吸収）は 7 月上旬に最も高く，9 月下旬になると生態系から CO_2 を放出しはじめる。CO_2 放出は 10 月と 4 月に最も大きく，年間二つのピークが示されている（Kato et al. 2006）。Saito et al. (2009) は，2002 年から 2004 年までの 3 年間について NEE の日変化に及ぼす環境要因の影響をパス解析で分析したところ，5 月から 9 月までのあいだは，NEE の日変化に対して土壌深度 5 cm の地温と光環境（PPFD）が最も大きな影響をもつことが示された（図 3-31）。生育が不活発な 10 月から 4 月までの期間には，土壌温度だけが NEE の日変化に大きな影響を及ぼすことがわかった（図 3-31）。地温と気温とのあいだに高い相関があることから，このような気温が低い高山生態系では，炭素収支の変化に最も重要な影響を及ぼす要因が温度であることが示唆されている。

さらに Saito et al. (2009) は，光環境と深さ 5 cm の地温環境が，渦相関法で得られた炭素フラックスに与える影響を検討した（図 3-32）。生態系の炭素収支は植物の光合成（GPP）と生態系呼吸（RE）のバランスで決められる。渦相関法の測定結果では，*Kobresia* 草原の光合成量（GPP）は，深度 5 cm での地温 Ts5 が 15℃ 前後のときに最大値を示していた。一方，Ts5 の上昇に伴い RE も急激に上昇するため，生態系による CO_2 の正味吸収量は Ts5 が 15℃ 前後の条件で最も大きい

ことを示した（図3-34）。

　この結果から，海北の *Kobresia* 草原の GPP の最適地温 Ts5 はおよそ 15℃ 前後であることも示唆されている。同じ草原で生育する数種の広葉草本の個葉光合成を測定したところ，最大速度は 15-20℃ のあいだで最も高い値を示した（Cui et al. 2003; Shen et al. 2008）。日平均地温は気温より低いことを考えると，個葉の最大光合成速度の最適温度は，生態系 GPP の最適温度に近いとも考えられる。一方，図 3-32 にも示したように，この *Kobresia* 草原の GPP，RE と NEP は，いずれも日積算 PPFD の増加にともなって高くなることがわかる。高原生態系では，強光が光合成を低下させることも予想されたが（Zhang and Tang 2005），GPP に対する日積算 PPFD の「強光阻害」は観測されなかった。むしろ，夏季に曇天により日積算 PPFD が低下すると，この草原の GPP は低下することがあった。

　草原の生態系呼吸または土壌呼吸は，しばしば温度環境と高い相関を示すことが観測されている（Cao et al. 2004; Kato et al. 2004b; Kato et al. 2005; Kato et al. 2006）。放牧強度の異なる *Kobresia* 草原において，土壌呼吸速度と地温とのあいだには，日変化でも年変化でも指数関数的関係がみられた（Cao et al. 2004）。

　青海・チベット高原の温度環境における特徴の一つは，昼夜の変化が大きいことである。植物の生長期間中，昼間の高い温度は高山の植物光合成にとって好適な環境といえる。一方，夜間の低温は生態系呼吸を低く抑える効果がある。その結果，昼夜の温度差が大きいほど，生態系の炭素蓄積量が高くなるのではないかと推測される。この仮説は，*Kobresia* 草原の CO_2 フラックス測定結果によって裏づけられた。Gu et al.（2003）は，2002 年夏のデータを検討したところ，昼夜間の気温の差が大きいほど，昼夜積算 NEP が大きいことを明らかにした（図 3-36（参照））。高山生態系の炭素収支に及ぼす温暖化影響を予測するときに，このような温度における昼夜の日変化パターンにも注目する必要があることが示唆されている。一方，長期的には，*Kobresia* 草原の炭素収支における年変動は，年平均気温に大きく影響される可能性が高い。限られた期間の観測ではあるが，2002 年から 2004 年の 3 年間は NEP の年々変動が大きく，NEP が大きい年は年平均気温が低いことが示された（Kato et al. 2006）。つまり，土壌有機炭素の分解速度は，冬または夜の低温によって抑制されている可能性が示唆される。

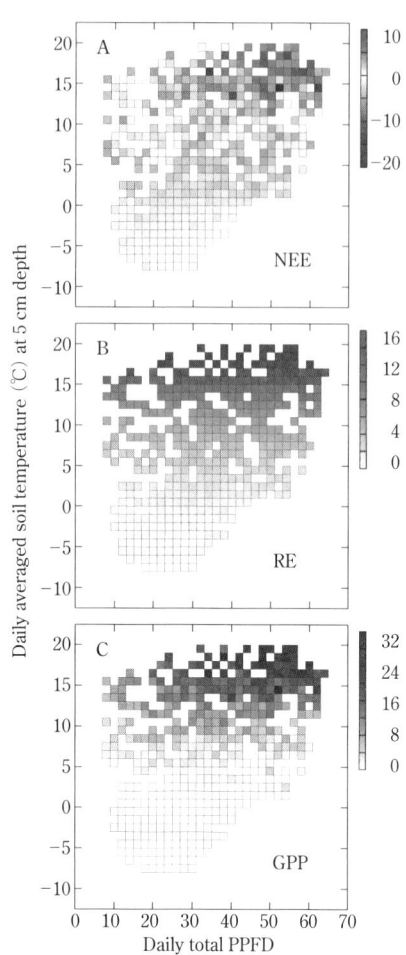

図 3-32 日積算 PPFD と土壌深度 5 cm の日平均地温に対する日積算 NEE (A)，日積算 RE (B)，日積算 GPP (C) の分布図 (Saito et al. 2009) (口絵 5 参照)

各プロットの色付きメッシュはそれぞれの炭素フラックス ($gCO_2\,m^{-2}\,d^{-1}$) 量を表す。2002 年から 2004 年の生育季節で得られたデータを示す。

4 異なる草原生態系の炭素フラックス

　青海・チベット高原は，地形が複雑で気温や降水環境も空間的に大きく変動している。そのため，土壌炭素の蓄積も空間的に大きく異なる。広範囲の土壌炭素蓄積量の調査では，植物地上部のバイオマスが多いところでは，土壌炭素の蓄積量も多いことが示された。炭素蓄積時間や放牧量が同じであるなら植物バイオマスの高いところは NEP も高いはずである。

図 3-33 携帯式草原生態系光合成測定システム

そこで，われわれは，異なる草原生態系の炭素フラックスを簡易に測定できるシステムを開発し，さまざまな草原における炭素収支の測定と評価を試みた．図 3-33 の写真が示すのは，草原の「生態系光合成」と「生態系呼吸」を測定できる携帯式チャンバーである．このシステムは，直径 30 cm，高さ 25 cm の円筒型アクリルチャンバー（群落光合成測定用）または遮光のプラスチックチャンバー，そのチャンバーを土に固定するプラスチックの受け皿円盤，および CO_2，光，温湿度などの測定センサー，データローガ，そして電源などから構成される．また，光の強さを変化させるため，異なる密度の寒冷紗を使った「遮光傘」も用意し，群落の光―光合成関係の測定を可能にしている．土壌撹乱の影響をなるべく減らすため，測定前日の夕方ごろに受け皿の円盤を土に埋めた．

青海・チベット高原の異なる草原生態系の炭素交換特性を把握するため，2006 年の夏に，青海省の海北からチベットの当雄まで，約 2000 km の道路にそって，代表的な草原生態系について光合成と呼吸の測定を行った．同じ草原生態系であっても，季節や天候によって生態系と大気とのあいだの CO_2 交換速度は大きく変わるため，異なる生態系間の比較は困難な面がある．そこで今回は，まず各草原生態系において生育がピークとなる 7 月下旬から 8 月までの期間に測定を行った．また，気象変化の影響をなるべく減らすため，今回の測定はすべて快晴

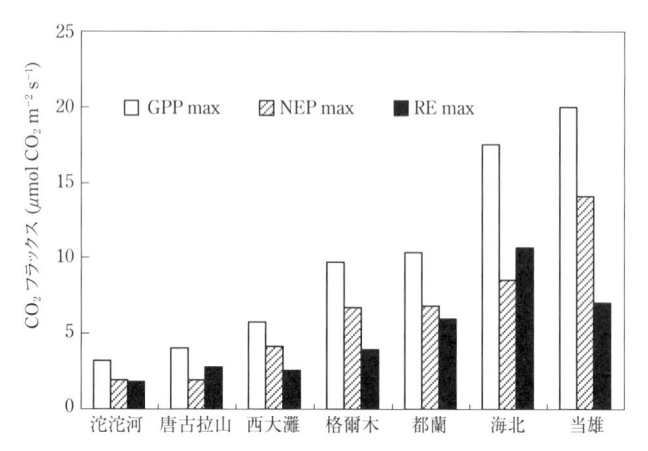

図 3-34 2006 年夏に青海・チベット高原で得られた異なる植生の炭素収支特性の測定結果

異なる草原群落の光合成（GPP: 白抜き），生態系呼吸（RE: は黒色），生態系正味炭素吸収量（NEP = −NEE: 斜線）を示す．図中の数字は測定サイトの標高（m）を示す．

の日を選んだ．さらに，土壌水分の影響を考えて，少なくとも測定前日には降水がなかったことも観測条件に含めた．

各草原生態系において，それぞれ 6 プロットの群落（直径 30 cm）について光合成の日変化を測定した．それぞれ群落の日最大光合成速度（GPPmax），最大生態系呼吸速度（REmax），および最大の正味 CO_2 吸収速度（NEPmax）は，いずれも当雄（Dangxiong）の湿地草原で最も高く，逆に沱沱河（Tuotuohe）のステップ草原で最も低くなり，前者の GPPmax は後者の約 6 倍であった（図 3-34）．当雄の湿地は，地上部のバイオマスが最も高い．一方，沱沱河のステップ草原は，比較的乾燥した環境にあり，植物の生長も非常に悪い（図 3-35）．今回の調査から，土壌水分の高い草原では，GPPmax と NEPmax が大きいことがわかった．

生育季節のピーク時期に測定した植物地上部バイオマスは，草原の炭素蓄積量と高い相関があることがこれまでの調査でわかったが，今回の炭素フラックスの測定では，観測された生態系の GPPmax，NEPmax，REmax は，いずれも地上部のバイオマスとのあいだに高い正の相関をもつことが認められた（図 3-36）．とくに，生態系呼吸と地上部バイオマスとのあいだの相関が高い．これは，地上部バイオマスからの CO_2 放出が生態系呼吸に対して大きく貢献していること，

図3-35 生態系光合成の測定風景
(A) 青海省沱沱河 (Tuotuohe, 撮影日 2006 年 8 月 1 日) の高山ステップ草原, (B) チベット自治区の当雄 (Dangxiong, 撮影日 2006 年 8 月 4 日) 湿地草原を示す.

土壌有機物含有量も地上部バイオマスに比例することが原因であると推測できる。生態系の CO_2 フラックスに及ぼす地上部バイオマス量の影響は他の研究からも示された。放牧によって植物地上部が採食された場合,群落の光合成速度が低下することは,青海北部の海北の湿地でも観測されている (Hirota et al. 2005)。また,放牧量の高い高山メドウ草原は,放牧量の少ないメドウ草原に比べ,土壌有機物量が低下し土壌が硬く土壌呼吸速度が大きく低下することも示されている (Cao et al. 2004)。

5 青海・チベット高原の炭素収支と気候変動

青海・チベット高原の草原生態系における炭素蓄積量と炭素収支に関して,これまで,われわれの関連研究を含めて多くの推定値が報告されている (Piao et al. 2004, 2005; Zhang et al. 2007b; Yang et al. 2008; Wang et al. 2003; Tan et al. 2009)。表3-5に示したように,青海・チベット高原の土壌有機炭素総量は,推定地域と方法にもよるが7.4から12 Pg Cである。それに対して,植物バイオマスの炭素蓄積量は,0.19から0.35 Pg Cと推定されている。この膨大な炭素蓄積量が,気候変動にともなってどのような変化を示すかが注目される。

地球温暖化にともなう気温の上昇率は,低地または低緯度地域と比べて,高地や高緯度地域の方が高いかもしれない (Beniston 2003)。チベット高原は地球上で標高の最も高い地域で,温暖化にともなう気候の変動だけでなく,それが生態系の炭素収支に及ぼす影響が注目される。地上観測データによれば,1955年から

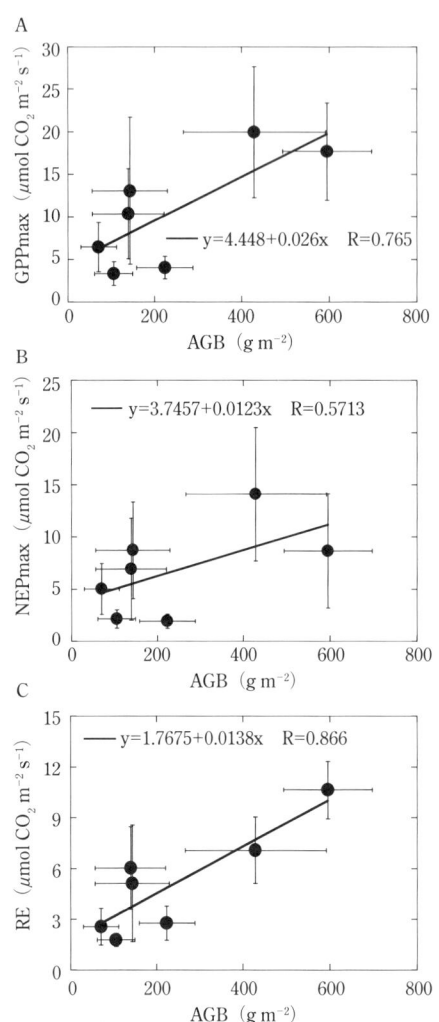

図 3-36 2006 年夏に青海・チベット高原で得られた異なる草原群落の炭素収支特性の測定結果

各サイトについて六つのチャンバー内の地上部バイオマス（AGB）と，群落光合成速度の日変化の最大値（GPPmax, A），生態系の正味 CO_2 吸収速度の日変化の最大値（NEPmax, B）及び生態系呼吸の日変化の最大値（REmax, C）の関係を示す。CO_2 フラックスについては，六つチャンバーで測定した上記の各最大値の平均（●）と標準偏差（バー），AGB については，各チャンバー内の平均と標準偏差を示す。

1996 年の 41 年間に，年平均気温と冬の平均気温は，それぞれ 10 年ごとに 0.16 および 0.32℃ の割合で上昇した。これは，地球全体の平均気温，または北半球同緯度の気温上昇速度を上回っており，しかもそれが短期間に進行している（Liu and Chen 2000）。われわれは，1966 年から 2003 年までの気象データを解析した。図 3-37 に，この期間のチベット高原における蒸発散量，年平均気温，年平均相

表 3-5 青海・チベット高原の草原生態系における一次純生産（NPP），バイオマス炭素と土壌有機炭素の推定値（Tan et al. 2009 より改訂）

対象面積 ($10^6 \, km^2$)	NPP 平均 ($Pg \, C \, yr^{-1}$)	NPP 「密度」 ($g \, C \, m^{-2} \, yr^{-1}$)	バイオマス 総量 ($Pg \, C$)	バイオマス 密度 ($g \, C \, m^{-2}$)	SOC 総量 ($Pg \, C$)	SOC 密度 ($Kg \, C \, m^{-2}$)	出典
1.24			0.35	282.3			Piao et al. 2004
1.31	0.16	122					Piao et al. 2005
1.48	0.13	90			9.7*	6.57*	Zhang et al. 2007
1.14					7.4	6.50	Yang et al. 2008
1.39	0.28	201	0.33	238	12.0	8.63	Tan et al. 2009
0.82**			0.19	231			Wang et al. 2008
0.89**			0.19	213			Tan et al. 2009

＊対象土壌の深さは 0〜20 cm;
＊＊チベット高原だけを対象にした場合。

対湿度，年平均日照時間，年平均水蒸気圧飽差，年平均風速，年降水量の経時変化を示す（Zhang et al. 2007a）。チベット高原東南部では，年平均気温だけをみると標高にともなう温度上昇幅の分布パターンは明瞭ではなかったが，季節別にみると夏季の温度上昇幅は標高が上がるほど大きくなっていた。しかし冬季には，気温の上昇幅は，むしろ標高の高い場所では小さくなることがわかった。この結果は Liu and Chen（2000）と異なっており，研究対象とした時期の違いによるものかどうか，今後の更なるデータ解析や検討が必要である。また，年降水量の変化傾向も地域によって異なる。チベット高原北部では，南部と比べて降水量の増加傾向がやや弱い。すなわち，高原の南部では，過去に湿潤であった地域は更に湿潤になっていく傾向が示唆されている。降水量の変化傾向は，大気の相対湿度と水蒸気圧飽差にも影響している。気温・降水量の変化と関連して，多くの気象観測点では，可能蒸発散とパン蒸発量（気象台などが測定している蒸発計蒸発量）は 1966 年から 2003 年のあいだ大きく低下したことがわかった。また，風速と日照時間もそれぞれ 85％ と 43％ という大きな低下率が見出されている（Zhang et al. 2007a; Zhang et al. 2008）。これらの研究結果は，過去のチベット高原では気候環境の変化が非常に大きいこと，また地域によってその変化パターンが不均一に発生することを示唆している。高原全体の気候変動とその空間的不均一性が，炭素収支にどのような影響を及ぼすかは今後の課題である。

　土壌有機炭素の蓄積速度は，生態系の炭素「収入」としての植物光合成（GPP）

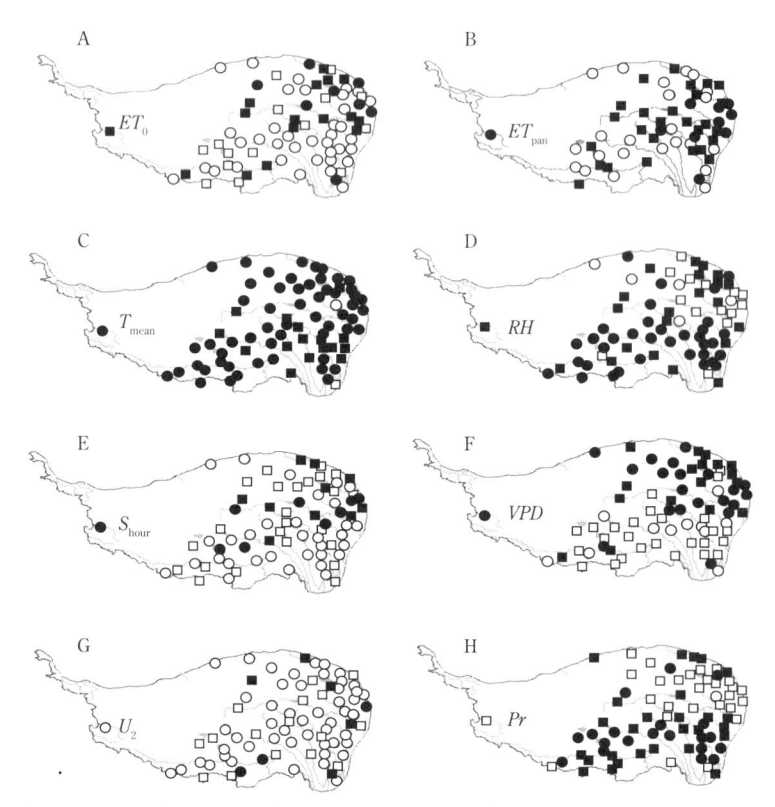

図 3-37 1966 年から 2003 年までのチベット高原各地で得られた可能蒸発散量 (ET_0), パン蒸発散量 (ET_{pan}), 年平均気温 (T_{mean}), 年平均相対湿度 (RH), 年平均日照時間 (S_{hour}), 年平均水蒸気飽差 (VPD), 年平均風速 (U_2) と年降水量 (Pr) の経年変化傾向 (Zhang et al. 2007a)
●と■は上昇, ○と□は低下を示す。丸は統計的に有意, 四角は有意でない変化を指す

と「支出」としての生態系呼吸 (RE) の差で決まる。温度環境の変化にともなう生態系の炭素蓄積速度の変化パターンは, 気温の変化に対する GPP と RE の応答によって大きく変化しうる (Luo 2007)。そこで, 青海・チベット草原生態系の炭素蓄積に及ぼす温暖化影響を検討するため, われわれは ORCHIDEE モデルを利用し, 気温が 2℃ 上昇した場合の, この地域の高山草原の平衡状態における炭素蓄積変化を予測した。その結果, 地域全体で植物の炭素吸収量 (NPP) が 10% 増えるにもかかわらず, 土壌有機炭素の蓄積量が現在より 8.3% 低下する可能性を示した (Tan et al. 2009)。

Zhang et al.（2007b）のモデル研究も同様の結果を報告している。1966年から2002年までの気象データに基づいて，CENTRURYモデルで青海・チベット高原全体の炭素蓄積量（地下20cmまで）のシミュレーションを行った結果，気温の上昇によって土壌炭素蓄積量が大きく減少することが示された（Zhang et al. 2007b）。また，草原のタイプによって気候変動に対して応答反応が大きく異なり，とくに，炭素蓄積量の大きい高山メドウでは減少幅が大きかった。

このように異なるモデルで同じような結論に至っていることは，温暖化にともなって青海・チベット高原に蓄積した土壌有機炭素が放出される可能性が高いことを示唆しているとみてよい。土壌炭素の大量放出は，この高山草原生態系の衰退や砂漠化につながる可能性もあり，また大気中のCO_2濃度を増加させる正のフィードバックとしてはたらく可能性も予想される。

6 炭素蓄積における草原生態系の役割

IPCC（2001）の試算では，陸域生態系全体のGPPは年に120 PgCで植物呼吸は60 Pg C yr^{-1}とされており，したがってNPPは60 Pg C yr^{-1}程度になる。生態系呼吸が年に50 Pg Cとすれば，陸域生態系のNEPは10 Pg C yr^{-1}になる。このNEPは，さらに台風や森林火災などのような撹乱で平均年に9 PgCが大気に戻るとすれば，長期的に陸域生態系の炭素蓄積速度は年に1 PgC（NBP, Net Biome Production）前後になる。もし陸域生態系の長期炭素蓄積速度が平均毎年1.5 Pg CのCO_2を吸収すると仮定すれば，陸地面積が1.5×10^9 km^{2}であるので，単位面積あたりの年間炭素吸収速度は10 g C m^{-2}yr^{-1}となる。しかし，陸域面積の約40％は砂漠・半砂漠と農地なので，残りの森林と草原の炭素吸収速度は10 g C m^{-2}yr^{-1}よりずっと高いはずである。過去10数年来，さまざまなアプローチによって陸域のGPP，またはREの推定が行われてきた。たとえば，北アメリカとユーラシア大陸における1980年代から1990年代のあいだのGPPは，植生面積あたり40および46 g C m^{-2}yr^{-1}と推定されている（Schimel et al. 2001）。また，最近（1990年代），ヨーロッパの森林生態系と草原生態系の炭素吸収量（NBP）は，それぞれ平均110と67 g C m^{-2}yr^{-1}と推定されている（Janssens et al. 2003）。

しかし，さらに長い時間スケールで考えると，陸域生態系の炭素蓄積速度は非常に低い。たとえば温帯イネ科Chionochloa草原における過去9000年間の炭素

蓄積速度は 2.2 g C m^{-2}yr^{-1} にすぎない (Schlesinger 1990)。これは，気候変動や山火事などの撹乱によって土壌炭素が短期間に大量に放出された結果，土壌炭素の平均蓄積速度が低くなったためと考えられる。現在，青海・チベット草原の場合，単位面積あたりの平均的な炭素蓄積密度は 6000 g C m^{-2} と推定されている (Yang et al. 2008)。現在に近い気候条件となった約 6000 年前から炭素蓄積が始まったとすれば，過去の炭素蓄積速度は 1 g C m^{-2}yr^{-1} しかなく，上記の温帯草原の NBP の平均値より低い。チベット高原の炭素蓄積速度については CENTURY モデルでも推定を行った。過去 40 年間の地表面から深さ 20 cm までの土壌有機炭素蓄積量は，当初は大きな時間変動を示したが，1980 年代から 2000 年前後のあいだについては，ほぼ一定か，またはやや低下しているという結果になった。一方，Sasai et al. (2005) は，BEAMS モデルによる推定結果として，チベット地域における 1980，1990 年代の NPP の増加トレンドが 2-3 g C m^{-2}yr^{-1} しかないことを示している。しかし，これは放牧の影響を考慮に入れていない。いずれの推定も，青海・チベット草原生態系は，これまで考えられてきたような，大きな CO_2 のシンクではない可能性を示している。炭素蓄積速度をより正確に推定するために，今後も新しいアプローチを含めて，更なる研究が必要と考えられる。

V 水田

1 水田生態系の特徴

　世界のイネ栽培面積は，FAO の統計によれば，全耕地面積の 11％に相当する約 1 億 4111 万 ha (2007 年) であるが，その 90％は本書の対象地域であるモンスーン気候下のアジアに集中している。モンスーンが海側から吹くと湿った空気が内陸にもたらされ，強い雨季となる。逆に，卓越風向が逆転し，大陸側から吹き込むと乾燥した空気がもたらされるため乾季となる。このはたらきで，モンスーンは乾季・雨季のある気候を形成しているが，全体としては湿潤な気候が支配的なため，稲作の好適地となっている。

　イネ生産量は世界全体で 634606 Gg (2006 年) であり，トウモロコシの生産量 695228 Gg に次いで世界第 2 位のきわめて重要な作物である (世界国勢図絵

2008/09に基づく)。しかも，世界の米の9割以上はアジアの熱帯から温帯にかけて生産されている。生産量の多い国は，順に中国，インド，インドネシア，バングラデシュ，ベトナム，タイなどがある。近年はアジア以外の南北両アメリカ，イタリアなどでも生産が拡大しつつある。イネはコムギやトウモロコシとは異なり，主要生産国の多くが人口が多いアジアの発展途上国にあるために，生産された米の多くが自国内で消費されており，国際市場へ出回る量は少ない。

イネの生育期間中は水田は湛水状態にあるという点で，通常の畑土壌や森林土壌とは大きく異なっている。湛水下の水田土壌中では物質の分解が遅く，土壌呼吸速度は小さく，地力の損耗が少ないこと，灌漑水を通じて栄養分の天然供給が行われること，また，田面水には藻類が生育し，空気中の窒素を固定して土壌に窒素を供給すること，さらに畑ではつねに問題となる土壌浸食から免れることなどは，水田の大きな利点である。また湛水下で栽培される水稲には，多くの畑作物に生じる連作障害が起こらない。古来からアジア地域では，ほとんど無肥料のまま長年水稲が栽培され，水田稲作がアジア地域の大量の人口を支えてきた大きな要因である。

また，硝酸塩が脱窒菌の作用で還元され，窒素ガスとなって大気中に失われる脱窒現象がみられ，水田における窒素の損失につながるといった農学面からの研究が長年進められてきた。ところが最近では，脱窒菌によって窒素ガスになる前に，中間産物として温室効果の大きな一酸化二窒素(亜酸化窒素)，N_2Oとして大気に放出される部分もあり，地球温暖化の面からも関心が高まってきている。

水田や湿地のような酸素が乏しい還元土壌では，温室効果の面から脱窒菌以上に注目を集めているのはメタン生成菌である。メタン生成菌は温暖化ポテンシャルの大きなメタンを大量に発生しており，モンスーン気候下のアジアの水田地帯や湿地はメタンの大きな発生源とみられている。このメタン生成菌は酸素が存在する環境下では生存不可能な絶対嫌気性細菌であり，大気中に酸素が存在しなかった古い時代から生息した古細菌だと考えられている。

また，水田は多様な生物の生息環境でもある。浅くて富栄養で，生産力の高い水域なので，カエル，ドジョウ，タニシなどの生息密度は莫大である。それがサギ類，コウノトリ，トキ，タンチョウなどの鳥類やタガメのような大型肉食昆虫の生息を維持する基盤となっている。

2　農耕地における炭素収支の研究の現状

　水田生態系の炭素動態（図 3-38）は，農耕地生態系の一般的な特徴と湛水生態系としての特徴を併せもつ。まず，農作業によって植物の生育期間（栽培期）と非生育期間（休閑期）が明確に区分される。栽培期においては，一年生草本群落の特徴として，植物量（葉面積や乾物重）の季節変化が大きい。これは，植物の光合成や呼吸を通して，生態系純生産量（NEP）の季節変化を特徴づける。湛水層は土壌面から気層へのガス拡散を阻害したり，土壌中での土壌有機物の分解速度を低下させる。降水，灌漑水，排水，浸透水にともなう溶存態炭素の流入・流出や，メタンの放出，イネ以外の水生植物や藻類による炭素固定（図 3-38 では省略）もある。収穫時に稲体の一部は系外に持ち出され，あるいは焼却され，残りは植物根とともに土壌中にすき込まれる。休閑期には，定期的な耕耘作業により作物残渣や植物根が土壌と混合されるため，土壌中の生物作用による有機物分解が促進される。また，堆肥等の有機質資材が投入される場合もある。水田生態系の炭素収支を解明するためには，以上のような特徴に留意しつつ，炭素フラックスと関連する要素のデータを長期的に蓄積し，炭素収支構成要素の季節変化や年々変動とその要因を明らかにする必要がある。

　果樹園や永年草地などを除く多くの農耕地では，収穫時に持ちだしも焼却もされずに圃場に残された植物体（作物残渣や植物根）中の有機物は，最終的には耕耘によって土壌中に入る。このため，これらの農耕地では森林のように植物体への炭素蓄積量を考慮する必要はなく，土壌炭素量の経年変化から生態系の長期的な炭素収支を把握することができる。国内の農業試験場には，数十年にわたって同じ作付けと肥培管理で維持されてきた試験圃場があり（金森 2000），それらの試験圃場の土壌炭素量の測定データはわが国の農耕地土壌の長期的な炭素動態の解析に利用されるとともに，土壌有機物動態モデルの検証用にも活用されている（白戸 2006）。ただし，土壌炭素量は空間的なばらつきが大きいので，数十年にわたる長期の土壌炭素量の測定データを用いて，そのあいだの平均的な炭素収支量を決定する必要がある。したがって，この方法は炭素収支の年次間変動の解析には適さない。

　森林に比べると，農耕地では根部を含む植物体の乾物重を実測することが容易なため，収穫直前の植物体の全乾物重と炭素含有率から純一次生産量を求め，

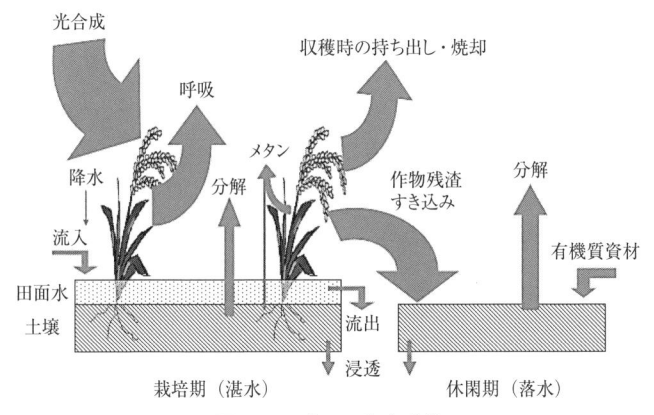

図 3-38　水田の炭素動態

チャンバー法による土壌有機物分解量の測定を併用することにより，生態系の炭素収支を定量化する方法が採用される場合も多い（生態学的方法）。この方法は，気象条件にともなう炭素収支の年次間変動や，作付けや肥培管理が炭素収支に及ぼす影響を解析する場合に有効である。しかし，測定の空間スケールがチャンバーの大きさに限定されるため，測定の空間代表性に注意する必要があり，チャンバーによる環境改変の影響も慎重に検討する必要がある。

　森林生態系と同様に，第 2 章 II 節で述べたタワーフラックス観測により NEP を直接測定し，農耕地の炭素収支を定量化する研究も行われている。平坦で均一性が高く，草高が低いという，微気象学的な方法によるフラックスの計測に好適な農耕地や草原では，古くから CO_2 フラックスの観測が行われてきた。わが国では，1950 年代後半に，傾度法を用いた CO_2 フラックスの測定が水田や小麦畑で開始された（井上 1957）。渦相関法による CO_2 フラックスの測定も，1970 年代の後半に小麦畑や水田で開始された（大滝・瀬尾 1977）。これらの先駆的な研究は，微気象学的方法によるフラックス測定技術の開発と，植物群落上の乱流輸送の現象解明を目的として行われたものである。1990 年代以降，ガス分析計の精度と安定性が向上し，渦相関法による CO_2 フラックスの長期連続測定が可能になったため，森林を含む広範な生態系で，フラックス観測に基づく生態系炭素収支の研究が行われるようになった。近年では，この方法が農耕地の炭素吸収源機能の評価や，管理法が農耕地の炭素収支に及ぼす影響の研究にも適用されつつある。

アジアの草原を含む農耕地生態系におけるタワーフラックス観測の現状は，観測点数では森林生態系に匹敵するが，数年程度の短期間で観測を終了する観測点が多く，森林のように長期間の観測データが蓄積されている観測点は少ない（Mizoguchi ら 2009）。これは，農耕地ではタワーの移動が容易なうえに，気象条件の年々変動よりも，管理方法の違いが炭素収支に及ぼす影響に，研究の重点がおかれているためと思われる。しかし，森林と同じく，農耕地生態系の炭素循環の根本は植物による物質生産であり，農耕地の物質生産が気象条件の年々変動の影響を強く受けることは，米の作況指数の年々変動からも明らかである。本節では，例外的に長期的な観測が行われている国内の水田観測点の結果を用いて，フラックス測定に基づいた水田生態系の炭素収支について述べる。

3 単作田の CO_2 フラックスの季節変化

真瀬観測点（茨城県つくば市）は，利根川の支流である小貝川にそって広がる平坦な水田地帯にある。観測点一帯の水田は単作田として管理されており，慣行に従って水稲（品種はコシヒカリ）が栽培されている。土壌は灰色低地土に分類され，施肥は基本的に化成肥料のみで，稲わらは収穫後に土中にすき込まれる。2002年から 2007 年までの 6 年間の水稲の平均収量（精玄米重）は 5200 kg ha^{-1} である。コシヒカリは日本で作付面積が最も広い品種（2009 年の全水稲作付面積の 37％を占める。農林水産省大臣官房統計部 2010）であり，真瀬観測点は土壌タイプ，管理法，収量とも，わが国の典型的な水田と考えてよい。

真瀬で観測された光合成総生産量（GPP），生態系呼吸量（RE）および生態系純生産量（NEP）の季節変化を図 3-39 に示す。渦相関法で測定した NEP を GPP と RE に分離する方法については，第 2 章 II 節および Saito ら（2005）を参照していただきたい。管理された生態系である水田では，気象条件ではなく，農作業（水稲の移植と収穫）により植物の生育期間（栽培期）と非生育期間（休閑期）が明確に区分される。図 3-39 のように，GPP は栽培期の 4ヶ月半に局在し，水稲の生育にともなう大きな季節変化を示す。RE の季節変化は GPP よりも緩やかで，栽培期には増加するものの，休閑期にも土壌有機物の分解にともなう CO_2 放出が継続する。GPP と RE の差し引きとして水田が大気から CO_2 を吸収する期間は，移植直後から収穫の約 2 週間前までに限られる。

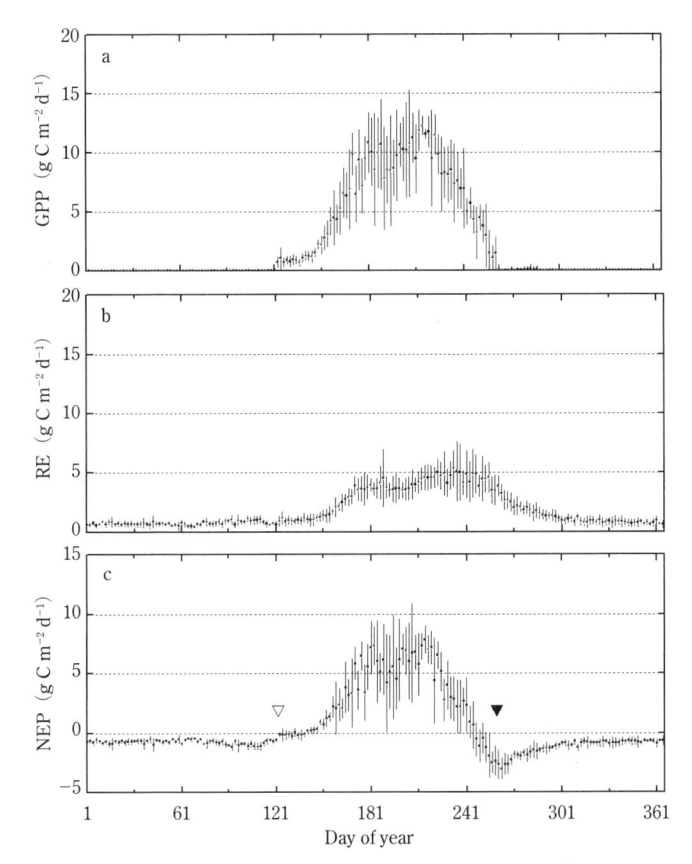

図 3-39 単作田の (a) GPP, (b) RE, (c) NEP の季節変化（真瀬, 2002 〜2007 年の平均値）

エラーバーは標準偏差。▽と▼はそれぞれ水稲の移植日と収穫日で, 栽培期間日数は 138 日, そのうちの 94 日が湛水状態（6 年間の平均値）。

　国内の温帯林の NEP の季節変化（II-1 節参照）と比較すると, 温帯林では NEP の最大値が生育期間の前半に出現するのに対し, 真瀬では出穂期（7 月下旬〜8 月はじめ）に出現する。また, NEP の最大値は温帯林よりも真瀬の方が大きい。水田（真瀬）と温帯林の NEP の季節変化にみられるこれらの相違は, 二つの生態系の葉面積指数（LAI）や乾物重とその季節変化の違いに起因する。水稲群落では森林に比べて葉面積に対する総乾物重の比が小さいため, 生育期間の GPP に対する RE の割合が小さい。また, 落葉広葉樹林のように LAI の季節変化が大きな温

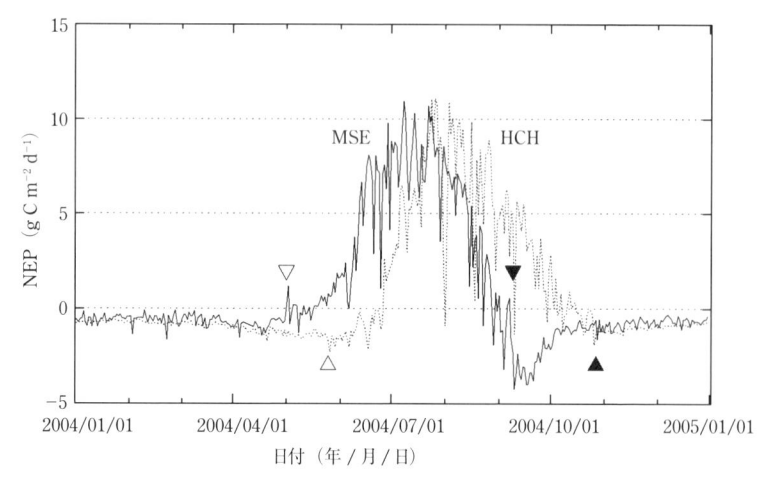

図 3-40　作期の異なる単作田の NEP の季節変化の比較 (2004 年)
▽と▼は真瀬 (MSE) の水稲の移植日と収穫日，△と▲は八浜 (HCH) の播種日と収穫日．

帯林でも，LAI は春の展葉時期にピーク値まで急増してその値を落葉期まで保持するのに対して，一年生草本群落である水田では，LAI や乾物重は季節の進行とともに徐々に増加する．このような水田の植物量とその季節変化の特徴が，真瀬の NEP の季節変化に反映されている．

　では，他の水田でも，真瀬と同じような CO_2 フラックスの季節変化が観測されるのだろうか．八浜観測点 (岡山県玉野市) は児島湾干拓地内にあり，真瀬と同じく，長期間のフラックス観測が行われている単作田である．八浜では湛水前の水田に種籾を播種する乾田直播が行われており，しかもその時期が遅いため真瀬とは生育期間がずれ，収穫日は真瀬よりも約 50 日も遅い．また，八浜では稲わらは圃場から持ちだされ，刈り株などの作物残渣は翌年 3 月ごろに土壌中にすき込まれる (Miyata ら，2005)．

　真瀬と八浜の NEP の季節変化の比較を図 3-40 に示す．両観測点の NEP の最大値はほぼ同じだが，作期の違いを反映して，八浜の NEP の季節変化は真瀬よりも位相が遅れている．また，播種・移植期と収穫後に，両観測点の NEP に顕著な違いがみられる．まず，真瀬では移植後まもなく NEP が正値 (水田による CO_2 の吸収) を示すのに対し，八浜では播種後約 40 日間は NEP が負値を示している．これは，八浜では乾田直播のため播種後の水稲の初期成育に日数を要する

ことと，圃場が湛水されていないため，高温条件下で裸地状態の土壌面から CO_2 が放出されることが原因である。また，真瀬の収穫直後に観測された大きな CO_2 放出が，八浜では観測されなかった。これは，真瀬では収穫後の耕耘により地温が高い時期に稲わらが土壌中に供給され，有機物分解が促進されるのに対して，八浜では収穫期の地温が低下しているうえに，稲わらは圃場から持ちだされ，耕耘も翌春まで行われないので，土壌への有機物の供給量が少ないためと考えられる。このように，同じ気候帯にあり，同様の作付けが行われている水田では，CO_2 フラックスの季節変化の形状や振幅は類似しているが，移植・播種や作物残渣処理などの管理法も CO_2 フラックスの季節変化に影響を及ぼしていることがわかる。

4　栽培期の水田の CO_2 収支

　図3-39に示した真瀬の6年間の炭素フラックス（栽培期間の4ヶ月間の平均値）は，それぞれGPPは867，REは449，NEPは418 g C m^{-2} となり，GPPに対するREの比は52%であった。つまり，水稲による総生産量の約1/2に相当する炭素量が，水稲の呼吸と土壌有機物の分解によって消費されたことになる。GPPとREの年々変動は大きく，6年間でGPPは770〜960 g C m^{-2}，REは375〜524 g C m^{-2} の範囲で変動した。このようなGPPやREの年次間変動の原因は何だろうか。

　真瀬の2004〜2006年の観測データの詳細な解析から，GPPと群落吸収光合成有効放射量（APAR）との日積算値の比として定義される光利用効率は，生育初期を除いてLAIとの関係が弱く，年次間差も小さいことがわかった。したがって，栽培期の総GPP量の年次間差は総APAR量の年次間差で説明できること，APARを通して総GPP量の年次間差に影響を及ぼすおもな要因は，入射日射量とその散乱比であることが明らかになった。一方，REについては，REを茎葉重で除した値（群落スケールでの比呼吸量）に着目することにより，年次を超えて共通の定式化が可能であった。すなわち，比呼吸量は栄養生長期には茎葉重とともに減少し，生殖生長期には出穂後の短期間を除いて茎葉重によらず一定値をとること，茎葉重は積算温度との相関が高いので，栽培期の総RE量の年次間差は有効積算温度の年次間差でほぼ説明できることが明らかになった（小野 2008）。

　なお，慣行による水管理が行われる国内の水田は，栽培期を通じて湛水状態に

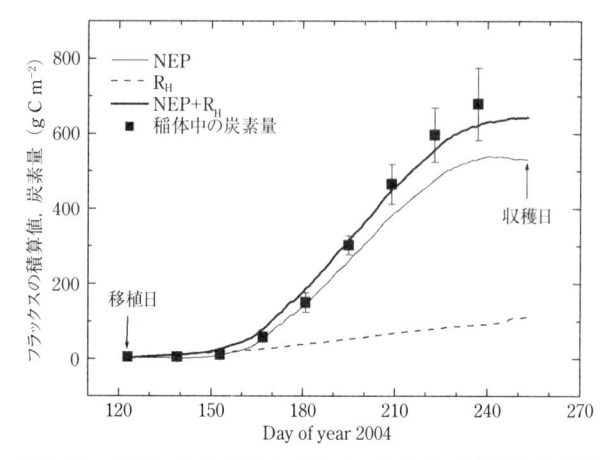

図 3-41　水田の純生態系生産量（NEP）および有機物分解量
（R_H）の積算値と稲体中の炭素量の比較（真瀬 2004）
稲体中の炭素量は，2週間毎に採取した10株のイネの乾物重（地下部を含む）
と炭素含有率から計算した。エラーバーは標準偏差。NEP＋R_Hはフラックス測
定に基づく純一次生産量（NPP）である。

保たれるのではなく，中干しや収穫前の落水にともなう非湛水期間（排水期間）
がある。排水期間には土壌面から大気中へ放出される CO_2 量が増加するため，
比呼吸量は湛水期間よりも大きく，土壌水分の減少とともに比呼吸量が増加する
傾向もみられた（小野 2008）。したがって，排水期間日数が例年と大きく異なる
場合には，栽培期の総 RE 量が影響を受ける可能性がある。

栽培期の生態系呼吸量（RE）には水稲の呼吸量（R_A）と有機物分解量（R_H）が含
まれるが，その比率はどの程度だろうか。真瀬で，イネの根の侵入を排除した通
気式チャンバーを用いて測定した R_H を図 3-41 に示す。図 3-41 によれば，2004
年の栽培期の R_H の積算値は 113 g C m^{-2} であり，これは同じ期間の RE の約
25 % に相当する。2005 年の栽培期に同様の測定を行った結果では，R_H は
162 g C m^{-2}（RE の 33 %）であった。また，手法は異なるが，2003 年の栽培期に
CO_2 の炭素安定同位体（$\delta^{13}C$）の測定から推定した R_H は 113 g C m^{-2} であり（Han
ら，2007），これは同じ期間の RE の 35 % であった。以上の結果から，真瀬では
栽培期の生態系呼吸量のおよそ 3 割が，有機物分解に由来すると考えられる。

ところで，渦相関法で測定した NEP に R_H を加えると，純一次生産量（NPP）
となる。このようにして，フラックス測定に基づいて推定した NPP を，稲体に

蓄積された炭素量と比較すると，乾物重測定のばらつきの範囲内で一致した（図3-41）。この結果は，水稲の一生育期間という時間スケールでの，フラックス測定に基づく NPP 推定の信頼性を示している。図3-41によれば，フラックス測定に基づく NPP に対する R_H の割合は約 18%である。また，真瀬観測点とは別の，茨城県つくば市内の有機物資材を投入せず，継続湛水された単作田で行われた観測（小泉ら 1999）では，チャンバー法による R_H は生態学的調査による NPP の18%を占めた。水田の管理方法や観測方法は異なるが，これらの結果から国内の単作田の栽培期の R_H は NPP の 2 割程度と推定される。

5 休閑期の水田の CO_2 収支

単作田では水稲の非生育期間である休閑期が年間の約 2/3 を占めるので，年間炭素収支の定量化のためには休閑期の NEP の評価も必要である。一般に，休閑期の水田は落水され，再生イネ（ひこばえ）が成長する短期間を除いて，ほぼ裸地状態に保たれる。このため，休閑期の CO_2 収支のほとんどは，土壌有機物の分解にともなう CO_2 放出によるものであり，土壌有機物量や土壌の物理環境の影響を受けて変動すると考えられる。

しかし，図 3-40 に示すように，休閑期の NEP の大きさは生育期間に比べて 1 桁小さいので，その定量化や環境要因との関係の解析は，栽培期に比べて格段に難しい。さらに，真瀬観測点では，オープンパス型渦相関法（第 2 章 II 節参照）により，休閑期にしばしば大気から地表面に向かう CO_2 フラックスが観測されている。これはオープンパス型渦相関法に特有の現象で，超音波風速温度計の温度信号を用いて空気密度変動補正項を評価する場合の系統誤差によるものと考えられる（Ono ら 2008）。この問題は，オープンパス型とクローズドパス型の渦相関法による NEP の長期積算値にも系統的な差をもたらす（小野ら 2007）。近年，この問題が広く認識されるようになり，その対策も提案されている（Burba ら 2008）。しかし，その多くは新たな観測を行う場合の対策であり，これまで収集したデータに適用してそれを補正する場合に有効な，汎用的な方法はいまだに提示されていない。図 3-40 に示した真瀬の休閑期の NEP は，便宜上，フラックス測定の偶然誤差を考慮しても，なお正値（CO_2 の吸収）となる観測値（30 分値）を異常値とみなし（間野ら 2007），補完を行ったものである。この処理を行った後の

休閑期の NEP の積算値は，6 年間の平均で 221 g C m^{-2}（放出）であった。

　真瀬観測点では，オープンパス型とクローズドパス型の渦相関法を併用している。後者のデータを用いた解析によれば，2004 年の収穫から 2007 年の移植までの三つの休閑期の R_H は，地表面温度のほかに表層（0～10 cm）の土壌水分の影響を強く受けており，体積含水率の増加とともに R_H が低下する傾向がみられた。休閑期全体では，投入有機物量（稲わら，刈り株，根および再生イネによる GPP）の 64％～79％が，CO_2 として大気中に放出された（小野 2008）。このように，単作田の休閑期には土壌に投入された有機物の分解が着実に進行しており，1 g C m^{-2} d^{-1} 以下の弱い CO_2 の放出フラックスが半年間継続する。その積算値は，後述のように，年間の炭素収支で重要な役割を占めることになる。

6　メタン発生量

　温室効果ガスとしてのメタンの重要性から，1980 年代以降，水田ではチャンバー法を用いたメタンフラックスの観測が数多く行われ，土壌タイプや有機物投入量，水管理などがメタンの発生量に及ぼす影響の研究が進んだ。その成果に基づいて，現在，水田からのメタン発生量を削減するための技術開発や実証試験が進められている（八木 2009）。一方，湿原や水田からのメタン発生量の広域推定を目的として，NPP や NEP，土壌呼吸量などの CO_2 収支に係わる諸量をメタン発生量と関連づける研究も古くから行われている。確かに水稲による光合成産物はメタンの主要な起源ではあるが，水田からのメタン発生量は水管理や有機物施用（とくに稲わらの投入）によって大きく変わるので，これらの要因を考慮せずに，メタン発生量を CO_2 収支に係わる諸量と単純な経験式で関係づけることは難しい。ここでは，水田の炭素収支の観点から，メタンと CO_2 のフラックスの大きさを比較してみよう。

　渦相関法による CO_2 フラックスと同時に，同じ空間スケールで水田のメタンフラックスを長期的に観測した例は少ないが，真瀬では傾度法を用いてメタンフラックスの連続測定を行っている（宮田 2005）。真瀬のメタンフラックスの季節変化を図 3-42 に示す。地表付近の大気中のメタン濃度は CO_2 濃度の約 1/200 だが，メタンフラックスの大きさも，炭素換算で CO_2 フラックスよりも 2 桁小さいことがわかる。図 3-42 で，8 月中旬の落水後にメタンフラックスが一時的に

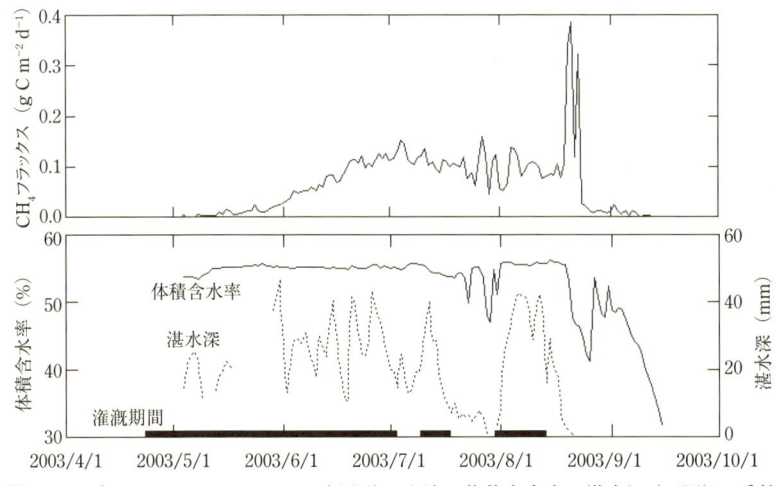

図 3-42 水田のメタンフラックス（上図），土壌の体積含水率，湛水深（下図）の季節変化（真瀬 2003）
下図の太線は灌漑期間を示す．移植日は5月2日（宮田 2005）．

急増したのは，湛水期間に土壌中に蓄積されたメタンが，落水とともに一挙に大気中に放出される現象であり，チャンバー法による測定でも報告されている。7月上旬と下旬にも灌漑を停止した期間（中干し期間）があったが，頻繁な降雨のため土壌の体積含水率が高く保持され，8月中旬の落水後のような顕著なメタンの放出は観測されなかった。2003年の栽培期のメタンの総発生量は $10\ \mathrm{g\ C\ m^{-2}}$ 以下で，炭素フラックスとしては同じ期間のNEPの数%にすぎない。この結果から，栽培期の水田と大気とのあいだの炭素フローは，そのほとんどが CO_2 として行われていることがわかる。なお，休閑期の落水状態の土壌ではメタンが吸収されるが，そのフラックスは湛水期の放出フラックスに比べて2桁小さいので，年間の正味のメタン発生量を集計するうえでは無視できる。

7　単作田の年間炭素収支

これまでに述べた栽培期と休閑期の CO_2 収支，およびメタン発生量に，その他の炭素収支構成要素を加えて求めた真瀬の炭素収支を表3-6に示す。表3-6から，年間炭素収支の主要項は栽培期および休閑期のNEPと，収穫時の持ちだし

表 3-6 単作田の年間炭素収支。正の値は水田への流入，負の値は流出を表す（単位は $gCm^{-2}y^{-1}$）。真瀬の NEP はオープンパス型渦相関法の結果であり，括弧内の値は標準偏差を表す。

炭素収支構成要素	真瀬 (2002～2007 年)	小泉ら (1999)[a]	Nishimura ら (2008)[a]
年間の純生産量（NEP）	197 (59)	537	416
栽培期の純生産量（NEP）	418 (59)	608	＊
総生産量（GPP）	867 (66)	1348[b]	＊
生態系呼吸量（RE）	−449 (52)	−740[b]	＊
植物の呼吸量（R_A）	＊	609[b]	＊
有機物分解量（R_H）	＊	132	＊
休閑期の純生産量（NEP）	−221 (25)	−70	＊
有機資材投入量	24[c]	0	8
収穫時の持ち出し量	−233 (23)	−544	−309
メタン発生量	−17 (5)[d]	＊	−8
溶存態炭素収支量	−6[e]	−16	＊
純生物相生産量（NBP）	−35 (54[f])	−22	108

[a] 原表を一部改変。[b] 藻類の寄与を含む。
[c] 2007 年に堆肥を施用（$144gCm^{-2}$）。[d] 2003～2005 年の測定値。
[e] 2001～2002 年の栽培期のみの測定値（谷山ら，2003）。
[f] 6 年間分のデータが揃っている年間の純生産量と収穫物の搬出量から計算した標準偏差。
＊測定値なし。

量であり，栽培期の NEP の約半分に相当する炭素量が収穫時に系外に持ちだされ，残りの半分は休閑期に土壌中で分解されて大気中に放出されることがわかる。なお，2006 年および 2007 年の収穫後に稲わらの一部が圃場内で焼却されたが，その定量化は困難なため，表 3-6 からは除外した。

表 3-6 の結果によれば，年間の NEP よりも収穫時の持ちだし量の方が約 10% 大きく，その他の要素を含めた年間の炭素収支（生物群系純生産量，NBP）としては，平均で $35gCm^{-2}y^{-1}$ の流出となった。この炭素フローは作土層（深さ 16 cm まで）の全炭素量の 1.2% にすぎず，畑地に比べて水田の炭素収支はバランスがとれているという従来の報告と一致する（小泉ら 1999）。ただし，表 3-6 の NBP の平均値には 6 年間で 1 回だけ投入された有機質資材（堆肥）による炭素流入分が含まれており，これを除いた NBP は $59gCm^{-2}y^{-1}$ の流出となる。また，表 3-6 の各構成要素の標準偏差から，年間炭素収支の年次間変動のおもな要因は，栽培期の NEP であることがわかる。2004 年のように夏季に好天に恵まれた年には，

年間の NEP が収穫物の持ちだし量を上回った。

表 3-6 に示した真瀬のメタン発生量は，稲わらを施用し，慣行の水管理を実施した国内の水田，計 34 ヶ所でのメタン発生量の平均値（$14\,\mathrm{g\,C\,m^{-2}\,y^{-1}}$，Kanno ら 1997）に近い。このように，メタン発生にともなう炭素の流出量は小さいが，真瀬の場合は年間の炭素収支がほぼ均衡しているため，年間炭素収支上は無視できない大きさといえる。ただし，メタンの地球温暖化ポテンシャルを考慮すると，メタンは炭素収支よりも温室効果ガス収支における重要性の方が高い。

溶存態炭素については，表 3-6 に示すように，栽培期の合計では灌漑水による流入量と排水，浸透水による流出がほぼ均衡しており，年間炭素収支に占める割合は小さかった。なお，休閑期の溶存態炭素の測定は実施していない。真瀬の水収支の評価によれば，休閑期の地下浸透量は 300～800 mm と推定され，降水量の多寡による年次間変動が大きいので，浸透水中の溶存態炭素濃度によっては，浸透水による流出量が休閑期の炭素収支の年次間変動の要因となる可能性がある（Ono ら投稿中）。

比較のため，表 3-6 には単作田を対象に行われた既往の研究の結果も示した。小泉ら（1999）は，茨城県つくば市内の有機物資材を投入しない（稲わらも持ちだし），継続湛水の試験水田で，生態学的調査とチャンバー法（作物体の呼吸量と有機物分解量を測定）を用いて，3 年間にわたって実施した観測の結果である。一方，Nishimura ら（2008）は，つくば市内の試験水田（ライシメータ，広さ $9\,\mathrm{m^2}$，2 区画）で，透明な材質の自動開閉式チャンバー内で水稲を栽培し（稲わらはすき込み），2 年間にわたって水田と大気とのあいだの正味の CO_2 交換量を測定した結果である。小泉ら（1999）の結果は，NBP としては真瀬に近い値となっているが，その内訳をみると収穫時の持ちだし量の差（稲わらの処理方法の違いによる）と，NEP の違いが顕著である。小泉ら（1999）では，栽培期の NEP が真瀬の約 1.5 倍，休閑期の NEP は真瀬の約 1/3 となっている。この原因として，栽培期については栽植密度の違い（小泉ら（1999）では $22.2\,\mathrm{株\,m^{-2}}$，真瀬では 6 年間平均で $17.5\,\mathrm{株\,m^{-2}}$），休閑期については稲わらの持ちだしによる有機物分解量の減少が考えられる。一方，Nishimura ら（2008）では，年間の NEP が真瀬の 2.1 倍となっており，これが真瀬との NBP の差の大半を占めている。Nishimura ら（2008）の年間 NEP の内訳は不明だが，栽植密度（$22.2\,\mathrm{株\,m^{-2}}$）に加えて，チャンバー効果による水稲の生育促進が影響した可能性がある（収穫時のチャンバー内の水稲の地上部乾物重は，

周辺に比べて 8〜15％増加）。表 3-6 みられる真瀬の炭素収支と既往の研究との相違には，以上のような水田の管理法と測定手法の両方が影響していると考えられる。

なお，フラックス測定に基づく炭素収支の定量化には，第 2 章や本節でこれまで述べてきた測定手法上の問題が残されており，表 3-6 に示した真瀬の炭素収支には，それらの測定手法上の問題にともなう誤差が含まれている点に留意する必要がある。とくに，休閑期の NEP は年間炭素収支に占める割合が比較的大きいので，その定量化とともに，土壌中にすき込まれた作物残渣の土壌中での分解速度と環境要因の関連性について，さらに研究が必要である。

8 アジアの水田における炭素収支の総体的把握のために

本節では，国内の単作田の長期観測データに基づいて，フラックス測定からみた水田の炭素収支について述べた。この研究を通じて，植物・土壌と大気とのあいだの CO_2 交換の季節変化や年次間変動，それらを含む単作田の年間炭素収支が明らかになり，水田の炭素収支はバランスがとれているという従来の報告を，フラックス測定によって確認することができた。農耕地生態系の炭素収支は，気象条件とともに生態系の管理方法の影響を強く受ける。単作田の年間炭素収支では，栽培期の NEP に加えて，収穫時の持ちだし量と休閑期の NEP が重要な役割を占めるので，作物残渣処理や休閑期の水田の管理によって，収支が均衡した炭素収支が変化する可能性がある。国内の農業試験場での土壌炭素量の長期モニタリングでは，稲わらをすき込む場合には化学肥料のみを施用する場合よりも，土壌炭素量が高く推移するという結果が示されている（白戸 2006）。しかし，温暖化緩和策としての稲わら施用の可否は，土壌炭素量だけではなく，メタン発生量などの環境負荷や，農業という生産活動への影響も考慮して判断する必要がある。休閑期の耕耘の時期や頻度，土壌水分管理などが炭素収支に及ぼす影響を定量的に議論するために必要なデータも，まだ十分には得られていない。このような作物残渣処理や休閑期の水田の管理法が炭素収支に及ぼす影響を明らかにするためには，チャンバー法を用いた圃場試験が有効だろう。一方，休閑期を生産活動に活用する二毛作田では，単作田とは炭素収支が大きく異なることが予想され，現在，国内および中国の二毛作田でフラックス観測を進めているところであ

る（滝本ら2010）。

　本節では東北アジアに広く分布する単作田の炭素収支を取り上げたが，モンスーンアジアの水田は多様である。本節で紹介した真瀬や八浜でフラックスの長期観測が開始された1990年代末には，アジアには水田を含む農耕地のフラックス観測点がほとんどなかった。しかし，近年では韓国，中国，フィリピン，タイ，バングラデシュなどの水田で，長期観測が行われるようになった。これらの観測点はモンスーンアジアのさまざまな気候帯に位置し，イネ・ムギ二毛作田やイネ二期作田など，作付けも管理方法も多様である。今後，これらの観測点のデータの相互利用が進めば，モンスーンアジアの水田の炭素収支を総体的にとらえることが可能になり，水田がこの地域の炭素収支に占める役割がより明確になるだろう。

引用・参考文献

Abaimov, A.P., Lesinski J.A., Martinsson O., and Milyutin L.I. (1998) Variability and ecology of Siberian larch species. Swedish University of Agricultural Sciences, Dep. Silviculture Reports 43, Umeå, pp. 118.

Abaimov, A.P., Zyryanova, O.A., Prokushkin, S.G., Koike, T. and Matsuura, Y. (2000) Forest ecosystems of the cryolithic zone of Siberia; regional features, mechanisms of stability and pyrogenic changes. Eurasian Journal of Forest Research, 1: 1-10.

Ajtay, G.L., Ketner, P., and Duvigneaud, P. (1979) Terrestrial primary production and phytomass. pp. 129-181. In Bolin, B. et al. (ed.), The Global Carbon Cycle. John Wiley & Sons, Chichester, U.K.

Alexeyev, V.A. and Birdsey, R.A. (1998) Carbon storage in forests and peatland of Russia. General Technical Report, NE-244, USDA Forest Service, Forest Experiment Station. pp. 137.

Beniston, M., Diaz, H.F., and Bradley, R.S. (1997) Climatic change at high elevation sites: An overview. Climatic Change, 36: 233-251.

Beniston. M. (2003) Climatic change in mountain regions: a review of possible impacts. Climatic Change 59: 5-31.

Berg, E.E. and Chapin, F.S. III (1994) Needle loss as a mechanism of winter drought avoidance in boreal conifers. Canadian Journal of Forest Research, 24: 1144-1148.

Bondarev, A. (1997) Age distribution patterns in open boreal Dahurican larch forests of Central Siberia. Forest Ecology and Management, 93: 205-214.

Bousquet, P., Peylin, P., Ciais, P., Le Quéré, C., Friedlingstein, P., and Tans, P.P. (2000) Regional changes in carbon dioxide fluxes of land and oceans since 1980. Science, 290: 1342-1346.

Brown, J., Ferrians, O.J. Jr, Heginbottom, J.A., and Melnikov, E.S. (1997) Circum-arctic map of permafrost and ground ice conditions. CIRCUM-PACIFIC MAP Series MAP CP-45, International Permafrost Association, USGS.

Burba, G.G., McDermitt, D.K., Grelle, A., Anderson, D.J., and Xu, L.K. (2008) Addressing the influence of instrument surface heat exchange on the measurements of CO_2 flux from open-path gas analyzers. Global Change Biology, 14, 1854–1876, doi: 10.1111/j.1365-2486.2008.01606.x.

Burke, I.C., Yonker, C.M., Parton, W.J., Cole, C.V., Flach, K., and Schimel, D.S. (1989) Texture, climate, and cultivation effects on soil organic-matter content in US grassland soils. Soil Science Society of America Journal, 53(3): 800–805.

Buyanovsky, G.A. and Wagner, G.H. (1998) Carbon cycling in cultivated land and its global significance. Global Change Biology, 4: 131–141.

Callesen, I., Liski, J., Raulund-Rasmussen, K., Olsson, M.T., Tau-Strand, L., Vesterdal, L., and Westman, C.J. (2003) Soil carbon stores in Nordic well-drained forest soils – relationships with climate and texture class. Global Change Biology, 9(3): 358–370.

Cao, G.M., Tang, Y., Mo, W.H., Wang, Y.A., Li, Y.N. and Zhao, X.Q. (2004) Grazing intensity alters soil respiration in an alpine meadow on the Tibetan plateau. Soil Biology & Biochemistry, 36(2): 237–243.

Carey, E., Sala, A., Keane, R., and Callaway, R.M. (2001) Are old forests underestimated as global carbon sinks? Global Change Biology, 7: 339–344.

Carswell, F.E., Costa, A.L., Palheta, P., Malhi, Y., Meir, P., Costa, J. de PR, Leal, L. do SM, Costa, J.M.N., and Grace, J. (2002) Seasonality in CO_2 and H_2O flux at an Eastern Amazonian rain forest. Journal Geophysical Research, 107: NO. D20, 8076, doi: 10.1029/2000JD000284.

CAS (Chinese Academy of Science) (1988) Xizang Vegetation (in Chinese). Beijing, Science Publisher, China.

Chambers, J.Q., Tribuzy, E.S., Toledo, L.C., Crispim, B.F., Higuchi, N., Santos, J.D., Araújo, A.C., Kruijt, B., Nobre, A.D., and Trumbore, S.E. (2004) Respiration from a tropical forest ecosystem: partitioning of sources and low carbon use efficiency. Ecological Applications, 14: S72–S88.

Chen, J., Yamamura, Y., Hori, Y., Shiyomi, M., Yasuda, T., Zhou, H., Li, Y., and Tang, Y. (2008) Small-scale species richness and its spatial variation in an alpine meadow on the Qinghai-Tibet Plateau. Ecological Research, DOI 10.1007/s11284-007-0423-7.

Conant, R.T. and Paustian, K. (2002) Potential soil carbon sequestration in overgrazed grassland ecosystems. Global Biogeochemical Cycles, 16(4): 16, 1143–1151.

Cui, X., Tang, Y., Gu, S., Nishimura, S., Shi, S. and Zhao, X. (2003) Photosynthetic depression in relation to plant architecture in two alpine herbaceous species. Environmental and Experimental Botany, 50: 125–135.

Cui, X., Wang, Y., Niu, H., Wu, J., Wang, S., Schnug, E., Rogasik, J., Fleckenstein, J., and Tang, Y. (2005) Effect of long-term grazing on soil organic carbon content in semiarid steppes in Inner Mongolia. Ecological Research, 20(5): 519–527.

Curtis, P.S., Hanson, P.J., Bolstad, P., Barford, C., Randolph, J.C., Schmid, H.P., and Wilson, K.B. (2002) Biometric and eddy-covariance based estimates of annual carbon storage in

five eastern North American deciduous forests. Agricultural and Forest Meteorology, 113: 3–19.
Davidson E.A., Verchot L.V., Cattânio J.H., Ackerman, I., and Carvalho, J.E.M. (2000) Effects of soil water content on soil respiration in forests and cattle pastures of eastern Amazonia. Biogeochemistry, 48: 53–69.
Dixon, R.K., Brown, S., Houghton, R.A., Solomon, A.M., Trexler, M.C., and Wisniewski, J. (1994) Carbon pools and flux of global forest ecosystems. Science, 263: 185–190.
Duiker, S.W., Lal, R. (2000) Carbon budget study using CO_2 flux measurements from a no till systemin central Ohio. Soil and Tillage Research 54: 21–30.
Epstein, H., Burke, I., and Lauenroth, W. (2002) Regional patterns of decomposition and primary production rates in the U.S. Great Plains. Ecology, 83: 320–327.
FAO Forestry Department (2001) Global Forest Resource Assessment 2000. Food and Agriculture Organization of United Nations, Rome. (http://www.fao.org/docrep/004/Y1997E/y1997e06.htm#TopOfPage).
福崎康司 (2008) シベリア永久凍土上に成立するカラマツ天然林における林床植物 (蘚苔類・地衣類・灌木) の年間バイオマス変化量及びバイオマス量．京都大学農学部森林科学科，卒業論文．
Goulden, M.L., Miller, S., da Rocha, Menton, M.R., de Freitas, H.C., e Silva Figueira, A.M., and de Sousa, C.A. (2004) Diel and seasonal patterns of tropical forest CO_2 exchange. Ecological Applications, 14: S42–S54.
Goulden, M.L., Munger, J.W., Fan, S.-M., Daube, B.C. Wofsy, S.C. (1996) Measurements of carbon sequestration by long-term eddy covariance: Methods and a critical evaluation of accuracy. Global Change Biology, 2: 169–182.
Gower, S.T., Krankina, O., Olson, R.J., Apps, M., Linder, S., Wang, C. (2001) Net primary production and carbon allocation patterns of boreal forest ecosystems. Ecological Applications, 11: 1395–1411.
Grace, J., Malhi, Y., Lloyd, J., McIntyre, J., Miranda, A.C., Meir, P., Miranda, H.S. (1996) The use of eddy covariance to infer the net carbon dioxide uptake of Brazilian rain forest. Global Change Biology, 2: 209–217.
van Gorsel, E., Leuning, R., Cleugh, H.A., Keith, H., and Suni, T. (2007) Nocturnal carbon efflux: reconciliation of eddy covariance and chamber measurements using an alternative to the u*-threshold filtering technique. Tellus, 59B: 397–403.
Gu, S., Tang, Y., Du, M.Y., Kato, T., Li, Y.N., Cui, X.Y., and Zhao, X.A. (2003) Short-term variation of CO_2 flux in relation to environmental controls in an alpine meadow on the Qinghai-Tibetan Plateau. Journal of Geophysical Research-Atmospheres, 108 (doi: 10.1029/2003JD003584).
Han, G.H., Yoshikoshi, H., Nagai, H., Yamada, T., Ono, K., Mano, M., and Miyata, A. (2007) Isotopic disequilibrium between carbon assimilated and respired in a rice paddy as influenced by methanogenesis from CO_2. Journal of Geophysical Research, 112, G02016, doi: 10.1029/2006JG000219.
林一六 (1990)『植生地理学』pp. 269　大明堂．
Hirano, T., Segah, H., Harada, T., Limin S., June, T., Hirata, R., and Osaki, M. (2007) Carbon

dioxide balance of a tropical peat swamp forest in Kalimantan, Indonesia, Global Change Biology, 13: 412–425.

Hirata, R., Saigusa, N., Yamamoto, S., Ohtani, Y., Ide, R., Asanuma, J., Gamo, M., Kondo, H., Kosugi, Y., Li, S.-G., Nakai, Y., Takagi, K., Tani, M., and Wang, H.-M. (2008) Spatial distribution of carbano balance in forest ecosystems across East Asia. Agricultural and Forest Meteorology, 148: 761–775, doi: 10.1016/j.agrformet.2007.11.016.

Hirota, M, Tang, Y., Hu, Q.W., Kato, T., Hirata, S., Mo, W.H., Cao, G.M., and Mariko, S. (2005) The potential importance of grazing to the fluxes of carbon dioxide and methane in an alpine wetland on the Qinghai-Tibetan Plateau. Atmospheric Environment, 39(29): 5255–5259.

Holben, B.N. (1986) Characteristics of maximum-value composite images from temporal AVHRR data. The International Journal of Remote Sensing 7(11): 1417–1434.

Hoshizaki, K., Niiyama, K., Kimura, K., Yamashita, T., Bekku, Y., Okuda, T., Quah, E.S., and Nur Supardi, M.N. (2004) Temporal and spatial variation of forest biomass in relation to stand dynamics in a mature, lowland tropical rainforest, Malaysia. Ecological Research, 19: 357–363.

IPCC (2001) Climate Change 2000: The Science of Climate Change. Summary for Policymakers and Technical Summary of Working Group, Cambridge University Press, Cambridge.

井上栄一（1957）穂波の研究 4. 穂波上の乱流輸送現象．農業気象，12(4): 138–144.

Ishizuka, S., Sakata, T., and Ishizuka, K. (2000) Methane oxidation in Japanese forest soils. Soil Biology and Biochemistry, 32: 769–777.

伊藤昭彦（2003）東アジア陸域生態系の純一次生産力に関するプロセスモデルを用いた高分解能マッピング．農業気象，59(1): 23–34.

岩城英夫（1973）陸上植物群落の物質生産 II. 『生態学講座 6　草原』共立出版.

Janssens, I.A., Freibauer, A., Ciais, P., Smith, P., Nabuurs, G.J., Folberth, G., Schlamadinger, B., Hutjes, R.W.A., Ceulemans, R., Schulze, E.D., Valentini, R., and Dolman, A.J. (2003) Europe's terrestrial biosphere absorbs 7 to 12% of European anthropogenic CO_2 emissions. Science, 300(5625): 1538–1542.

Jobbagy, E. and Jackson, R. (2000) The vertical distribution of soil organic carbon and its relation to climate and vegetation. Ecological Applications, 10: 423–436.

Jomura, M., Wang, W.J., Masyagina, O. V., Homma, S., Kanazawa, Y., Zu, Y.G., and Koike, T. (2009) Carbon dynamics of larch plantations in northeastern China and Japan. In Osawa, A., Zyryanova, O.A., and Matsuura, Y. et al (eds.), Permafrost Ecosystems: Siberian Larch Forests. Ecological Studies, Springer-Verlag, Berlin.

Kajimoto, T., Matsuura, Y., Osawa, A., Abaimov, A. P., Zyryanova, O.A., Isaev, A.P., Yefremov, D.P., Mori, S., and Koike, T. (2006) Size-mass allometry and biomass allocation of two larch species growing on the continuous permafrost region in Siberia. For Ecol Manage, 222: 314–325.

Kajimoto, T., Matsuura, Y., Osawa, A., Prokushkin, A.S., Sofronov, M.A., and Abaimov, A.P. (2003) Root system development of Larix gmelinii trees affected by micro-scale conditions of permafrost soils in central Siberia. Plant Soil, 255: 281–292.

Kajimoto, T., Matsuura, Y., Sofronov, M.A., Volokitina, A.V., Mori, S., Osawa, A. and Abaimov, A.P. (1999) Above- and belowground biomass and net primary productivity of a Larix gmelinii stand near Tura, central Siberia. Tree Physiology, 19: 815-822.

Kanae, S., Oki, T., and Musiake, K. (2001) Impact of deforestation on regional precipitation over the Indochina Peninsula, Journal of Hydrometeorology, 2: 51-70.

金森哲夫 (2000) 国公立試験研究機関における有機物・肥料等の長期連用試験の現状について. 日本土壌肥料学会誌, 71(2), 286-293.

Kanno, T., Miura, Y., Tsuruta, H., and Minami, K. (1997) Methane emission from rice paddy fields in all of Japanese prefecture – Relationship between emission rates and soil characteristics, water treatment and organic matter application. Nutrient Cycling in Agroecosystems, 49: 147-151.

Kanzaki, M., Kawaguchi, H., Enoki, T., Inagaki, Y., Kiyohara, S., Kajiwara, T., Kaneko, T., Ohta, S., Sungpalee, W., Kagotani, Y., Kawasaki, T., Meunpong, P., and Wachrinrat, C. (2009) Long-term study on the carbon storage and dynamics in a tropical seasonal evergreen forest of Thailand. pp. 35-51. In Puangchit, L. and Diloksumpun, S. (eds.), Tropical Forestry Change in a Changing World Volume 2: Tropical Forests and Climate Change, Kasetsart University, Bangkok.

Kato, T., Hirota, M., Tang, Y., Cui, X., Li, Y., Zhao, X., and Oikawa, T. (2005) Strong temperature dependence and no moss photosynthesis in winter CO_2 flux for a Kobresia meadow on the Qinghai-Tibetan plateau. Soil Biology & Biochemistry, 37(10): 1966-1969.

Kato, T., Tang, Y., Gu, S., Cui, X.Y., Hirota, M., Du, M.Y., Li, Y.N., Zhao, Z.Q., and Oikawa, T. (2004a) Carbon dioxide exchange between the atmosphere and an alpine meadow ecosystem on the Qinghai-Tibetan Plateau, China. Agricultural and Forest Meteorology, 124(1-2): 121-134.

Kato, T., Tang, Y., Gu, S., Hirota, M., Cui, X., Du, M., Li, Y., Zhao, X., and Oikawa, T. (2004b) Seasonal patterns of gross primary production and ecosystem respiration in an alpine meadow ecosystem on the Qinghai-Tibetan Plateau. Journal of Geophysical Research-Atmospheres, 109(D12): D12109, doi: 10.1029/2003JD003951.

Kato, T., Tang, Y., Gu, S., Hirota, M., Du, M.Y., Li, Y.N., and Zhao, X.Q. (2006) Temperature and biomass influences on interannual changes in CO_2 exchange in an alpine meadow on the Qinghai-Tibetan Plateau. Global Change Biology, 12(7): 1285-1298.

吉良竜夫 (1952) 落葉針葉樹林の生態学的位置づけ. 『大興安嶺探検』(今西錦司編) pp. 476-497. 毎日新聞社.

小泉博 (1996) 炭素循環から見た畑地および水田生態系の持続性. 『新たな時代の食料生産システム, 低投入・持続可能な農業に向けて』(システム農学会編) pp. 75-90 農林統計協会.

Koizumi, H. (2001) Carbon cycling in cropland. pp. 207-226. In Shiyomi, M. and Koizumi, H. (eds.), Structure and Function in Agroecosystem Design and Management. CRC Press, Boca Raton.

小泉博・別宮有紀子・中台利枝 (1999) 土壌—作物系における炭素循環過程の動態解明. 農林生態系を利用した地球環境変動要因の制御技術の開発 (研究成果 339), 55-59: 農林水産技術会議事務局.

Koizumi, H., Kibe, T., Mariko, S., Ohtsuka, T., Nakadai, T., Mo, W., Toda, H., Nishimura, S., and Kobayashi, K. (2001) Effect of free-air CO_2 enrichment (FACE) on CO_2 exchange at the floor-water surface in a rice paddy field. New Phytologist, 150: 231-240.

Kosugi, Y., Mitani, T., Itoh, M., Noguchi, S., Tani, M., Matsuo, M., Takanashi, S., Ohkubo, S., and Abdul Rahim, N. (2007) Spatial and temporal variation in soil respiration in a Southeast Asian tropical rainforest. Agricultural and Forest Meteorology, 147: 35-47.

Kosugi, Y., Takanashi, S., Ohkubo, S., Matsuo, N., Tani, M., Mitani, T., Tsutsumi, D., and Abdul Rahim, N. (2008) CO_2 exchange of a tropical rainforest at Pasoh in Peninsular Malaysia. Agricultural and Forest Meteorology, 148: 439-452.

熊崎実・渡辺弘之（1994）『私たちの暮らしと熱帯林』pp. 175　日本林業技術協会.

蔵治光一郎・北山兼弘（2002）東南アジア熱帯山地域の降雨.『東南アジアのモンスーン気象学』（気象研究ノート 202）（松本淳編）pp. 207-223　日本気象学会.

Lamotte, S., Gajaseni, J., and Malaisse, F. (1998) Structure diversity in three forest types of north-eastern Thailand (Sakaerat Reserve, Pak Tong Chai) Biotechnology, Agronomy, Society and Environment, 2(3): 192

Larson, J.A. (1980) The boreal ecosystem. Academic press, New York.

Lewis, S.L., Lopez-Gonzalez, G., Sonké, B., Affum-Baffoe, K., Baker, T.R., Ojo, L.O., Phillips, O.L., Reitsma, J.M., White, L., Comiskey, J.A.K., Marie-Noël, D., Ewango, C.E.N., Feldpausch, T.R., Hamilton, A.C., Gloor, M., Hart, T., Hladik, A., Lloyd, J., Lovett, J.C., Makana, J.-R., Malhi, Y., Mbago, F.M., Ndangalasi, H.J., Peacock, J., Peh, K.S.-H., Sheil, D., Sunderland, T., Swaine, M.D., Taplin J., Taylor, D., Thomas, S.C. (2009) Increasing carbon storage in intact African tropical forests. Nature, 457: 1003-1006.

Li, S.G., Asanuma, J., Eugster, W., Kotani, A., Liu, J.J., Urano, T., Oikawa, T., Davaa, G., Oyunbaatar, D., and Sugita, M. (2005) Net ecosystem carbon dioxide exchange over grazed steppe in central Mongolia. Global Change Biology, 11(11): 1941-1955.

Li, W. and Zhou, X. (1998) Ecosystems of Qinghai-Xizang (Tibetan) Plateau and approach for their sustainable management: The series of studies on Qinghai-Xizang (Tibetan) Plateau. Guangzhou, China., Guangdong Science and Technology Press: 422.

Liu, X. and Chen, B. (2000) Climatic warming in the Tibetan Plateau during recent decades. International Journal of Climatology, 20(14): 1729-1742.

Luo, Y. (2007) Terrestrial carbon-cycle feedback to climate warming. Annual Review of Ecology, Evolution, and Systematics, 38: 683-712.

町田貞他編（1981）『地形学辞典』二宮書店.

Makarieva, A. M. and Gorshkov, V. G. (2007) Biotic pump of atmospheric moisture as driver of the hydrological cycle on land. Hydrology and Earth System Sciences, 11: 1013-1033.

間野正美・宮田明・永井秀幸・山田智康・小野圭介・齊藤誠・小林義和（2007）Open-path型渦相関法による CO_2 フラックスの偶然誤差とその誤差が年間炭素収支評価に及ぼす影響．農業気象, 63(2): 67-79.

松本淳（2002）東南アジアのモンスーン気候概説.『東南アジアのモンスーン気象学』（気象研究ノート 202）（松本淳編）pp. 57-84　日本気象学会.

Matsuura, Y., Kajimoto, T., Osawa, A., and Abaimov, A.P. (2005) Carbon storage in larch ecosystems in continuous permafrost region of Siberia. Phyton, 45: 51-54.

Miller, S.D., Goulden, M.L., Menton, M.C., da Rocha, H.R., de Freitas, H.C., e Silva Figueira, A.M., and de Sousa, C.A.D. (2004) Biometric and micrometerological measurements of tropical forest carbon balance. Ecological Applications, 14(4): S114–S126.

Minamikawa, K. and Sakai, N. (2007) Soil carbon budget in a single-cropping paddy field with rice straw application and water management based on soil redox potential. Soil Science and Plant Nutrition, 53: 657–667.

宮田明 (2005) 水田の二酸化炭素とメタンのフラックスのモニタリング.『続・環境負荷を予測する』(波多野隆介・犬伏和之編) pp. 115-133　博友社.

Miyata, A., Iwata, T., Nagai, H., Yamada, T., Yoshikoshi, H., Mano, M., Ono, K., Han, G.H., Harazono, Y., Ohtaki, E., Baten, Md. A., Inohara, S., Takimoto, T., and Saito, M. (2005) Seasonal variation of carbon dioxide and methane fluxes at single cropping paddy fields in central and western Japan. Phyton, 45(4), 89–97.

Mizoguchi, Y., Miyata, A., Ohtani, Y., Hirata, R., and Yuta, S. (2009) Review of tower flux observation sites in Asia. Journal of Forest Research, 14: 1–9, doi: 10.1007/s10310–008–0101–9.

Mori, S., Prokushkin, S.G., Masyagina, O.V., Ueda, T., Osawa, A., and Kajimoto, T. (2009) Respiration of larch trees. In Osawa, A., Zyryanova, O.A., Matsuura, Y. et al. (eds.), Permafrost Ecosystems: Siberian Larch Forests. Ecological Studies, Springer-Verlag, Berlin.

Morishita, T., Masyagina, O.V., Koike, T., Matsuura, Y. (2009) Soil respiration in larch forests. In Osawa, A., Zyryanova, O.A., Matsuura, Y., Kajimoto, T., and Wein, R.W. (eds.), Permafrost Ecosystems: Siberian Larch Forests. Ecological Studies, Springer-Verlag, Berlin.

Nakai, Y., Matsuura, Y., Kajimoto, T., Abaimov, A.P., Yamamoto, S., Zyryanova, O.A. (2008) Eddy covariance CO_2 flux above a Gmelin larch forest on continuous permafrost of Central Siberia during a growing season. Theoretical and Applied Climatology, 93: 133–147.

Ni, J. (2002) Carbon storage in grasslands of China. Journal of Arid Environments, 50(2): 205–218.

Nishimura, S., Yonemura, S., Sawamoto, T., Shirato, Y., Akiyama, H., Sudo, S., and Yagi, K. (2008) Effect of land use change from paddy rice cultivation to upland crop cultivation on soil carbon budget of a cropland in Japan. Agriculture, Ecosystems and Environment, 125: 9–20.

Nishimura, S., Yonemura, S., Sawamoto, T., Shirato, Y., Akiyama, H., Sudo, S., and Yagi, K. (2008) Effect of land use change from paddy rice cultivation to upland crop cultivation on soil carbon budget of a cropland in Japan. Agriculture, Ecosystems and Environment, 125: 9–20.

Nobre, C.A., Sellers, P., and Shukla, J. (1991) Regional climate change and Amazonian deforestation model. Journal of Climate, 4: 957–988.

農林水産省大臣官房統計部 (2009) 第83次農林水産省統計表 (平成19年～20年). pp. 758　農林統計協会.

農林水産省大臣官房統計部 (2010) 平成21年産水稲の品種別収穫量, 2010年2月25日公表.

Oe, Y., Mariko, S. (2006) Seasonal variation in CH_4 uptake and CO_2 emission in a Japanese temperate deciduous forest soil. In: Global Climate Change and Response of Carbon Cycle in the Equatorial Pacific and Indian Oceans and Adjacent Landmasses (eds. Kawahata, H., Awaya, Y.), 445–463, Elsevier, Amsterdam.

Ohkubo, S., Kosugi, Y., Takanashi, S., Mitani, T., and Tani, M. (2007) Comparison of the eddy covariance and automated closed chamber methods for evaluating nocturnal CO_2 exchange in a Japanese cypress forest. Agricultural and Forest Meteorology, 142: 50–65.

Ohkubo, S., Kosugi, S., Matsuo, N., Tani, M., and Abdul Rahim, N. (2008) Vertical profiles and storage fluxes of CO_2, heat, and water in a tropical rainforest at Pasoh. Peninsular Malaysia, Tellus B60: 569–582.

Ohtani, Y., Saigusa, N., Yamamoto, S., Mizoguchi, Y., Watanabe, T., Yasuda, Y., and Murayama, S. (2005) Characteristics of CO_2 fluxes in cool-temperate coniferous and deciduous broadleaf forests in Japan. Phyton, 45(4): 73–80.

Ohtsuka, T., Saigusa, N., and Koizumi, H. (2009) On linking multi-year biometric measurements of tree growth with eddy covariance-based net ecosystem production (NEP). Global Change Biology, 15: 1015–1024.

Olson, J.S., Watts, J.A., and Allison, L.J.（1983）Carbon in live vegetation of major world ecosystems. Report ORNL-5862. Tennessee: Oak Ridge National Laboratory.

小野圭介（2008）渦相関法による水田生態系の二酸化炭素及び水蒸気フラックスの動態解明．筑波大学大学院生命環境科学研究科提出博士（農学）論文．pp. 152.

小野圭介・平田竜一・間野正美・宮田明・三枝信子・井上吉雄（2007）オープンパス型とクローズドパス型の渦相関法による CO_2 フラックスの系統的差異と密度変動補正の影響．農業気象，63(3): 139–155.

Ono, K., Miyata, A., and Yamada, T. (2008) Apparent downward CO_2 flux observed with open-path eddy covariance over a non-vegetated surface. Theoretical and Applied Climatology, 92, 195–208, doi: 10.1007/s00704-007-0323-3.

Osawa, A. and Kajimoto, T. (2009) Development of stand structure in larch forests. In Osawa, A., Zyryanova, O.A., Matsuura, Y., Kajimoto, T., and Wein, R.W. (eds.), Permafrost Ecosystems: Siberian Larch Forests. Ecological Studies, Springer-Verlag, Berlin.

Osawa, A. and Zyryanova, O.A. (2009) Introduction. In Osawa, A., Zyryanova, O.A., Matsuura, Y., Kajimoto, T., and Wein, R.W. (eds.), Permafrost Ecosystems: Siberian Larch Forests. Ecological Studies, Springer-Verlag, Berlin.

Osawa, A., Matsuura, Y., Kajimoto, T. (2009a) Characteristics of permafrost forests in Siberia and potential responses to warming climate. In Osawa, A., Zyryanova, O.A., Matsuura, Y., Kajimoto, T., and Wein, R.W. (eds.), Permafrost Ecosystems: Siberian Larch Forests. Ecological Studies, Springer-Verlag, Berlin.

Osawa, A., Zyryanova, O.A., Matsuura, Y., Kajimoto, T., and Wein, R.W. (2009b) Permafrost Ecosystems: Siberian Larch Forests. Ecological Studies, Springer-Verlag, Berlin.

大沢雅彦（1982）遷移と極相．『生態学読本』（沼田眞編）pp. 78–108　東洋経済新報社．

大滝英治・瀬尾琢郎（1977）炭酸ガス変動計の試作とその野外テストの結果について．農学研究，56: 95–103.

O'Connell, K.E.B., Gower, S.T., Morman, J.M. (2003) Comparison of net primary production

and light-use dynamics of two boreal black spruce forest communities. Ecosystems, 6: 236–247.
Paustian, K., Six, J., Elliott, E.T., and Hunt, H.W. (2000) Management options for reducing CO_2 emissions from agricultural soils. Biogeochemistry, 48: 147–163.
Phillips, O.L., Malhi, Y., Higuchi, H., Laurance, W.F., Núñez, P.V., Vàsquez, R.M., Laurance, S.G., Ferreira, L.V., Stern, M, Brown, S., and Grace, J. (1998) Changes in the Carbon Balance of Tropical Forests: Evidence from Long-Term Plots. Science, 282: 439–442.
Piao, S., Fang, J., Zhou, L., Guo, Q., Mark, H., Wei, J., and Tao, S. (2003) Inter-annual variations of monthly and seasonal normalized difference vegetation index (NDVI) in China from 1982 to 1999. Journal of Geophysical Research, 108(D14) 4401, doi; 10. doi: 10.1029/2002JD002848.
Piao, S., Fang, J., Wei, J., Guo, Q., Ke, J. and Tao, S. (2004) Variation in a satellite-based vegetation index in relation to climate in China. Journal of Vegetation Science. 15(2): 219–226.
Piao, S., Fang J., Liu, H. and Zhu, B. (2005) NDVI-indicated decline in desertification in China in the past two decades. Geophysical Research Letters 32 (L06402) doi: 10.1029/2004GL021764.
Pinker, R.T., Thompson, O.E., and Eck, T.F. (1980) The energy balance of a tropical evergreen forest. Journal of Applied. Meteorology, 19: 1341–1350.
Post, W.M., Emanuel, W.R., Zinke, P.J., and Stangenberger, A.G. (1982) Soil carbon pools and world life zones. Nature, 298: 156–159.
da Rocha, H.R., Goulden, M.L., Miller, S., Menton, M. C., Pinto, L.D.V.O., de Freitas, H.C., and e Silva Figueira, A.M. (2004) Seasonality of water and heat fluxws over a tropical forest in Eastern Amazonia. Ecological Applications, 14(4): S22–S32.
Rochette, P., Desjardins, RL., Gregorich, E.G., Pattey E., and Lessard, R. (1992) Soil respiration in barley (Hordium vulgare L.) and fallow fields. Canadian Journal of Soil Science, 72: 591–603.
Rustad, L.E., Campbell, J.L., Marion, G.M., Norby, R.J., Mitchell, M.J., Hartley, A.E., Cornelissen, J.H.C., Gurevitch, J., Gcte, N. (2001) A meta-analysis of the response of soil respiration, net nitrogen mineralization, and aboveground plant growth to experimental ecosystem warming. Oecologia, 126: 543–562.
Ryan, M.G. and Law, B.E. (2005) Interpreting, measuring, and modeling soil respiration. Biogeochemistry, 5: 3–27.
Saigusa, N., Yamamoto S., Hirata, R., Ohtani, Y., Ide, R., Asanuma, J., Gamo, M., Hirano, T., Kondo, H., Kosugi, H., Li, S.G., Nakai, Y., Takagi, K., Tani, M., and Wang, H. (2008) Temporal and spatial variations in the seasonal patterns of CO_2 flux in boreal, temperate, and tropical forests in East Asia. Agricultural and Forest Meteorology, 148: 700–713, doi: 10.1016/j.agrformet.2007.12.006.
Saito, M, Miyata, A., Nagai, H., and Yamada, T. (2005) Seasonal variation of carbon dioxide exchange in rice paddy field in Japan. Agricultural and Forest Meteorology, 135, 93–109.
Saito, M., Kato, T., and Tang, T. (2009) Temperature controls ecosystem CO_2 exchange of an alpine meadow on the northeastern Tibetan Plateau. Global Change Biology, 15: 221–22.

Saleska, S.R., Miller, S.D., Matross, D.M., Goulden, M.L., Wofsy, S.C., da Rocha, H.R., de Camargo, P.B., Crill, P., Daube, B.C., de Freitas, H.C., Hutyra, L., Keller, M., Kirchhoff, V., Menton, M., Munger, J.W., Hammond Pyle, E., Rice, A.H., and Silva, H. (2003) Carbon in Amazon Forests: Unexpected seasonal fluxes and disturbance-induced losses. Science, 302: 1554–1557.

Sasai, T., Ichi, K., Yamaguchi, Y., and Nemani, R. (2005) Simulating terrestrial carbon fluxes using the new biosphere model biosphere model integrating eco-physiological and mechanistic approaches using satellite data (BEAMS). Journal of Geophysical Research. 110, G02014, doi: 10.1029/2005 JG000045

Schimel, D.S., Braswell, B.H, . Holland, E.A., McKeown, R., Ojima, D.S., Painter, T.H., Parton, W.J., and Townsend, A.R. (1994) Climatic, edaphic, and biotic controls over storage and turnover of carbon in soils. Global Biogeochemical Cycles, 8: 279–293.

Schimel, D.S., House, J.I., Hibbard, K.A., Bousquet, P., Ciais, P., Peylin, P., Braswell, B.H., Apps, M.J., Baker, D., Bondeau, A., Canadell, J., Churkina, G., Cramer, W., Denning, A.S., Field, C.B., Friedlingstein, P., Goodale, C., Heimann, M., Houghton, R.A., Melillo, J.M., Moore, B., Murdiyarso, D., Noble, I., Pacala, S.W., Prentice, I.C., Raupach, M.R., Rayner, P.J., Scholes, R.J., Steffen, W.L., and Wirth, C. (2001) Recent patterns and mechanisms of carbon exchange by terrestrial ecosystems. Nature, 414: 169–172.

Schlesinger, W.H. (1990) Evidence from chronosequence studies for a low carbon storage potential of soils. Nature, 348: 232–234.

Schulze, E.-D., Schulze, W., Kelliher, F.M., Vygodskaya, N.N., Ziegler, W., Kobak, K.I., Koch, H., Arneth, A., Kusnetsova, W.A., Sogatchev, A., Issajev, A., Bauer, G., and Hollinger, D.Y. (1995) Aboveground biomass and nitrogen nutrition in a chronosequence of pristine Dahurian Larix stands in eastern Siberia. Canadian Journal of Forest Research, 25: 943–960.

Scurlock, J.M.O. and Hall, D.O. (1998) The global carbon sink: a grassland perspective. Global Change Biology, 4(2): 229–233.

Sekikawa, S., Kibe, T., Koizumi, H., and Mariko, S. (2003a) Soil carbon sequenstration in a grape orchard ecosystem in Japan. Journal of the Japanese Agricultural Systems Society, 19: 141–150.

Sekikawa, S., Kibe, T., Koizumi, H., and Mariko, S. (2003b) Soil carbon budget in peach orchard ecosystem in Japan. Environmental Sciences, 16: 97–104.

Shen, H., Tang, Y., Muraoka, H., and Washitani, . I (2008) Characteristics of leaf photosynthesis and simulated individual carbon budget in Primula nutans under contrasting light and temperature conditions. Journal of Plant Research doi: 10.1007/s10265-008-0146-z.

白戸康人（2006）日本およびタイの農耕地における土壌有機物動態モデルの検証と改良．農業環境技術研究所研究報告．24: 23–94.

Sleutel, S., De Neve, S., Hofman, G. (2007) Assessment of theorigin of recent organic carbon losses from cropland soils bymeans of regional-scaled input balances. Nutrient Cycling in Agroecosystems78: 265–278.

Sotta, E.D., Meir, P., Malhi, Y., Nobre, A.D., Hodnett, M., and Grace, J. (2006) Soil CO_2 efflux in a tropical forest in the central Amazon. Global Change Biology, 10: 601-617.

Takanashi, S., Kosugi, Y., Matsuo, N., Tani, M., and Ohte, N. (2006) Patchy stomatal behavior in broad-leaved trees grown in different habitats. Tree Physiology, 26: 1565-1578.

滝本貴弘・岩田徹・山本晋・三浦健志 (2010) 岡山県南部の大麦─水稲二毛作地における CO_2 と CH_4 フラックス特性. 農業気象, 66(3): 181-191.

Tamai, N., Takenaka, C., Ishizuka, S., and Tezuka, T. (2003) Methane flux and regulatory variables in soils of three equal-aged Japanese cypress (Chamaecyparis obtusa) forests in central Japan. Soil Biology and Biochemistry, 35: 633-641.

Tan, K., Ciais, P., Piao, S.L., Fang, J.Y., Tang, Y., N Vuichard, N. (2009) Application of the ORCHIDEE global vegetation model to evaluate biomass and soil carbon stocks of Qinghai-Tibetan grasslands. Global Biogeochemical Cycles 24, GB1013, doi: 10.1029/2009GB003530.

Tanaka, K., Takizawa, H., Kume, T., Xu, J., Tantasirin, C., and Suzuki, M. (2004) Impact of rooting depth and soil hydraulic properties on the transpiration peak of an evergreen forest in northern Thailand in the late dry season. Journal of Geophysical Research, 109: D23107, doi: 10.1029/2004JD004865.

Tanaka, K., Takizawa, H., Tanaka, N., Kosaka, I., Yoshifuji, N., Tantasirin, C., Piman, S., Suzuki, M., and Tangtham, N. (2003) Transpiration peak over a hill evergreen forest in northern Thailand in the late dry season: assessing the seasonal changes in evapotranspiration using a multilayer model. Journal of Geophysical Research. 7, 108 (D17): 4533, doi: 10.1029/2002JD003028.

Tanaka, N., Kume, T., Yoshifuji, N., Tanaka, K., Takizawa, H., Shiraki, S., Tantasirin C., Tangtham N., and Suzuki, M. (2008) A review of evapotranspiration estimates from tropical forests in Thailand and adjacent regions. Agricultural and Forest Meteorology, doi: 10.1016/j.agrformet.2008.01.011

Tani, M., Abdul Rahim N., Yasuda, Y., Noguchi, S., Siti Aisah S., Mohd Md S., and Takanashi, S. (2003) Long-term estimation of evapotranspiration from a tropical rain forest in Peninsular Malaysia. In Franks, S., Bloeschl, G., Kumagai, M., Musiake, K. and Rosbjerg, D. (eds.), Water Resources Systems – Water Availability and Global Change, IAHS Publ., 280: 267-274, IAHS Press, Wallingford.

谷山一郎・濱田洋平・田瀬則雄 (2003) 水田における安定同位対比の測定による物質フローの解明. 環境省地球環境研究総合推進費終了研究成果報告書：アジアフラックスネットワークの確立による東アジア生態系の炭素固定量把握に関する研究 (平成12年度～平成14年度), 151-163 環境省地球環境局研究調査室.

Tans, P.P., Fung, I.Y., and Takahashi, T. (1990) Observational constraints on the global atmospheric CO_2 budget. Science, 247: 1431-1439.

Tian, H., Melillo, J.M., Kicklighter, D.W., McGuire, A.D., Helfrich, J.V.K., Moore, B., and Vörösmarty, C.J. (1998) Effect of interannual climate variability on carbon storage in Amazonian ecosystems. Nature, 396: 664-667.

Velichiko, A.A., Isayeva, L.L., Makeyev, V.M., Matishov, G.G., and Faustova, M.A. (1984) Late Pleistocene glaciation of the arctic shelf, and the reconstruction of Eurasian ice sheets. pp. 35-41. In Velichiko, A.A., Wright, H.E. Jr., and Barnosky, C.W. (eds.), Late quaternary

environments of the Soviet Union. University of Minnesota Press, Minneapolis.
Wang, S., Tian, Q., Liu, J., Pan, S. (2003) Pattern and change of soil organic carbon storage in China: 1960s–1980s Tellus Doi: 10.1034/j.1600–0889.2003.00039.x
Wang, W., Zu, Y., Wang, H., Matsuura, Y., Sasa, K., and Koike, T. (2005) Plant biomass and productivity of Larix gmelinii forest ecosystems in northeastern China: Intra- and Interspecies comparison. Eurasian Journal of Forest Research, 8: 21–41.
Watson, R.T., Noble, I.R., Bolin, B. Ravindranath, N.H., Verardo, D.J., and Dokken, D.J. (2000) Land Use, Land-Use Changes, and Forestry. A Special Report of the Intergovernmental Panel on Climate Change, pp. 388, Cambridge University Press, New York.
Weng, D. M. (1997)『中国の放射気候（中国語：中国輻射気候）』気象出版社，北京．
White, R., Murray, S., and Rohweder, M. (2000) Pilot analysis of global ecosystem: grassland ecosystems, World Resources Institute. Washington D.C.
Whittaker, R.H. and Likens, E. (1975) The Biosphere and Man. p. 306, Table 15–1. In Lieth, H. and Whittaker, R.H. (eds.), Primary Productivity of the Biosphere, Ecological Studies No. 14. Berlin: Springer-Verlag.
Wu, H.B., Guo, Z.T., and Peng, C.H. (2003) Distribution and storage of soil organic carbon in China. Global Biogeochemical Cycles, 17(2), doi: 10.1029/2001GB001844.
八木一行（2009）農耕地からの温室効果ガス発生削減の可能性．『地球温暖化問題への農学の挑戦』（日本農学会編）pp. 127–148　養賢堂．
Yang, Y., Fang, J.I., Tang, Y., Ji, C., Zheng, C., He, J., and Zhu, B. (2008) Storage, patterns and controls of soil organic carbon in the Tibetan grasslands. Glob Change Biol, 14: 1–8.
Yang, Y., Rao, S., Hu, H., Chen, A., Wang, Z., Ji, C., Zhu, B., Shen, H., Tang, Y., and Fang, J. (2004) Plant species richness of alpine grasslands in relation with geographic environmental factors and biomass on the Tibetan Plateau. Biodiversity Science, 12(1): 200–205.
Yasunari, T., Daito K., and Tanaka, K. (2006) Relative Roles of large-scale orography and land surface processes in the global hydroclimate. Part I: Impacts on monsoon systems and the tropics. Journal of Hydrometeorology, 7: 626–641.
Zhang, Y. and Tang, Y. (2005) Inclusion of photo inhibition in simulation of carbon dynamics of an alpine meadow on the Qinghai-Tibetan Plateau 110(G01007) doi: 10.1029/2005JG000021.
Zhang, Y.Q., Liu, C.M., Tang, Y., and Yang, Y.H. (2007a) Trends in pan evaporation and reference and actual evapotranspiration across the Tibetan Plateau. Journal of Geophysical Research-Atmospheres 112(D12), D12110, doi: 10.1029/JD008161.
Zhang, Y.Q., Tang, Y., Jiang, J., and Yang, Y.H. (2007b) Characterizing the dynamics of soil organic carbon in grasslands on the Qinghai-Tibetan Plateau. Science in China Series D-Earth Sciences, 50(1): 113–120.
Zhang, Y., Yu, Q., Jiang, J.I.E., and Tang, Y. (2008) Calibration of Terra/MODIS gross primary production over an irrigated cropland on the North China Plain and an alpine meadow on the Tibetan Plateau. Global Change Biology, 14(4): 757–767.
Zhao, L., Li, Y.N., Zhao, X.Q., Xu, S.X., Tang, Y., Yu, G.R., Gu, S., Du, M.Y., and Wang, Q.X. (2005) Comparative study of the net exchange of CO_2 in 3 types of vegetation ecosystems

on the Qinghai-Tibetan Plateau. Chinese Science Bulletin, 50(16): 1767-1774.
Zhao, L., Li, Y.N., Xu, S.X., Zhou, H.K., Gu, S., Yu, G.R., and Zhao, X.Q. (2006) Diurnal, seasonal and annual variation in net ecosystem CO_2 exchange of an alpine shrubland on Qinghai-Tibetan plateau. Global Change Biology, 12: 1940-1953.
Zhou, H.K., Tang, Y., Zhao, X.Q., and Zhou, L. (2006) Long-term grazing alters species composition and biomass of a shrub meadow on the Qinghai-Tibet Plateau. Pakistan Journal of Botany, 38(4): 1055-1069.
Zou, C.J., Wang, K.Y., Wang, T.H., and Xu, W.D. (2007) Overgrazing and soil carbon dynamics in eastern Inner Mongolia of China. Ecological Research, 22(1): 135-142.

▶ Ⅰ節：松浦陽次郎・大澤　晃，Ⅱ-1：三枝信子・大谷義一
Ⅱ-2：鞠子　茂・山本昭範・小泉　博，Ⅲ節：谷　誠・小杉緑子
Ⅳ節：唐　艶鴻，Ⅴ節：宮田　明・山本　晋

第4章

広域の炭素動態
── 観測・モデル・リモートセンシング ──

　本章においては第3章で紹介した各種生態系のサイトでの解析結果を基礎として，東アジアの地上観測サイトのネットワーク化によるデータの集約と成果の共有，衛星リモートセンシングによる炭素動態の広域解析，陸域生態系モデルによる広域炭素動態解析の結果を踏まえて，炭素動態の広域空間変動を統合的に考察する。さらにそれらを結合するシステムアプローチから見えてきた東アジアにおける炭素動態の特徴を紹介する。

　さらにここで紹介した成果を踏まえて，第5章でシステムアプローチによる東アジア陸域の炭素動態の解明の成果を，世界の陸域での研究結果と比較・結合して，東アジア域の陸域生態系が炭素収支で果たしている役割を評価し，世界のなかで位置づける。さらに，将来の土地利用変化にともなう陸域生態系変動を予測することができるモデルを開発し，炭素管理ポテンシャルの将来予測と中長期的な温暖化対策シナリオを検討することが重要となってきている。ここでは，陸域生態系における中長期的な炭素管理ポテンシャルについて，グローバルな炭素循環における吸収源活動から論じる。

I　地上観測ネットから見えてきた炭素動態

　われわれの研究プロジェクトは，これまで述べてきたように，森林や草原に設置したフラックスタワーによって得られたCO_2フラックスの長期観測値と，フラックス観測とは相補的な関係にある生態学的な手法に基づく生態系の生産力測定値に基づく解析が，骨格をなしている。ここで，野外において得られた両手法の実測値の広域的な解析と，相互検証の結果を取りまとめておく。

二酸化炭素の動態に対する陸域生態系の機能，とりわけ森林生態系が二酸化炭素の吸収側として機能しているのか，またその程度はどのくらいかということについての科学的知見が陸域生態系の炭素管理指針の策定の面から強く求められている。とくにアジアでは欧州や米国にはみられない，アジア特有のモンスーン気候下の多種多様な生態系を対象にしている。たとえば北東ユーラシアの永久凍土上に成立する亜寒帯落葉針葉樹林，夏季・冬季ともにアジアモンスーンの影響を強く受ける温帯林，赤道付近の降水量変動の影響を受けて時に大規模な乾燥や火災を経験する熱帯林，そしてチベット高原に広がる高山草原，アジア独特の耕作地である水田を含む各種農耕地などである。このような特色のある地上観測サイトでの観測成果は東アジア，世界の国際協力によるデータ利用と情報交換のネットワークに連携して有機的に活用されている（Baldocchi et al. 2005; Hirata et al. 2008 など）。

I-1　プロットデータに基づく森林の生態系特性の把握

森林の現存量観測の基本的な手順としては，第2章IV節に説明したように，永久プロットを設定し，毎木調査を行う（出現樹木個体・幹の樹種，幹直径，樹高，位置を記録）。

植物体の乾燥重量に占める炭素量の割合は，1/2として計算される。植物体の重量のほとんどは細胞壁成分であるが，それがセルロース（$C_6O_5H_{10})_n$ だけからなるとすれば，炭素は乾燥重量の44％を占める。実際にはリグニンのようなより還元的な（酸素含有量の低い）芳香族炭水化物を多く含むために，乾燥重量に占める炭素の割合はだいたい50％になる。なお，次いで多い窒素は含有量の高い葉でもせいぜい乾燥重量の2％程度にすぎず，炭素換算では無視できる。

プロットセンサスで非破壊的に継続観測される胸高直径 d から，器官・部分 i の乾燥重量 M_i を推定するアロメトリー（allometry, 相対生長関係）は，一般にはべき乗式

$$\ln M_i = a + b \ln d$$

が用いられるが，直径 d と樹高 h の関係は，d が小さいうちは比例的（係数 $b=1$）だが，d の増大にともなって h が頭打ちになるような関係になるため，

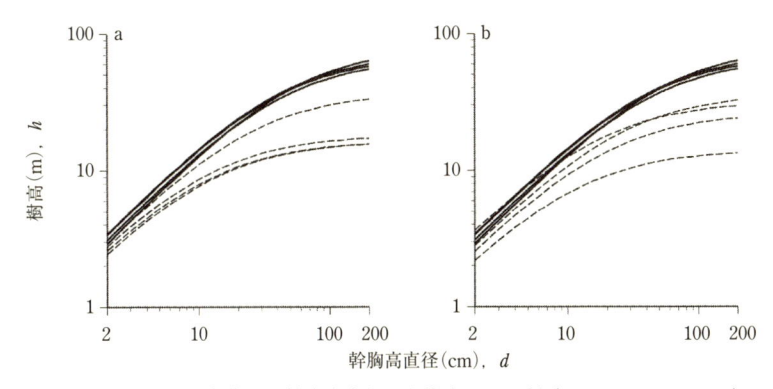

図 4-1 森林の樹木集団の幹胸高直径 d と樹高 h の関係（Kohyama et al. 1999）
(a) 低標高域（<1000 m）の森林: 実線は熱帯林（緯度<10°），破線は温帯林（緯度>30°）。(b) 熱帯域（緯度<10°）の森林: 実線は低地林（標高<1000 m），破線は高地林（>1000 m）

$$\frac{1}{h} = \frac{1}{jd^b} + \frac{1}{h_{max}}$$

あるいは

$$h = h_{max} \exp(-kd)$$

などの経験式が用いられる（h_{max} は d 無限大で漸近する上限樹高係数，j，k は係数）。直径と樹高の関係は，同一樹種，同一気候条件下でも，乾燥しやすい尾根筋や海岸沿岸では h_{max} が小さくなり，また混みあい度や同齢林の発達段階に応じても著しく変化する（図4-1）。また，同じ森林を構成する樹種間の差が際だつのも直径―樹高関係である。そのため，d と各部分重のあいだのアロメトリーの係数も個々の森林によって大きく変化してしまう。各樹種について，直径―樹高関係が決まれば，幹の体積に比例すると考えられる d^2h から部分重 M_i を推定すれば（$\ln M_i = a + b \ln d^2 h$），とくに幹については森林間の差異がなくなるが，やはり葉や枝量は混みあい度などに敏感である。

同一の森林を構成する樹種の種間差を無視しても，現存量の推定などには十分なアロメトリーが求まることは，経験的に知られている。大雑把な構成種間の収斂現象である。さらに，バイオーム間でも樹木という生活形と生理的制約を反映した共通の関係があると期待される（Enquist and Niklas 2002）。各部分重でなく，

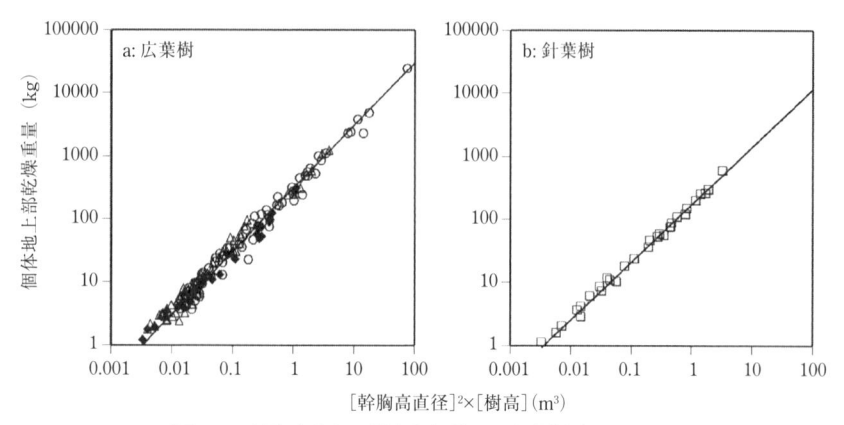

図 4-2 幹胸高直径・樹高と個体地上部乾燥重量の関係

森林タイプに関係なく、広葉樹と針葉樹という生活形ごとにほぼ同じベキ乗式で表せることは、極めて興味深い。(a) 広葉樹林: 東カリマンタンの熱帯多雨林（○）(Yamakura et al. 1986)、中カリマンタンの熱帯ヒース林（△）(Miyamoto et al. 2007)、北海道大学苫小牧研究林の落葉広葉樹二次林（◆）(Takahashi et al. 1999)、回帰モデルは水俣の照葉樹二次林について Nagano (1978) が発表した $W_t = 303\ d^2h$。(b) 針葉樹林: 富士山亜高山帯のシラビソ自然林（□）(Tadaki et al. 1970)、回帰モデルは北海道のエゾマツ・アカエゾマツのデータ（四大学合同調査班 1960）に基づいて算出した $W_t = 171\ (d^2h)^{0.914}$。

個体地上部重 M_t（とくに大個体では、幹重が中心となる）と d^2h の関係をバイオーム間で比べてみると、広葉樹では熱帯林から落葉広葉樹林まで、だいたい同じ関係で表現できる（図 4-2a）。仮道管しかもたず材密度が広葉樹より一般的に低い針葉樹では同じ d^2h に対して、小さめの M_t をもつようだが、やはりアロメトリー関係は収斂する傾向にある（図 4-2b）。シベリアのグイマツが重めなのは、成長が遅く、軽い春材部分の比率が低いためかもしれない。図 4-2 に示したようなバイオームをまたがる一般的な関係は、個体ベースの動態解析やシミュレーションモデルに基づいて、個体群や群集のプロセスと生態系のプロセスと関連づけるような目的の研究において、きわめて有用である。

I-2 緯度傾度にそったプロットデータのメタ解析

東アジアの熱帯多雨林から北海道の亜高山帯林にいたる、緯度傾度と、熱帯高山の緯度傾度をカバーする調査区のデータから、生態系パラメータと、緯度・標高関係を解析した結果を表 4-1 に示す。ここで、地上部現存量と純一次生産速度

表 4-1　東アジアの森林生態系の特性値の,緯度・標高依存性

モデル	R^2	n	cA/cL	cL/C
[NPP] $= 17.4 - 0.221L - 0.00335A$	0.66	22	0.015	0.013
[biomass] $= 650 - 10.2L - 0.144A$	0.88	16	0.014	0.015
$h_{max} = 87.2 - 1.54L - 0.0255A$	0.86	16	0.015	0.017
ln [Fisher's α] $= 5.37 - 0.0909L - 0.00117A$	0.91	16	0.013	0.017

標高 (A, m) と緯度 (L, 度) を独立変数として生態系特性値を回帰したモデルを示す.生態系特性値はそれぞれ純一次生産速度 (NPP, t 乾重/ha/年), 地上部現存量 (biomass, t 乾重/ha), 潜在最大樹高 (h_{max}, m), 多様性指数 (Fisher's α). R^2, 決定係数; n, サンプルサイズ; cA/cL, [標高回帰係数] / [緯度回帰係数]; cL/C, [緯度回帰係数] / [定数項].

は,図 4-2 の一般アロメトリーを用いて推定している (Takyu et al. 2005). 樹木種多様性は,プロットごとに出現総個体数が違うことを考慮して,個体数 N と種数 S の関係を対数級数分布に当てはめた場合の係数である Fisher の α 指数で示している ($S = \alpha \ln(1 + N/\alpha)$). なお, N が 1000 個体程度のオーダーである各プロットにおける実際の出現種数は,α のおおよそ 3 倍になる ($S \fallingdotseq 3\alpha$). 種多様性は,緯度や標高の増加に対して指数関数的に減少しているが,現存量や最大樹高,純一次生産速度は,緯度と標高に対して線形に減少する. 種多様性の地理変化が際だっていることがわかる. 緯度と標高の各回帰係数の比率をみると,種多様性でも,いずれの生態系機能の指標でも,標高方向の 1000 m の増加は,緯度方向の 13 度から 15 度 (1450〜1650 km) の増加に相当している. 年平均気温は緯度に対して線形ではなく,熱帯域 ($< \pm 20°$) では緯度にそってほとんど変化せず,非熱帯域では緯度 1 度にともなって $-0.8℃$ 程度変化するが,粗っぽく一次近似すると,緯度あたりの減少率は 0.5℃ 程度となる. 標高上昇にともなう気温の逓減率 (およそ $-6℃/1000$ m) を考慮すると,標高/緯度の気温低減影響の比率は,およそ同程度の平均気温変化に対応しているようにみえる (Kohyama et al. 1999). 森林の基底面積 (幹の胸高断面積の合計密度) は,密生した湿性林のあいだではあまり変わらず,広葉樹林で土地面積の 0.5%,針葉樹林で 1% あたりが上限であり,これが葉面積指数 (LAI) が 5〜7 程度となる葉群の表面積密度を支えている. 上限樹高 h_{max} に基底面積を掛け合わせた指数は,推定現存量とほぼ比例関係にある (図 4-3).

　こうした,多くのプロットデータのメタ解析は,多くの情報を与えてくれそうである. 現在,既存のプロットデータを集積してウェブ上で公開するプロジェク

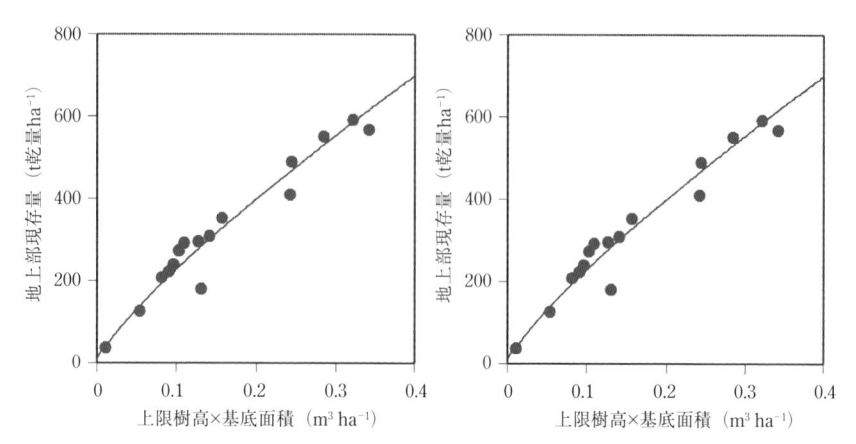

図 4-3 東アジアのさまざまな緯度・標高の森林生態系における，推定地上部現存量（B, t 乾重 ha^{-1}）（幹直径の分布と図 1-2 のアロメトリーに基づいて推定）と，上限樹高（h_{max}, m）×基底面積（A, m^2 ha^{-1}）の関係（Kohyama et al. 1999 のデータに基づいてあらたに算出）回帰式とその決定係数は，$B = 1424 \, (h_{max}A)^{0.807}$，$R^2 = 0.954$

トが進行しつつある（PlotNet: http://eco1.ees.hokudai.ac.jp/plotnet/home）。このネットワークを用いて，直接的に気候パラメータである暖かさの指数と生態系・多様性パラメータの関係を解析した研究が報告されている（Takyu et al. 2005，武生ら 2006）。

I-3　フラックス観測値の広域解析

アジア地域の多様な陸域生態系に設営されたタワー観測サイトにおいて，気象観測，植物群落と大気間での二酸化炭素，水蒸気，熱などのフラックス連続観測（微気象学的観測）が行われており，炭素収支の日内変化，季節変化さらには年々変動が解析されている。また，同一サイトで現存量調査，土壌圏調査などを行い，生態学的な手法によって年単位での炭素収支（炭素蓄積量とフロー）の評価をしている。これらの二酸化炭素フラックス連続観測と生態学的な手法という測定原理がまったく異なる方法で炭素収支測定値のクロスチェックを行っている。

本節ではデータベースに取りまとめられた東アジア地域ネットワークによる各タワー観測サイトのフラックスデータと土壌・植物生態学的観測データを集約しての総合的な炭素収支の研究成果を紹介したい。とくに，東アジアおける広域で

の炭素収支の観測サイト間比較解析に基づいて,炭素動態の空間的特性を解明する。同時に,長期的に観測を継続しているサイトにおける微気象学的方法と生態学的方法による生態系純生産量（NEP_M と NEP_B）の年々変動の相互比較を行い,結果の整合性を比較検討する。

さらに,陸域生態系—大気間の二酸化炭素等の吸収／放出量の地上観測の成果は,陸域生態系炭素収支モデルの精緻化とモデル推定精度の向上や衛星リモートセンシングデータ解析手法の検証に利用されている。ここではその統合的な解析事例を紹介し,第4章Ⅱ,Ⅲ節につなげたい。

1　東アジア陸域生態系の炭素収支と気象条件・環境条件の関係

ここでおもに対象とする観測サイトは森林10サイト,草地3サイト,農耕地1サイトの各種生態系に及んだ。具体的には北海道苫小牧・中国東北部・中央シベリアのカラマツ林3サイト,日本の代表的温帯森林生態系である高山（冷温帯落葉広葉樹林）・富士吉田（冷温帯常緑針葉樹林）・桐生（暖温帯常緑針葉樹林）の3サイト,熱帯地域の巨大なエマージェント樹木をもったマレー半島の熱帯雨林・タイの熱帯常緑季節林などの4サイト,草原生態系では中国の高山草原・日本の筑波大学草地・菅平草原の3サイト,モンスーンアジアを代表する農業生態系である水田（イネ単作田）の1サイトを対象としている。

上記各観測サイトでは,前章で述べたように一般的な気象要素を連続観測するとともに,微気象学的方法（渦相関法）に基づき,二酸化炭素フラックスを求め,群落内における二酸化炭素貯留量の変化を加味することにより,生態系純生産量（NEP）すなわち生態系が大気から正味で吸収した炭素量を算出している。NEPは大気の二酸化炭素収支に対する陸域生態系の関わりを示す直接的パラメータである。図4-4には各種陸域生態系での渦相関法によるNEPの年間積算値を示している。森林生態系では,亜寒帯で年間 $1\ tC\ ha^{-1}\ year^{-1}$ 未満,温帯から熱帯で最大 $5\sim6\ tC\ ha^{-1}\ year^{-1}$ の炭素吸収が観測されていること,温帯の生態系で比較すると,生育期間の長い常緑林の方が落葉林に比べてNEPが大きいことがわかった。さらに,草地で $0\sim2\ tC\ ha^{-1}\ year^{-1}$,水田で $2\sim3\ tC\ ha^{-1}\ year^{-1}$ となっている。このようにNEPは気象条件と生態系の差異によって0から6 tC/年と広範囲にわたっている (Saigusa et al. 2008; Hirata et al. 2008)。

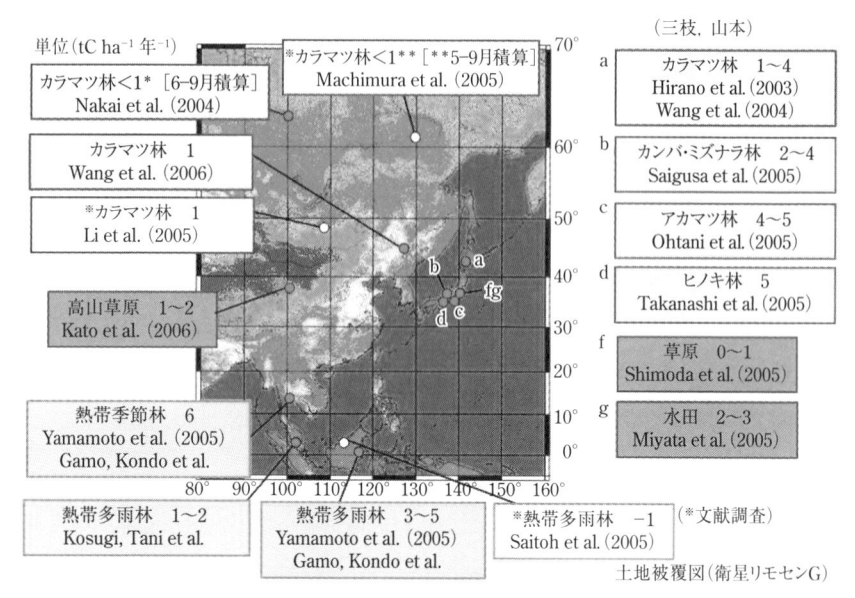

図 4-4　各種陸域生態系でのフラックス観測による NEP の年間積算値（口絵 6 参照）

　図 4-5 に，東アジアでの CO_2 フラックス観測データを収集して算出した，月別生態系純生産量 NEP の季節変化を示す．NEP は植生の違い，気温や降水量の季節変化の差異を反映してサイトごとに特色ある季節変化パターンとなっている．ロシア・中央シベリアから北海道にかけての四つのカラマツ林生態系を比較すると，年平均気温が高くなるにつれて生育期間（NEP>0 の期間）が長くなり，また NEP の最大値が大きくなる結果が明らかに示された．また，落葉樹林と常緑樹林とを比較すると，落葉樹林には明瞭な季節変化があり NEP>0 となる生育期間と NEP<0 となる非生育期間の区別がある一方で，常緑樹林の NEP の季節変化振幅は小さく，生育期間・非生育期間の区別は不明瞭であることがわかった．中国内陸の高山草地では生育期間が夏季に限定されており，水田においては夏季の耕作期間に大きな NEP のピークがあり，耕作植物の特性を示している．以上のようなアジアにおける各種生態系の NEP の季節変化パターンを亜寒帯から熱帯にいたる広い緯度帯をカバーし多点でとりまとめた結果は，本プロジェクトによる報告が世界でも最初である（Ohtani et al. 2005; Saigusa et al. 2005; Miyata et al. 2005; Yang et al. 2008）．

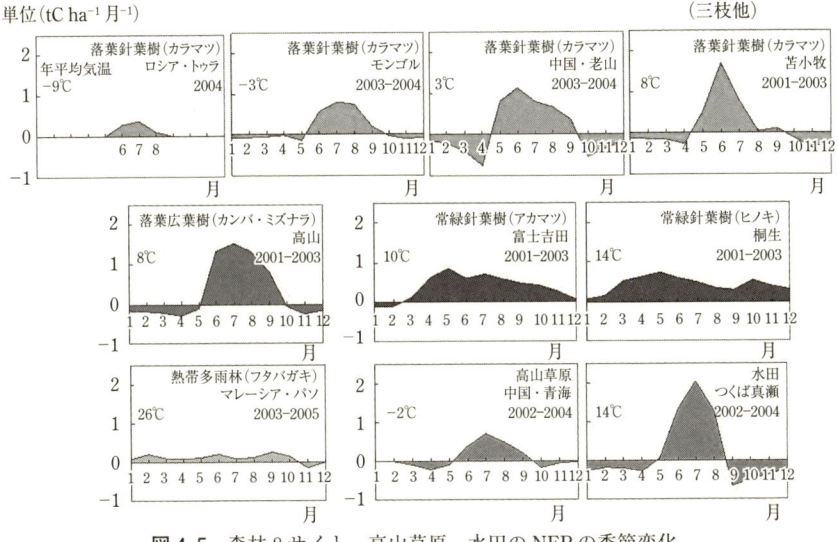

I 地上観測ネットから見えてきた炭素動態 287

図4-5 森林8サイト，高山草原，水田のNEPの季節変化

　このような観測サイトや植生によるNEP年間積算値，季節変化パターンの違いには，気温，日射量，降水量などの気象条件が強く影響している．NEPは植生の光合成と生態系呼吸量（植生呼吸および土壌中の有機炭素分解）の差と考えられるが，NEP，生態系呼吸量（RE）および光合成総生産量（GPP）と年平均気温・降水量の関係を調べた．図4-6にGPP，RE，NEPなどの炭素収支の各項目と年平均気温の関係を図示した．GPPは気温とともに直線的に増加し，NEPは低温の領域では気温とともに増加するが，20℃程度より高温の領域では気温の上昇に対して減少する傾向がみられる．高温の領域でNEPが減少する原因は，気温が高くなるにつれて土壌有機物などの分解速度が上昇するためと考えられ，とくにRE/GPPが1より大きいデータが高温の熱帯域でみられる．
　これらの結果から，北方林（カラマツ林）においては活動期間が夏季の短期に限定され，NEPは小さな値となっており，中緯度の暖温帯林・冷温帯林においては，常緑林の方が落葉林に比べて長い生育期間を有するが，GPPの最大値は落葉林（とくにカラマツ林）の方が大きいことがわかる．また，すべての生態系でGPPは気温と入力放射量の大きい6〜8月に最大であるが，NEPの最大値は常緑林で5月頃，落葉林で6〜7月に現れている．NEPの最大値がGPPの最大値よ

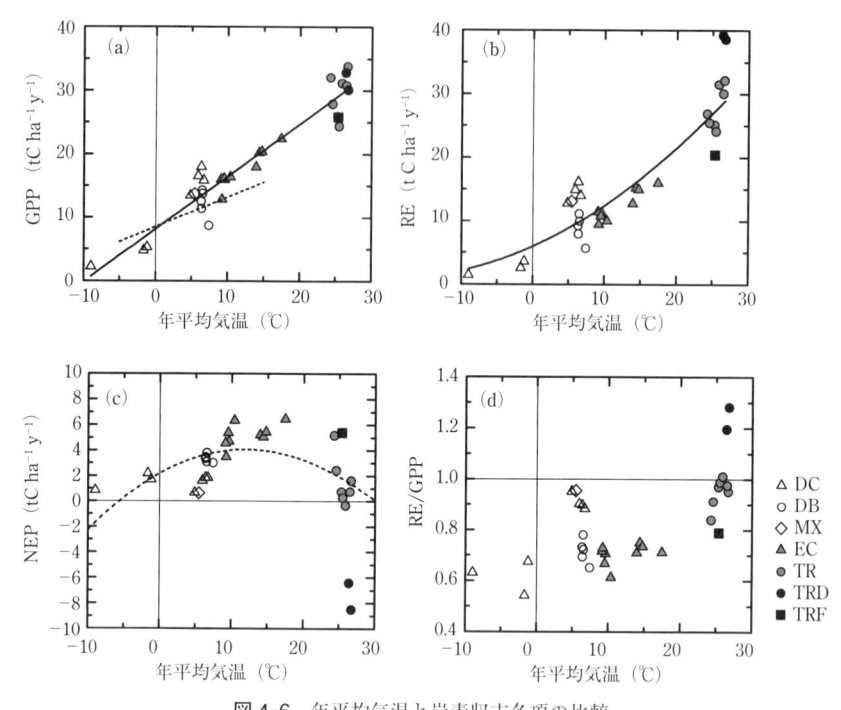

図 4-6 年平均気温と炭素収支各項の比較
ここでのデータは DC（落葉針葉樹林）：△，DB（落葉広葉樹林）：○，MX（混交林）：◇，EC（常緑針葉樹林）：▲，TR（常緑熱帯林）：○，TRD（熱帯二次林）：●，TRF（熱帯ピート林）：■である．

り早く出現する原因には，7～8月の盛夏期（高温期）に生態系呼吸量（RE）が増加することが関与していると考えられる．

つぎに，低緯度の森林について算出された生産量の季節変化，年々変化を考察したい．熱帯多雨林については高温多雨の条件下で GPP，RE とも年間を通して大きな値で季節変化は小さい．また，GPP と RE の差である NEP は年間を通して暖温帯林・冷温帯林の NEP より小さい値である．しかし，年々変動量の大きな二つの値の差であること，また前章で述べた熱帯林における測定の困難さから熱帯林の炭素収支の正確な推定には，さらに慎重な検討が必要である．

熱帯季節林においては，炭素収支の年々変動が大きい．図 4-7 は熱帯季節林の NEP の偏差を，葉面積指数の偏差と合わせて示したものである．この場合の偏差とは，2001～2003年の3年間における NEP および葉面積指数の平均値からの

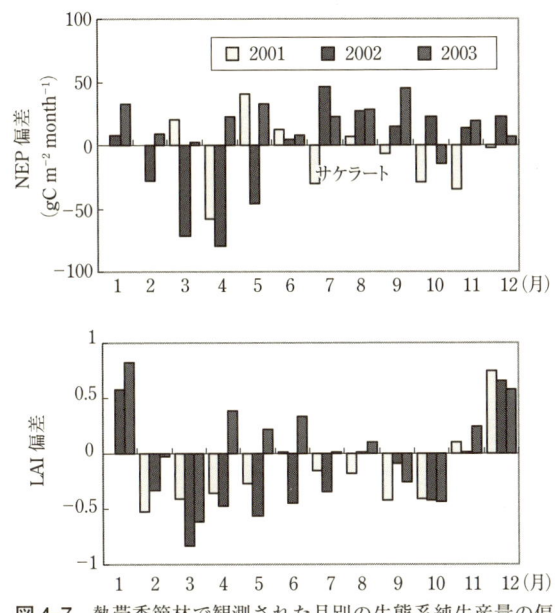

図 4-7 熱帯季節林で観測された月別の生態系純生産量の偏差（上段）と葉面積指数の偏差（下段）

偏差は，2001-2003年の3年間の平均値からのずれを示す．

ずれを示す．すなわち，正の偏差は平均より高く，負の偏差は平均より低い値である．図4-8の結果をみると，熱帯季節林のNEPは年々の違いが顕著であり，とくに大きな偏差が冬から春にかけての乾季に出現している．とくに，2002年3〜5月の生態系純生産量に顕著な負の偏差がみられ，それは葉面積指数の負の偏差と同時に発生したことがわかる．この葉面積指数の低下（落葉）は，各種気象要素および土壌水分量のデータを考慮すると，降水量の減少による土壌水分量低下および大気の湿度低下により引き起こされたのではないかと推定される（Kosugi et al. 2007.）．

　ここではアジア各地の生態系に展開されたフラックスの観測サイトとそこで得られた炭素収支解析結果を概説した．異なる気候帯，異なるタイプの生態系の生産量は，それぞれ特徴的な季節変動・年々変動を有すること，そしてそれらの変動には異なる植生活動プロセス，気象条件が関与していることが地上観測ネットワークによるデータの総合的解析によってわかった．

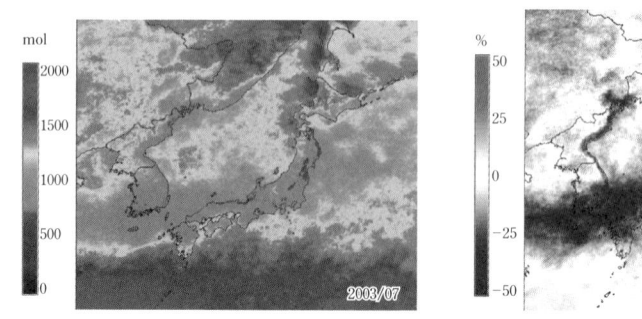

図 4-8 (a) 衛星がとらえた，2003 年夏の記録的な日照不足（口絵 7 参照）
左図は日射量，右図は平均値からのずれ（％）の空間分布を示す．

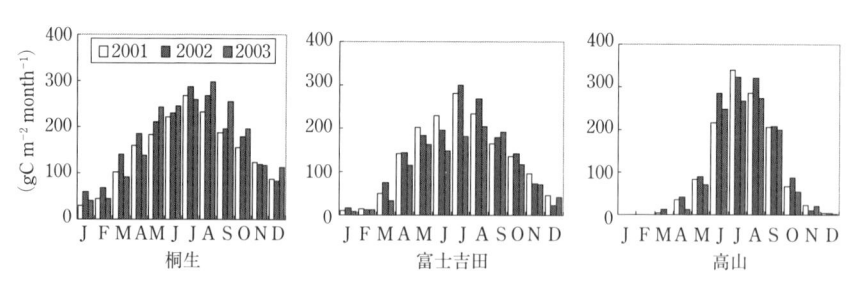

図 4-8 (b) GPP の季節変化の年々変動
2003 年の夏季 PAR 低下の影響．高山と富士吉田で顕著な GPP の低下が見られる．

2 地上観測とリモセン広域推定との連携による炭素収支の統合的解析

　炭素収支の年々変動の要因として，前節でも述べたように気温や降水量などの気象条件の変動による植生活動の開始，終了などの時期の年々変動，植生活動期（夏季）の日射量の年々変動，乾季の乾燥度や長さなどの年々変動が挙げられる．このような諸量の面的な把握において，衛星データは有力な手段となる．衛星データは，直接的に炭素動態に関する情報を与えないが，衛星データから導出されるいくつかの重要な情報を地上観測データと比較すること，陸域生物圏モデルに入力することで，炭素動態の広域の変動，過去・将来の時間変動を検証・推定することができる．したがって，衛星リモートセンシングのデータを最大限に陸域生物圏モデルに活用し，地上観測と統合することは，広域炭素動態の面的解明において重要なアプローチである．とくにアジアは，世界的にみても，複雑な地形・土地被覆，多様な植生・農業形態，激しい土地改変や季節変化などのために，

空間・時間的に不均質な地域である。このような地域では，逐次変化する状況を空間的に把握できる，衛星リモートセンシングは現状把握のための有力なツールである。

ところが，多くの地球観測衛星より得られた陸上生態系に関する広域データについて，アジア地域のみならず，世界的にもその精度検証を地上データと統合的に行った例は少なく，衛星リモートセンシングによる植生活動に関連する諸量の推定精度の地上観測結果との検証は未だ十分でない。西田らは，いくつかの新しい地上検証手法を開発し，それによって各種衛星データを検証・改良している。さらに既存の土地被覆図を検証し，それを組み合わせて新たに高精度の土地被覆図を作成した。これらの点については後節で詳細に紹介される（西田ら 2005; 岩男ら 2006）。

ここでは，衛星プロダクトより作成された植生指標，NCEP/NCAR の再解析データをもとに，アジア植生変動のマッピングを行い，その季節変動を確認し，地上検証との比較からその要因を検討した。具体的には，地上観測とリモセン観測の相互連携解析に基づき，GPP の年々変動の環境要因である PAR の夏季・東アジア中緯度域での低下と GPP 低下の事例，春季・日本周辺域の高い気温と落葉樹林の早い展葉期の事例，春季・東南アジア（熱帯季節林）での降水量の低下と LAI の関係の事例を紹介する（Saigusa et al. 2008）。

図 4-8 (a) は衛星観測などの NCEP/NCAR の再解析データによる 2003 年夏季（6〜8 月）の東アジア中緯度の日射量の平年値（1971〜2000 年の平均値）からのずれの空間分布を示す。2003 年には梅雨期の降雨期間の長期化がみられ，7，8 月に日本周辺中緯度において異例の低日照，低温条件下での興味深い事例となった。図 4-8 (b) に 2001-2003 年の 3 年間の日本の地上観測森林 3 サイト（高山，富士吉田，桐生のサイト）での GPP 季節変動観測結果が示されている。これらの図から，2003 年夏季の日照不足に対応して，PAR の低下，気温の低温化が示され，高山と富士吉田の地上観測サイトの 2003 年夏季の GPP が他の年より大幅に小さくなっていることがわかる。ただし，桐生サイトでは GPP 低下は小幅で，温暖な桐生の常緑針葉樹林が PAR の低下に対して，光合成能力の低下が小さいという結果になっている。

図 4-9 (a) は 2002 年の早春季（1〜3 月）において中国東部から日本周辺域の気温の正の偏差（平均値（1971〜2000 年の平均）からのずれ）の空間分布を示す。この

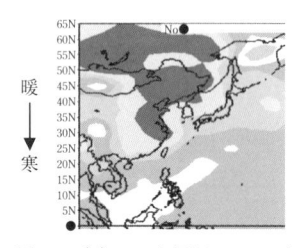

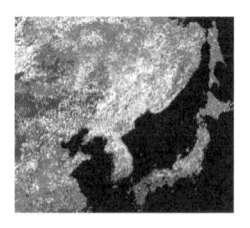

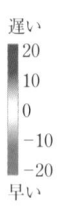

図 4-9 (a) 日本周辺の 2002 年 2，3，4 月の気温偏差と衛星から求めた展葉時期（口絵 8 参照）
この年の落葉樹林の展葉は例年より早かった。

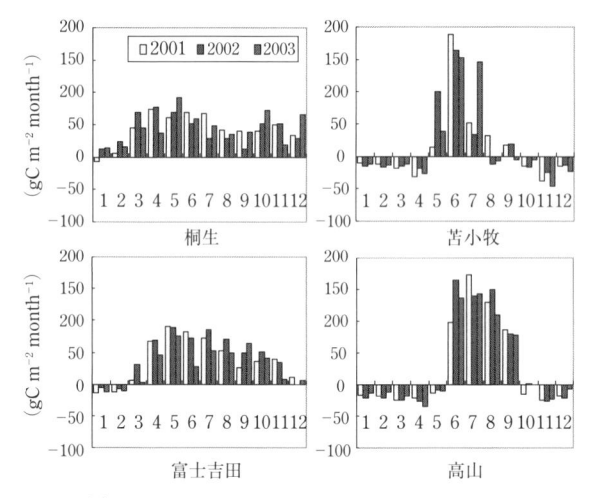

図 4-9 (b) 桐生，苫小牧，富士吉田，高山の NEP の季節変化の年々変動

ような東アジアの暖冬はエルニーニョ現象の出現時に一般的にみられるものである。しかし，2002 年のこの時期はエルニーニョ現象の発現前であったが，当地域の暖冬は極域周辺の循環流や高・低気圧分布にも関係して出現したといわれている。この 2002 年早春季の高温に対応して，日本周辺中緯度域の落葉樹林において平年より早い時期に展葉がみられた。さて，この早春に続く展葉時期に対応する苫小牧，高山，富士吉田，桐生の森林 4 サイトの 2001～2003 年の NEP 月々変動の観測結果を図 4-9 (b) に示している。これらの結果からわかるように，2002 年の早春期の気温が高く，その結果日本周辺中緯度域の落葉樹林において

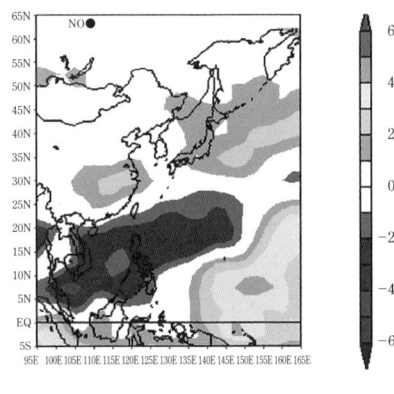

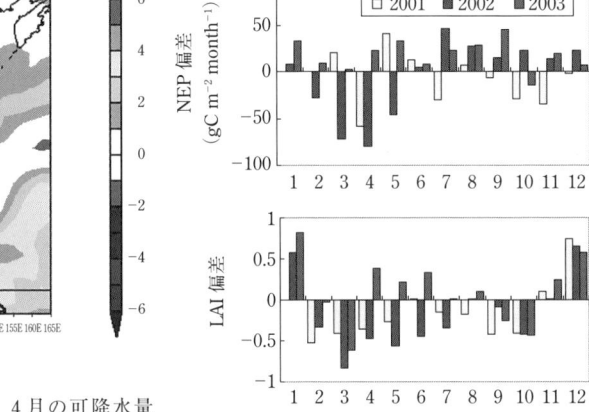

図 4-10 (a)　2002 年 2，3，4 月の可降水量の偏差（東南アジア）（口絵 9 参照）
この年の春季の可降水量は例年より小さかった。

図 4-10 (b)　2002 年春季降水量の低下の影響
熱帯季節林での LAI 低下と NEP 低下が見られる。

は平年より早く展葉して，苫小牧，高山の 5，6 月の NEP が平年より早く立ち上がり，常緑針葉樹林の富士吉田，桐生での 3，4 月の NEP の値が平年より大きくなっている．

つぎに，春季・東南アジア（熱帯季節林）での降水量低下と LAI の関係の興味深い事例を紹介する．図 4-10 (a) は 2002 年 2～4 月降水量の東南アジア南部の偏差（平均値（1971-2000 年の平均）からのずれ）の空間分布を示す．図 4-10 (b) はタイの熱帯季節林の観測サイトの 2001～2003 年の NEP，LAI の季節変化を示す．この時期の当地域の LAI の値が平年より小さく，引き続く 4-5 月時の LAI も小さい値となっているが，これは降水量がこの時期に小さかったことに対応し，これらの影響を受けて，2002 年の 1～3 月の本サイトでの GPP，NEP が平年に比較して大幅に小さくなっている．

以上の事例からわかるように，地上観測と衛星データの連携利用により，衛星データによる植生活動の諸パラメータが地上観測による気温や乾燥度などの気象条件や LAI などの植生指標，さらには NEP の時間変化と密接に関連していることがわかる．これらの結果を基礎に衛星データを活用して面的な植生活動が解明され，さらには炭素収支の年々変動の時空間変動との関連などの統合的解析が可能となる．

3 アジアの代表的森林における炭素プールとフローの比較解析
—— 生態学的手法，土壌圏炭素収支調査，微気象学的手法

　アジアの陸域生態系は多様である。永久凍土地帯には，北緯70度付近まで東西3000 kmにわたるカラマツ林生態系（森林ツンドラも含む）が成立し，中緯度・高海抜地域の草地生態系を経て，中国大陸と日本列島などの農業活動を含めた人為影響が最も大きい冷温帯～暖温帯の森林生態系，そして急速な資源枯渇が危惧されている熱帯季節林と熱帯多雨林が分布する東南アジアに及んでいる。これらの多様な生態系のうち主要なものについては，過去にIBP（国際生物学事業計画）において，生態学的な調査が行われ重要な知見が得られている。近年，炭素収支における森林生態系の炭素固定源としての役割の解明の重要性が指摘される中，東アジアにおける上記の陸域生態系の詳細な現存量調査が行われている。また，陸域生態系における土壌圏は植物圏と並んで，主要な炭素貯留の場であり，全球ではおよそ大気中の2倍に相当する約1500Pgの炭素が蓄積されている。土地利用や環境の変化によって，この土壌炭素の貯留量（プール）は変動し，大気・植生・土壌間の炭素フローが変化する。このことから，土壌圏の炭素収支の調査が現存量調査と連携して進められている。一方，前述したようにアジアにおける二酸化炭素フラックスのタワー観測網が整備されてきた。

　このような研究の進展を背景として，二酸化炭素フラックス観測の結果と従来から行われてきた生態学的な手法，土壌圏調査によって推定した炭素収支を相互に比較し，炭素収支推定値のクロスチェックが行われている。ここではCO_2フラックスタワー観測と関連づけながら，生態学的手法，土壌圏炭素収支調査によるアジアの代表的森林の炭素プールとフローの解析事例を紹介したい。

（1） 森林生態学的調査による炭素蓄積量とフロー

　生態系の炭素蓄積量（プール）については，地上部・地下部炭素集積量，下層植生炭素集積量，林床有機物層・鉱質土層炭素集積量を集計し，炭素の流れ（フロー）については，地上部リターフォール，細根枯死量，現存量増加分，土壌呼吸，溶存態（DOC）流失量のうちで測定されている項目の数値から推定した（Kajimoto et al. 2006; Matsuura et al. 2005）。ここでは，炭素蓄積量について概説し，炭素のフローについては後述する。

図4-11 バイオマスの緯度に沿っての変化

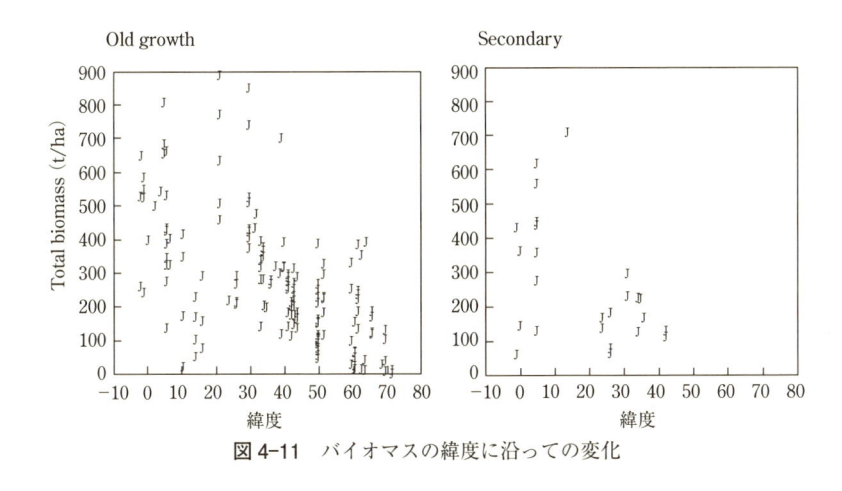

　図4-11に現存量の緯度に対する変化をまとめて示す(Seino 未公表データ)。これから生態系の現存量に蓄積する炭素量は，北の永久凍土地帯から熱帯林地域に向かって気候条件が植物生育にとって良好になるとともに増加するが，現存量のピークは北緯20度付近の森林生態系にみられる。中国東北部のカラマツ人工林および日本の本州中部の冷温帯落葉広葉樹林における現存量は，北の永久凍土地帯のカラマツ林の数倍の規模となっている。また，永久凍土地帯のカラマツ林と半島マレーシアの熱帯林では，現存量は1オーダーの違いがある。図4-12に地上部純生産量(ANPP)の緯度変化を示す。さらに，地上部と地下部の現存量比率(T/R比)は，緯度にそって南から北に小さくなっている。北緯50度以南の森林生態系ではT/R比が4〜12であるのに対して，北緯50度以北の森林生態系では1〜3となっていた(Seino 未公表データ)。これは，植物生育にとって環境条件が厳しくなるにつれて地下部への分配比率が高くなることを示しており，地下部の炭素集積量の推定を広域に行う際に過大評価/過小評価の鍵となる重要な知見である。

(2) 土壌圏調査からみた炭素動態の各種陸域生態系間の比較

　土壌圏調査においては，土壌圏を中心とした生態系炭素循環の生態プロセスを解明し，最終的には土壌炭素動態の時空間変動を表現する機能モデルを構築することを本プロジェクトの目的として行ってきた。調査対象とした生態系は7サイ

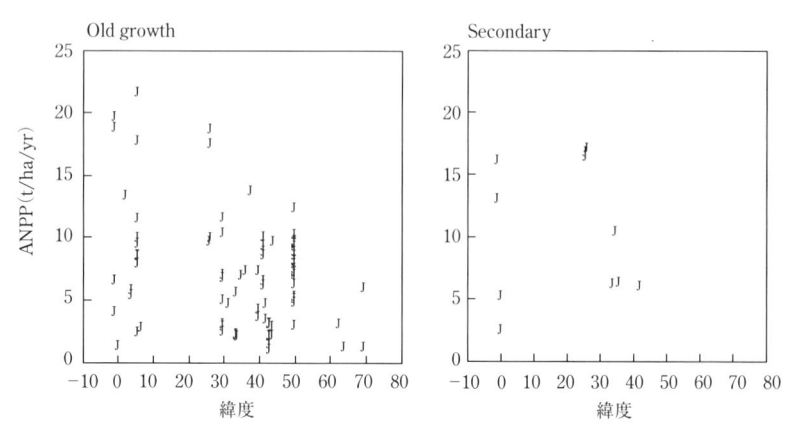

図 4-12 地上部純生産速度 (ANPP) の緯度に沿っての変化

ト，22 生態系に及ぶ。これらの生態系は北緯 4 度から 42 度に位置し，気候帯は熱帯，暖温帯，冷温帯，亜寒帯を含む。また，生態系の種類としては，森林（常緑広葉樹林，落葉広葉樹林，落葉針葉樹林，常緑針葉樹林），草原（温帯草原，高山草原），農地（果樹園），湿地（温帯湿地，高山湿地）を含んでいる。遷移の調査サイトは主として富士北麓（一次遷移）と長野県菅平（二次遷移）である。これらの調査サイトにおいて，土壌圏の CO_2 フラックスと温度・水分を測定してきた。さらに，主要サイトでは，土壌の物理化学的特性，リターフォール，リターの化学的性質，NPP，現存量，一般的な気象要素（光，気温，降水量，降雪量など）についても測定した。調査期間は個々の生態系で異なっているが，最大で約 10 年である。

　生態系の遷移にともなう土壌炭素動態の変化の解析事例についてはすでに前章（第 3 章 II-2 参照）で紹介されている。その結果を要約すると，遷移は若齢アカマツ林，成熟アカマツ林，ヒノキ・ツガ林，落葉広葉樹林へと進行する。若齢アカマツ林からヒノキ・ツガ林までは CWD（地上部＋地下部の粗大枯死有機炭素）に大きな変化はなかったが，リターは漸次増加した。しかし，さらに遷移の進んだ落葉広葉樹林では，CWD が増加したもののリターは若干減少した。有機物の分解 CO_2 フラックスは若齢アカマツ林で最も高い値を示し，次いでヒノキ・ツガ林と落葉広葉樹林となった。若齢アカマツ林で高いフラックスがみられたのは，十分に発達していない森林であるため浅い林床土壌に直射光が入り，土壌温度が高くなり，有機物分解が進んだためと考えられる。一方，成熟アカマツ林は最も低い

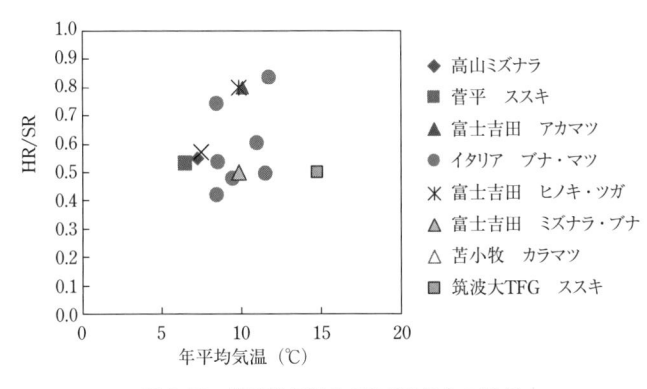

図 4-13 年平均気温と HR/SR 比との関係

フラックスを示したが,まだ遷移初期にあるため土壌が未発達であることが原因と考えられる。SOC（土壌有機炭素）は遷移の進行にともなって増加した。この解析事例では SOC の蓄積には溶岩の風化にともなう土壌層形成の進行が重要な要因であることを示しているが,他の土壌環境条件における温帯樹林の遷移についての事例解析も合わせて検討することが必要である。

　ここでは,土壌圏調査により得られた広範なデータの解析から,土壌呼吸に対する微生物呼吸と根呼吸の寄与の割合,土壌呼吸量と気温,緯度との関係などについて紹介する。まず,土壌呼吸に対する微生物分解呼吸の比（HR/SR 比）は,土壌有機物の分解に関わるフラックスとして通常測定されている土壌呼吸のうち,実際に分解に関わるフラックスがどの程度であるかを知るために必要な値である。実際,NEP を計算するときにこの比は有用である。生態学的な手法により推定された NPP のデータは IBP（国際生物学事業計画）で数多く得られたが,この NPP から HR を差し引くと NEP が算出できる。土壌圏調査グループが 5 サイト・7 つの生態系で実測したデータ（年間値で計算）に,イタリアで測定されたデータを加えて,図 4-13 に年平均値における気温と HR/SR 比の関係を示す。呼吸は温度依存性が高いことから,横軸には調査サイトの年平均気温を取ってある。その結果,HR/SR 比は生態系ごとに異なり,0.4 から 0.85 のあいだにあること,同じ生態系でも年によって値が異なることが明らかとなり,HR/SR 比の評価には生態系ごとに測定し,少なくとも数年間の継続測定が必要であることがわかった。一方,HR/SR 比がどのような要因によってコントロールされている

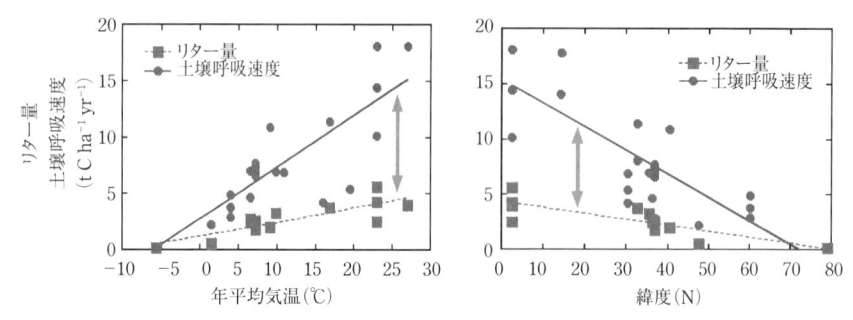

図 4-14　年間地上部枯死量，土壌呼吸の気温（左図）および緯度（右図）の関係

のかという点についても，今後研究を進めていくべきである。

つぎに諸サイトの年間地上部枯死量，土壌呼吸量データを用いて，気温および緯度との関係を解析した。図 4-14 はその結果を示したもので，地上部枯死量，土壌呼吸量とも気温とともに大きくなり，また，高緯度から低緯度に向かうにつれて大きくなっている。これは地上部枯死量，土壌呼吸量がともに気温により規定されていることを示している。なお，地上部枯死量，土壌呼吸量の両者の差が土壌面からの正味の炭素フローとなる。

（3）　地上観測の統合的解析から得られた炭素プールとフローの関係

以上で紹介したように，二酸化炭素フラックス観測と生態系調査，土壌圏調査結果を総合的に解析することにより，炭素のプールとフローが多面的に解明される。また，結果の相互比較によりそれぞれの手法の誤差の検討も合わせて行うことができる。ここでは各種調査を連携して行ったサイトから南北に並ぶ 4 サイトでの炭素のプールとフローの関係をみる。図 4-15 に四つの観測サイト：永久凍土地帯（トゥラ）のカラマツ林，中国東北部（老山）のカラマツ林，日本（高山）の冷温帯落葉広葉樹林，マレーシア（パソ）の熱帯雨林で推定した炭素蓄積量と炭素フローの結果を示す（Ohtsuka et al. 2005; Matuura et al. 2005）。これから，気象条件と樹種の異なる 4 観測サイトの炭素蓄積の部位ごとの大きさの違い，フローの差異が確認される。また，フラックス観測による NEP との比較データが得られた。このような，複数のサイトでの系統的な調査結果はいままでにない貴重なもので，陸域生態系モデルの検証にも活用されている。

また，日本の森林生態系では高山（冷温帯落葉広葉樹林），苫小牧（落葉針葉樹林：

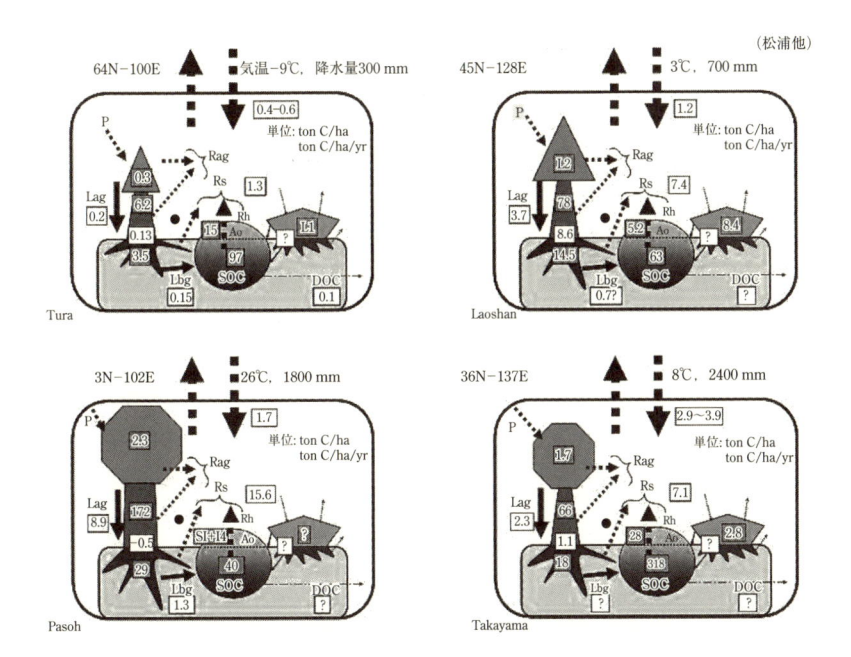

図 4-15　4つの観測サイト：永久凍土地帯（トゥラ），中国東北部（老山），日本（高山），マレーシア（パソ）で推定した炭素蓄積量と炭素フロー

カラマツ），富士吉田（常緑針葉樹林）などの3サイトの長期観測データの集積を基礎に炭素プール，フローを定量的に解析し，陸域生態系モデルのパラメータを検証する貴重な結果を得ている。ここでは，森林生態系の詳細な解析事例として高山サイトを示す。高山サイトでは1998年にタワーを含む1haの永久コドラートを設置し，現在まで生態学的調査を継続している。この森林はミズナラ・ダケカンバ・シラカンバが優占する落葉広葉樹二次林で，林床はクマイザサに広く覆われている。高山サイトでの純生産量（NPP_t）は樹木純生産（NPP_o）とササ純生産（NPP_u）に分けられる。NPP_oはバイオマスの増加量（ΔB_o）とリター量，枯死木のネクロマス，細根純生産量の合計から算出した。土壌呼吸量（SR）はOpen-flow IRGA法によって毎月一度測定し，チャンバー付近の地温の連続測定と，SRと地温の相関関係を用いて年間量を推定した。

　図4-16は高山サイトでの炭素蓄積量（プール）と大気，樹木，土壌間の炭素の流れ（フロー）の関係を詳細に示す。本サイトにおけるバイオマス調査による炭

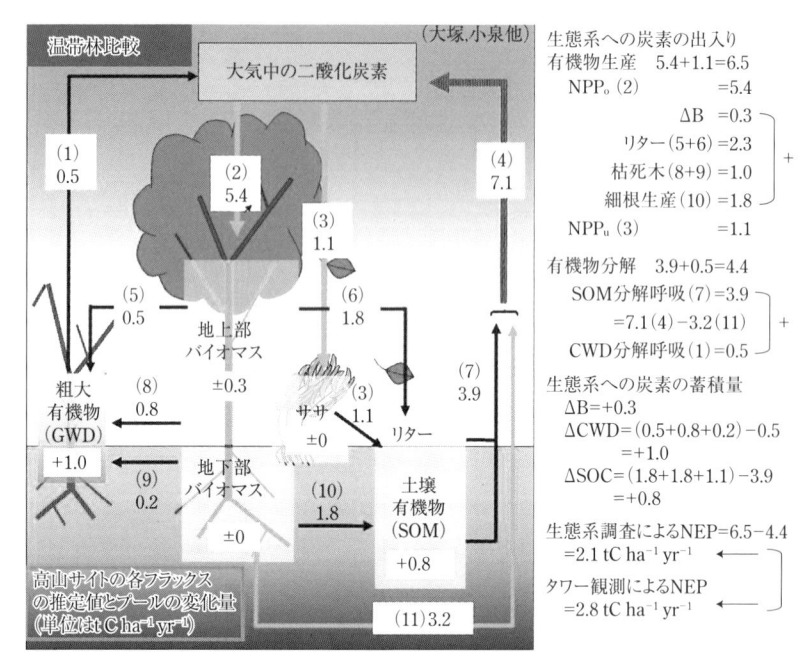

図 4-16 高山サイトにおける炭素収支：炭素プールとフローの概要（Ohtsuka et al. 2005, 2007）

ここで CWD は枯死木，ΔB はバイオマス増加量，SOC は土壌有機物炭素量。

素取り込み量：樹木 5.4 tC/ha/年（以下同じ単位）とクマイザサ 1.1 の総計 6.5，炭素放出量：土壌有機物分解 3.9 と枯死木分解 0.5 の総計 4.4 となっており，正味の炭素吸収量は 2.1（＝6.5－4.4）tC/ha/年となっている。一方渦相関法による炭素吸収量は年々の変動はあるが，2.4 tC/ha/年となっており，比較的よい一致が得られている。また 5 年間連続的に測定している，NPP_o と SR の年変動と NEE の年変動を比較すると，SR は変動があまりないが，NPP_o と NEE は変動が相似で非常に相関が高かった。このことは高山サイトでは分解速度ではなく，NPP_o が NEE の変動を決定していることを意味している。

（4）微気象学的方法と生態学的方法による NEP の相互比較

近年，数多くのサイトにおいて微気象学的方法（渦相関法）による正味の炭素吸収量（NEP_M）と生態学的方法（現存量調査）による吸収量（NEP_B）の両者の結果

表 4-2 渦相関法による正味の炭素吸収量（NEP_M）と生態学的方法（植物体現存量調査による吸収量（NEP_B））（Yamamoto et al. 2005）

サイト名	高山	苫小牧	富士吉田	パソ	サケラート	真瀬（水田）	八浜（水田）
国名	日本	日本	日本	マレーシア	タイ	日本	日本
緯度（°N）	36	43	35	3	14	36	35
年平均気温（℃）	7.3	7.7	10.1	25.6	24	14	15.8
NEP_M (tC ha^{-1} y^{-1})	2.8	2.3	4.0	1-2 (7.6)	6	6.4 (生育期)	5.0 (生育期)
NEP_B (tC ha^{-1} y^{-1})	2.1	2.4	4.3	0.3 (1.7)	-1	6.8	6.2
$NEP_M - NEP_B$	0.7	-0.1	-0.3	7.3 (5.9)	7	-0.4	-1.2

パソの NEP_M の 1-2 は渦相関法の計算結果 7.6 を，夜間放出量についてモデルによる推定値に置き換えて求めた値．
森林では NEP_M（微気象）＞NEP_B（生物学）であるサイトの数が多い．両手法ともまだ不確実性をもっている．更なる検討が必要．特に熱帯林で不確定．
S-1 サイト（暫定的な結果）：Ohtsuka, Saigusa, Hirata, Tani, Gamo, Miyata 他
（三枝・山本）

を相互比較して手法の信頼性の検証を行っている．表 4-2 にその結果をまとめた（Yamamoto et al. 2005）．水田においては，渦相関法による炭素吸収量の算定値と植物生育量測定，収穫量による炭素吸収量の比較検証が詳細に行われており，よい一致度が得られている．日本の温帯林観測サイトでは本研究を通して，両手法の検証と改良が進み，かなり高い一致を示している．しかし，森林生態系については一般的に NEP_M が NEP_B よりも大きいという傾向があり，とくに熱帯林では著しい．両手法に含まれる未解決の問題としては，NEP_M における夜間の測定誤差，NEP_B における地下根系の炭素収支の見積もり誤差，枯死木の分解の不確定性，熱帯雨林（高木林）での測定の困難性などが指摘されており，これらの誤差要因の解明をさらに進める必要がある．なお，土壌呼吸調査による RS とフラックス観測による生態系呼吸量 RE の関係，RS と RE の比はサイトにより異なり，富士吉田で RS は RE の 30％程度，同じく苫小牧で 60％程度，同じく高山で 80％程度となっているが，この差異と上述の夜間のフラックスの測定誤差の関係についてもさらに検討を要する．

4 地上観測ネットからの炭素収支データを用いた予測モデルの検証

第 2 章で述べたように，システムアプローチでは総合的な観測を行っている地

上サイトで測定された気象,炭素収支,植生活動の関連データは人工衛星リモセンデータによる炭素収支,植生活動等の広域推定手法の検証,陸域生態系モデルの構成素過程の検討・計算結果の検証に利用される。具体的には衛星観測による高精度土地利用マップ,葉面積指数・PAR などの広域推定マップは陸域生態系モデルに取り込まれており,陸域生態系モデルの炭素循環素過程の検証に森林,草地,農耕地などの各種サイトの地上観測のデータが利用されている。ここでは,その代表的事例として高山サイト(冷温帯落葉広葉樹林)の結果を紹介する。陸域生態系モデルと衛星リモートセンシングとの連携による改良事例,モデルによる炭素収支広域推定・将来予測結果については後節で詳述される。

陸上生態系の炭素循環モデルは,生産・消費・貯留のシステム生態学的な解析だけではなく,地球環境変化の影響推定や観測データの統合化,あるいは地域スケールの炭素収支評価に用いられる重要な手法となっている。しかし,従来の陸上生態系の炭素循環モデルは空間分解能・時間分解能が不十分で,土壌を含む生態系全体の炭素収支評価に大きな不確定性が残されており,また地上観測,衛星観測との比較,検証が十分にされていないなどの課題を残している。

ここでは,地上観測による各サイトでの炭素収支と陸域生態系モデルによる結果を比較し,モデルの結果の検証への活用について考える。モデル計算とサイトスケールでの観測結果との比較では,次のような点が検討される。

(1) 光合成,個葉特性の地上測定結果によるキャノピー光合成モデルの改善,個葉特性の季節変化(落葉広葉樹)の検証
(2) フラックス観測による炭素収支の結果による炭素動態の日・季節変化の検証
(3) 土壌呼吸と土壌有機物動態測定データによる土壌圏炭素動態の素過程の検証

炭素循環モデルの構成素過程の検証と改良は,おもに岐阜県高山市の冷温帯落葉広葉樹林サイトで行われた。炭素循環モデルは Sim-CYCLE (Ito and Oikawa 2002) を基礎にして,おもに岐阜高山サイトを対象に産業技術総合研究所と岐阜大学による個葉光合成・現存量バイオマス・土壌データに基づいて改良を行った (Ito et al. 2006)。1999 年から 2005 年の渦相関法による純生態系交換 (NEE) データ,土壌炭素・土壌呼吸,ポロメータによる個葉光合成パラメータ(とその季節変化)などのデータに基づいてモデルの検証を行い,キャノピーおよびコンパー

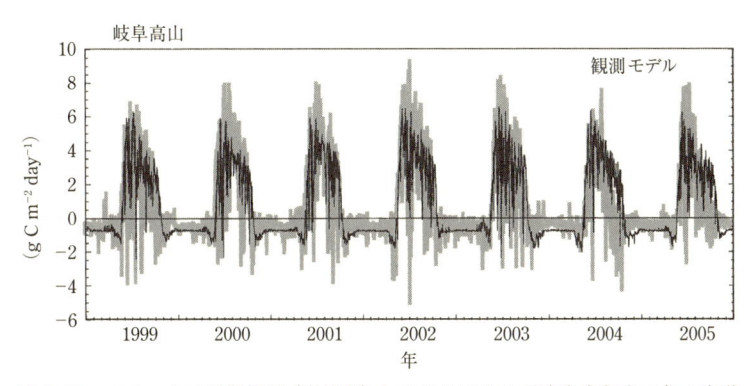

図 4-17 フラックス長期観測（産総研）とモデルによる正味炭素収支の年々変動（1999〜2005 年）の比較

トメント構造の詳細化，落葉広葉樹林における個葉特性の季節変化，土壌炭素動態の詳細化などの改良が行われた。さらに，渦相関法による NEP データの年々変動と比較することで炭素収支推定の検証を行った。なおシミュレーションでは 1965 年に伐採に相当するバイオマス除去を起して撹乱履歴を考慮している。図 4-17 は 1999〜2005 年の観測とモデルによる日別 NEP の比較を示しており，モデルは観測された季節変動を妥当にとらえていることがわかる。7 年間の平均 NEP は 266 g C m^{-2} yr^{-1} であり，これは観測値 256 g C m^{-2} yr^{-1} と十分に近いといえるが，夜間の呼吸放出量にはモデル推定と観測の両方に問題が残されている。展葉と落葉にともなう NEP の反転時期はほぼ正確に再現されていたが，冬季の CO_2 放出量は概して過大評価する傾向にあった。同様な傾向はチャンバー法による土壌呼吸データとの比較でもみられた。図 4-17 を詳細にみると，2004 年の夏季に観測とモデル推定の差が大きいことがわかるが，これは台風による落葉のために実際には光合成生産の低下が生じていたためと考えられる。

図 4-18 は旧モデルによる NEP，地上観測データと比較して改良した新モデルによる NEP とフラックス観測による NEP の季節変化の比較結果である。

このような東アジアのモンスーン気候下での地上観測とモデルの比較検討は（東アジア地域推定に用いられる）モデルの信頼性や問題点を明確化し，新たな観測データの必要性を検討するうえで有用である。このような検討を岐阜高山サイトだけでなく複数の本プロジェクト観測サイトで実施する必要がある。今後に残さ

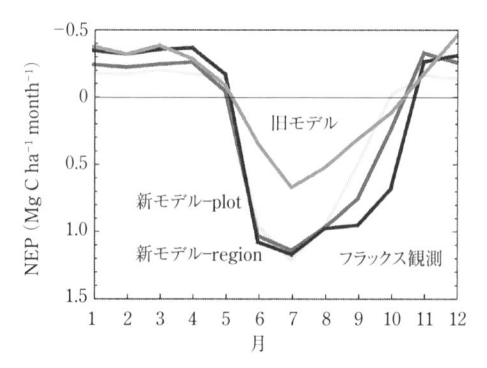

図4-18 旧モデル，新モデルによるNEPとフラックス観測によるNEPの季節変化の比較

れた課題としては，地上観測データの解釈，広域化へのモデル計算からの地上観測の内容の改良などについての提言がある。

5 システムアプローチに基づく成果と今後の課題

アジア各地の生態系に展開された地上観測サイトにおけるフラックス観測，生態学的・土壌学的調査による炭素収支のアジアで初の総合的データベースを構築した。このデータベースの活用により，従来は困難であったフラックス観測結果に対する不確実性の見積りが行われた。さらに陸域生態系炭素収支モデル，リモセン炭素収支広域モデルの改良と推定精度の向上に貢献した。

大きな成果のひとつは，各地のフラックスサイトのデータは，サイト内でのクロスチェック（微気象学的方法と生態学的方法による生態系純生産量比較，夜間の生態系呼吸量と土壌呼吸量比較，日中の光合成総生産量と個葉の光合成観測比較など）に利用され，数多くの集中的な比較検証が行われた。こうした個々の研究に基づき，各サイトでは，従来は困難であったフラックス観測結果に対する不確実性の見積りが可能になった。また，比較検証の研究は，単にモデルやデータ解析手法の高度化に寄与しただけでなく，地上観測データのもつ不確実性や解決すべき問題を浮き彫りにするというフィードバックをもたらすと同時に，陸域生態系炭素収支の研究において，新しい複合分野を開き，発展させるためのいくつもの方向性を示した。

これまでにアジア地域に展開されたフラックス観測サイトの多くは，今後も国内外の研究機関と連携し，陸域生態系と大気のあいだでの熱・水・二酸化炭素交換に関する長期観測を継続しようとしている。ここで提起した「システムアプローチ」では地上サイト観測データ，人工衛星リモセンデータによる炭素収支，植生活動等の広域推定手法の検証，陸域生態系モデルの構成素過程の検討・計算結果の検証が統合的に行われている。この「システムアプローチ」を高度化し，さらに応用範囲を広げるためには，今後も引き続きこれらの地上観測を継続し，データを長期的にかつ効率的に収集し，各分野の研究に利用できるしくみを維持することが必要不可欠である。

II　衛星リモートセンシングによる炭素動態

　本節では，現状把握型モデル BEAMS を用いた陸域炭素収支量の推定について説明する。主な内容は，1. モデル構造とシミュレーション条件，2. 地上観測データによるモデル検証，3. 炭素収支量の広域推定，である。

1　モデル構造とシミュレーション条件

　本章で紹介するモデルは，現状把握を目的といた衛星観測データ複合利用型の陸域生物圏モデル BEAMS (Biosphere model integrating Eco-physiological And Mechanistic approaches using Satellite data) である（図 4-19）。BEAMS は，陸域植生，土壌における水，熱，炭素プロセスを再現するモデルである。水，熱，炭素プロセスは，植物の気孔開閉度,蒸発散量,土壌分解速度などを介して相互作用する構造になっている (Sasai et al. 2005, 2007)。モデルは気候，植生，土壌などの時系列データや植生分類図，土壌分類図，土壌の深さ，標高を入力データとし，時系列の炭素，水，熱フラックスや炭素貯留量，水貯留量を出力することができる。本モデルの特徴は，衛星観測データを入力することで観測値に根ざした結果を算出できる点にある。観測値を使用するためにモデルの計算期間は限られるが（過去から現在），短時間で起こる地表面の変化（たとえば，都市化による森林伐採や台風による森林伐採など）を容易に検出して各プロセスに反映できる，という大きなアドバンテージ

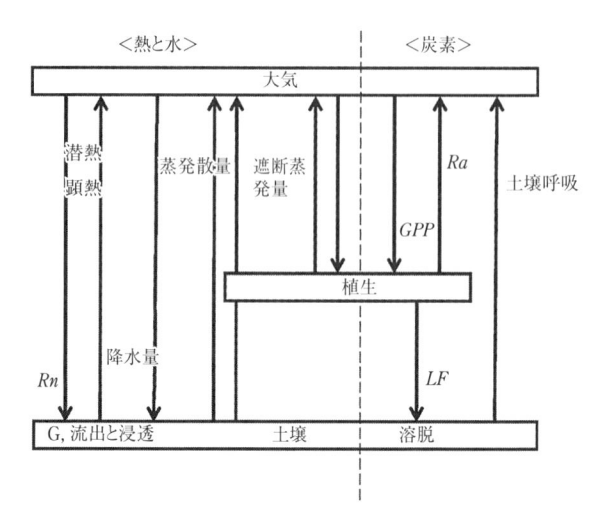

図 4-19　現状把握型モデル BEAMS の概念図 (Sasai et al. 2007)

をもつ．結果として，BEAMS は"現実的な活動を反映したシミュレーション"を得意とすることから，陸域炭素循環の現状把握に適したモデルとされる．

　BEAMS の炭素循環モデル部分は，おもに四つのサブモデルから成り立っている．それは，(1) 光合成活動に対する水，温度条件の負荷を含めた光利用効率の概念を用いて GPP (Gross Primary Productivity) を算出する GPP サブモデル (GPP＝光合成有効放射吸収量×光利用効率×水・温度ストレス)，(2) 維持呼吸と成長呼吸に分けて，葉・茎・根の呼吸量を見積もる Ra (autotrophic respiration) サブモデル，(3) 植生の代謝・枯死といったリター降下量を見積もるリターサブモデル，(4) 土壌微生物による有機物分解を算出する土壌分解サブモデル，である．モデル内の炭素のコンパートメントは，植生が三つ (葉・茎・根)，リター層が地表・地中に二つずつの計四つ，土壌有機物が微生物の種類ごとに計五つ，ある．プールからの入出力フローである炭素フラックスは，気候などの環境条件や植生・土壌のタイプ，コンパートメントごとの滞留時間に大きく依存する．

　時間ステップは，モデルの駆動変数 (つまり時系列の入力データ) の時間分解能で決まる．BEAMS の場合，モデル計算の時間ステップは 1ヶ月とする．おもに 10 種類の気候・植生パラメータを駆動変数とする (たとえば，日射量，気温，降水量，LAI，fPAR など)．これらのパラメータの時間分解能が高ければ高いほどモデ

ルの時間ステップは細かくなり，逆に分解能が低ければ低いほど時間ステップは粗い，ということになる。モデルの時間ステップを制限するのは，入力データのなかで最も時間分解能が低いデータである。衛星観測から得られる入力データは，大気の条件によって取得できない可能性もあるため，最も時間分解能が低いデータの一つである。たとえば，fPAR や LAI といった地表面情報を提供する衛星プロダクトは，光学センサの観測値を物理量に変換して得られる。その光学センサによる観測には「雲があると地表面の観測精度の信頼性が大きく低下する」欠点がある。このため，衛星観測値の信頼性を保つ実用的な衛星データを作成するためには 1 ヶ月程度の期間でデータを合成し，それをモデル入力データとして使う必要がある（第 2 章 IV 節参照）。言い換えれば，信頼性の高い fPAR, LAI データは，1 ヶ月の時間分解能でしか作成することができない，という現状がある。結果として，モデルの時間ステップは fPAR, LAI の時間分解能に合わせて 1 ヶ月で設定している。

2　地上観測データを用いたモデル検証

モデルの妥当性を評価する目的でポイントスケールでのモデル計算を行い，推定値と観測値との比較を行う。この検証作業におけるねらいは，「モデルによる誤差」のみを評価することにある。本来，モデル推定結果の不確定性要因は「入力データの精度誤差」と「モデルの精度誤差」の二つに分けることができる。ここではフラックスタワーで観測された値を入力データにすることで前者の誤差を極限まで減らし，モデルの妥当性を評価することだけを念頭に検証する。主な流れは，気象・植生などの地上観測データを整備してモデル入力データとして加工し，炭素，水，エネルギー収支の計算を行う。モデルから得られたフラックスの推定結果を，入力データと同じ場所で観測されたフラックス観測値と比較する。

フラックスタワーで観測されたデータは，モデルの入力データと評価データに分けて整備する。入力データは，気象・植生・土壌・地形パラメータを指す。具体的には，気象データが日射量，気温，降水量，水蒸気圧，風速，アルベド，地表面温度，植生データが光合成有効放射吸収率（fPAR），葉面積指数（LAI），植生タイプ，樹齢，土壌データが粒径タイプ，土壌の深さ，地形データが標高である。一方，評価データは，熱，水フラックス（正味放射量と潜熱），炭素フラックス（総

一次生産量である GPP）である．いずれの観測パラメータも，欠損値があれば gap-filling して月別データへと加工する．

　モデル計算の対象領域は，フラックスタワー周辺のポイントスケールである．前述したように，本検証ではフラックスタワーで観測された観測値のみを用いる．そのため，検証の対象面積は地上観測の空間的な代表性（フットプリント）に依存する．このフットプリントの大きさ（空間的に有効となる面積）は，フラックスタワー周辺のおおよそ 250 m〜2 km 四方とされ，気象要素や観測タワーが建つ地形の条件に大きく依存する．たとえば，風が強く吹くとフットプリントサイズは大きくなる．なぜなら，風が吹くとフラックスタワー周辺の空気がよく混合され，大気の二酸化炭素や水蒸気は広範囲でほぼ一様の濃度になるためである．一般的に，空間的な代表性は風が強いほど大きく，風が弱いほど小さい．

　モデルの再現性を評価する目的でモデル推定結果と観測値との比較を行う．モデル推定値は炭素，水，熱プロセスの相互作用によって算出されるため，炭素フラックス（総一次生産量）を評価するだけでなく，熱や水フラックス（正味放射量や潜熱）についても同時に評価する．

　ここでは，北海道幌延町や岐阜県高山市などにあるフラックスタワーサイトでの観測値（たとえば，Saigusa et al. 2002, 2005）とモデル推定値との比較を示す（図 4-20）．各フラックスの観測値をみると，冬季に値が低く，そこから夏に向かって増加してピークとなり，冬に向かって低くなる，という季節変動パターンになる．モデル推定結果と合わせると，正味放射量，潜熱，GPP，NRP の推定値はいずれもフラックスタワーの観測値とよい一致を示す．とくに，夏季のピークや展葉，落葉期の変化パターンが観測値と推定値とのあいだで非常によく一致することがわかった．たとえば，高山サイトの対象植生は落葉樹であるため，植生の季節変動（フェノロジー）が大きな特徴の一つである．フェノロジーは，春先から展葉をはじめて，夏季に葉の量がピークとなり，秋から冬にかけて落葉する一連の季節変動を指す．このフェノロジーが炭素フラックスに与える影響は非常に大きい．これは，GPP が葉の裏にある気孔を介して炭素を交換するためで，実際に図 4-20 の GPP をみてもわかるとおり，GPP の値は葉の量の変動にそう形で表される．ただし，GPP は気象条件などにも大きく左右されるため，葉の量だけで GPP の季節変動を説明することはできない点に注意が必要である．

　モデル検証作業を通して，BEAMS が季節変化パターンを十分再現できること

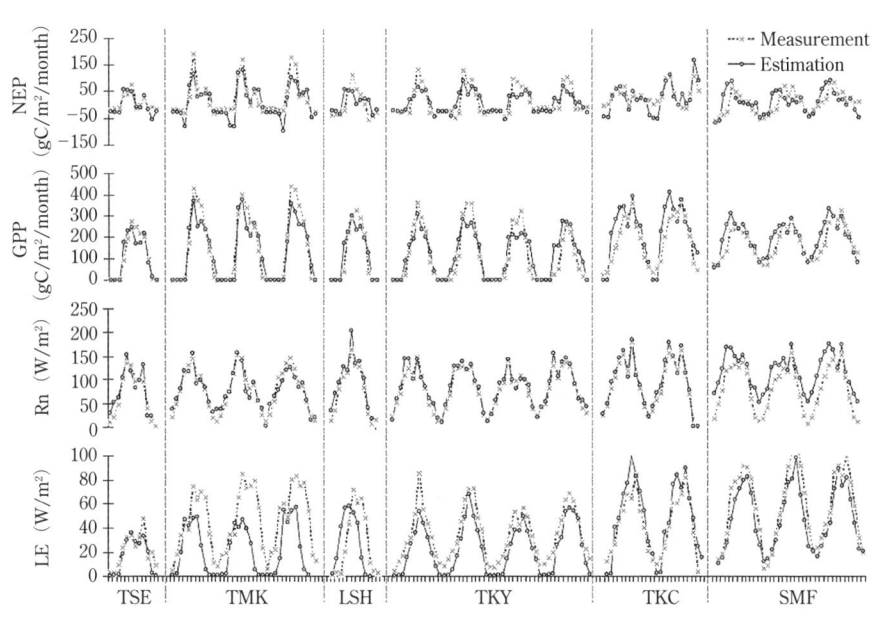

図4-20 日本周辺のフラックス観測サイトにおける正味放射量,潜熱,GPP,NEPの比較
(Sasai et al. 2011)
点線が実測値,実線がモデル推定値.TSEは北海道幌延町,TMKは北海道苫小牧,LSHは中国の北東部(老山),
TKY,TKCは岐阜県高山市,SMFは愛知県瀬戸市にそれぞれ位置する観測地点の略称.

を確認できた.この検証における重要なポイントは,複数のフラックスを複数サイトで同時に評価することで,炭素,水,熱いずれのプロセスも妥当な範囲で同時に再現できることを示している.その背景には,近年の陸面物質循環モデルの構造がより詳細になり,複数の循環プロセス(水,熱,炭素プロセスなど)間での相互作用が複雑化していることがある.従来の研究では,モデルの一つのプロセス単体での検証がおもに行われてきた.しかし近年では,モデル計算によって導き出された炭素フラックスの推定値は,水や熱プロセスが大きく影響を及ぼして計算された結果である.そのため,たとえ炭素フラックスだけを解析するにしても炭素フラックス単体での検証は不十分だといえる.これらを踏まえると,今後は複数のフラックス,パラメータを同時に検証することが求められる.

3 炭素収支量の広域推定

現状把握型モデル BEAMS を使って，広域での炭素収支量を推定する（図4-21）。モデル計算の主な作業内容は，以下の三つである。

(1) 衛星観測データや大気モデルから得られた気候・植生データセットを大量に入手・整備して，モデル入力データを作成する。
(2) 作成した広域データを BEAMS に入力して，1ヶ月ステップでのモデルシミュレーションを行う。
(3) モデル出力データは前処理を施して年積算値，年平均値を算出し，フラックスの時空間パターンを解析する。必要に応じて，他のデータとの比較も行う。

ここではモデル検証を行った六つのフラックス観測サイトを含む日本周辺域を対象として，炭素収支解析の結果を示す。モデル入力として使用したデータセットは，ボストン大学が提供する Terra/MODIS の高次プロダクト MOD15（fPAR, LAI）や筑波大学が提供する MODIS PAR プロダクト（日射量），MOD11（地表面温度），MOD12（土地被覆図），MOD43（アルベド）および TRMM の高次プロダクト 3B43（降水量），NCEP/NCAR 再解析データ（気温，風速）などである（表4-3）。最終的には国・県単位での炭素収支量を評価することを目標としているため（後述），モデルの空間分解能は 1 km メッシュで計算する。

広域計算の結果である GPP の空間分布パターンを解析する（図4-22）。日本周辺域を 1 km 解像度で推定すると，単純に北から南に向かうほど GPP が高いだけでなく，植生タイプの違いによる差も把握できる。たとえば，日本南部の沿岸に広く分布する常緑樹は，他の植生よりも成長活動期間が長く，一年間の光合成による炭素吸収量は多い。これと合うように，常緑樹の地域では他の地域よりも GPP の値が高いことがわかる。また，解像度を 1 km にすることで，より詳細な空間パターンを把握することができる。本州中央部の GPP の分布を標高データと合わせてみると，GPP の空間パターンは非常に詳細，かつ妥当であることがわかる。ここでは，二つの地域に注目する。一つは，標高が高い地域である。この地域の環境は，低地と比べて気温が低く，場所によって異なるがおおよそ 2500〜3000 m 以上に達すると草本しか生えない森林限界の地域となる。同地域におけるモデル推定結果をみると，GPP は，他の地域と比べていずれも低い値

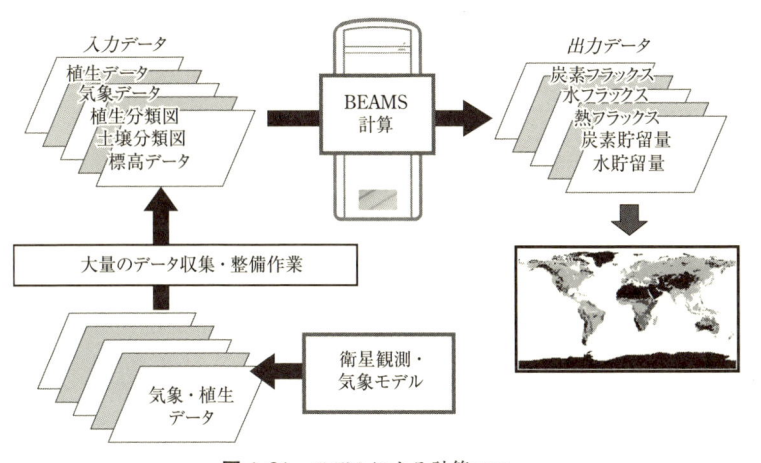

図 4-21 モデルによる計算フロー

表 4-3 広域解析におけるモデル入力データ一覧 (Sasai et al. 2007)

入力変数	データセット名
地表面温度	MOD11A2[a], MYD11A2[a]
光合成有効放射吸収率,葉面積指数	MOD15A2[b], MYD15A2[b]
アルベド	MOD43B3[c]
気温	AMeDAS[d], Observatory[e]
日射量	Observatory[e]
風速	AMeDAS[d], Observatory[e]
相対湿度	Observatory[e]
降水量	AMeDAS[d], Observatory[e]
大気 CO_2 濃度	Observation in Mauna Loa[f]
標高	GTOPO30[g]
土壌分類図	IGBP-DIS[h]
土地被覆図	MOD12[i]

[a] Land Surface Temperature/Emissivity 8-Day L3 Global 1 km (Wan et al. 2003); [b] Leaf Area Index/FPAR 8-Day L4 Global 1 km (Myneni et al. 1997); [c] Albedo 16-Day L3 Global 1 km (Strahler et al. 2004); [d] Automated Meteorological Data Acquisition System; [e] Meteorological observatory in Japan; [f] Atmospheric CO_2 concentrations observed at Mauna Loa (Keeling and Whorf, 2002); [g] Global 30-Arc-Second DEM project; [h] IGBP-DIS data sets; [i] Land Cover Type 96-Day L3 Global 1 km (Strahler et al. 1999)

を示す．この原因は，森林限界のために草本がほとんどであることや植生の密度が低いこと，年間通して低温であるために植生活動そのものが非活発であることなどが考えられる．同地域における空間パターンは，妥当な傾向である．一方，もう一つ注目する地域が平野部である．平野部は人為的活動によって都市化が進

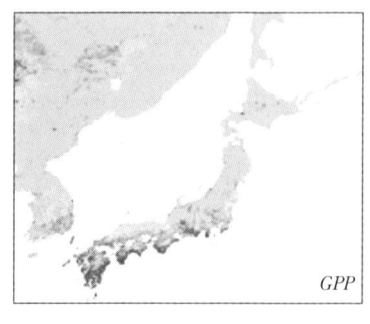

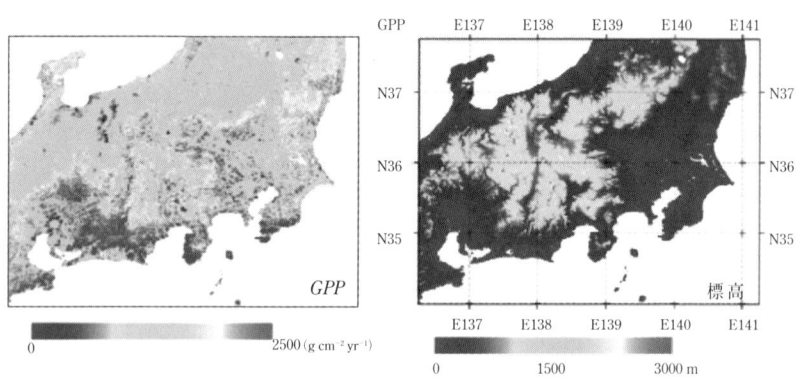

図 4-22 2001〜2006 年の GPP 年積算値の空間分布パターン（Sasai et al. 2011）（口絵 10 参照）
日本周辺域（上段），本州中央部の拡大図，および標高（下段）

み，森林伐採などの土地利用が盛んな地域である．植生活動は，ヒートアイランドなどで気温が高くなるために活発化する傾向はあるが，それ以上に土地利用によって植生密度が低下する影響が大きいため，結果としてモデルで推定された GPP の値は他の地域と比べてかなり低く見積もられる．森林域から都市域に向かうほど，GPP の値は低くなる．東京や名古屋のような大都市ほど，そして都市域のなかでも中心街ほど，GPP の値は低く見積もられていることがわかる．

　このように，地上観測，衛星観測，モデルシミュレーションの三つを組み合わせて広域解析を行い，日本周辺域における炭素収支量の空間パターンを把握した．今後は，このアプローチを用いて，より大きな空間スケールで炭素収支解析を進める必要がある．とくに，空間分解能は 1 km メッシュ程度に保って領域を広げることが重要である．なぜなら，社会的ニーズのひとつに，国，県単位での

炭素収支量の評価，があるためである。近年，地球温暖化が深刻化して温暖化防止政策の立案が喫緊の課題となっている。政策議論のなかでは温暖化問題における大きな課題として，わが国の自然生態系が県・市町村単位でどの程度炭素を吸収・放出しているか，世界の国々が自国でどの程度炭素を吸収・放出しているか，を正確に調べることが挙げられている。これにこたえるためには，地上観測，衛星観測という観測値をもとにしたアプローチによる炭素収支量の現状把握が必要である。ただし，対象領域を広げるためには，モデル検証サイトの充実や長期継続的な衛星観測による地表面モニタリングの実施などの課題があり，これらを順次クリアしながら炭素収支解析を行っていく必要がある。

Ⅲ　モデルによる炭素動態の解明

Ⅲ-1　陸域生態系モデルでシミュレートされた炭素動態

　われわれの研究で定義された東アジア地域では，最大の面積を混交林，次いで水田を含む耕作地，落葉広葉樹林が占め，この上位3タイプで全陸地面積の約80％に相当する。モンスーン気候下の湿潤地域が大部分であり，内陸部の草原・裸地（砂漠）は10％に満たない。そのため，この地域の炭素収支評価においては，温帯林と耕作地の推定が大きな比重を占めている。ここでは，第2章Ⅵ節で説明した陸域生態系のモデル（おもに生理生態学的なモデル VISIT; Ito 2008）を東アジア地域に適用し，空間分解能1 kmという高い解像度でシミュレーションを実施した。これは，システムアプローチにおいて観測データを統合化し，地域スケールの炭素収支評価を試みたものと位置づけられる。アジア地域における広域的な炭素循環に関するモデル評価にはいくつかの先行研究があるが（Esser 1995; Oikawa and Ito 2001; Matsushita and Tamura 2002; Potter et al. 2005），近年の観測データを反映し，高分解能な評価を行うことでさらなる信頼性の向上が可能となった。2000～2005年の陸域炭素収支マップが作成され，各種の観測データと比較検証が行われた。このような広域・高分解能な炭素収支マップを作成する手法が開発されたことは，ポスト京都議定書の炭素管理に向けた基礎研究として重要な成果とみなすことができる。

1　東アジア地域でのシミュレーション結果

　地域スケールの炭素収支として，陸域植生の光合成による CO_2 固定量（GPP）は年間 1.86 ± 0.06 Pg C，植物と土壌微生物の呼吸による CO_2 放出（RE）は年間 1.80 ± 0.05 Pg C と推定された（2000～2005年の平均±経年変動の標準偏差）。結果的に，この地域は年間 0.058 ± 0.024 Pg C の正味吸収源と推定された。これは，単位面積あたりに換算すると年間吸収量 36 g C m^{-2} となる。グローバルな陸域 GPP は年間 100～120 Pg C（IPCC 2007）とされているため，東アジア地域の寄与は 2％弱に相当する。これは面積割合や（陸地の約 1％），生産力が高い熱帯多雨林を含まないことから考えて妥当な割合と考えられる。全球平均的には陸域の CO_2 吸収は年間 10 g C m^{-2} 以下と考えられるため，この地域の陸域生態系は炭素吸収源として重要な役割を果たしていることを示唆している。別な表現をすると，この量は，人間活動（化石燃料消費，セメント製造など）による対象地域の CO_2 放出量（2000年に 0.53 Pg C yr^{-1}; 人為エミッションデータベースである EDGAR に基づく）の 11％に相当する。この寄与率はヨーロッパの統合解析による推定値（7～12％）に近く，緯度帯の近さや人間活動の影響度合から考えて妥当な結果と考えられる（Janssens et al. 2003）。ただし，上記のシミュレーション結果は森林伐採など過去の撹乱影響を含んでいないが，日本のような成長期の森林を多く抱える地域では，より多くの正味吸収が生じている可能性がある。EDGAR データセットによると，火災（バイオマス燃焼）による CO_2 放出は年間 0.0086 Pg C となり，グローバルには微量とはいえ，地域炭素収支（0.057 Pg C）の 15％に相当する。森林吸収源評価のように高い定量性が求められる目的には，撹乱影響の考慮が必須であり，今後の重要課題といえるだろう。最近の世界の動向として，純生態系生産（NEP）に撹乱による炭素移動，揮発性物質・溶脱・流出を加算した純生態系炭素収支（NECB: Net Ecosystem Carbon Balance; Chapin et al. 2006）の重要性が認められるようになっている。この NECB は生態系の炭素貯留量の変化に相当する。

　図 4-23 に示したのは，東アジア地域の 2000～2005 年の平均 NPP と NEP の分布である。全体的な傾向として，西日本や朝鮮半島南部のような温暖湿潤地域で NPP が高く，北方や内陸部に向かって低下している。これは温度制限や水分制限の強度と，それにともなう植生分布に対応している（都市域はマスクされている）。NEP も西日本や朝鮮半島南部で高い吸収を示す傾向があり，内陸部では放

(a) 純一次生産, 2000-2005

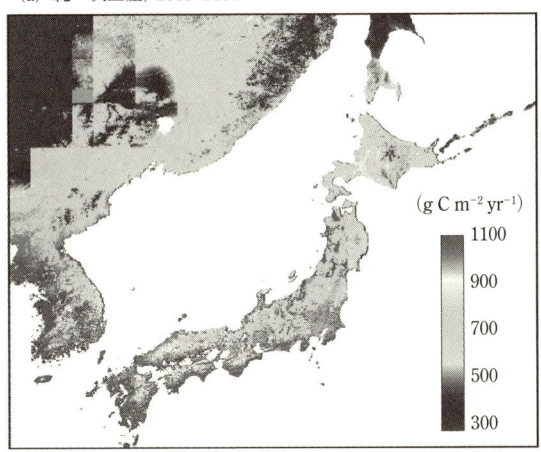

(g C m^{-2} yr^{-1})
1100
900
700
500
300

(b) 純生態系生産, 2000-2005

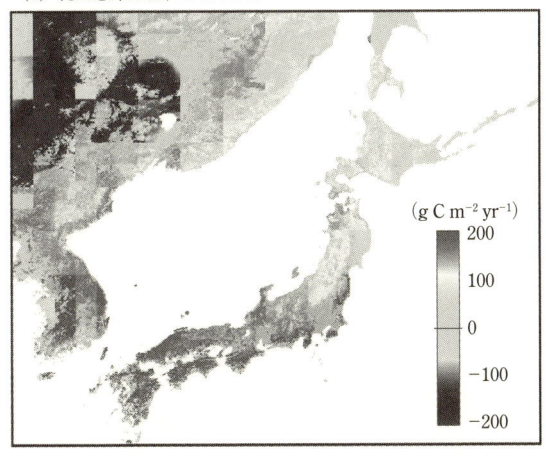

(g C m^{-2} yr^{-1})
200
100
0
-100
-200

図 4-23 陸域生態系モデル VISIT によって推定された東アジア地域における (a) 純一次生産 (NPP) および (b) 純生態系生産 (NEP) (口絵 11 参照)
2000～2005 年の平均値。

出域が広がっている。この放出の原因として，後述する経年変動の影響に加えて，乾燥域でのモデル検証・高度化が十分でないことに起因するモデル固有の偏りの可能性もある。それでも，日本国内のように (世界から見れば) 狭い地域のなかで

も，気象・土壌条件に応じて NEP に大きな不均質性が生じている点は興味深い。図 4-24 に示したのは，同様に推定された植生バイオマス（地上部＋地下部）の分布である。森林生態系でバイオマス貯留が大きい（$1 m^2$ あたり 20 kg C 以上）ことは明らかだが，貯留量は撹乱影響から回復するのに長期間を要するため，若齢林などではモデル推定が過大になっている可能性がある。

図 4-25 と図 4-26 に NPP と NEP について 2000〜2005 年の各年のアノマリー分布を示した（平均値に対する偏差;）。この期間では，日本付近で 2002 年の高温と 2003 年の低温（日射の減少に起因する）が注目すべき気候的イベントとされている。2002 年は，NPP と NEP について東日本や朝鮮半島の日本海沿岸域で明瞭な正アノマリーがみられた。高温によって一般に呼吸速度は高まるが，NPP および NEP が増加したのは，光合成への促進効果（成育期間の延長を含む）が上回ったためと考えられる。逆に 2003 年は中部日本から西日本にかけて負のアノマリーが広がったが，これは低温と寡照により CO_2 固定が減少したためと解釈することができる。一方，アジア内陸部は平均値として負の NEP を示していたが（図 4-23），年ごとにみると大きな正アノマリーを示した年もあり，6 年間という短い期間設定によるバイアスにも注意するべきである。6 年間の炭素収支の推移を図 4-27 に示した。地域 NEP はフロー（光合成 GPP および生態系呼吸量 RE）の総量のわずかな差として得られ，GPP が大きい年に必ずしも高い NEP につながるわけではないことがわかる。2005 年の正味吸収が顕著に少ないのは，中国東北部の大きな負アノマリーが影響を与えていたからである。

土地被覆タイプ（バイオーム）ごとに集計解析すると（表 4-4），広い被覆面積をもつ混交林，次いで耕作地と落葉広葉樹林の寄与が大きい。森林全体（表 4-4 の常緑針葉樹林から混交林まで）でみると，地域 NPP の 62％，バイオマスの 97％，土壌有機炭素の 68％を占めており，東アジアにおける森林の重要性が理解される。耕作地の平均 NPP は 549 g C $m^{-2} yr^{-1}$ であり，全体のなかでは中程度であるが，平均 NEP が負なのは前述したモデル特性や実験期間の設定に起因する偏りが原因と考えられる（耕作地 NEP の年々変動は全タイプ中で最も大きい）。実際の耕作地では播種・作付けと収穫に加え，施肥による炭素添加もあるので，定量的な炭素収支評価にはその特性を考慮したモデルを開発する必要があろう。炭素の平均滞留時間は，生態系特性だけでなく環境応答性を考えるうえでも重要な指標である。シミュレーション結果に基づいて計算した，土地被覆タイプごとの平均

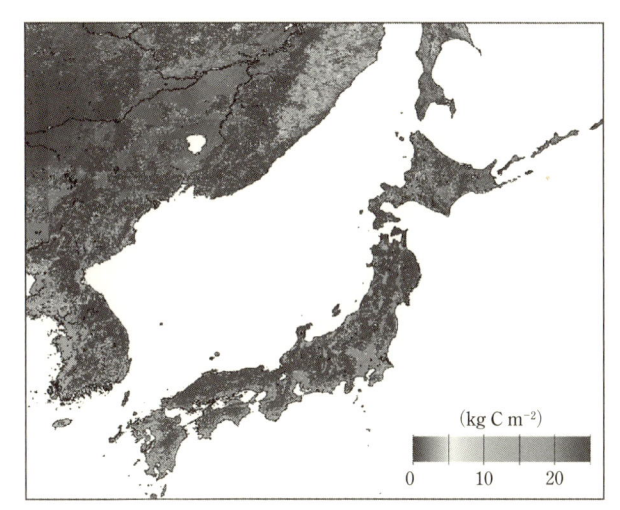

図 4-24 東アジア地域の植生バイオマス分布
VISIT モデルによる 2000〜2005 年の平均値。

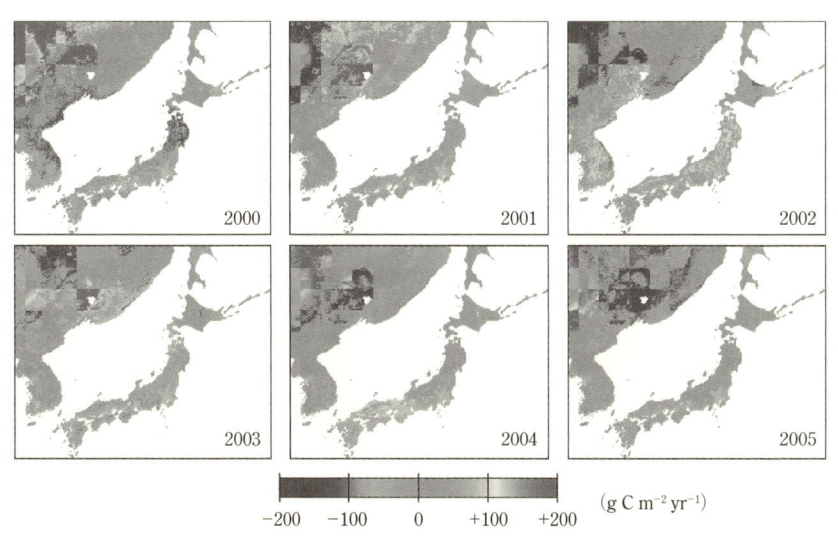

図 4-25 2000〜2005 年の純一次生産（NPP）のアノマリー分布（図 4-23a の平均値からの偏差）（口絵 12 参照）

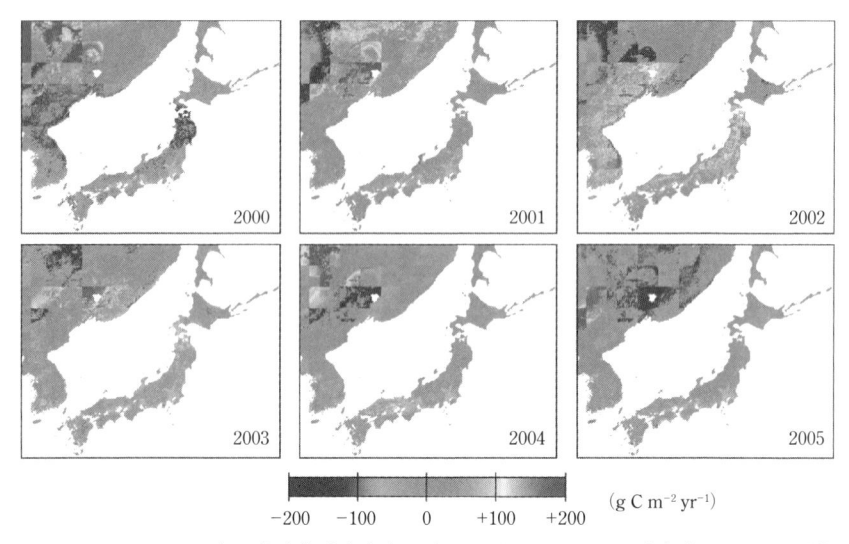

図 4-26 2000〜2005 年の純生態系生産（NEP）におけるアノマリー分布（図 4-23b の平均値からの偏差）（口絵 13 参照）

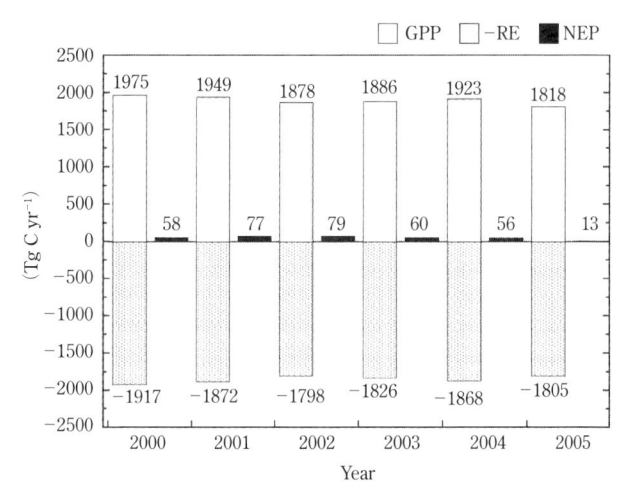

図 4-27 東アジア地域の総一次生産（GPP），生態系呼吸（RE），純生態系生産（NEP）の経年変動

表 4-4 東アジア陸域生態系における 2000〜2005 年の炭素収支に関する推定結果

	バイオマス	土壌炭素	GPP	NPP	NEP	平均NEP		標準偏差
	(Tg C)		(Tg C yr^{-1})			(g C m^{-2} yr^{-1})		
常緑針葉樹林	571	2442	110.6	67.0	3.5	41	±	55
常緑広葉樹林	201	470	32.8	18.8	1.1	71	±	57
落葉針葉樹林	4	20	0.8	0.6	0.1	12	±	26
落葉広葉樹林	7600	6392	213.0	107.3	17.5	96	±	87
混交林	31421	24028	846.3	420.9	76.6	119	±	92
疎林	354	2688	111.2	69.5	−1.0	−11	±	113
木本の混在する草原	208	1363	62.9	38.9	−0.6	−12	±	121
密な低木林	11	79	4.9	2.9	0.1	19	±	100
疎な低木林	103	1289	47.9	29.9	−1.7	−36	±	127
草原	45	748	31.0	18.5	−1.0	−29	±	112
耕作地	646	9221	397.1	220.4	−36.3	−88	±	144
裸地	1	21	1.0	0.6	0.0	−24	±	100
都市	−	−	−	−	−	−	±	−
湿地	2	31	1.6	0.9	−0.1	−46	±	129
合計	41167	48792	1861.1	996.3	58.1			

滞留時間（≒バイオマス / GPP および土壌炭素 / NPP）を表 4-5 に示した。優占する森林タイプである混交林・落葉広葉樹林では，バイオマス炭素の平均滞留時間は 35 年程度であった。常緑林は面積が少ないため，典型的な状況を表していない可能性がある。低木林から草原は，比較的寿命の長い幹・茎部が少ないことから平均滞留時間は 1〜3 年と短い。土壌有機炭素の平均滞留時間は，タイプ間の差異がそれほど顕著でなく 30〜60 年程度である。つまり，一度土壌に移行した炭素は，分解されて大気に放出されるまで約半世紀のあいだ，大気から隔離された状態にあることになる（土壌は不均質であり，難分解性の腐植はさらに長い滞留時間をもつ一方，易分解性のリターは数週間で分解されることもある）。逆にいえば，陸域に固定された炭素も数十年のうちには大気に戻ることを意味しており，陸域の炭素固定・貯留能力を考えるうえで意味深い結果といえる。

2　フラックスサイトでのシミュレーション検証

われわれの研究には熱帯から亜寒帯にまたがる 15 地点のフラックスサイトが

表 4-5　シミュレーションに基づくバイオマスと土壌有機物における炭素の平均滞留時間

	バイオマス（年）	土壌有機物（年）
常緑針葉樹林	5.2	36.4
常緑広葉樹林	6.1	25.0
落葉針葉樹林	5.1	35.9
落葉広葉樹林	35.7	59.6
混交林	37.1	57.1
疎林	3.2	38.7
木本の混在する草原	3.3	35.1
密な低木林	2.3	27.0
疎な低木林	2.1	43.1
草原	1.4	40.5
耕作地	1.6	41.8
裸地	1.4	33.6
都市	–	–
湿地	1.6	32.9

参加しており，東アジア地域には苫小牧・岐阜高山・富士吉田・桐生・真瀬水田・岡山水田・熊本牧草地・菅平・つくば草地の国内サイトおよび中国の老山が含まれている．今回行ったシミュレーションは，1 km という高い分解能をもつが，その空間スケールはフラックス観測の空間代表性に相当するフットプリントに近い．そのため，サイトが含まれる格子点データとフラックス観測データを，比較的少ないスケールギャップで比較することが可能である（1 km 未満の不均質性や複数格子データの混合影響の問題は残る）．それは，地域スケールシミュレーションの直接的検証として非常に有効と考えられる．

　観測サイトのうち，データ利用の観点から表 4-6 のサイト（岐阜高山，富士吉田，苫小牧）を選択した．これらは東アジア地域の代表的な森林タイプであり，複数年にわたる渦相関法による CO_2 フラックス観測データを利用することができる．いずれのサイトも過去数十年のうちに撹乱を受けており，その長期的影響を考慮するため，バイオマス持出しイベントとその後の回復をシミュレーション中で発生させている．また，この地域に特徴的なのは，土壌が多少の差はあれ火山灰の影響を受けており，物理化学性が典型的な褐色森林土壌と異なっている点である．とくに黒ぼく土壌に近い岐阜高山は，30 kg C m^{-2} 以上の高い土壌炭素貯留が観測されており，土壌分解性のパラメータを大幅に調節する必要があった（標準条件での腐植の分解率を下げるなど）．また，富士山麓の溶岩上に位置する富士吉田

表4-6　モデル検証を行ったAsiaFluxサイトの概要

	苫小牧	富士吉田	岐阜高山
緯度（度）	42.74N	35.45N	36.13N
経度（度）	141.52E	138.76E	137.42E
高度（m）	140	1030	1420
年平均気温（℃）	6.2	10.1	7.3
年降水量（mm）	1043	1483	2400
植生タイプ	カラマツ（落葉針葉樹）人工林	アカマツ（常緑針葉樹）林	冷温帯落葉広葉樹林
土壌タイプ	火山灰土壌	未熟火山灰土	褐色森林土壌
撹乱	1957年に植林	1915頃伐採	1960年頃伐採
フラックス観測	2001–2003	2000–2004	2000–2005

サイトは，土壌が未発達で他サイトより土壌炭素量が低いという条件も考慮した．

　NEEの比較検証に先だって，各サイトの代表性を検討した．図4-28に示したのは，1kmメッシュごとの気候条件を年平均気温–年間降水量を座標とするグラフ上にプロットしたものである．3サイトの属する植生タイプごとに分割してあり，VISITで推定されたNPPで各ポイントを着色してある．この図より，富士吉田サイトは，常緑針葉樹（そして東アジア地域全体）のなかで中庸な位置づけであるが，岐阜高山サイトは相対的に降水量が多く湿潤な領域に属することがわかる．苫小牧は，日本国内では冷涼な地域に属するが，東アジア地域の混交林のなかではだいたい中庸な気候条件下にあることがわかる．

　東アジアのシミュレーション結果から，3サイトに至近の格子点データを抽出し，NEE（日別値）についてフラックス観測と比較した（図4-29）．同様な比較は，地点ベースのモデルを用いて，おもに岐阜高山サイトで実施されてきた（例：Ito et al. 2007）．モデルはNEEの季節パターンや成長期の吸収規模をおおよそ妥当に表現していた．岐阜高山や苫小牧のような落葉性の森林では，葉フェノロジーが正しく表現できていないと，NEEも正しく再現されない．また，早春の展葉前や晩秋の落葉後には，常緑性の下層植生の寄与が大きくなる時期がある（これは下層植生自体の炭素獲得にも重要な意味がある）．苫小牧の場合，春のCO_2吸収開始時期が観測よりモデルで遅くなっている．これはおもにカラマツの葉フェノロジーのずれによるものである．夏季から秋季にかけての吸収低下と落葉期の放出への転換は，ほぼ再現されている．富士吉田サイトは常緑針葉樹林であり，フラックス観測では，厳冬期を除くとCO_2吸収が生じている時期が長いが，モデ

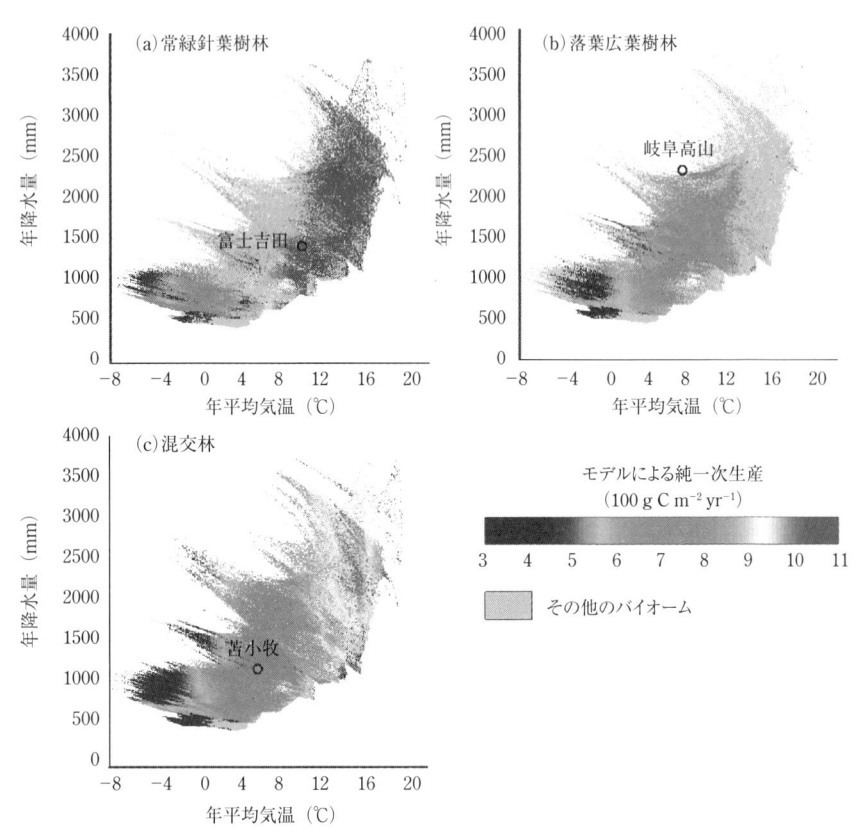

図 4-28 東アジア地域の代表的な植生における気候条件プロット（口絵 14 参照）
円はフラックス観測サイトの位置を示す．

ルでは季節的対照がより明確に出ている．岐阜高山サイトは，観測研究と協同でモデル高度化を図ってきた経緯があり，フラックス観測との適合性が最も良い．それでも，現地気象データを入力して計算した場合に比べるとやや誤差が大きくなっている．ピークの CO_2 吸収強度は，富士吉田で最も近い規模になっており，苫小牧と岐阜高山ではモデルがやや過小評価していた．冬季についてみると，いずれのサイトでも，モデルによる生態系呼吸がフラックス観測を上回る傾向がある．岐阜高山のように深い積雪で覆われ地形が急峻なサイトだけでなく，比較的フラットな苫小牧や温暖な富士吉田で同様な傾向がみられたということは，植生休眠期の呼吸あるいは微生物呼吸に，いままでのモデルでは含まれていない低下

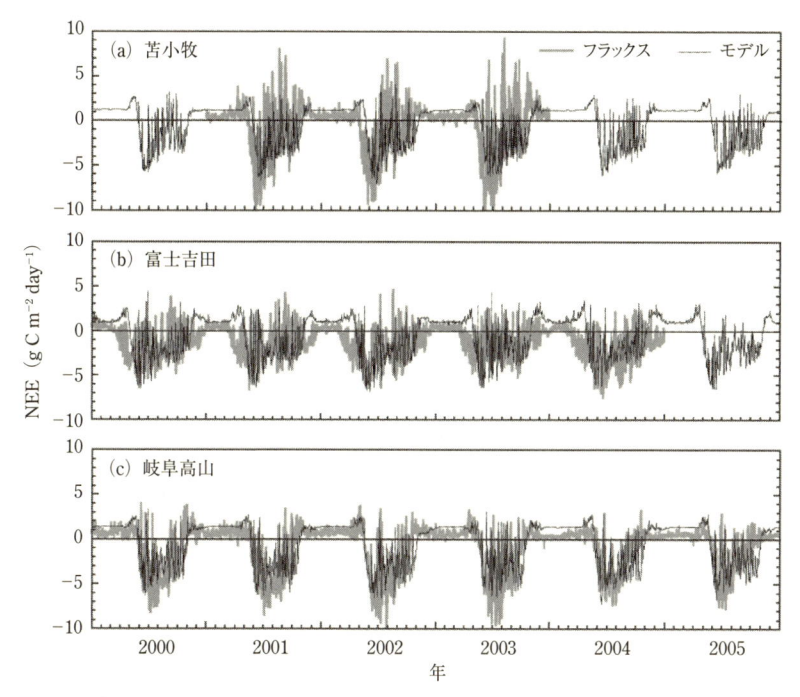

図 4-29 観測サイトにおけるフラックス観測とモデルシミュレーションの NEE に関する比較

メカニズム（あるいは順化）が生じている可能性を示しているのかもしれない。

環境条件や撹乱履歴が異なる 3 サイトで，いずれも正味の CO_2 吸収が推定された点は興味深く，フラックス観測もそれを支持している。しかし，正味吸収が生じるメカニズムは自明ではなく，それを解明することは今後の炭素管理を考えるうえできわめて重要と考えられる。そこで，モデル中で炭素収支の変動要因となりうる大気 CO_2 濃度（光合成への施肥効果），気候変動（気温，水分，日射），撹乱（植生の回復）を独立に入力する感度実験によって要因分離（ファクタリングアウト）を試みた。その結果が図 4-30 に示されているが，いずれのサイトでも伐採などの撹乱が長期的 CO_2 収支傾向に強い影響を与えている傾向が顕著である。つまり，現在の炭素収支を定量的に評価する場合，過去に発生した撹乱影響を考慮して解析を行う必要がある。大気 CO_2 濃度は過去 60 年間で 310 ppmv から 370 ppmv に増加したが，その施肥効果は必ずしも大幅な炭素固定につながって

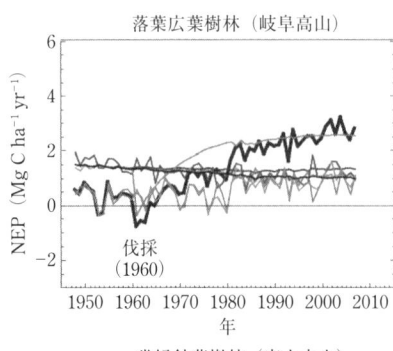

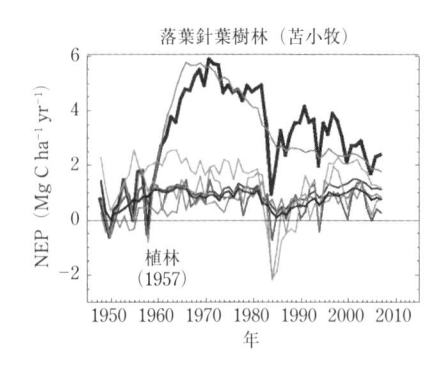

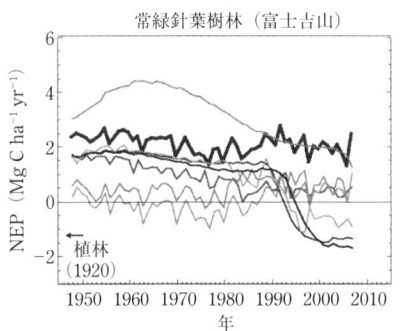

図 4-30 各サイトにおける炭素収支変動要因に関する感度実験

撹乱，気象変動，大気 CO_2 上昇のみを入力したシミュレーション結果（その他の要因は一定値）。全要因を入力したものがコントロール実験となる。

いなかった（ただし，別目的で行った将来予測実験で 2050 年までシミュレートした場合には大きな施肥効果がみられた）。気温・降水・日射条件は年々の変動が大きいが，概して気温上昇傾向にあった。気温変動のみを入力した場合，高山・苫小牧では長期的な傾向は生じなかったが，富士吉田では NEP 低下傾向につながった。つまり常緑林では，生産増加よりも呼吸放出の増加への影響がまさる可能性を示唆しているかもしれない。日射・降水量の影響は複雑だが，概して長期変動よりも年々変動に明確な影響を与えていた可能性が高い。

3 おわりに

われわれの研究にはフラックス，植生・土壌，衛星・地上リモセン，大気など各分野の観測者が参加しており，システムアプローチを通じてモデル高度化と高

信頼性のシミュレーションが可能になった。それは大きな進歩といえるが，温暖化という喫緊の課題に対して社会が研究に求めるレベルは非常に高く，今回のプロジェクトで東アジア陸域の炭素循環のすべてが十分な定量性で解明されたとは到底いえない。ここでは，日本周辺を対象に2000〜2005年の限られた期間について評価が行われたが，より広域・長期間の解析が必要なのは明らかである。このような広域スケールの炭素収支評価においては，断片的なデータから全体像を推定しようとするため，経験的な外挿や仮定に基づく推定に起因する不確実性が多く残されている。観測手法間の差や，モデルパラメータの設定に基づく推定結果の信頼区間に関する検討は今後の課題として残された。最近の動向として，日中韓フォーサイト事業「東アジア陸域生態系における炭素動態の定量化のための日中韓研究ネットワークの構築」において，代表的なモデルを用いた相互比較が行われており，東アジア地域におけるモデル推定の不確実性が明らかにされていくと期待される。さらに，陸域モデルについていえば，現状解析に留まり，予測あるいは影響評価につなげるまでにはいたらなかった。これらの課題の解決は，プロジェクト終了にともない各研究者に託されたわけであるが，すでにいくつかの新規プロジェクトが開始されており，早晩この分野が大きく進展することを期待したい。とくに，全球地球観測システム（GEOSS）やデータ統合・解析システム（DIAS）を通じて，観測とモデル研究はより密接にリンクして広域評価を実施する時代に入っていることを常に念頭においておかなければならない。

III-2 東アジアの広域炭素循環
── 陸域生物圏モデルを導入した気候モデルによる解析

1 地域気候モデル JSM-BAIM2

　本節においては，陸域生物圏モデル BAIM2（次節参照）を組み込んだ，3次元物理大気モデルについて記述する（Mabuchi et al. 2000; Mabuchi et al. 2002）。ベースとした大気モデルは，気象庁数値予報課が開発した日本域モデル（JSM）である（気象庁 2004）。もともとの日本域モデル（JSM）は，モデル計算領域が日本周辺領域に限られたものであるが，そのJSMのモデル計算領域を，シベリア南部，中国，インド，インドシナ半島，フィリピン，および日本を含む東アジア域に拡

張したバージョンを用いる (基準経度 105°E)。本大気モデルの分解能は，水平グリッド数 151×111，鉛直 23 層で，水平分解能は基準緯度 (15°N, 50°N) で 60 km で，モデル計算時間ステップは約 1～3 分である。この陸域生物圏モデルを組み込んだ大気モデルを，地域気候モデル JSM-BAIM2 とよぶことにする。JSM-BAIM2 においては，気温や降水量，日射量，風向・風速，水蒸気圧といった一般的な物理的気象要素だけでなく，大気中の二酸化炭素濃度の時間的・空間的変動もモデルの計算対象としている。よって，陸域生物圏モデルが組み込まれた地域気候モデル JSM-BAIM2 により，物理的気象要素および大気中二酸化炭素濃度の時間的・空間的変動と，陸域植生―大気間のエネルギーフラックスおよび二酸化炭素フラックス，積雪・融雪過程，土壌内水分の凍結・融解過程，さらに陸域植生の物理的形状および植生・土壌内炭素蓄積量の時間的・空間的変動の相互作用が full-couple で，一体となったモデル空間として再現される。

　数値大気モデルにおいては，下記のプリミティブ方程式と呼ばれる基礎方程式系が基本となっている。鉛直方向には，現象の鉛直スケールが水平スケールに比べてはるかに小さいことにより，静力学平衡が仮定される。また，下記の方程式系では鉛直座標が z 系で表されているが，実際の大気モデルでは気圧座標系が基本となる。

(1) 水平方向の運動方程式

$$\frac{\partial u}{\partial t} = -u\frac{\partial u}{\partial x} - v\frac{\partial u}{\partial y} - w\frac{\partial u}{\partial z} + 2\Omega\sin\phi v + \frac{1}{\rho}\frac{\partial p}{\partial x} + F_x$$

$$\frac{\partial v}{\partial t} = -u\frac{\partial v}{\partial x} - v\frac{\partial v}{\partial y} - w\frac{\partial v}{\partial z} + 2\Omega\sin\phi u + \frac{1}{\rho}\frac{\partial p}{\partial y} + F_y$$

ここで，t は時間，(x, y, z) は空間座標であり，式の左辺は水平風 (u, v) の固定点でみた時間変化，右辺の 3 項は移流の効果，4 項目はコリオリ力，5 項目は水平気圧傾度力，最後の項は摩擦力を表している。また，w は鉛直風速，Ω は地球の回転角速度，ϕ は緯度，ρ は密度，p は気圧を表している。

(2) 鉛直方向の運動方程式

$$\frac{1}{\rho}\frac{\partial p}{\partial z} = -g$$

この式は，静力学平衡の仮定による，鉛直の気圧傾度力が重力加速度と釣りあうことを表している。

(3) 連続の式（質量保存の法則）

$$\frac{\partial \rho}{\partial t} = -u\frac{\partial \rho}{\partial x} - v\frac{\partial \rho}{\partial y} - w\frac{\partial \rho}{\partial z} - \rho\left(\frac{\partial u}{\partial x} + \frac{\partial v}{\partial y} + \frac{\partial w}{\partial z}\right)$$

この式の左辺は，密度 ρ の固定点でみた時間変化，右辺の1～3項は移流の効果，4項目は収束発散による密度変化を表している。

(4) 熱力学方程式（熱エネルギー保存の法則）

$$\frac{\partial \theta}{\partial t} = -u\frac{\partial \theta}{\partial x} - v\frac{\partial \theta}{\partial y} - w\frac{\partial \theta}{\partial z} + H$$

この式の左辺は，温位 θ の固定点でみた時間変化，右辺の1～3項は移流の効果，4項目は非断熱過程による温位の変化を表している。

(5) 水蒸気の輸送方程式（水蒸気保存の法則）

$$\frac{\partial q}{\partial t} = -u\frac{\partial q}{\partial x} - v\frac{\partial q}{\partial y} - w\frac{\partial q}{\partial z} + E$$

この式の左辺は，比湿 q の固定点でみた時間変化，右辺の1～3項は移流の効果，4項目は非断熱過程による比湿の変化を表している。

(6) 気体の状態方程式

$$p = \rho RT$$

この式のRは気体定数，Tは気温を表している。

　流体運動を表す方法には，ラグランジュ（Lagrange）の方法とオイラー（Euler）の方法がある（今井，1974）。ラグランジュの方法は，ある時刻（t）にある場所（x, y, z）にあった流体粒子の動きを時間とともに追跡していく方法で，流体を無数の粒子の集団と考えて，各粒子の運動を調べる方法である。一方，オイラーの方法は，空間中の一点での流速，圧力，密度など流れを表す物理量を，空間および時間の関数として求める方法である。言い換えれば，ラグランジュの方法が"粒子的な立場"をとるのに対して，オイラーの方法では"場"の立場を取ることになる。通常，大気モデルにおいては，オイラーの方法で大気場を表すが（上記のプリミティブ方程式参照），物質の移流拡散を主として表すモデルにおいては，ラグランジュの方法を用いる場合が多い。しかし，ここで紹介する地域気候モデルJSM-BAIM2においては，大気中二酸化炭素濃度の時間・空間変動を表す方法としてオイラーの方法を用いている。

（7）　二酸化炭素の輸送方程式

$$\frac{\partial C}{\partial t} = -u\frac{\partial C}{\partial x} - v\frac{\partial C}{\partial y} - w\frac{\partial C}{\partial z} + Cf$$

　この式の左辺は，二酸化炭素濃度Cの固定点でみた時間変化，右辺の1～3項は移流の効果，4項目は植生—大気間の二酸化炭素フラックスおよび乱流輸送による濃度変化を表している。

　大気モデルの水平方向の空間表現（空間離散化）の方法には，一般的に格子点法とスペクトル法の二つの方法がある。格子点法は，文字通りとびとびの格子点における値で目的とする量の空間分布を表す方法であり，スペクトル法は三角関数などにより表した波長の長い波から短い波の重ねあわせで，目的とする量の空間分布を表す方法である。現在の大気モデルは，計算過程の有利さから，スペクトル法を採用しているモデルが主流であり，JSM-BAIM2においてもスペクトル法を用いている。ただし，降水過程や放射過程，陸域生態過程などの物理・生物圏過程は，モデルの変換格子点上で計算され，その効果の空間分布を波に変換することにより，全体としてスペクトル法による計算を進める方法が採られている。また，モデルの計算結果は，スペクトル法による波から格子点値に変換され，

GPV (Grid Point Value) として出力される。

　JSM-BAIM2 の鉛直座標系は，z 座標ではなく，σ（シグマ）座標系が用いられている。σ 座標系は，気圧を尺度とした鉛直座標で，通常，p を気圧，pg を地上気圧，pt をモデル大気上端の気圧として，(p-pt)/(pg-pt) で定義される座標である。よって σ の値は，地表面で 1，モデル大気上端で 0 となる。この座標系は，モデルの地形にそった鉛直座標となるため，モデルの山岳域の扱いが容易になるという有利さがある。

　基礎方程式系の右辺に現れている，Fx，Fy，H，E，および Cf は，いろいろな現象を含む物理過程による項である。JSM-BAIM2 の物理過程には，大きく分けて短波・長波放射過程，降水・対流過程，大気境界層過程，陸域過程が含まれている。生物圏過程が組み込まれている大気モデルにおいて，放射過程のなかでもとくに短波放射過程は，植物の光合成過程の精度に直接関わる重要な過程である。また，降水過程は，その精度が短波放射量や土壌水分量の予測精度に影響を与え，それらにより生物圏過程の精度に大きな影響を与えるため，非常に重要な過程である。地表近くで乱流が卓越する厚さが 500～2000 m ほどの大気層を大気境界層とよび，その上の層を自由大気とよぶ。陸域過程は，その物理的・生物生態学的諸過程が陸域生物圏モデル BAIM2 により再現され，それにより計算された植生―大気間のエネルギーフラックス，および二酸化炭素フラックスは，大気境界層過程を通して自由大気と結合される。

　大気境界層は，厚さ数十 m の最下層の接地境界層と，その上のエクマン層に分けられる。大気境界層のなかでは，乱流がエネルギーや二酸化炭素の鉛直輸送を担っている。接地境界層のなかでは，鉛直のエネルギーフラックスや二酸化炭素フラックスは，高さによらず一定とみなされる。それらのフラックス量は，前述の陸域生物圏モデル BAIM2 により計算されるが，基本的なメカニズムとして，各要素の生物圏モデル層内とモデル大気最下層とのあいだのポテンシャル差，およびそのあいだの空気力学的抵抗係数により決まる。空気力学的抵抗係数は，風が強く，成層が不安定なほど，また地表面粗度が大きいほど小さい。エクマン層においては，鉛直輸送に乱流による渦が重要な役割を果たす。乱流は通常の大気モデルの格子間隔スケールよりも小さいため（サブグリッドスケール），パラメタリゼーションとよぶ手法を使って格子平均の値だけを使って表現する。ある物理量 A を，格子平均（$\overline{}$）とそれからのずれ（'）に分ける（$A = \bar{A} + A'$）。物理量

Aのx, zの二次元方程式,

$$\frac{\partial A}{\partial t} = -u\frac{\partial A}{\partial x} - w\frac{\partial A}{\partial z}$$

を考えた時,Aの格子平均値の時間変化は,

$$\frac{\partial \overline{A}}{\partial t} = -\left(\overline{u}\frac{\partial \overline{A}}{\partial x} + \overline{w}\frac{\partial \overline{A}}{\partial z}\right) - \left(\frac{\partial (\overline{A'u'})}{\partial x} + \frac{\partial (\overline{A'w'})}{\partial z}\right)$$

と表せる。この式の右辺の1項目の( )内は,格子平均の量で表される移流項であり,2項目の( )内は,格子平均からのずれによる輸送項で乱流による輸送を表している。この乱流による輸送の鉛直成分は,鉛直クロージャーモデル (Mellor and Yamada 1974) と呼ばれる乱流パラメタリゼーション手法により,

$$\frac{\partial (\overline{A'w'})}{\partial z} = -\frac{\partial}{\partial z}\left(K\frac{\partial \overline{A}}{\partial z}\right)$$

と表すことができ,格子平均値$\overline{A}$の値のみを使って表現できる。ここで右辺のKは渦粘性係数と呼ばれる。Kの値は,地面に近いほど小さな値をとり,成層が不安定なほど大きな値をとる。また,成層が安定な場合には,風の鉛直シアーが大きいほど大きな値をとる。

2 陸域生物圏モデル BAIM2

本節ではまず,陸域生物圏モデル BAIM (Biosphere-Atmosphere Interaction Model) についてその概要を説明する (より詳しい説明は Mabuchi et al. 1997,馬淵 1997 および馬淵 1999 を参照のこと)。モデルの概念図を図 4-31 に示す。モデルの全体的な構成は,最大2層の地上植物層と3層の土壌層により構成されている。植物層は,想定される植生タイプによって,2層または1層に設定され,さらに植物層なし(裸地,砂漠,雪氷圏など)の場合も設定可能となっている。

陸域生物圏モデルにとっての上方の境界条件は,気温 (T_m),水蒸気圧 (e_m),大気中二酸化炭素濃度 (C_m),風速 (U_m),降水量 (P_m),下向き短波放射量 (R_s),および下向き長波放射量 (R_l) で,下方の境界条件は,土壌深層温度 (T_4) である。

生物圏モデルにこれらの境界条件を与えることにより，植物および土壌各層の温度 (T_c, T_g, T_1, T_2, T_3) と，各層に蓄えられている水分量 (W_{wc}, W_{sc}, W_{wg}, W_{sg}, W_{w1}, W_{i1}, W_{w2}, W_{i2}, W_{w3}, W_{i3}) の時間変化を計算する。水分量 W の添え字"w"は水として蓄えられる量を表し，"s"および"i"は雪および氷として蓄えられる量を表す。植物層および土壌層に蓄えられている水分については，その凍結・融解過程を扱うとともに，地上に積雪がある場合には，その積雪・融雪過程も扱う。地上の積雪は，その深さに従って，最大3層に分割され，それぞれの層の温度 (T_g, T_s, T_0)，および各層に蓄えられている雪量 (W_{sg}, W_{ss}, W_{s0}) と水量 (W_{wg}, W_{ws}, W_{w0}) の時間変化を見積もる。図4-31中の T_a, C_a, および e_a は，それぞれ植物層内大気中の気温，二酸化炭素濃度，および水蒸気圧を表している。C_{ic} および C_{ig} は，各植物層の葉の気孔内の二酸化炭素濃度，$e^*(T_c)$, $e^*(T_g)$, および $he^*(T_1)$ はそれぞれ各植物層の葉の気孔内飽和水蒸気圧および表層土壌空隙内の水蒸気圧である。また，P_{rc} および P_{rg} はそれぞれの植物層の根が吸収可能な土壌水分の割合を表しており，これらにより土壌水分ストレスが見積もられる。土壌水分が少なくなると，植物は土壌水分ストレスにより葉の気孔を閉じる。BAIM が気候モデルに組み込まれた場合には，気候モデルによって計算される物理量が各境界条件となり，上記のそれぞれの量の時間変化が計算されることになる。

　BAIM は，大気—植生間の顕熱 (H)・潜熱 (E) フラックスとともに，植物による光合成作用および呼吸作用に基づく二酸化炭素フラックス (A) の見積もりも行う。植物はその光合成過程の違いにより，大きく分けて，C_3 植物（木本，冷温帯草本），C_4 植物（イネ科，カヤツリグサ科の草本に多い），および CAM 植物（サボテン等）の3種類に分けられる。BAIM では，C_3 植物と C_4 植物の光合成特性の相違（おもに，光—光合成曲線の特性の違い，および温度・湿度などの環境条件に対する気孔応答の違い）を陽に取り入れることにより，それぞれの光合成作用による二酸化炭素フラックスを計算する。現在のところ，CAM 植物についてはその地域的占有率が相対的に低いので，BAIM では取り扱っていない。一般的には，C_3 植物に比べて，C_4 植物は，その光合成回路の特徴から，高温・乾燥に強い（C_3 植物より光合成適温範囲が高温側にシフトしている）性質をもっており，BAIM では，その特性の違いが再現できるようにモデル化されている。

　大気—植生間の各エネルギーフラックスおよび二酸化炭素フラックスは，

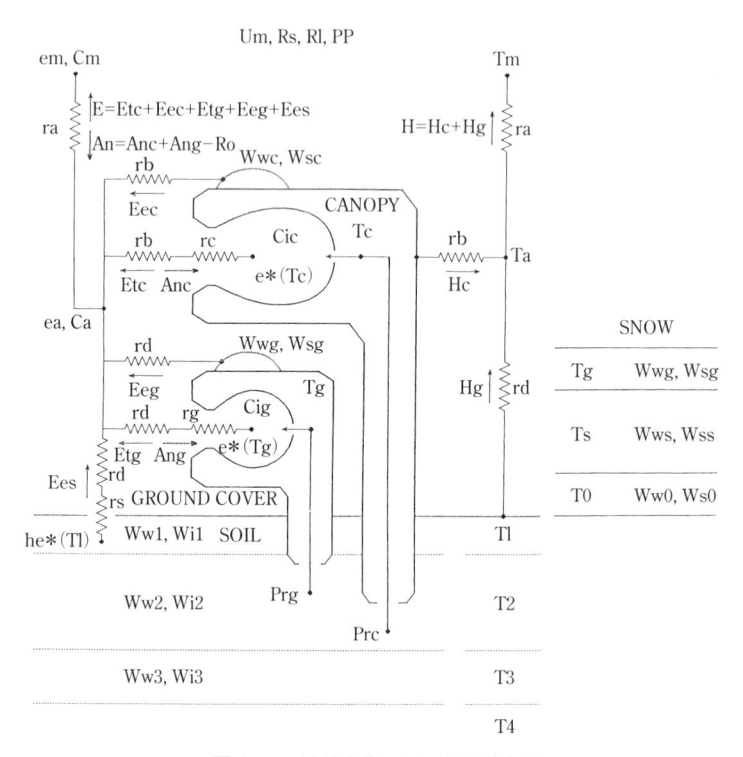

図 4-31 陸域生物圏モデルの概念図

$$(フラックス) = (要素のポテンシャル差) / (層間抵抗)$$

という関係により計算される。図 4-31 中の r で表されている量は，各フラックスに関わる層間抵抗である。このなかで，rc および rg は各植物層の全体としての気孔抵抗を表している。気孔抵抗は，植物層に吸収される光合成有効放射 (PAR: Photosynthetically Active Radiation, 光合成に使われる 400〜700 nm の波長域の光) の量，およびその他の気孔の開度に影響を与える環境要因の関数として求められる。rs は裸地面からの水分蒸発に関わる抵抗を表している。その他の抵抗は，空気力学的な抵抗である。潜熱フラックスは，気孔を通しての蒸散成分 (Et)，降水遮断・結露水分の蒸発成分 (積雪面からの蒸発・昇華成分を含む)，および裸地面からの直接蒸発成分 (Ee) に分けてそれぞれ見積もられる。蒸散によって植物層から失わ

れる水分を補うための根による水分吸収は土壌水分に影響を与え，また裸地面からの直接蒸発は，表層土壌の水分変化に影響を与える。顕熱フラックスは，各植物層（裸地面からの成分を含む）からの成分ごと（Hc, Hg）に見積もられる。二酸化炭素フラックスは，各植物層の気孔を通しての正味の吸収成分（An）および茎・根・土壌呼吸成分（Ro）に分けて見積もられる。ここでの土壌呼吸は，土壌中での有機物分解により二酸化炭素が放出される過程を表す。BAIM が大気モデルと組み合わされた場合には，上記の各フラックスの他に，葉面積の量や樹高などによって変わる粗度を介して，大気—植生間の運動量輸送も見積もられる。

陸域生物圏モデル BAIM2 は，植物体内および土壌中の炭素蓄積量をモデル内変数として取り入れることにより，上記の BAIM の植物生態モデルとしての特性をより高めたバージョンである。BAIM2 の基本的構成は，BAIM と変更はないが，炭素蓄積量として，植物の葉，幹，根，リター層，および腐植土層それぞれに蓄積される炭素量を，陽に再現できる。林床植生が仮定される場合には，それぞれの炭素量も見積もられる。各部分の炭素蓄積量は，光合成により獲得された炭素の配分による増加量，呼吸および落葉・落枝などによる減少量，リター層への蓄積量などの収支を見積もることによりその変動が見積もられる。呼吸量やリターの量などは，それぞれの層に蓄積されている炭素量に応じた量として見積もられる。また，葉面積および樹高は，それぞれの要素に蓄積されている炭素量から見積もられる。それらによって，植物形状の変動が再現されることになる。また，落葉樹などの植物形状の季節変化が大きい植生については，その季節変化も再現される。これらの植物形状の季節変化は，基本的にモデルで再現される温度と土壌水分量によって制御される。

3　東アジア広域炭素循環と気候
── 2000～2005 年を対象とした数値実験による検証

本節では，広域の炭素循環と気候との関係のメカニズムを解明するための研究例として，地域気候モデル JSM-BAIM2 を用いて行った，2000 年から 2005 年の近年 6 年間における東アジア陸域における広域の炭素循環と気候との相互作用に関する数値実験について紹介する（Mabuchi et al. 2009）。

(1) 数値実験方法

図4-32に，数値実験において地域気候モデルJSM-BAIM2のモデルグリッドに与えた植生分布図を示す。また，表4-7にモデルの境界領域を除く解析領域における各植生タイプごとの被覆面積を示す。本数値実験においてはOlson et al. (1983)による現存植生分布データをもとに，雪氷圏を除いて12種類の植生タイプをモデルグリッドに与えて実験を行った。地域気候モデルのような限られた領域を計算対象とする大気モデルにおいては，モデル計算領域の空間的な境界における条件を与える必要がある。これをネスティングとよぶ。本数値実験におけるモデルの境界値は，気象要素はJRA-25再解析データ (Onogi et al. 2007) により与えた。本解析データは，グリッド間隔1.25度の分解能をもっており，モデルの時間積分においては，12時間ごとに境界値を更新する方法を取った。大気中二酸化炭素濃度の境界値は，1.8 ppm/年の濃度漸増傾向のある平均濃度と，季節変化振幅に緯度依存性をもたせた典型的な季節変化をするデータを作成し，モデルの境界値として与えた（季節変化の年々変動はなし）。JSM-BAIM2におけるネスティング方法は，通常の側面境界結合とともに，波数空間結合 (SBC: Spectral Boundary Coupling) (Kida et al. 1991) と呼ばれる方法を採用している。この方法は，水平方向の空間表現（空間離散化）方法に，スペクトル法を採用している大気モデル独特の方法で，ある物理量のモデル計算による空間変動場を複数の波長にスペクトル分解し，そのうちの長波長成分を，同じくスペクトル分解した境界値の長波長成分と置き換える方法である。この方法により，高分解能な領域モデルによって再現される小規模な現象（短い波長の現象）の計算結果を生かしつつ，大規模な場（長い波長の現象）が境界条件で与えられている場からずれないように保ちながら，長期間のモデル時間積分を行うことが可能となる。ここで紹介する数値実験においては，波数空間結合を，モデルの500 hPa気圧面より上層の大気層における風の東西成分と南北成分，および気温について，波数3以下の長波長成分に対して適用した。モデル計算時のその他の境界条件として，モデル計算領域の海面水温分布および海氷分布は，HadISSTデータ (Rayner et al. 2003) より計算対象期間の各年の各月平均値を作成し与えた。また，計算の初期値は，NCEPデータ (Kalnay et al. 1996) を使用した1998年7月31日から1999年7月31日までの期間についての反復計算によるコントロールランの結果を初期値とした。モデル数値実験は，上記の初期値と境界条件を与え，1999年8月から2005年12月ま

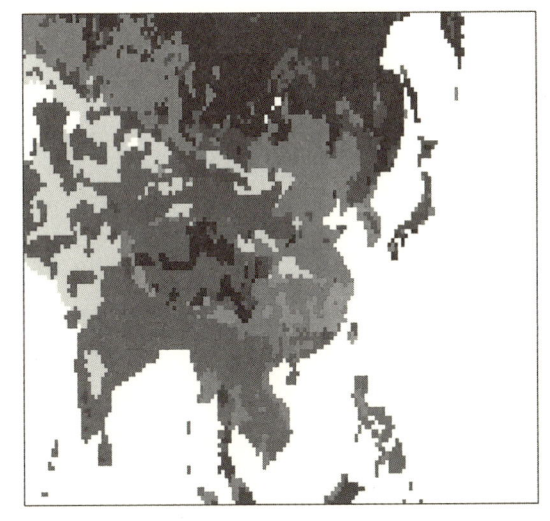

Ⅲ　モデルによる炭素動態の解明

図4-32　地域気候モデルJSM-BAIM2のグリッド植生分布（口絵15参照）
植生の種類を図の右に示す。

凡例：熱帯雨林／熱帯季節林／落葉広葉樹林／針広混交林／常緑針葉樹林／落葉針葉樹林／C_3草原／C_4草原／ツンドラ／半砂漠／裸地／砂漠／雪氷圏

表4-7　地域気候モデル結果解析領域の植生タイプと面積（$10^6 \, \text{km}^2$）

植生タイプ	面積
熱帯雨林	0.1
熱帯季節林	0.1
落葉広葉樹林	0.8
針広混交林	1.1
常緑針葉樹林	2.6
落葉針葉樹林	0.6
C_3草原（含耕作地）	5.2
C_4草原	2.9
ツンドラ（含高山地）	2.0
半砂漠	2.4
裸地	0.8
砂漠	1.8
計)	22.5

での実験計算を行い，そのうちの2000年1月1日から2005年12月31日の期間の計算結果を解析対象とした．

(2) モデル計算結果の解析

モデルの計算結果を解析するために設定した解析領域を図4-33に示す．解析

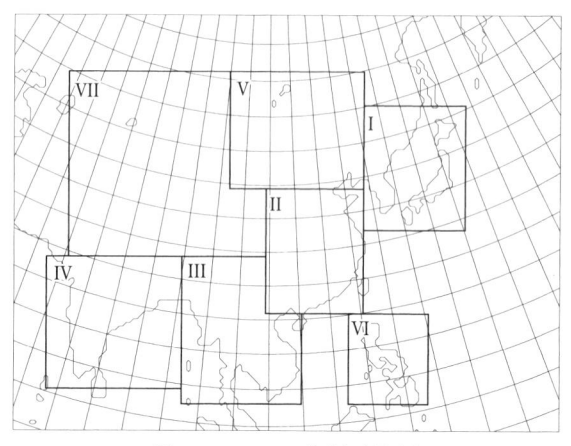

図 4-33 モデル結果解析領域

解析領域は，日本付近（領域 I: NE Asia），中国大陸東岸域（領域 II: China），インドシナ半島（領域 III: Indochina），インド亜大陸（領域 IV: India），モンゴル域（領域 V: Mongolia），フィリピン（領域 VI: Philippines），アジア大陸内陸部（領域 VII: Inland）の 7 領域。

領域は，植生分布や気候の地域的な特徴を勘案して，モデル計算領域内に 7 領域設定した。

(a) モデルによる植物季節変化の再現

　地域気候モデル JSM-BAIM2 によって再現された，数値実験期間における緑葉のみの葉面積指数（GLAI）の 7 領域ごとの月別値の時間変化の様子を図 4-34 に示す。また，参考のために，対応する期間・領域における衛星観測データから求められた植生指数（NDVI: Normalized Difference Vegetation Index）の月別値の時間変化の様子を図 4-35 に示す。モデルによる GLAI の月別値は，24 時間ごとモデルグリッド計算出力値から単純平均により求めたものである。また，衛星 NDVI は，Spot-Vegetation（Free VEGETATION Products）の 10 日別コンポジットデータ（東アジア域のグリッド数 316×200 個，水平分解能 0.25°の衛星データ）から，各グリッドの月別最大値を抽出し，それをそのグリッドの NDVI 月別値とした。

　モデルによる GLAI の時間変化は，BAIM2 で再現された陸域植物の緑葉の量の時間変化を表しており，植物季節変化が大きい地域においては，その時間変化も大きくなる。また同様に NDVI も，植物活性度の時間変化（季節変化）を反映する量であるので，植物季節変化が大きい地域ほどその時間変化も大きくなる。

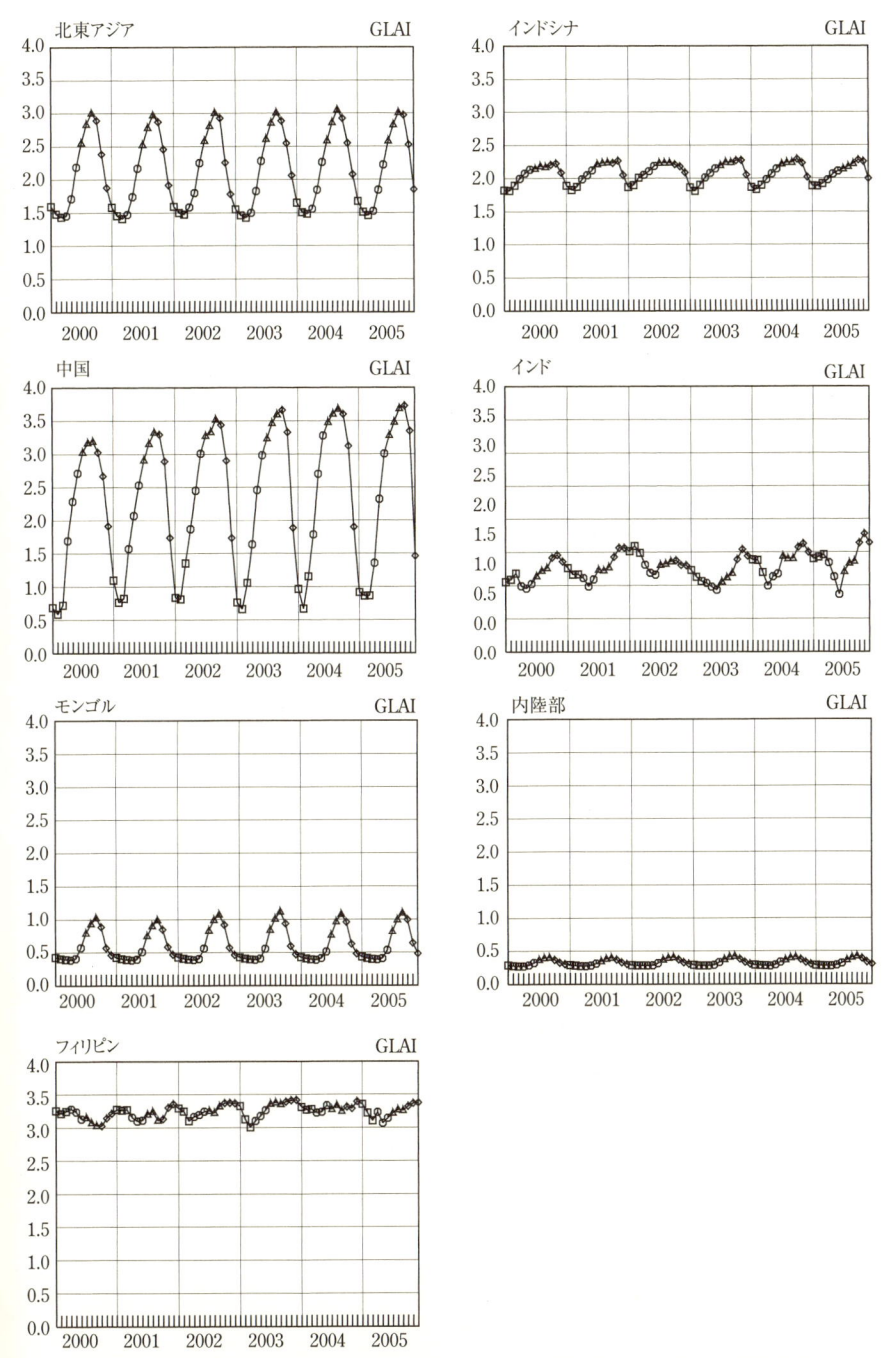

Ⅲ　モデルによる炭素動態の解明　337

図 4-34　モデルによる緑葉の葉面積指数（GLAI）の 7 領域ごとの月平均値の時間変化

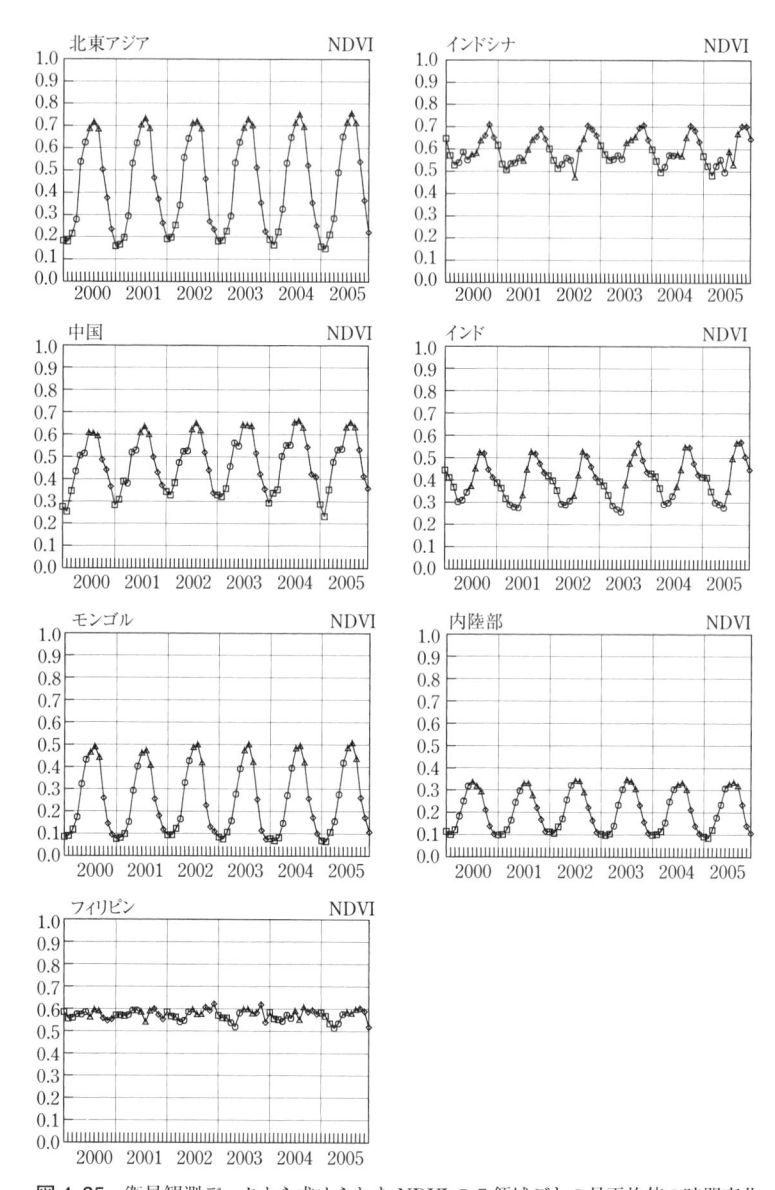

図 4-35 衛星観測データから求められた NDVI の 7 領域ごとの月平均値の時間変化

そのため，モデルによる GLAI と衛星観測データによる NDVI は，そもそもは直接比較できる量ではないが，それぞれの時間変化の地域的な特徴は同じ傾向を示すと考えられる。

モデルによる GLAI の時間変化をみると（図 4-34）日本付近（領域 I: 北東アジア）や中国大陸東岸域（領域 II: 中国）においては植物季節変化が大きく，熱帯・亜熱帯域のインドシナ半島（領域 III: インドシナ）やインド亜大陸（領域 IV: インド）では，中緯度に比べて季節変化振幅が小さい。さらに熱帯気候のフィリピン（領域 VI: Philippines）では植物の季節変化はほとんどみられない。また，モンゴル域（領域 V: Mongolia）では，草原系植生の季節変化が現れている一方で，アジア大陸内陸部（領域 VII: Inland）では，植生活動の季節変化が小さいことが再現されている。これらの植物季節変化の地域的な特徴は，NDVI の地域ごとの季節変化の特徴（図 4-35）と一致しており，モデルは，植物季節変化の地域的な特徴をよく再現できていることがわかる。さらに，モデルによる GLAI の各年の年平均値の 6 年平均値からの偏差と，対応する NDVI の偏差の相関は，とくに植物季節変化シグナルが大きい領域である日本付近と中国大陸東岸域では，相関係数がそれぞれ 0.87 と 0.96 となっており，モデルは，植物季節変化の年々変動の特徴もよく再現できていることが確認できている。

(b) モデルによる大気中二酸化炭素濃度変動の再現

本節では，地域気候モデル JSM-BAIM2 を用いた数値実験により再現された，2000 年から 2005 年の 6 年間の大気中二酸化炭素濃度の年々変動について，その特徴を，大気中二酸化炭素濃度地上観測地点のデータと比較することにより考察する。比較に用いた観測地点を表 4-8 に示す。これらの観測地点のうち，綾里と与那国島は，日本の気象庁による観測地点である（気象庁 2007）。また，高山は，産業技術総合研究所による観測地点である（Murayama et al. 2003）。その他の Teaahn 半島，Ulaan Uul，および Waliguan 山は，アメリカの NOAA/GMD による観測地点のデータを使用した（Conway et al. 2007）。観測値と比較対照するために用いたモデルの計算値は，上記の各観測地点の近傍のモデルグリッドの大気下層（モデル大気第 2 層）における値の平均値とした（図 4-36 参照）。

図 4-37 に上記の 6 観測地点で観測された，2000～2005 年の大気中二酸化炭素濃度観測値の月平均値の時系列と，モデルによる対応する地点・期間の計算結果を示す。図 4-37 に示した観測による大気中二酸化炭素濃度の時間変化をみると，

表 4-8　大気中二酸化炭素濃度観測地点

	緯度	軽度	標高 (m)
Ryori 綾里（日本）	39°02′N	141°49′E	260
Yonagunijima 与那国島（日本）	24°28′N	123°01′E	30
Takayama 高山（日本）	36°08′N	137°25′E	1420
Tae-ahn 半島（韓国）	36°43′N	126°07′E	20
Ulaan Uul（モンゴル）	44°27′N	111°05′E	914
Waliguan 山（中国）	36°17′N	100°54′E	3810

＊注　図4-36中の表記と対応させるため，日本語とアルファベットを併記した．

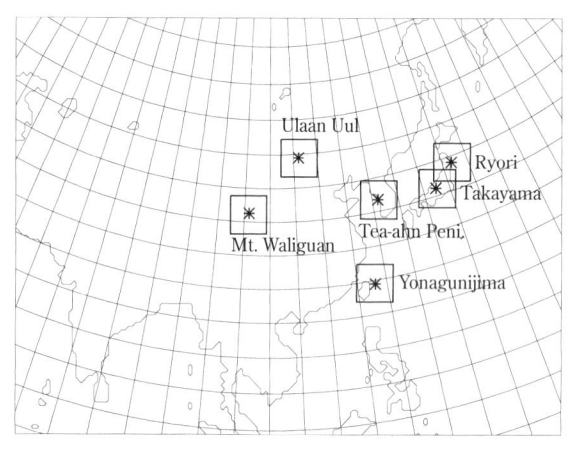

図 4-36　大気中二酸化炭素濃度観測地点とモデルのグリッド平均エリア

6地点それぞれに季節変化の振幅の大きさなどの違いはあるが，寒候期に高濃度，暖候期に低濃度という季節変化をしながら時間変化をしているのがわかる．またこの6年のあいだ，年に約2 ppmの増加率で二酸化炭素濃度が徐々に上昇していることもわかる．一方，モデルにより再現された同期間の大気中二酸化炭素濃度の時間変化をみると，濃度の季節変化の振幅の大きさなど十分に再現できていない点もあるが，季節変化のパターンや年々の濃度上昇傾向など，全体的な傾向は再現できていることがわかる．

　以下に，各観測地点ごとにその特徴をみていくことにするが，1〜3月および10〜12月においては，モデル領域内の中・高緯度において植生活動が不活発になるため，大気中二酸化炭素濃度変動に対する領域内での植生活動の影響のシグ

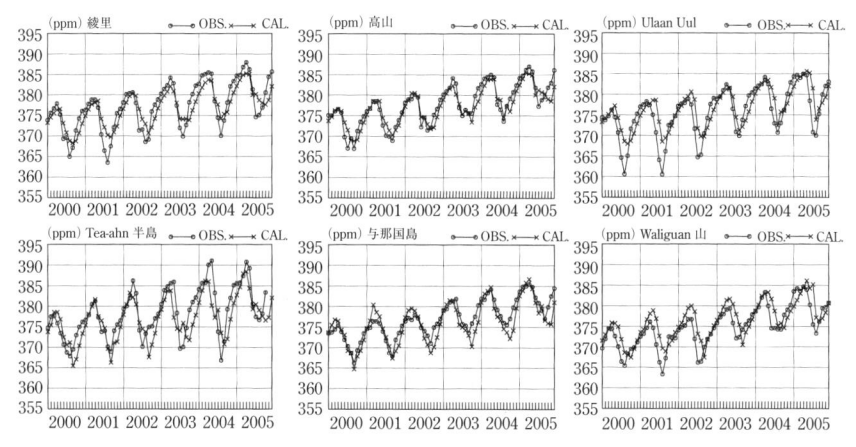

図 4-37　大気中二酸化炭素濃度観測値 (OBS.) と対応するモデル計算結果 (CAL.) の月平均値の時間変化の比較

ナルが小さく，二酸化炭素濃度変動は領域外からの移流による影響が大きくなる。一方，このモデル数値実験では，3-(1) で記述したように，大気中二酸化炭素濃度の境界値には，年々変動のない典型的な季節変化をするデータを与えているので，二酸化炭素濃度についてはモデル領域外からの影響が計算結果に含まれていない。そのため，ここでは植生活動が活発な時期である 4〜9 月を対象として解析を行った結果を記述する。図 4-38 に，4 月から 9 月の各月ごとの大気中二酸化炭素濃度のモデル計算結果と観測値の 6 年間の年々変動の比較を示す。また，図 4-39 に，4〜9 月の 6 ヶ月平均の大気中二酸化炭素濃度に関するモデル計算結果と観測値の 6 年間の年々変動の比較を示す。

綾里の月ごとの年々変動についてみると (図 4-38)，とくに 7，8，および 9 月において，モデルは観測値の年々変動の傾向をおおむね再現できていることがわかる。4〜9 月の 6 ヶ月平均値の年々変動については (図 4-39)，モデルによる濃度変動は観測値より小さいが，年々変動のパターンはよく再現できている。

高山における二酸化炭素濃度の年々変動のパターンは，全般に綾里とよく似ている。7 月のモデルによる濃度変動パターンは，前半 3 年と後半 3 年で増加量が相違するが観測値の濃度変動パターンとほぼ対応しており，8 月および 9 月においては，モデルは観測値の年々変動の傾向をよく再現できていることがわかる。6 月においても，モデルは観測の年々変動パターンをおおむね再現している。ま

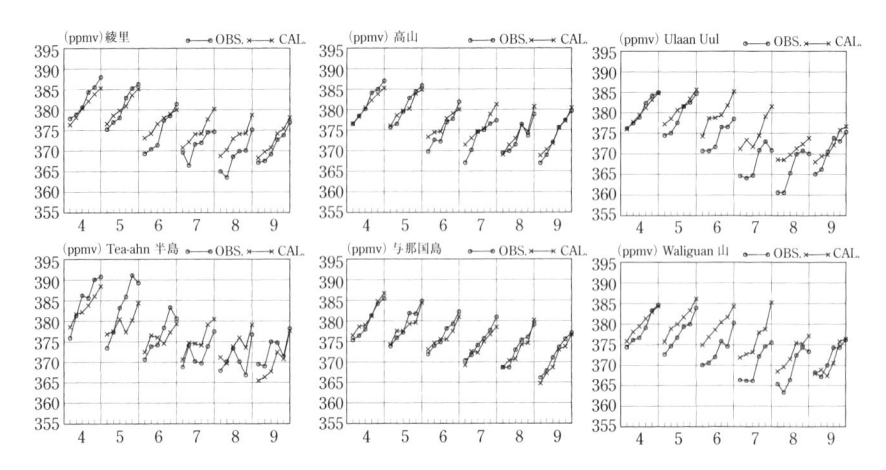

図 4-38　4月から9月の各月ごとの大気中二酸化炭素濃度観測値（OBS.）とモデル計算結果（CAL.）の6年間の年々変動の比較

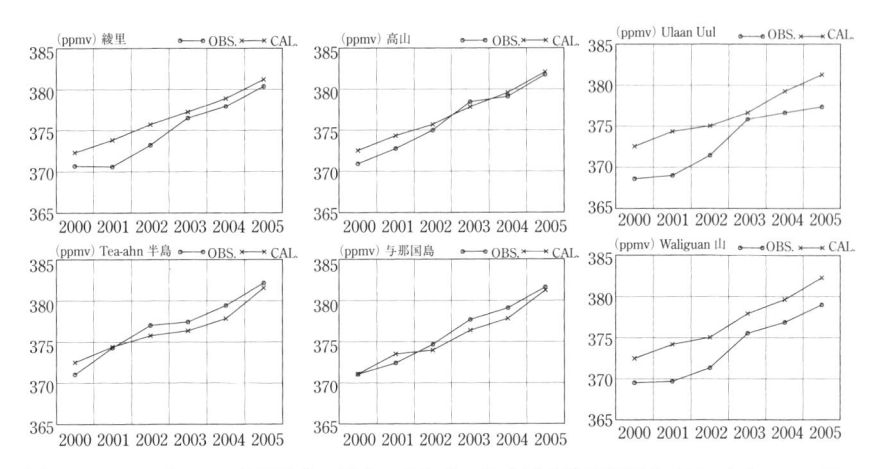

図 4-39　4～9月の6ヶ月平均値に関する大気中二酸化炭素濃度観測値（OBS.）とモデル計算結果（CAL.）の6年間の年々変動の比較

た，4～9月の6ヶ月平均値の年々変動については，モデルによる濃度変動が観測値より小さく，年々変動のパターンが綾里ほど明確ではないが，2002年から2005年にかけての年々変動には一致性がみられる。

Tea-ahn 半島では，6月から9月のそれぞれの月のモデルの年々変動の傾向は，おおむね観測値の年々変動と一致しているが，6月の2002年から2003年，8月

の2002年から2003年など変動が一致しないところも見受けられる。しかし，4〜9月の6ヶ月平均値の年々変動については，モデルと観測値の二酸化炭素濃度の年々変動パターンはよく一致している。

与那国島については，濃度の値自体がモデルの結果と観測値とよく一致している。モデルによる濃度の年々変動は，7月および9月を除いて全般的に観測値の年々変動とほぼ一致している。また，4〜9月の6ヶ月平均値の年々変動については，モデルの濃度変動のパターンはとくに2002年から2005年について観測値の年々変動のパターンと一致している。

Ulaan Uulにおいては，全体的にモデルの二酸化炭素濃度の年々変動は観測値の変動パターンとの対応がよくない。6，7，および8月においては，モデルによる濃度の値自体も観測値より高い濃度となっている。4〜9月の6ヶ月平均値の年々変動についても，モデルの濃度の年々変動と観測値の年々変動の対応は悪い。これらの原因については，モデルにおける実験設定の問題や観測値に含まれる変動シグナルの要因など，より詳しい検証が必要である。

最後にWaliguan山の特徴についてみると，まず，観測値の年々変動パターンは，上記のUlaan Uulとよく似ていることがわかる。また，夏場においては，モデルによる濃度の値が観測値より高い濃度となっている。しかし，7月および8月の植生活動が活発な時期には，モデルによる濃度の年々変動はおおむね観測値の年々変動のパターンに一致していることがわかる。また，4〜9月の6ヶ月平均値の年々変動についても，モデルの濃度の年々変動は2001年を除き観測値濃度の年々変動と対応していることがわかる。

図4-40に，モデルによって再現されたNEP偏差と大気中二酸化炭素濃度偏差の対応について，8月の例が示してある。それぞれの偏差は，2000年から2005年の各年の月平均値の6年平均値からの偏差である。NEPについては，暖色が大気から地表面への炭素フラックスが平均より少ない場合，寒色が多い場合，大気中二酸化炭素濃度については，暖色が高濃度偏差，寒色が低濃度偏差である。図4-36に示した各観測地点が黒点で示してある。NEPと二酸化炭素濃度の偏差パターンの対応から，地上付近の二酸化炭素濃度の変動は，地域的なNEPの変動と移流の効果に強く影響を受けていることがわかる。8月の例では，2000年の高濃度傾向，および2003年の高濃度傾向から2004年の低濃度傾向を経て2005年の高濃度傾向への変化が特徴的である。図には示さないが，他の月においても，

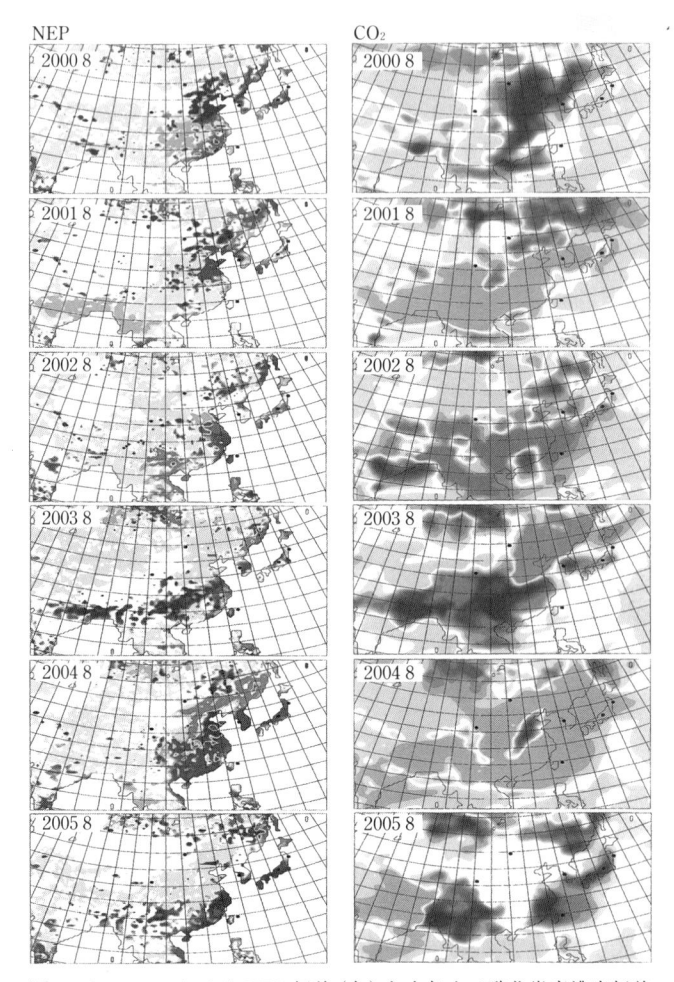

図 4-40 モデルによる NEP 偏差（左）と大気中二酸化炭素濃度偏差（右）の対応（8 月の例）（口絵 16 参照）

2000 年（最上図）から 2005 年（最下図）の各年の月平均値の 6 年平均値からの偏差を示す。NEP については，暖色が大気から地表面への炭素フラックスが平均より少ない場合，寒色が多い場合。大気中二酸化炭素濃度については，暖色が高濃度偏差，寒色が低濃度偏差。NEP 偏差の等値線は $0.2\,(\mathrm{gC/m^2/日})$ 間隔，大気中二酸化炭素濃度偏差の等値線は 0.5（ppm）間隔。図 4-36 に示した各観測地点が黒点で示してある。大気中二酸化炭素濃度偏差については，濃度の平均増加率（1.8 ppm/年）は偏差から差し引いて示している。

明確な偏差の対応関係がみられる。

以上，観測地点ごとの二酸化炭素濃度の年々変動についてモデルの計算結果と観測値との比較，および，モデルによる NEP の年々変動と大気中二酸化炭素濃度の年々変動との対応関係についてみてきた。とくに植生活動が活発な地域および時期においては，モデルは二酸化炭素濃度観測値の年々変動をおおむね再現できており，モデルによって再現された NEP の年々変動によって，ある程度説明ができることがわかる。

(c) 気候条件と GPP との関係の地域的特徴

JSM-BAIM2 による数値実験によって見積もられた 2000〜2005 年の 6 年間での GPP, NPP, および NEP のモデル解析領域 (モデルの境界領域を除く中心域) 全体での平均値は，GPP = 11.33 (PgC/year), NPP = 6.65 (PgC/year), および NEP = 0.25 (PgC/year) となっている。NPP は GPP から植物自体の呼吸量を差し引いた量であり，NEP は NPP からさらに土壌有機物分解による土壌呼吸量を差し引いた量である。よって，NEP と GPP の差は呼吸量の変動による影響を受けるが，植生活動が活発な時期においては，NEP の変動と GPP の変動のあいだには強い相関がある。そこで本節では，陸域生態系がその光合成作用により吸収する炭素量の総量であり，また気候条件に直接影響を受ける GPP について，その気候条件との関係の地域的な特徴を，モデル計算結果を用いて 7 解析領域ごとに考察する。表4-9 に，各解析領域における季節ごと (1〜3月 (JFM), 4〜6月 (AMJ), 7〜9月 (JAS), および10〜12月 (OND)) の GPP の 6 年平均値からの偏差と気候条件 (日射量 (DSW), 土壌水分量 (SW), 気温 (TA)) および緑葉の葉面積指数 (GLAI) の 6 年平均値からの偏差との相関係数を示す。これらの相関係数は，GPP の季節ごとの年々変動と，各要素の季節ごとの年々変動のあいだにどのような相関があるかを示している。本表に基づいて，以下に各領域ごとの特徴についてみてみる。

まず，日本付近 (領域 I) の特徴としては，GPP の年々変動は，春季 (AMJ) と秋季 (OND) に GLAI の年々変動と正の相関が高い。これは，葉面積の季節変化が大きい地域においては，展葉期および落葉期における葉面積の大小が，GPP の変動に大きな影響を与えていることを示している。その一方で，夏季 (JAS) においては，葉面積がピークに達してしまっているため，GLAI との相関は高くない。展葉後 (とくに 7 月以降) においては，DSW と正の相関が高く，日射量の変動が GPP の変動に大きな影響を与えていることがわかる。4〜9月期においては，土

表 4-9 気候条件および GLAI と GPP との相関関係の地域的特徴

	1〜3月	4〜6月	7〜9月	10〜12月
日本付近（領域Ⅰ）				
DSW-GPP	−0.02	0.37	0.84	0.83
SW-GPP	−0.28	0.71	0.69	0.36
TA-GPP	0.94	0.37	0.00	0.87
GLAI-GPP	0.38	0.84	−0.37	0.91
中国大陸東岸域（領域Ⅱ）				
DSW-GPP	0.52	−0.32	0.55	0.86
SW-GPP	−0.57	0.79	−0.07	0.70
TA-GPP	0.97	−0.75	−0.46	−0.31
GLAI-GPP	0.88	0.94	0.39	0.93
インドシナ半島（領域Ⅲ）				
DSW-GPP	0.59	0.85	0.94	0.99
SW-GPP	−0.24	−0.81	−0.28	−0.92
TA-GPP	0.39	0.82	−0.43	0.44
GLAI-GPP	0.77	0.03	0.68	0.46
インド亜大陸（領域Ⅳ）				
DSW-GPP	−0.17	0.54	0.87	0.50
SW-GPP	0.65	−0.25	−0.74	0.55
TA-GPP	−0.68	0.32	0.69	−0.83
GLAI-GPP	0.95	0.74	0.76	0.77
モンゴル域（領域Ⅴ）				
DSW-GPP	0.33	0.32	−0.65	−0.01
SW-GPP	0.33	0.73	0.86	0.96
TA-GPP	0.84	−0.07	−0.85	−0.93
GLAI-GPP	0.56	0.71	0.88	0.82
フィリピン（領域Ⅵ）				
DSW-GPP	0.97	0.85	0.95	0.98
SW-GPP	−0.87	−0.22	−0.21	−0.67
TA-GPP	0.06	0.33	−0.27	−0.23
GLAI-GPP	−0.31	0.49	0.01	0.67
アジア大陸内陸部（領域Ⅶ）				
DSW-GPP	−0.38	−0.07	0.02	0.64
SW-GPP	0.66	0.69	0.87	0.59
TA-GPP	0.54	−0.43	0.45	0.59
GLAI-GPP	0.80	0.89	0.92	0.88

壌水分量 (SW) との正相関も高い傾向にある。また，低温期 (JFM および OND) においては，気温 (TA) との正相関が高く，冬季に気温が高いと GPP の量も増加する傾向を示している。

中国大陸東岸域（領域 II）の特徴は，GPP の年々変動は，夏季 (JAS) を除いて全般に GLAI と高い正相関を示している。この地域も葉面積の季節変化が大きい地域であり，上記の日本付近の特徴と同じ傾向を示している。また，春季 (AMJ) を除き，DSW と正の相関があり，この地域においても，GPP への日射量の影響が重要であることがわかる。春季 (AMJ) および秋季 (OND) においては，土壌水分量 (SW) と高い正の相関を示しているが，とくに春季においては，他の気候要素（日射量，気温）より高い相関を示していることが特徴で，春季における GPP への土壌水分量の影響が非常に重要であることがわかる。同じ特徴が，日本付近においても現れている。冬季 (JFM) においては気温 (TA) と高い正相関があり，これも日本付近における特徴と同じである。春季以降は負相関（気温の変動と逆相関）の傾向を示しており，とくに暖候期における高温（乾燥化）が GPP を減少させる傾向を現しているが，GPP 増大時における蒸散活動の活発化にともなう温度低下の要因も含まれている可能性もある。

インドシナ半島（領域 III）における特徴は，この地域においては，GLAI の季節変化が小さい地域であることから，GPP と GLAI との相関は中程度の正相関を示している。全般に DSW と高い正相関を示していることから，年間を通じて，日射量が GPP にとって重要な気候要素となっていることがわかる。一方で，土壌水分量 (SW) とは負相関（逆相関）となっている。これは，上記の日射量との関連で，降水量が多い場合（日射量が少ない場合）には GPP が減少する傾向があることを示している。気温 (TA) との相関は，春季 (AMJ) を除いて相関が低い。これは，この地域においては気温の季節変化が小さいことも原因と考えられる。春季における高い正相関は，DSW との高い正相関に対応していると考えられる（日射量が多いと気温が高くなる）。

インド亜大陸（領域 IV）の特徴としては，全般に GPP と GLAI とは，年間を通じて正の相関を示している。この地域の GLAI の季節変化の振幅は大きくないが，外的要因によって GLAI が変動する傾向が強く，それが GPP の変動に影響を与えていることが考えられる。図 4-34 をみても，インド亜大陸における GLAI は，他の地域に比べて季節変動の中の不規則な変動の成分が多いことがわかる。夏季

(JAS) においては，日射量 (DSW) と高い正相関があり，これは，土壌水分量 (SW) との逆相関（降水量が関連），気温 (TA) との正相関に対応していると考えられる。また，寒候期 (JFM および OND) には土壌水分量 (SW) との正相関がある一方で，気温 (TA) と逆相関となっていることから，この地域においては，寒候期の高温乾燥化が GPP の量を減少させる傾向があることがわかる。以上のことから，この地域の全体的な特徴として，暖候期には日射量が，寒候期には土壌水分量が GPP にとって重要な気候条件になっているといえる。

　モンゴル域（領域 V）の特徴は，とくに春季以降において，GPP と GLAI とは高い正相関を示している。この領域においては，日射量 (DSW) との相関は年間を通じ高くなく，夏季 (JAS) においてはむしろ逆相関になっている。一方で，全般的に土壌水分量 (SW) との正相関が高い。とくに，夏季 (JAS) においては，土壌水分量との正相関が高いのに対して，日射量 (DSW) および気温 (TA) との相関が逆相関になっている。また，寒候期 (JFM および OND) においては，気温 (TA) と高い正相関を示している。以上のことから，この地域においては，日射量よりも土壌水分量が GPP にとって重要な気候条件になっており，寒候期においては気温も重要な気候条件であることがわかる。とくに夏季において，高温乾燥化が顕著な場合には GPP が減少する傾向があることを明確に示している。

　フィリピン（領域 VI）における特徴としては，この地域においては GPP と GLAI との相関はそれほど高くない。これは，GLAI の値がほぼ一定で，季節変化が小さいことが原因と考えられる。一方で，年間を通じて日射量 (DSW) と高い正相関があり，反対に土壌水分量 (SW) とは逆相関となっている。これは，この地域においては，日射量が多い（降水量が少ない）場合に GPP が増加することを示しており，GPP にとって日射量が重要な気候条件となっていることを示している。また，気温 (TA) との相関が低いが，これはこの地域においては気温の変動が小さく，GPP の変動への影響が小さいことを示していると考えられる。

　アジア大陸内陸部（領域 VII）の特徴は，全般的にモンゴル域の特徴と同じ傾向がある。年間を通じて，GPP と GLAI とは高い正相関を示している。日射量 (DSW) との相関はそれほど高くなく，年間を通じて土壌水分量 (SW) と正相関がある。寒候期 (JFM および OND) においては，気温 (TA) と正相関がある傾向を示している。以上のことから，この地域においてもモンゴル域と同様に，日射量よりも土壌水分量が GPP にとって重要な気候条件になっており，寒候期においては気

温も重要な気候条件であることがわかる。とくに,夏季における土壌水分量が,GPP にとって重要な気候条件となっていることが示されている。

4 気候モデルと陸域生物圏モデルのさらなる統合化へ向けて

　近年の地球温暖化問題に代表されるような地球環境変動のメカニズムを解明するうえで,陸上に存在する生態系の役割を無視することはできない。気候モデルを使い大気-陸面相互作用に関する研究を行おうとするとき,陸面に存在する生態系をなんらかの形でモデル化する必要に迫られ,いままでにもさまざまなモデルが提案されてきた。陸域に存在する生態系を陽に扱った大気大循環モデルあるいは気候モデル用の陸面過程モデルが開発され使用されはじめたのは,1980 年代半ばごろからである。そのころの先駆的なモデルは,大気-植生間のエネルギー交換のみを扱うモデルであったが,その後,二酸化炭素交換をも扱うことのできるモデルが開発され,現在までに多くのモデルが開発されている。

　ここでは,気候モデル用に開発した陸域生物圏モデル (BAIM2) を例にとり,それを組み込んだ 3 次元気候モデルによる広域炭素循環を中心とした圏間相互作用研究の一端を紹介した。本気候モデルにおいては,大気中の二酸化炭素濃度も予報変数としている。よって,陸域生物圏モデルを直接組み込むことにより,物理的な大気-陸面相互作用と大気-植生間二酸化炭素交換の再現とともに,物理的気象要素および大気中二酸化炭素濃度の時間的・空間的変動と,陸域植生の物理的形態および植生・土壌内炭素蓄積量の時間的・空間的変動が,各要素間の相互作用を介して一体となったモデル空間として再現できることになる。

　上記のように,物理的な気候モデルに陸域生物圏モデルを導入することにより,地球システムのなかにおける物理過程と陸域生態過程の融合を総合的に再現することが可能となり,広域的かつ複雑な圏間相互作用を数値実験的に再現し,その結果を解析することによって,そのメカニズムに関する理解を促進することが可能となる。陸上に存在する多種多様な生態系を一般化しモデル化することは非常に困難であるが,多種多様な中にもそこに存在する一般性をなんらかの形で見出し,それぞれの目的に合ったモデルを構築していく必要がある。さらに,それらを他の関連する物理・化学過程と連携させることによって,全体像の把握が可能となる。そのためには,関連する研究者間の専門の枠を超えた協力が必要となる

が，これらは，システム解明研究における学際的な研究協力関係構築の必要性を示す典型的な一例であり，このような研究協力は，今後ますます重要になると考えられる．

引用・参考文献

Baldocchi, D., Black, T., Curtis, P., Falge, E., Fuentes, J., Granier, A., Gu, L., Knohl, A., Pilegaad, K., Schmid, H., Valentini, R, Wilson, K., Wofsy, S., Xu, L. and Yamamoto, S. (2005) Predicting the onset of net carbon uptake by deciduous forests with soil temperature and climate data: a synthesis of FLUXNET data. International Journal of Biometeorology, 49, 377–387.

Chapin, F.S. III, et al. (2006) Reconciling carbon-cycle concepts, terminology, and methods. Ecosystems, 9: 1041–1050.

Conway, T.J., Lang, P.M., and Masarie, K.A. (2007) Atmospheric Carbon Dioxide Dry Air Mole Fractions from the NOAA ESRL Carbon Cycle Cooperative Global Air Sampling Network, 1968–2006, Version: 2007-09-19, Path: ftp://ftp.cmdl.noaa.gov/ccg/co2/flask/event/.

Enquist, B.J. and Niklas, K.J. (2002) Global allocation rules for patterns of biomass partitioning in seed plants. Science, 295: 1517–1520.

Esser, G. (1995) Contribution of Monsoon Asia to the carbon budget of the biosphere, past and future. Vegetatio, 121: 175–188.

Free VEGETATION Products: http://free.vgt.vito.be/. http://www.sopt-vegetation.com/.

Hirata, R., Saigusa, N., Yamamoto, S., Ohtani, Y., Ide, R., Asanuma, J., Gamo, M., Hirano, T., Kondo, H., Kosugi, Y., Li, S-G., Nakai, Y., Takagi, K., Tani, M. and Wang, H. (2008) Temporal and spatial variations in the seasonal patterns of CO_2 flux in boreal, temperate, and tropical forests in East Asia. Agricultural and Forest Met., 148: 761–775.

今井功（1974）『流体力学（前編）』物理学選書 14pp. 428　裳華房．

Intergovernmental Panel on Climate Change (IPCC) (2007) Climate Change 2007: The Physical Science Basis. Cambridge University Press, Cambridge.

Ito, A. (2008) The regional carbon budget of East Asia simulated with a terrestrial ecosystem model and validated using AsiaFlux data. Agricultural and Forest Meteorology, 148: 738–747.

Ito, A. and Oikawa, T., (2002) A simulation model of the carbon cycle in land ecosystems (Sim-CYCLE): A description based on dry-matter production theory and plot-scale validation. Ecological Modelling, 151: 147–179.

Ito, A., Muraoka, H., Koizumi, H., Saigusa, N., Murayama, S. and Yamamoto, S. (2006) Seasonal variation in leaf properties and ecosystem carbon budget in a cool-temperate deciduous broad-leaved forest: simulation analysis at Takayama site, Japan. Ecological Research, 21: 137–149.

Ito, A., Inatomi, M., Mo, W., Lee, M., Koizumi, H., Saigusa, N., Murayama, S., and Yamamoto, S. (2007) Examination of model-estimated ecosystem respiration by use of flux

measurement data from a cool-temperate deciduous broad-leaved forest in central Japan. Tellus, 59B: 616–624.
岩男弘毅・西田顕郎・山形与志樹（2006）緯度経度整数地点の土地被覆情報を用いた土地被覆図の検証手法．写真測量とリモートセンシング，45(4): 35–46.
Janssens, I.A. et al. (2003) Europe's terrestrial biosphere absorbs 7 to 12% of European anthropogenic CO_2 emissions. Science, 300: 1538–1542.
Kajimoto, T., Matsuura, Y., Osawa, A., Abaimov, A.P., Zyryanova, O.A., Isaev, A.P., Yefremov, D.P., Mori, S., and Koike, T. (2006) Size-mass allometry and biomass allocation of two larch species growing on the continuous permafrost region in Siberia. Forest Ecology and Management, 222: 314–325.
Kalnay. E, Kanamitsu, M., Kistler, R., Collins, W., Deaven, D., Gandin, L., Iredell, M., Saha, S., White, G., Woollen, J., Zhu, Y., Leetmaa, A., Reynolds, B., Chelliah, M., Ebisuzaki, W., Higgins, W., Janowiak, J., Mo, K.C., Ropelewski, C., Wang, J., Jenne, R., and Joseph, D. (1996) The NCEP/NCAR 40-year reanalysis project, Bull. Amer. Meteor. Soc., 77: 437–471.
Keeling, C.D., and Whorf, T.P. (2002) Atmospheric CO_2 records from sites in the SIO air sampling network. In Trends: A Compendium of Data on Global Change. Carbon Dioxide Information Analysis Center, Oak Ridge National Laboratory, U.S. Department of Energy, Oak Ridge, Tenn., U.S.A.
Kida, H., Koide, T., Sasaki, H., and Chiba, M. (1991) A new approach for coupling a limited area model to a GCM for regional climate simulations. Journal of the Meteorological Society of Japan, 69: 723–728.
気象庁（2007）大気・海洋環境観測報告 第7号 2005年観測結果，第7章（観測所と観測方法）．(http://www.data.kishou.go.jp/obs-env/cdrom/report2005/html/7_0.htm).
気象庁予報部（2004）『数値予報の基礎知識』pp. 164 気象庁．
Kohyama, T., Suzuki, E., Aiba, S, and Seino, T. (1999) Functional differentiation and positive feedback enhancing plant biodiversity. pp. 179–191. In Kato, M. (ed.), Biology of Biodiversity. Springer, Tokyo.
Kosugi, Y., Mitani, T., Itoh, M., Noguchi, S., Tani, M., Matsuo, M., Takanashi, S., Ohkubo, S., and Abdul Rahim, N. (2007) Spatial and temporal variation in soil respiration in a Southeast Asian tropical rainforest. Agricultural and Forest Meteorology, 147: 35–47.
Mabuchi, K., Sato, Y., Kida, H., Saigusa, N., and Oikawa, T. (1997) A Biosphere-Atmosphere Interaction Model (BAIM) and its primary verifications using grassland data. Pap. Meteor. Geophys., 47, 115–140.
Mabuchi, K., Sato, Y., and Kida, H. (2000) Numerical study of the relationships between climate and the carbon dioxide cycle on a regional scale. Journal of the Meteorological Society of Japan, 78, 25–46.
Mabuchi, K., Sato, Y., and Kida, H. (2002) Verification of the climatic features of a regional climate model with BAIM. Journal of the Meteorological Society of Japan, 80: 621–644.
Mabuchi, K., Takahashi, K., and Nasahara, K.N. (2009) Numerical investigation of climate factors impact on carbon cycle in the East Asian terrestrial ecosystem. Journal of the Meteorological Society of Japan. 87: 219–244.

馬淵和雄（1997）気候モデル用陸面植生モデル（BAIM）について．日本生態学会誌，47: 327-331.

馬淵和雄（1999）気候モデル用の陸面植生モデル．『陸面過程の研究の現状と将来（気象研究ノート第195号）』（馬淵和雄編）pp. 19-29　日本気象学会．

Matsushita, B. and Tamura, M., (2002) Integrating remotely sensed data with an ecosystem model to estimate net primary productivity in East Asia. Remote Sensing of Environment, 81: 58-66.

Matsuura, Y., Kajimoto, T., Osawa, A., and Abaimov, A.P. (2005) Carbon storage in larch ecosystems in continuous permafrost region of Siberia. PHYTON, 45: 51-54.

Mellor, G.L. and Yamada, T. (1974) A hierarchy of turbulent closure models for planetary boundary layers. Journal of the Atmospheric Sciences., 31: 1791-1806.

Miyamoto, K., Rahajoe, J.S., Kohyama, T. and Mirmanto, E. (2007) Forest structure and primary productivity in a Bornean heath forest. Biotropica, 39: 35-42.

Miyata, A., Iwata, T., Nagai, H., Yamada, T., Yoshikoshi, H., Mano, M., Ono, K., Han, G.H., Harazono, Y., Ohtaki, E., Baten, Md. A., Inohara, S., Takimoto, T., and Saito, M. (2005) Seasonal variation of carbon dioxide and methane fluxes at single cropping paddy fields in central and western Japan. Phyton, 45(4): 89-97.

Murayama, S., Saigusa, N., Chan, D., Yamamoto, S., Kondo, H., and Eguchi, Y. (2003) Temporal variations of atmospheric CO_2 concentration in a temperate deciduous forest in central Japan. Tellus, 55B: 232-243.

Myneni, R.B., Nemani, R.R. and Running, S.W. (1997a) Estimation global leaf area index and absorbed PAR using radiative transfer models, IEEE Trans. Geoscience and Remote Sensing., 35: 1380-1393.

Nagano, M. (1978) Dynamics of stand development. pp. 21-32. In Kira, T., Ono, Y. and Hosokawa, T. (eds.), Biological Production in a Warm-Temperate Evergreen Oak Forest of Japan (JIBP Synthesis 18). University of Tokyo Press, Tokyo.

西田顕郎・土田聡・三枝信子・村岡裕由（2005）地上と衛星観測による落葉樹林の季節変化．日本写真測量学会平成17年度年次学術講演会．2005年6月23日．東京．

Ohtani, Y., Saigusa, N., Yamamoto, S., Mizoguchi, Y., Watanabe, T., Yasuda, Y., and Murayama, S. (2005) Characteristics of CO_2 fluxes in cool-temperate coniferous and deciduous broadleaf forests in Japan. Phyton, 45: 73-80.

Ohtsuka, T., Akiyama, T., Hashimoto, Y., Inatomi, M., Sakai, T., Jia, S., Mo, W., Tsuda, S., and Koizumi, H. (2005) Biometric based estimates of net primary production (NPP) in a cool-temperate deciduous forest stand beneath a flux tower. Agricultural and Forest Meteorology, 134: 27-38.

Ohtsuka, T., Mo, W., Satomura, T., Inatomi, M., and Koizumi, H. (2007) Biometric based carbon flux measurements and net ecosystem production (NEP) in a temperate deciduous broad-leaved forest beneath a flux tower. DOI: Ecosystem 10.1007/s10021-007-9017-z.

Oikawa, T. and Ito, A. (2001) Modeling carbon dynamics of terrestrial ecosystems in Monsoon Asia. pp. 207-219. In Matsuno, T. and Kida, H. (eds.), Present and Future of Modeling Global Environmental Change: Towards Integrated Modeling. TERRAPUB, Tokyo,

Olson, J.S., Watts, J.A., and Allison, L.J. (1983) Carbon in live vegetation of major world ecosystems, ORNL-5862, Environmental Sciences Division Publication No. 1997, Oak Ridge National Laboratory, Oak Ridge, Tennessee.

Onogi, K., Tsutsui, J., Koide, H., Sakamoto, M., Kobayashi, S., Hatsusika, H., Matsumoto, T., Yamazaki, N., Kamahori, H., Takahashi, K., Kadokura, S., Wada, K., Kato, K., Oyama, R., Ose, T., Mannoji, N., and Taira, R. (2007) The JRA-25 reanalysis, Journal of the Meteorological Society of Japan, 85: 369-432.

Potter, C., Klooster, S., Tan, P., Steinbach, M., Kumar, V., and Genovese. V. (2005) Variability in terrestrial carbon sinks over two decades: Part 2-Eurasia. Global and Planetary Change, 49: 177-186.

Rayner, N.A., Parker, D.E., Horton, E.B., Folland, C.K., Alexander, L.V., Rowell, D.P., Kent, E.C., and Kaplan, A. (2003) Global analyses of sea surface temperature, sea ice and night marine air temperature since the late nineteenth century. Journal of Geophysical Research, 108(D14), 4407, doi: 10.1029/2002JD002670.

Saigusa, N., Yamamoto, S., Hirata, R., Ohtani, Y., Ide, R., Asanuma, J., Gamo, M., Hirano, T., Kondo, H., Kosugi, Y., Li, S-G., Nakai, Y., Tani, M. and Wang, H. (2008) Temporal and patial variations in the seasonal patterns of CO_2 flux in boreal, temperate, and tropical forests in Asia. Agricultural and Forest Meteorology, 148: 700-713.

Saigusa, N., Yamamoto, S., Murayama, S. and Kondo, H. (2005) Inter-annual variability of carbon budget components in an AsiaFlux forest site estimated by long-term flux measurements. Agricultural and Forest Meteorology, 134: 4-16.

Saigusa, N., Yamamoto, S., Murayama, S., Kondo, H. and Nishimura, N. (2002) Gross primary production and net ecosystem production of a cool-temperate deciduous forest estimated by the eddy covariance method. Agricultural and Forest Meteorology, 112: 203-215.

Sasai, T., Ichii, K., Yamaguchi, Y., and Nemani, R.R. (2005) Simulating terrestrial carbon fluxes using the new biosphere model BEAMS: Biosphere model integrating Eco-physiological And Mechanistic approaches using Satellite data. Journal of Geophysical Research, 110, G02014, doi: 10.1029/2005JG000045., 2005.12.

Sasai, T., Okamoto, K., Hiyama, T., Yamaguchi, Y. (2007) Comparing terrestrial carbon fluxes from the scale of a flux tower to the global scale. Ecological Modelling, doi: 10.1016/j.ecolmodel.2007.05.014., 2007.5.

Strahler, A., Lucht, W., Schaaf, C.B., Tsang, T., Gao, F., Li, X., Muller, J.P., Lewis, P., and Barnsley, M. J. (2004) MODIS BRDF/Albedo Product: Algorithm Theoretical Basis Dosument, Version 5.0.

Strahler, A., Muchoney, D., Borak, J., Friedl, M., Gopal, S., Lambin, E., and Moody, A. (1999) MODIS Land Cover Product Algorithm Theoretical Basis Document (ATBD), Version 5.0.

Tadaki, Y., Hatiya, K., Tochiaki, K., Miyauchi, H., and Matsuda, U. (1970) Studies on the production structure of forest. XVI. Primary productivity of Abies veitchii in the subalpine zone of Mt. Fuji. Bulletin of the Government Forest Experiment Station, Tokyo 229: 1-21.

Takahashi, K. Yoshida K., Suzuki M., Seino T., Tani T., Tashiro N., Ishii T., Sugata S., Fujito E., Naniwa A., Kudo G., Hiura T., Kohyama T. (1999) Stand biomass, net production and canopy structure in a secondary deciduous broad-leaved forest, northern Japan. Research Bulletin of Hokkaido University Forests, 56: 70-85.

武生雅明・久保田康裕・相場慎一郎・清野達之・西村貴司 (2006) 気候の季節性は森林生態系にどう影響するのか: プロット間ネットワークを利用したグローバルスケールでの解明.『森林の生態学: 長期大規模研究からみえるもの』(種生物学会編) pp. 247-265 文一総合出版.

Takyu, M., Kubota, Y., Aiba, S., Seino, T., and Nishimura, T. (2005) Pattern of species diversity, structure and dynamics of forest ecosystems along latitudinal gradients in East Asia. Ecological Research., 20: 287-296.

Wan, X., Zhang, Y., Zhang, Q., and Li, Z.-L. (2004) Quality assessment and validation of the MODIS land surface temperature. Int. J. Remote Sens., 25, 261-274.

Yamakura, T., Hagojara, A., Sukardjo, S., and Ogawa, H. (1986) Tree size in a mature dipterocarp forest stand in Sebulu, east Kalimantan, Indonesia. Southeast Asian Studies, 23: 452-478.

Yamamoto, S., Saigusa, N., Murayama, S., Gamo, M., Ohtani, Y., Kosugi, Y. and Tani, M. (2005) Synthetic analysis of the CO_2 fluxes at various forest in East Asia. (Springer-Verlag), Plant Responses to Air Pollution and Global Change, Tokyo, pp. 215-225.

Yang, Y., Fang, J., Tang, Y. Ji, C., Zheng, C., He, J. and Zhu, B. (2008) Storage, patterns and controls of soil organic carbon in the Tibetan grasslands. Glob Change Biol, 14: 1-8.

四大学合同調査班 (1960)『森林の生産力に関する研究　第1報　北海道主要針葉樹林について』p. 99　国策パルプ.

▶ I節: 山本晋・甲山隆司, II節: 奈佐原顕郎・佐々井崇博
　　III節-1: 伊藤　昭彦, III節-2: 馬淵和雄

第5章

世界の中でのアジア陸域生態系の特性
── システムアプローチ手法で迫る炭素動態 ──

I 東アジア域の炭素動態

I-1 われわれの研究の背景と成果

　本書でも中心的な課題であるCO_2フラックス観測は，1960年代に行われたIBP（国際生物学事業計画）でも取り組まれた．当時の測定法は水蒸気，熱，CO_2の乱流拡散係数は等しいという仮定の下に，ボーエン比傾度法が用いられた．しかし，この仮定は実際には必ずしも成り立たず，測定法上の大きな制約となっていた．このような仮定を含まない原理的に最もすぐれた測定手法が渦相関法である．しかし，渦相関法を実現するための測定器の開発は難しく，進展はあまりみられなかった．第2章II-2節に紹介されているように，渦相関法は1980年代に実施されだしたが，測器の信頼性や得られた膨大なデータ処理が大きな制約となって，その活用はごく限られたものであった．ところが1990年代に入って，上記の制約が技術的進歩にともない，徐々に解消されるにつれて，世界各地に普及することとなり，現在では世界標準の測定法として確立されるにいたった．
　このようなCO_2フラックス観測手法の展開においては，IBP開始よりも前に，水田やコムギ畑を対象として，当時の農業技術研究所に所属していた井上栄一博士を中心としたわが国の研究者の貢献が大きく（たとえば，井上 1957），その伝統が今日まで受け継がれてきたことも特筆されよう．この伝統が本書で述べてきた研究にも遺憾なく発揮されたものと思われる．
　これまで説明してきたように，われわれの研究プロジェクトは，森林や草原に設置した18基のフラックスタワーによって得られたCO_2フラックスの長期観測

値が，最も基礎的で重要な観測項目であり，この観測値に基づく解析が本書の骨格をなしている．とくに岐阜大学付属高山試験地内に設けられた高山サイト（市街地からは 15 km ほど離れた標高 1420 m の丘陵地帯にある）では，CO_2 フラックス観測が産業技術総合研究所に所属していた山本晋を中心とした研究グループによって 1993 年から開始され，すでに 15 年以上に及ぶデータの蓄積がある．日本ではもとより，世界でも例をみないほどの長期，かつ高度の観測がいまも進行中であり，この実績が母体となって，今回のプロジェクトが組織化された，といっても過言ではない．

　本書のもう一つの中心的な内容は，生態学的な手法に基づく生態系の生産力測定である．対象とする生態系の現存量（バイオマス）がある一定期間内にどれだけ増えたかを計測して，生産力を求める古典的な手法であり，IBP 時代の中心的な測定手法であった．世界各地の森林や，草原や，農作物，さらには海洋や湖沼などの水界生態系も対象とした生産力測定が行われ，地球規模での現存量と生産力の概要が明らかになった．われわれのプロジェクトでのもう一つのパワーサイトであるマレー半島 Pasoh の熱帯多雨林サイトは，すでに IBP 時代に吉良竜夫をリーダーとする生態学者，林学者が 10 年あまりに及ぶ総合的な共同研究を行い，この森林の現存量や生産量，呼吸量などの物質生産特性の詳細を明らかにしており（たとえば，Kira 1978），世界に誇るべき成果を上げていた．そのほかにも，日本の多くの生態学者，農学者，林学者が生態学的手法に基づいた多くの貴重なデータを提供してきた．1990 年から始まった IGBP（地球圏—生物圏国際協同研究計画）における炭素循環研究の基礎データとして，IBP 時代に蓄積されたデータは大きな役割を果たした．このような伝統が引き継がれて，第 4 章 I 節に紹介されているように，日本では，現在 PlotNet と呼ばれる森林生態系のデータベースの整備が進められつつある．

　Pasoh の熱帯多雨林サイトでは，第 3 章 III 節に述べられているように，谷誠のグループが渦相関法を中心とした生産力測定を集中的に行った．熱帯多雨林は樹高も 50 m を越し，階層構造も発達しているうえに，大小のギャップが樹冠中に不規則に分布するなど，他の森林にはみられないような複雑な構造をしており，渦相関法による信頼性の高い実測値を得るのは容易なことではない．このような困難を克服して今回，GPP や NEP の月別の変化も明らかにすることができた．気温も年中高く，雨もほぼ万遍なく降るので，毎月の GPP はきわめて大きい．

しかし，同時に RE も大きいために，NEP（＝GPP−RE）は驚くほど小さい，といった熱帯多雨林の生産力特性が明確に示された．膨大な量の非同化器官（幹や枝や根）を有するために，その維持に多大な呼吸エネルギーを消費しているからである．地球温暖化がわずかでも進行すれば，呼吸量のさらなる増大が予想され，熱帯多雨林が炭素の吸収源から放出源へと変わることが容易に想像される．

　その他にもわれわれは，世界の他の地域ではあまりみられないような特徴的な陸域生態系を対象として研究を進めてきた．たとえば，所によっては地下数百 m にも達する永久凍土上に分布するカラマツを中心とした亜寒帯針葉樹林（第 3 章 I 節）．永久凍土地帯では森林火災も頻発しており，火災によって永久凍土が融けると，アラスと呼ばれる窪地に水が溜まった沼のような地形が発生し，森林の回復が困難になる事例も数多く知られている．モンスーン気候の形成にも関連の深い青海・チベット地域の高山高原にも 4 年間にわたって実地踏査を繰り返した（第 3 章 IV 節）．南のヒマラヤ山脈と北の崑崙山脈に囲まれた平均標高 4000 m を超える広大な高標高地帯であるため，これまで科学的データの空白域であったが，今回，135 地点に及ぶ地下 1 m までの土壌中の有機炭素量を層位別に明らかにした．富士山の溶岩上で進行中の一次遷移系列の各種森林を対象にした研究も進めた（第 3 章 II 節-2）．噴火年代の異なる溶岩上のススキ草原後に成立した初期の若齢アカマツ林から後期の落葉広葉樹林までの 4 段階の森林を対象に，土壌炭素集積量に焦点を当てた解析が行われた．さらには人為生態系としてアジア地域の代表格の水田生態系も取り上げた（第 3 章 V 節）．世界最大の人口を擁するアジアの人々の食料供給地として重要である水田は，長く湛水状態におかれるために，土壌は還元状態になるため，メタンの発生源にもなるといった特異な状況を示す．ここに例示した陸域生態系は，いずれも東アジアを特徴づける生態系であり，得られた炭素動態の諸相は興味有るものである．次節に述べるように，ヨーロッパ地域の森林とは立地条件も大きく異なっている．

　陸域生態系の炭素動態を調べる渦相関法とバイオマス量に基づく生態学的手法とは，第 2 章に概説したように，測定原理がまったく異なっているが，同一の生態系で同一の期間調べれば，本来，同一の値にならなければならない．われわれが設けた森林の数サイトでクロスチェックした結果は，4 章 I 節にも触れたように，両者の値は必ずしも一致しなかった．渦相関法で求まる炭素フラックスは 30 分～1 時間の測定値であり，生態学的な視点からはまさに瞬間値である．この

瞬間値を長期積算して求めた微気象学的なフラックスに対し，バイオマスの増分に基づく生態学的手法で求まる炭素フラックスは，森林を対象にした場合，短くても数年間の平均値でしかない．したがって，渦相関法で生態学的な数年という時間スケールの測定値を得ることは至難の業であった．ところが最近では，部分的に欠測値が出ることはいまだ避けられないが，われわれの努力の甲斐もあって，それを補完する手法が色々と編みだされて（第2章Ⅱ節-1の渦相関法の測定に関する解説を参照），クロスチェックが可能な段階に達した．このことはきわめて重要な進展である．このプロジェクトでは二つの測定法で得られた値の食い違いが生じた原因を突き止める真剣な検討がつづけられ，それぞれの問題点が摘出されたことも，今後，さらに研究を進めるうえでの，非常に重要な手がかりを得たといえるであろう．

　渦相関法では，いま述べたように，ごく短時間の測定値が求まる．したがって，森林生態系の炭素フラックスの日変化，季節変化など，生態学的手法では求めることができない重要な特性も調べることができる．第3章に述べたように，年々の気象変動に応じた陸域生態系の応答も明らかにすることができた．本書で扱った観測期間内でも，2002年の早春は中国東部から日本周辺域で気温が例年よりも著しく高かったが，この早い春の訪れに応じて，苫小牧や岐阜高山のような落葉広葉樹林の観測サイトでは葉の展開が早まるとともに，NEPの立ち上がりも早まることを確認できた．

　炭素フラックスを求めるためには，いままで説明してきたように，渦相関法と生態学的手法があり，前者は気象学者が担当し，後者は生態学者が担当した．いわゆる学際的研究であり，このような研究班の組織形態は諸外国で行われた類似の研究においても同様である．しかし，同じ森林を対象として炭素フラックスを調べるといっても，気象学では大気に視点を置き，一方，生態学では森林自体に視点をおくといった学問的に決定的な違いがある．土壌を含めた森林全体の炭素フラックスを生態学ではNEP（生態系純生産）と表現し，気象学ではNEE（生態系正味交換）と表現して，第1章でも説明したが，両者のあいだを形式的にNEP＝－NEEと関係づけている．しかし，気象学者が生態学的内容を正しく理解し，一方，生態学者が気象学的内容を正しく理解することは，それほど容易なことではない．本書の中心的な概念である，NEPやGPP（総生産）といった生態学的概念を気象学者が真に理解して学際研究を進めることが，研究の成否を決める決定

的要因だった。

　日本では1990年にIGBP（地球圏—生物圏国際協同研究計画）が始まった際に，その中の一つの研究班としてGAIM研究会（代表者は筑波大学の及川武久）が組織された。このGAIM研究会では，気象学畑の研究者と生態学畑の研究者とが，おもに陸域生態系を対象として相互理解を深める勉強会を10年以上にわたって精力的につづけてきた。本書で扱った諸研究においても，GAIM研究会を進めてきたメンバーが中心となって研究班が組織されたために，この学際的研究はかなりの成功を収めえたのではないかと思っている。

　GAIM研究会の一つの中心的なテーマはグローバルなモデル開発にあった。この研究会の活動を通じて，陸域生態系の炭素動態を扱うSim-CYCLE（4-3-1）や大気の三次元物理過程を基礎として陸域生物圏を扱うBAIM（4-3-2）のような日本独自の世界に誇りうるモデルが誕生した。IBP時代のグローバルの生産力の推定は，各地で実測されたNPPをその地点での年平均気温や年降水量の関数として定式化して，他の任意の地域のNPPを推定するといった経験的手法が用いられた（たとえば，Lieth 1975）。このような経験的手法を脱して，生態系の機能的特性を組み入れたモデルであるSim-CYCLEやBAIMが生まれ，炭素動態把握の統合化において主要な役割を担うことになった。このような長足の進展は，地球シミュレータに代表されるような，超高速のスーパーコンピュータの出現があって，初めて可能になったのである。

　第4章Ⅲ節に紹介したように，東アジア地域の2000～2005年の炭素収支をSim-CYCLEで見積もった結果も成果の一例である。空間解像度も1 kmと高分解能のモデルから，年平均の総生産量，GPPが1.86 Pgで，生態系呼吸，REが1.80 Pgとなり，生態系純生産量，NEP（＝GPP－RE）が0.058 Pgという正の値，すなわち炭素の吸収源として機能しているとの一つの重要な結論が導き出された。この0.058 Pgという値は，この地域で化石燃料の燃焼などによる人間活動で排出された炭素量の11％に相当する。

　なお，われわれが用いたSim-CYCLE（現在では窒素循環過程も組み入れたVISITにバージョンアップされている）では，モデル構造をさらに精密化して，主要な三つの森林サイト，苫小牧（カラマツ林），富士吉田（アカマツ林），岐阜高山（落葉広葉樹林）で得られたフラックス観測値と綿密な検証を行ったうえで，モデルパラメータ値を決めている。このようなプロセスを経て行われたシミュレーションで

あるが，前述のように，三つのサイトともモデルによる冬の RE の推定値が実測値よりも大きくなり，現実を一部うまく再現できていなかった。この不一致の原因はいまのところ不明であるが，一つの可能性として，植生休眠期における呼吸あるいは土壌有機物分解が抑制されるなんらかの未知の生理的プロセスが内在しているのかもしれない。実験生態学者の今後の取り組みを期待したい。とにかく，冬は植生の休眠期であり，GPP にしろ RE にしろ，非常に小さな値でしかない。したがって，これまではあまり注目されてこなかった観測項目であるが，年間の NEP を評価するうえでは，とくに休眠期の長い寒冷な地域では，見過ごすことができない項目となってきたことを指摘しておきたい。

　われわれのプロジェクトでの最も中心的な観測サイトは，前にも述べたように，岐阜高山の落葉広葉樹林である。すでに 15 年以上に及ぶ実測データの蓄積があり，このデータセットを活用することにより，年々変動の実態を明らかにし，その変動要因を特定するなどの有効な情報を得てきた。

　高山サイトの落葉広葉樹林に関しては，注意すべき点がある。それは 1965 年に伐採が行われて，その後回復してきた二次林である，ということである。その伐採の炭素動態に対する効果も Sim-CYCLE で調べられ（第 4 章 III 節-1），伐採がないと仮定した場合と比べ，NEP は現在 1.8 tC/ha/yr 大きくなっているものと見積もられた。伐採のような森林攪乱のイベントは日本の多くの森林で起きたことであり，さらには世界各地の森林でも人為による伐採や，山火事などによる森林の攪乱は常に起きている。このような攪乱も森林生態系の炭素動態に大なり小なり影響を及ぼしているはずである。今後の研究では，攪乱の影響にも注意を払って調べていく必要がある。その際，今回行われた森林伐採の効果のシミュレーションは示唆に富むものである。

　さらに，高山サイトの落葉広葉樹林の東アジア地域における位置づけを調べてみると，相対的に降水量が多く湿潤な地域にあることがわかる（第 4 章 III 節-1 の図4-29）。冬の降雪量が多いことが影響しているものと思われる。このようなそれぞれのサイトの立地特性を踏まえたうえでの解析も必要であろう。

　一方，大気物理モデルを基礎とした BAIM（現在では BAIM2 にバージョンアップされている）では，時々刻々の風向・風速，気温，湿度，日射量などの物理量をモデル内で 1～3 分の時間間隔で逐一計算していく。その物理量に基づいて各地域の陸域生態系は光合成や呼吸活動を行うことによって，大気とのあいだで CO_2

を交換している。その結果として，大気中の CO_2 濃度も順次決まっていく（第4章Ⅲ節-2）。研究対象地内のモデルから求められた6地点（国内3地点に韓国，中国，モンゴル各1地点）における大気 CO_2 濃度は，6年間の年次変動値をみても，実測値の季節変化パターンも忠実に再現できるなど，満足な結果を与えている。同時に，蒸発散などの陸域生態系にとっての重要な過程も同時にシミュレートされている。大気中の物理過程と陸域の物理・生態過程，さらにはそれらの相互作用を同時にシミュレートする，ある意味で最も本格的なモデルといえよう。それだけに今後のさらなる進展が期待されよう。

　モデル研究と並んで，広域の生態系情報を得るもう一つの手法は人工衛星画像の解析である。1975年にアメリカで打ち上げられた人工衛星，ランドサットから送られてくる画像データが契機となって，広域の植生指数を求める研究も世界各地で始まった。したがって，衛星画像に基づく陸域生態系の植物量を求める研究は，まだ30年余の歴史しかない。しかし，その後の衛星本体の技術はもとより，衛星画像の解析技術にもめざましい進展があり，領域全体，さらにはグローバルの炭素動態を調べるうえで，人工衛星画像はいまや必須の情報源となった。われわれのプロジェクトにおいても，4章Ⅱ節に紹介したように，衛星画像情報が精力的に取り込まれ，世界に誇りうる成果を挙げつつあるといえるだろう。このような成果の一例として，東アジアにおける森林面積の動向を紹介しておこう。天野（2009）はFAO（国連食糧農業機関）の最新の資料をまとめて，世界の森林面積の増減を示している。その結果を地域別にみると，1990年代と比べて森林面積は先進国では増加か横ばいであり，アジア以外の途上国では，大幅に減少していた。ところがアジアだけは森林面積が1990年代では減少していたが，2000年以降になって増加に転じていた。これは中国が「退耕還林」と称する大規模な植林プロジェクトを開始し，実施しているためである。奈佐原（西田）のグループは，人工衛星画像を用いて，2000年から2005年のあいだの東アジアの植生変動を詳細に解析した結果も，天野（2010）の結果を裏づけるものであった。すなわち，このあいだ，モンゴルではNDVIが顕著に減少したが，逆に中国東北部から中央部ではNDVIが顕著に増加して，日本の国土面積の半分以上に及ぶ広大な地域で，森林面積が増加しているものと推定されている。大規模な植林が行われたことを明瞭に示すものである（小柳ら2008）。

I-2　東アジア域での炭素収支の特徴と世界での位置づけ

　世界の諸研究機関・諸大学により，現在世界の 300 サイトを超える森林を含む陸域生態系でフラックスの長期モニタリングを行っており，炭素収支が調べられている。また，第 2 章，第 4 章で述べられているように，同一サイトで植物体現存量調査，土壌圏調査などを行い，生態学的な手法によって推定した炭素収支推定値（炭素蓄積量とフロー）と渦相関法による二酸化炭素フラックス連続観測の結果とのクロスチェックを行い，両手法の炭素収支誤差の要因の定量的な解析が行われている。これらのデータとその解析結果は，FLUXNET, AsiaFlux などの相互に利用できるネットワークを構築して共有し，世界の関連分野の研究者が地域からグローバルスケールでの陸域生態系炭素収支の定量的把握をめざしている。

　ここではわれわれの研究結果や，FLUXNET の研究成果を用いて，アジア地域での炭素収支野外調査の結果とヨーロッパ大陸，アメリカ大陸の結果を対比し，その共通点，差異を考察し，炭素収支の地域特性を総合的に把握しよう。

1　気温と降水量の比較 ── アジアモンスーンと北米，ヨーロッパ気候

　緯度と降水量，気温の関係をアジアと北米，ヨーロッパそれぞれについて調べ，それらの特徴をまず紹介する。図 5-1 にはアジア，ヨーロッパ，北米のフラックス観測サイトの年平均気温と年間降水量の関係を示す。これから北米，ヨーロッパにおける気温は 0 から 15℃，降水量は 300 から 1200 mm の範囲にあるが，アジアのフラックス観測サイトでは気温が -5 から 26℃，降水量が 300 から 2400 mm と気象条件のサイトによる変化幅が大きい。これはアジアの高温多雨のモンスーン気候の特徴と，さらに観測サイトが赤道から高緯度に，海岸から内陸に広域に展開していることに対応している。このアジアと北米，ヨーロッパ地域の気象，陸域分布の違いがこれらの地域の炭素収支の差異と特徴に関係していると考えられる。

　アジアにおいては，本書第 2 章で提起した「システムアプローチ手法」の適用がアジア特有のモンスーン気候下の多種多様な生態系を対象にした炭素収支の解明に不可欠であった。たとえば北東ユーラシアの永久凍土上に成立する亜寒帯落葉針葉樹林，夏季・冬季ともにアジアモンスーンの影響を強く受ける温帯林，赤

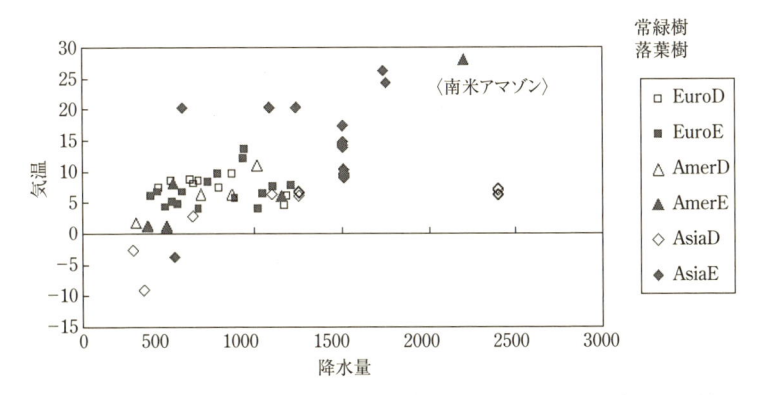

図 5-1 アジア，ヨーロッパ，北米の観測サイトでの気温と降水量の関係
参考のために南米のアマゾンサイトのデータも示す。

道付近の降水量変動の影響を受けて時に大規模な乾燥や火災を経験する熱帯林，そしてチベット高原に広がる高山草原，アジア独特の耕作地である水田を含む各種農耕地などである。

ここではこのような陸域の緯度分布およびユーラシア大陸西海岸と北米大陸の気候特性とユーラシア大陸東海岸の気候特性の差異を考慮して，炭素収支の地上観測成果を総合的に解析し，アジア地域における陸域生態系の炭素収支の特性を解明したい。

2 世界の炭素収支の観測ネットワークと炭素収支の研究

世界の各地域に形成されている二酸化炭素，水蒸気などのフラックス連続観測サイトのネットワークを図 5-2 に示している。北米・南米大陸には AmeriFlux, Fluxnet-Canada, ユーラシア大陸には CarboEuroFlux, AsiaFlux, さらには OzNet などの地域観測ネットワークが形成されている。それらに所属する 300 以上の観測サイトがグローバルなネットワーク: FLUXNET に連携して観測情報の交換，ワークショップ，技術的協力を 1990 年代後半から開始し，これらの地域，世界の炭素収支観測ネットによるデータの集積と公開体制の整備が進められている。これらのフラックスデータセットは気候条件，森林生態系の異なる条件下の炭素収支の総合的解析に供され，また，前節に述べられているように陸域生態系

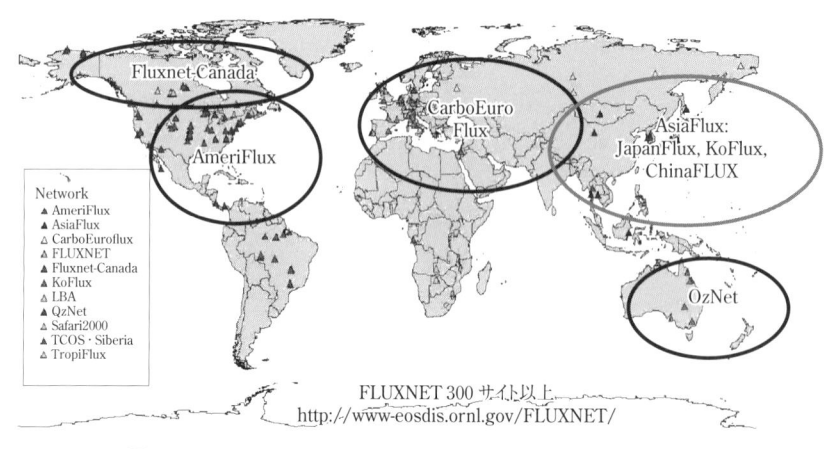

図 5-2　FLUXNET，地域フラックス観測ネットワークとの連携

の炭素収支モデルの開発と検証に活用されている。

われわれのプロジェクトや FLUXNET では多くの研究グループの共同のもとに，最近 10 年間の世界の種々の植生（森林，草地，耕作地）の炭素収支，水収支の観測データを用いた総合的解析が行われてきた。その成果の一部は第 3 章，第 4 章ですでに紹介されている（Valentini et al. 2000; Falge et al. 2002; Baldocchi et al. 2005; Hirata et al. 2008; Saigusa et al. 2008 ほか）。

その結果，気温，降水量（乾燥度）が生態系純生産量（NEP，ここでは生態系の炭素吸収量と考える）を決定する要因として重要であることが示された。以下においては，とくに森林生態系に着目し，われわれ自身の森林生態系での炭素収支観測成果に，FLUXNET での観測成果を加えて，とくに注目される地域，グローバルスケールでの年間 NEP と年平均気温，年降水量の関係の定量的解析を試みる。

3　アジアの森林生態系における炭素収支のヨーロッパ，北米との比較

まず，ヨーロッパの森林生態系でのフラックス観測成果に基づき，この分野での先駆的な解析を行ったイタリアの R. Valentini による NEE（ここでは NEE＝－NEP）の緯度変化を図 5-3（a）に示す（Valentini et al. 2000）。ヨーロッパの陸域が比較的高緯度域に限定されることもあり，NEE は北緯 65 度から北緯 42 度までの範囲で示され，その値は南ほど絶対値が大きく，炭素固定量の最大値は 5-6

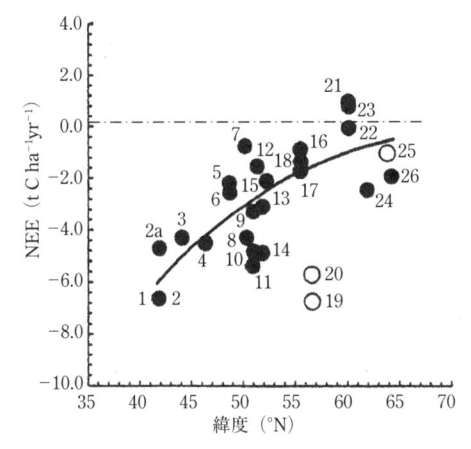

図 5-3 (a) ヨーロッパ森林での NEE と緯度の関係 (Valentini et al. 2000)

ここで●は自然林あるいは旧来の森林管理，○は強力な森林管理を行っているサイトを示す．

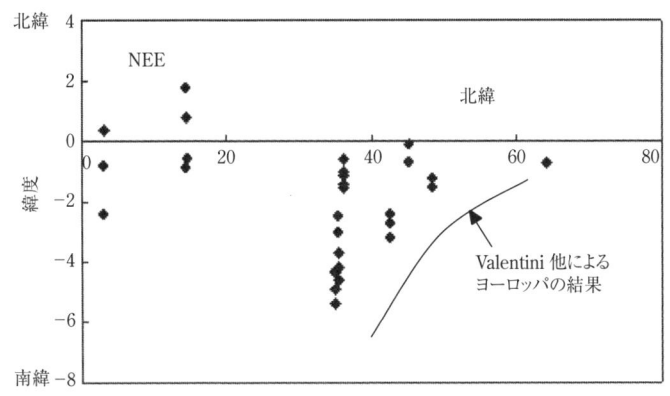

図 5-3 (b) アジア森林での NEE と緯度の関係 (Hirata et al. 2008)

図中にヨーロッパでの結果との比較のために，図 (a) の近似曲線を記載している．

tC/(ha・yr) となっている．図 5-3 (a) には示されていない北緯 42 度以南で，NEE がどのような緯度依存性を示すかについて考えるため，S1 プロジェクト，AsiaFlux による成果に基づく Hirata et al. (2008) のデータにより，アジアでの森林生態系の NEE の緯度変化を調べた．その結果を図 5-3 (b) に示している．比較のために図中に図 5-3 (a) の平均的近似曲線を記載しているが，アジアにおい

てはNEEの絶対値はヨーロッパの同緯度の森林に比べて小さいことがわかる。また，この図から中緯度（北緯30～40度）において炭素固定量は最大値を取り，それより以南では減少することがわかる。このことはNEEが光合成による総生産量（GPP）と生態系呼吸量（RE）の差として決まるもので，南方の森林生態系ではGPPは大きいが，同時にREが大きくなっていると考えられる。その結果として亜熱帯，熱帯域の森林生態系のNEEの絶対値が小さくなっている。

　以上から，炭素収支を決めている要因として，緯度変化にともなう気温と降水量（乾燥度）が重要であることが示唆されるが，この点についてさらに考察を深めるために，われわれとFLUXNETによるアジア，ヨーロッパ，北米での炭素収支データと年平均気温，年降水量の関係について地域別に調べる。GPPのうち，どれくらい炭素が森林生態系に炭素固定されるかの指標として，ここでNEP/GPP（NEP＝－NEE）を導入する。なお，アジア地域でのわれわれのデータに基づくNEP，RE，GPPと気温の関係については平田らにより詳しく調べられている（Hirata et al, 2008）。ここでは，FLUXNETの観測データも加えて，年平均気温，年降水量とNEP/GPPの関係について解析する。図5-4（a），（b）に世界のフラックス観測結果に基づく，NEP/GPPと気温および降水量の関係を示す。NEP/GPPと気温あるいは降水量の関係は分散が大きいが，NEP/GPPが気温と降水量の両者に依存しており，アジアの観測サイトでの気温と降水量両者の分散が大きいことから，NEP/GPPの分散も大きくなっていると考えられる。図5-4（a）において，アジア以外の地域では気温の変化幅が小さいこと，また，気温の低い領域ではGPP自体が小さく，そのためにNEP/GPPの分散が大きくなっていることなどから，気温とNEP/GPPの関係は明確でないが，アジアでの結果を加えることにより，NEP/GPPのピークが気温15～20℃の範囲にあること，20℃以上では気温の上昇によりREが大きくなり，NEPが小さくなることからNEP/GPPが小さくなっていることがわかる。また，年降水量との関係では分散は大きいが，NEP/GPPは1000～1500 mmの範囲でピーク値を取っており，さらに降水量が多いと土壌水分が多く，土壌有機物の分解が促進されてREが増大し，その結果NEPが小さくなっていることが示唆される。

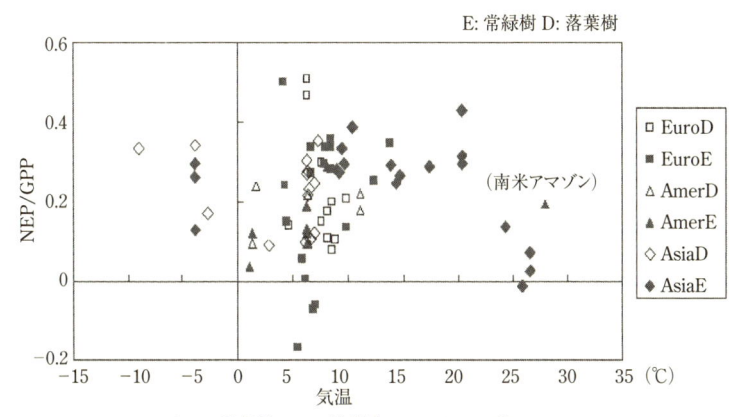

図 5-4 (a) アジア，ヨーロッパ，北米の森林生態系における NEP/GPP と年平均気温の関係

参考のために南米のアマゾンサイトのデータも示す．

NEP/GPP: 温帯林〜0.3, 熱帯林〜0.1, カラマツ林〜0.1

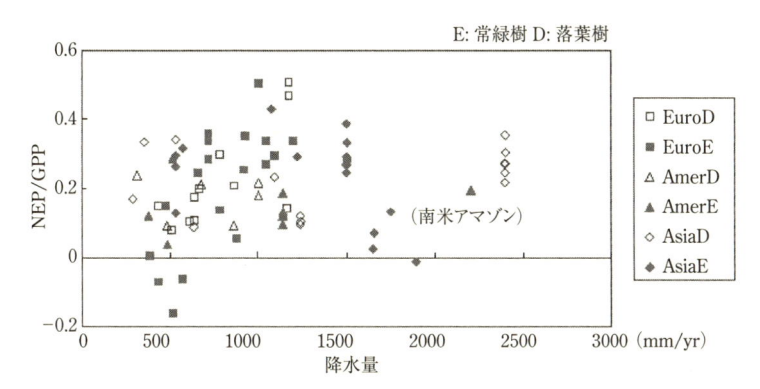

図 5-4 (b) アジア，ヨーロッパ，北米の森林生態系における NEP/GPP と年降水量の関係

参考のために南米のアマゾンサイトのデータも示す．

4 世界の森林生態系における NEP と植生活動期間，林齢との関係

　森林生態系の炭素固定能力の利用，植林計画を考えるうえで，落葉樹林と常緑樹林における炭素収支の季節変化および年積算値の差異についての定量的解析が重要な知見となる．また，林齢と NEP の関係についても，森林管理における植林，

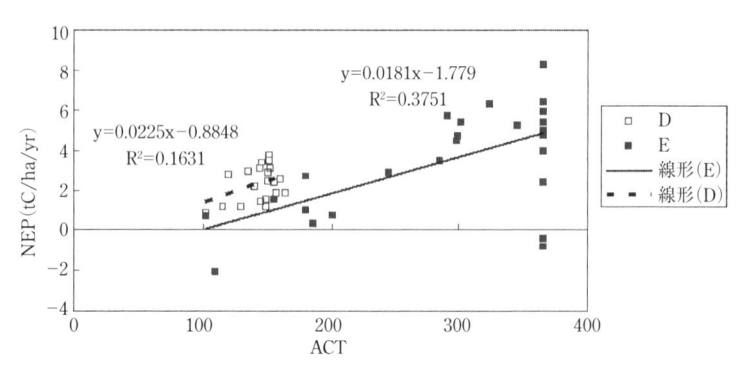

図 5-5 世界の落葉樹林，常緑樹林別の植生活動期間（ACT）と NEP の関係

伐採計画の策定に不可欠である。これらの点についての研究はすでに，Baldocchi et al.（2001），Yamamoto et al.（2005）により行われているが，ここではこれらに FLUXNET の観測成果を加えて解析した結果を紹介する。

図 5-5 には FLUXNET とわれわれのデータに基づき，植生活動期間（NEP が正をとる期間）と NEP 年積算値の関係を示した。この結果から，一般的には植生活動期間が長いほど年間積算 NEP は大きいが，亜熱帯，熱帯の森林は周年活動しており GPP は大きいが，降水量が多く，土壌水分の多い熱帯では RE が大きくなり，GPP と RE の差である NEP が小さくなっているサイトがあることから，NEP のばらつきが大きくなっている。また，落葉樹林の方が常緑樹林より同一の活動期間の比較では積算 NEP は大きいことが示されるが，気候条件が比較的恵まれた地域（活動期間が長い地域）では常緑樹林の NEP 年積算値は落葉樹林より大きいことがわかる。

森林生態系としての林齢が森林調査の結果，植林や森林火災の記録などからわかっている場合について，林齢と NEP の関係を解析した結果を図 5-6 に示す。まず，新地に森林植林をした当初には NEP は負であると考えられるが，森林の成長とともに急速に NEP が正となり，概略樹齢 100 年程度までの期間において，分散は大きいが総じて NEP が大きい状態を維持し，その後 NEP は小さくなり，平衡状態（NEP＝0）に近づいていることがみてとれる。この林齢と NEP の関係は森林観測サイトの樹種，気候条件などで大きく変わることが考えられるので，概略の傾向と考えるべきであろうが，森林生態系の炭素固定量の評価をする場合

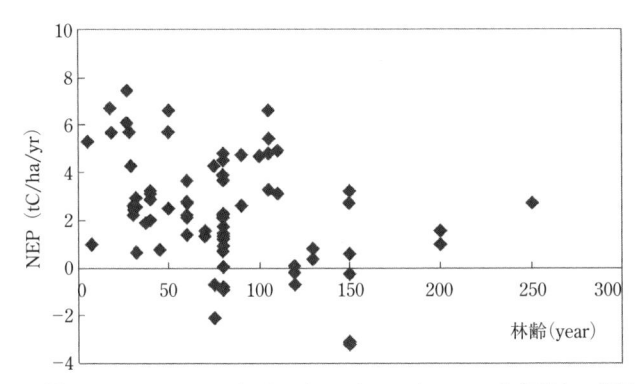

図 5-6 FLUXNET,本プロジェクトデータ:NEP と林齢との関係
(Yamamoto et al. 2005)

に参考になる結果である。

　以上,世界の森林生態系における炭素固定量(NEP)に関連する気象条件,植生・樹種条件,林齢との関係を FLUXNET,AsiaFlux およびわれわれのデータを合わせて,総合的に考察した。本考察から示されるように,その結果は多様な気象,植生,土壌環境により NEP の値の分散は大きいが,NEP と気温,降水量,林齢などの関係は地域によらず,グローバルな観点からも概略同一であること,しかしながら,気候条件,陸域の緯度分布,大陸東岸と西岸における気象条件の差異によって,NEP の地域的分布と定量的評価がアジア,ヨーロッパ,北米で異なる結果となっていることが示された。ここでの解析結果と陸域生態系炭素収支モデルの計算結果を詳細に比較することが今後さらに重要となる。たとえば,Sim-CYCLE モデル(第 4 章Ⅲ節)による東アジア地域の 2000〜2005 年の炭素収支が年平均総生産量,GPP が 1.86 Pg で,生態系呼吸,RE が 1.80 Pg となり,生態系純生産量,NEP(=GPP-RE)が 0.058 Pg という正の値,すなわち炭素の吸収源として機能しているとの結論がとりあえず導き出されている。炭素収支観測データの解析によって,アジア地域の炭素収支が気温と降水量によって,地域的な特性があり,炭素収支が年々変動をしていることが解明されたが,これらの観測結果とモデルによる炭素収支の地域特性,年々変動,将来予測の計算結果を,今後さらに詳細に比較することが要求される。

　このように FLUXNET,AsiaFlux などのネットワーク活動により,グローバル

な炭素収支と地域的な炭素収支の特性の解明，陸域生態系モデルの結果との比較解析を行うことが，可能となり，本書で紹介したわれわれの成果がそのなかで重要な役割を果たしたと結論づけられる。

5　陸上生態系における炭素収支観測がこれからめざす方向

　世界の陸上生態系炭素収支研究ネットワークを通して，その成果を共有する中で，アジアにおける炭素収支観測研究で重点をおくべき課題を見直してみよう。まず，第一に，これまで約十年間（アジアでは数年間）整備してきたフラックス観測ネットワークの機能を強化し，観測データの集積と品質管理，観測技術の向上をさらに進めると同時に，世界とアジアの炭素収支データを統合的に利用して生態系の機能を解明するための研究を進展させることである。今後はなんらかの方法によりアジアの陸域炭素収支に関する長期データの集積と品質管理を統合的に行うことを可能にするしくみが必要不可欠である。第二に，アジア各地にすでに存在する観測サイトの目的と役割を再度明確にすると同時に，地球規模での観測ネットワークの視点から，必要な生態系で必要な観測が行われているかどうかを再検討することである。観測ネットワークとしての意義をより高めるためには，各サイトの目的と役割を再度明確に認識し直すことが必要な時期にきていると考えられる。たとえば，各サイトの役割としては以下のようなものがあるだろう。(1) 気象学，生物学，水文学，モデル，リモートセンシングなどの多分野の観測研究を統合的かつ超長期的（数十年以上）に展開していくための総合的なモニタリングサイト，(2) サイト間比較研究の完成を目的として，たとえば森林の樹種ごと，火災や植林による撹乱からの経過時間ごとに系統立てて調査地を設定し同時進行で研究を行うための比較サイトグループ，(3) 地球観測の視点から重要と考えられるにもかかわらずこれまでアクセスの問題などから観測困難とされてきた生態系で必要最小限のデータ取得を可能にするための遠隔地のサイト（リモートサイト）などである。

　アジア各国で長期的な観測サイトを維持するためには，日本と相手国の研究機関との相互協力，さらにはヨーロッパ，アメリカなどとの連携のもとに，AsiaFlux参加各国のあいだで技術移転や協力基盤の育成を継続して行うことが必要である。以上のような方向で研究を推進することにより，微気象学的観測と生

態学的観測を併用させた地球規模での陸上生態系炭素収支観測ネットワークの確立が可能になると考えられる。

II　中長期的な炭素管理にむけた陸域生態系の統合的評価

1　グローバルな陸域炭素管理ポテンシャル

　京都議定書の第二約束期間以降の枠組み（ポスト京都）において検討されている中長期的な温暖化対策のひとつとして，陸域生態系の炭素吸収源機能を保全し拡大する炭素管理活動を統合的に評価することが重要な課題となっている。すでに京都議定書を批准した先進国（締約国 I）においては，国内の植林や森林管理による吸収量の増大の一部が，数値目標を達成するための温暖化対策として認められているところであるが，途上国における森林減少・劣化の防止による排出削減（REDD: Reducing Emissions from Deforestation and Degradation in Developing countries）により，先進国と途上国が協力してグローバルな森林からの炭素排出を削減させ，炭素吸収量を維持することが，新たな温暖化対策として検討されている。このために，現状における陸域生態系の炭素吸収源機能を観測に基づいて定量的に把握するとともに，土地利用変化にともなう陸域生態系変動を予測することができるモデルを開発し，中長期的な温暖化対策シナリオを検討することが重要となってきている。まず本節では，陸域生態系における中長期的な炭素管理ポテンシャルについて，グローバルな炭素循環における吸収源活動から論じる。

　グローバルな陸域生態系における炭素収支（1990年代）の内訳を示したものが図 5-7 である。この図から，はじめに陸域生態系の光合成活動によって，人為的な炭素排出の 20 倍にも相当する年間 120 PgC もの炭素が吸収されていることがわかる。しかし，この吸収量のうちの約半分は，すぐに植物呼吸により排出されてしまう。植物の呼吸を差し引いた吸収量を純一次生産量（Net Primary Productivity）とよぶ。つぎに，植物の季節変動や枯死によって発生する落葉・枯枝等のリッターが土壌表面に蓄積して微生物に分解される土壌呼吸により炭素が排出され，残りの炭素吸収量の 60 PgC の大部分に相当する約 50 PgC の炭素が排出され，生態系全体として炭素吸収量は 10 PgC 程度となることがわかる。こ

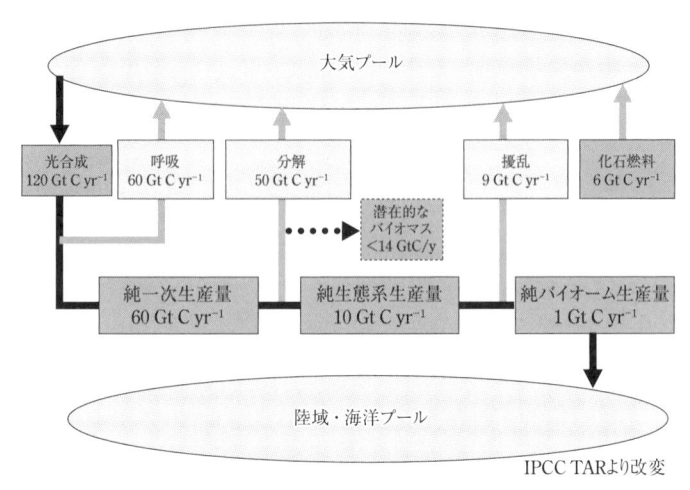

372　第5章　世界の中でのアジア陸域生態系の特性

```
                    大気プール

   ↓        ↑       ↑        ↑         ↑
 光合成    呼吸    分解               攪乱    化石燃料
120 Gt C yr⁻¹  60 Gt C yr⁻¹  50 Gt C yr⁻¹      9 Gt C yr⁻¹  6 Gt C yr⁻¹
                         ┆
                    潜在的な
                    バイオマス
                    <14 GtC/y

   純一次生産量      純生態系生産量    純バイオーム生産量
   60 Gt C yr⁻¹      10 Gt C yr⁻¹      1 Gt C yr⁻¹
                                              ↓
                    陸域・海洋プール
                                    IPCC TARより改変
```

図 5-7　グローバル炭素循環における吸収源活動のポテンシャル

の吸収量を純生態系生産量（Net Ecosystem Productivity）とよぶ。さらに，さらに人為的な伐採や森林火災等の陸域生態系への攪乱（Disturbance）にともなう炭素排出があり，残りの炭素吸収量が最終的な陸域生態系の炭素吸収量となる。この攪乱にともなう排出を差し引いた炭素吸収量を，純バイオーム生産量（Net Biome Productivity）とよぶ。ただし，この最終的な純バイオーム生産量としての炭素吸収量は，グローバルに 1 PgC 程度の吸収となっていると推定されているが，年々の気象変動によって変動する光合成量，土壌呼吸，森林火災などの影響によって大幅に変動しており，年によっては陸域生態系全体が排出源となる可能性がある。

　化石燃料からの人為的な炭素排出と，陸域生態系における炭素排出と吸収について，産業革命以降の 150 年間における年次変動を図 5-8 に示す。

　この図に示されている過去 150 年間における陸域における炭素吸収変動の定量的な評価には不確実性が残されているが，これまでの主な変動因子としては下記のものが挙げられる。

・年々の気象変動による植物生長・土壌呼吸量の増加，CO_2 の施肥効果
・土地利用変化，森林火災の発生

　このような，森林減少にともなう排出を勘案すると，最終的な陸域生態系全体としての炭素吸収量は大きいとはいえない。しかし，今後の 100 年間において

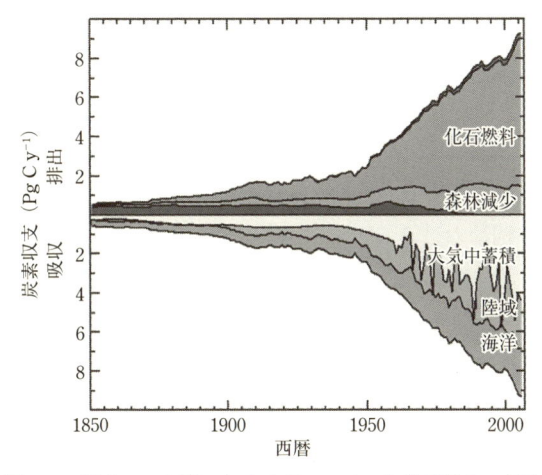

図5-8 過去150年間におけるグローバルな炭素収支の変動

は,さらに地球温暖化の進行にともなって,土壌呼吸量の増大や森林火災の増加などが予想され,陸域生態系における炭素吸収源機能が,さらに低減することが予想されている。すなわち,現時点においては,陸域生態系は炭素吸収源として機能しており (Cannadel et al. 2008),人為的に排出されたCO_2の約30%を吸収しているものの,最新の気候モデルによる温暖化影響評価による研究によると,今世紀中の中ごろには陸域炭素吸収源機能が飽和し,その後,減少に転じることが予想されている。

今後,陸域炭素吸収源機能を中長期的にどのように管理していくべきかを検討する際には,現時点における吸収量推定の不確実性に加えて,将来における変動可能性についても考慮する必要がある。

2 中長期的な陸域炭素吸収源の取扱いについて

それでは,陸域生態系における炭素吸収源機能を中長期的に維持・拡大するためにどのような対策が考えられるであろうか。1997年の京都会議 (COP3) で合意され,2008年から第一約束期間が開始した京都議定書においては,先進国を中心とする排出削減に関する数値目標が設定された。数値目標を設定した先進国 (締約国I) においては,植林や森林管理などの吸収源を拡大する活動が,与えら

れた数値目標を達成するための温暖化対策の一部として利用することが可能となった。その結果，国内における植林や森林管理による炭素吸収源を拡大する活動が炭素吸収として，一方，森林減少が炭素排出量として算定されることになった。とくに日本では，6％の削減目標のうち最大で3.8％が，人工林での間伐の促進などの森林管理活動による温暖化対策として算定することが認められている。また，発展途上国におけるCDM（クリーン開発メカニズム）プロジェクトでは，先進国の資金によって実施される植林活動が，先進国が実施する人工林を対象とした対策（炭素クレジットの取得）として認められることになった。

しかし，熱帯林における森林減少の防止による炭素排出の削減や，先進国・途上国を問わず，自然生態系における吸収源機能を維持するための活動については，まだ温暖化対策としては認められていない。現在，2013年以降のいわゆるポスト京都の枠組みについての国際交渉が進展しており，中長期的な森林等の陸域生態系における吸収を拡大し，排出を減少させるための，先進国と途上国を含めた新たな国際的なルールづくりが大きな課題となっている。とくに，国際的に標準化された精度の高い吸収量の計測方法の確立や，吸収源対策にともなう炭素排出・吸収量のアカウンティング方式に関する検討が急務となっている。また，吸収源対策による追加的かつ人為的な吸収量を科学的に評価する手法を確立する方策（Factor out）ことも重要な論点のひとつである（Cannadel et al. 2007）。

実は，京都議定書における炭素吸収源の取扱については，第1約束期間（2008～2012年）の国ごとの排出削減に関する数値目標の設定をまずCOP3（1997）で決定したが，その後，吸収源対策に関するルール（認められる活動の種類と吸収量の算定方式）をCOP7（2002）まで交渉を継続して決定した経緯があり，さまざまな政治的な問題（COP6における決裂など）が生じた。今後の，中長期的な温暖化対策の交渉においては，まず吸収源を算定するルールを決めてから，数値目標の設定がなされるべきであろう。

日本をはじめとして，管理された森林における吸収量を京都議定書において算定することになった国の森林においては，森林が再生している段階では吸収が生じるが，人工林や二次林が成熟するにしたがって吸収量は飽和する。また，森林が成長する段階に吸収された炭素は，火災等の撹乱により再放出されてしまうリスクがある。さらに，温暖化対策としての正味の効果を評価するためには，植林や森林管理活動により人為的に拡大された吸収量を自然的要因による吸収量から

分離すること (Factor out) が必要となるが，この追加性 (Additonality) を科学的に判断することはきわめて難しい課題である。

このような論点を踏まえて，今後の中長期的な陸域炭素吸収源の取扱いを考える際には，下記の点についてのさらなる検討が必要と考えられる。

(1) 炭素排出量にして約 2 PgC/y という大規模な炭素排出となっているグローバルな森林減少を減らすこと。グローバルな人為的な CO_2 排出量の 20% 以上を占めている森林減少を防止するための温暖化対策は，2050 年までのグローバルな排出量の 50% 削減を実現するためにも避けて通れない課題となっている。とくに，途上国における森林減少（および森林劣化）の防止を新たな温暖化対策として認めることにより，炭素排出削減だけではなく，生物多様性の保全や，持続可能な地域発展に貢献することが期待されるため，先進国と途上国の双方によって重要な課題となる。

(2) すでに京都議定書のなかで算定されている，先進国の森林（おもに森林管理による）における吸収量については，吸収量を維持するために必要な管理を継続するともに，吸収量の飽和を回避し再排出リスクを低減させるためにも，森林バイオマス利用等による石油代替効果による排出削減との連携を強化する必要がある。

(3) 現在の枠組みでは考慮されていない伐採木材を利用する対策を検討し，生態系と社会全体における炭素ストックの維持と拡大を図ることが必要である。

(4) 国ごとの温暖化対策による吸収量を評価する際に，森林減少と植林，森林劣化と森林管理等，CO_2 排出と吸収を引き起こす活動にともなう吸収量と排出量の正味の炭素収支を計算する方式を確立する必要がある。

とくに，熱帯林の減少の防止をはじめとして，炭素吸収源としての陸域生態系を保全することにつながる温暖化対策については，気候変動以外のコベネフィット（副次的便益）が大きく，他の地球環境条約との連携 (Inter-linkage) を検討して有効な国際ルールを確立することが急務となっている。すなわち，砂漠化の防止，土壌劣化の防止，生物多様性喪失の防止，地球温暖化への適応，水供給の維持などのコベネフィットを考慮して，副次的な便益の大きな温暖化対策を優先的に検討する必要があるということができる。

3 炭素吸収源活動の算定方式

　中長期的な炭素吸収源の取扱いの検討に際しては，陸域炭素収支の変動要因に対する科学的な分析に基づいた知見が不可欠である．陸域生態系における炭素収支の変動に対する人為的な影響のメカニズムを科学的に理解し，吸収源としての生態系機能を拡大させるために有効な方策を検討することが重要である．また従来の吸収源対策に加えて，土地利用変化をコントロールして温暖化対策とする可能性の評価が新たな課題となりつつある．現在，ポスト京都における吸収量の算定方式としては次のような新たな方式が検討されている．

(1) 管理された森林を対象とするネット-ネット算定方式

　現在，基準年は1990年に設定されているが，今後は，基準年ではなく期間として90年前後を取るという考え方や，2000年前後や，第一約束期間等を新たな基準期間として選択する考え方がある．現在の算定方式はグロス-ネット算定であり，基準年では吸収量が算定されず，排出量だけが算定とされ，約束期間では，排出量から吸収量を差し引いたネットの排出量が算定される方式が採用されている．これに対してネット-ネット方式では，基準年（期間）においてもネットの排出量を算定し，ネット-ネット方式で排出削減の数値目標を設定しようという考え方である．グロス-ネット方式では，森林における吸収量等が約束期間にのみ算定されるために，大きな吸収量を数値目標の達成に利用できるのに対して，ネット-ネット方式の場合には，日本などの森林では，成熟林化が進んで吸収量が飽和に近づいているので，正味の吸収量が徐々に減少することになる．図5-9にネット-ネット算定方式の概要と論点を示す．

(2) 管理された森林を対象とするグロス-ネット算定方式

　一方，第一約束期間と同様のグロス-ネットの場合，第二約束期間も吸収量が継続する．ただし多くの国において，森林全体の吸収量を算定することになると，非常に大きな値となるため，吸収量の調整が必要となる．その調整方法としては，追加的な人為的な活動による吸収量だけを分離（ファクターアウト）する方式，上限値（キャップ）を設定する方式，ベースラインを設定して，そこからの追加分を算定する方式が考えられる．図5-10にグロス―ネット方式の概要とそ

2-3. Net-netアカウンティング

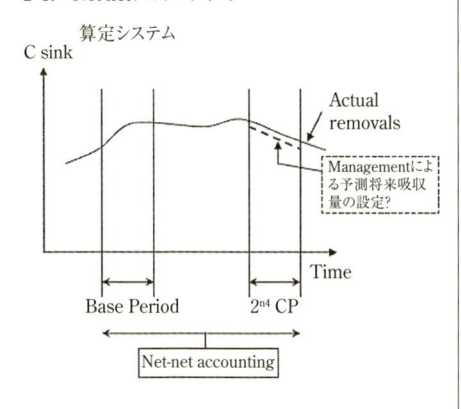

算定システム

（図：C sink を縦軸、Time を横軸としたグラフ。Base Period と 2nd CP の期間を示し、Actual removals、Managementによる予測将来吸収量の設定？ を含む。下部に Net-net accounting の範囲を示す）

- 全ての管理対象地に一括してnet-netアカウンティングを適用。対象地は活動毎の分離を行わない。
- net-netアカウンティングにおいては，第2約束期間とそれ以前のある時期（基準年（期間）または第1約束期間）の比較を用いる。
- 植生回復はカウントするが植生劣化はカウントしない，森林経営はカウントするが森林劣化はカウントしないといった不均衡を是正する。

基準（年）期間の設定
　Net-netの算定における第2約束期間との比較を行う時期は、①基準年（基準期間），②第1約束期間、のどちらかを交渉にて決定。なお、約束期間の結果を基準期間に設定すると、前約束期間における頑張りの結果が将来的な基準期間の割当量を押し上げることになるため、次期約束期間の基準期間については、第1約束期間の達成結果ではなく，それ以前の期間を用いる事がより現実的と考えられる。

Factoring out
　非人為的及び自然影響については、両期間におけるnetの結果を比較することによりほぼ相殺される。1990年以前の樹種構成による影響も同様の形式により、大雑把に相殺される。一方，農地による炭素喪失の影響が一約束期間以上継続する場合，上記のnet-net算定で影響が相殺されるのかは不明。

飽和（saturation）への対処
　Net-netアカウンティングでは，飽和問題に直面し、森林経営による将来の吸収量を予測する事が重要であり、システム上必要にもなる。
　Deforestationに対してはnet-netアカウンティングも交渉に値するとの認識があるが，その他の森林にも同様の方法を適用するためには，飽和問題を念頭に置いた様々なオプションを調査を行っていかなければならない。

図5-9　吸収源を対象とするネット-ネット算定方式の概要

. Gross-netアカウンティング

算定システム

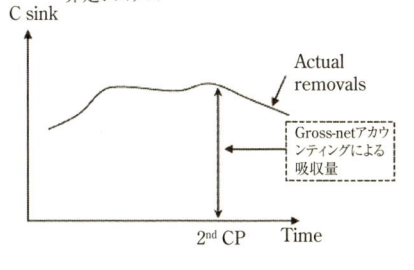

（図：C sink を縦軸、Time を横軸としたグラフ。2nd CP の期間を示し、Actual removals、Gross-netアカウンティングによる吸収量 を含む）

- 全ての管理対象地に一括してgross-netアカウンティングを適用。対象地は活動毎の分離を行わない。
- アカウンティング対象は約束期間のみ，基準年の数値を差し引かないため基準年は必要としない。

吸収量の大きさ
　基準年（期間）の数値を約束期間から引かないため，各国が算定する吸収量はnet-net方式の算定時に比べ増大することが多い。

目標の調整
　各国が吸収量の目標を含めた排出制限や削減約束を考慮する際には、非直接人為的影響等による効果も含めた吸収量の大きさを推定する必要が生ずる。

Factoring out
　約束に対する実行の効果が実際の計測結果ではなく推計値を基にした算定となるため，factoring out問題はnet-netアカウンティングを適用したときほど上手く処理ができない。

他のセクターとの一貫性
　他のセクターでは基準年を用いたnet-netアカウンティングを行っているため、LULUCF分野でもnet-netアカウンティングが適当なのではないかいった類の議論が生ずる可能性がある。

図5-10　吸収源を対象とするグロス-ネット算定方式の概要

の論点を示す。

　いずれにしても，陸域生態系の炭素吸収源機能を活用した今後の温暖化対策のポテンシャル量を評価するためには，このようなアカウンティング方式の違いや，炭素吸収源活動を維持・拡大するための具体的な方策についての定量的な検討が必要となる。

4　土地利用モデルによる陸域炭素動態の将来予測

　陸域生態系に対する最大の人為的な攪乱要因は，熱帯における森林減少をはじめとする土地利用変化である。この節では，将来の土地利用変化を予測する山形らのチームが開発した土地利用モデルによるシナリオシミュレーションを用いて，土地利用変化にともなう陸域炭素動態の将来予測の分析結果を紹介する。この新たな土地利用モデルでは，土地利用変化が，おもに経済的な要因により決定されるものと仮定し，土地を森林として利用するか，農地として利用するかを判断するために，林業と農業を実施した場合の経済的価値を計算して比較する。林業，農業の経済的評価に必要となる農林業の生産性情報については，陸域生態系モデルや，農業生産性モデルによる推定値を用いる。これによって，それぞれの国内の地域差による生産性の空間分布を評価して最適な土地利用を判断する。また現状の土地利用状況については，1 km メッシュの全球土地被覆図をもとに推定を行う。モデルの基本的な解像度は緯度経度 0.5 度（約 50 km）メッシュとし，各メッシュ内における土地利用割合を推定する。尚，農業と林業の経済評価を行う場合に必要となる穀物や木材の価格は，国単位で推定する。この土地利用モデルを用いて，以下に記述するように，IPCC のシナリオや炭素価格の変化により植林が実施される地域の推定や，土地利用変化に与える要因の分析を実施することが可能となった（モデルの詳細については木下ら 2008 を参照）。

(1)　IPCC シナリオに対するシミュレーション結果

　図 5-11 に IPCC の社会経済シナリオである SRES の三つのシナリオ，A2，B1，B2 のを用いた場合の，土地利用モデルを用いた予測結果を示す。A2 シナリオは地域ごとの経済発展が大きな技術革新なしに進展するシナリオであり，B1，B2 はともに経済発展よりも環境保全を重視した場合のシナリオであるが，B1 は再

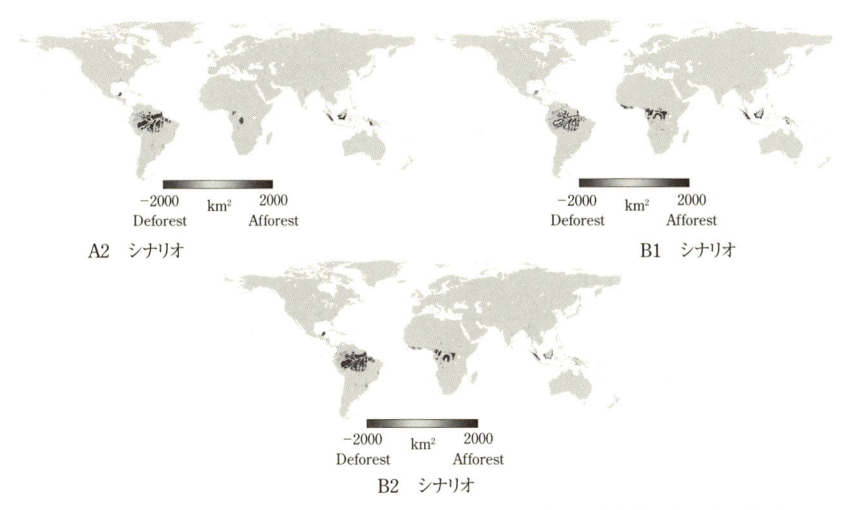

図 5-11 SRES の三つのシナリオと土地利用変化（2030 年）（口絵 17 参照）

生可能エネルギーに関する技術開発が進んだ場合，B2 は地域自立型の環境共生社会が実現した場合に対応している（IPCC シナリオの詳細については IPCC 第 4 次評価報告書を参照）。

図 5-12 に各シナリオに対応する森林伐採面積の時間変化を示す。伐採面積の合計は，B2 シナリオが 10～20％程度で，A2 シナリオ，B1 シナリオより大きい。しかし，A2 シナリオと B1 シナリオは大きく変わらない。一方，伐採地域の分布は A2 シナリオではアフリカ中央部の伐採面積が小さいが，B1 シナリオでは伐採が進む結果となった。この土地利用モデルでは各国内の伐採地域の空間分布も推定可能で，たとえばザイールでは国内の分布が大きく異なる結果が得られた。これは輸送費や林業経営の費用が地理的な要因により異なるためであると推察される。また，化石燃料消費による二酸化炭素の排出は B2 シナリオが最も少ないとされているが，土地利用変化による二酸化炭素排出は B2 シナリオが A2，B1 シナリオよりも大きい結果となった。これは現在穀物需要量が小さいアフリカでの需要量の増加が大きいためである。

（2）炭素価格の変動に対するシミュレーション結果

図 5-13 に森林炭素吸収の拡大に対して温暖化対策として資金が提供される場

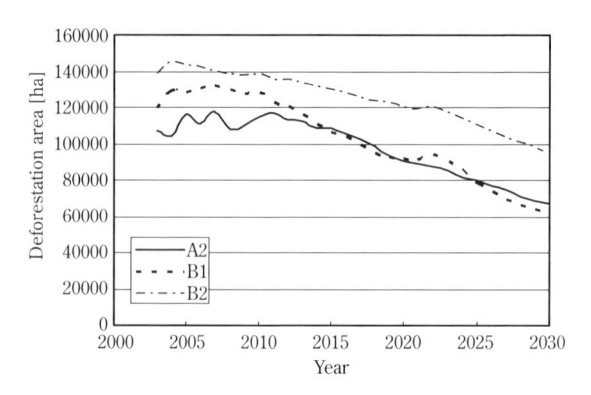

380　第 5 章　世界の中でのアジア陸域生態系の特性

図 5-12　SRES の三つのシナリオと土地利用の時間変化

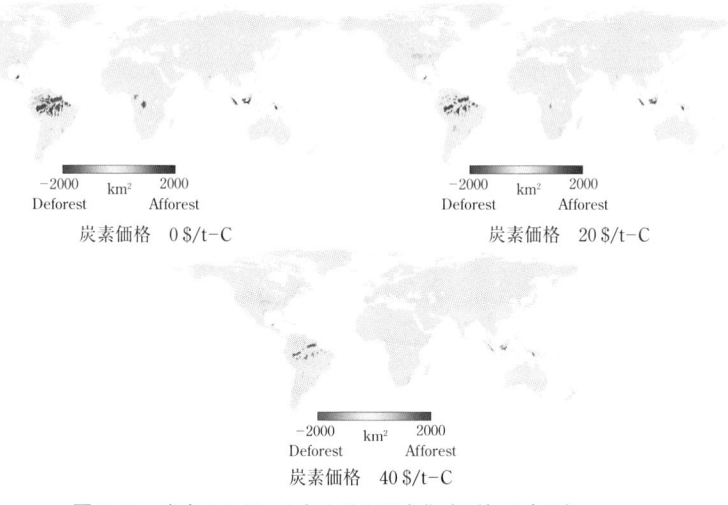

図 5-13　炭素クレジットと土地利用変化（口絵 18 参照）

合，あるいは炭素クレジットが提供される場合の炭素価格を 0 \$/t-C，20 \$/t-C，40 \$/t-C と変化させたときの 2000 年〜2030 年の森林面積の増減をシミュレーションした結果を示す。0 \$/t-C は炭素クレジットが導入されない状況での森林面積の増減を表している。炭素クレジットが設定されると北米やヨーロッパでの植林が進み，とくに熱帯地域における森林減少（Deforestation）が減少する傾向がわかる。一方，2000 年を 100 としたときの 2030 年の木材の価格（\$/t）は，炭素

クレジット 0 \$/t-C では 120，20 \$/t-C では 135，0 \$/t-C では 146 と上昇し，穀物価格（\$/t）も 0 \$/t-C では 103，20 \$/t-C では 118，40 \$/t-C では 138 と上昇する。穀物価格が上昇する理由は，森林減少が抑制され農地面積の増大が少なくなるために，穀物需要の増大に供給が追いつけないためである。一方，木材価格の上昇は，非管理森林の伐採時，炭素クレジットの支払いが発生して，自然林の人工林への転換を抑制されて，木材の供給が減少するためである。

(3) 炭素価格上昇シナリオ

前節では，炭素クレジットは一定の条件で計算を行った。既往の研究（Benitez et al. 2007）でも一定とするものが多く，CDM 植林の試算も炭素クレジット一定の条件で行われることが多い。しかし，炭素クレジットの価格は，今後の気候変動の深刻化や，2050 年 50％削減にむけた国際的な取組みの本格化などの要因によって徐々に上昇していくことが予測される。そこで炭素価格が上昇していく場合についてのシミュレーションを実施した。図 5-14 に森林面積のシミュレーション結果を示す。図には，炭素価格の上昇率が年間 0％，1％，3％，5％の場合がそれぞれ示されている。5％の増加にたいしては，50 年間で炭素価格が \$20 から \$86 に上昇する。炭素価格の上昇が 1％の場合，0％の場合と比較すると，植林面積が減少するが，森林減少の面積は大きく変化しない。しかし，上昇率が割引率を上回る場合は，成長時に獲得する炭素クレジットを，伐採時に支払う炭素クレジットが上回るため，林業の収益性が悪化する。このため，植林をするよりも早めに森林減少をした方が良いというインセンティブがはたらいてしまうため，森林減少が加速化されてしまう可能性があることが示された。ポスト京都の吸収源の取扱いに関する検討にあたっては，このような問題点についても考慮しつつ，植林と森林減少の防止に関する炭素クレジットのバランスをとるメカニズムを検討する必要がある。

(4) シミュレーション結果の考察

SRES シナリオによる土地利用の将来予測では，経済発展の違いによる分布パターンに相違がみられた。とくにアフリカ中央部の土地利用がシナリオによって大きく異なり，社会・経済シナリオの特徴が示された。このような違いは，林業コストや，木材・穀物の輸送コストの影響を反映したものである。とくに，農林

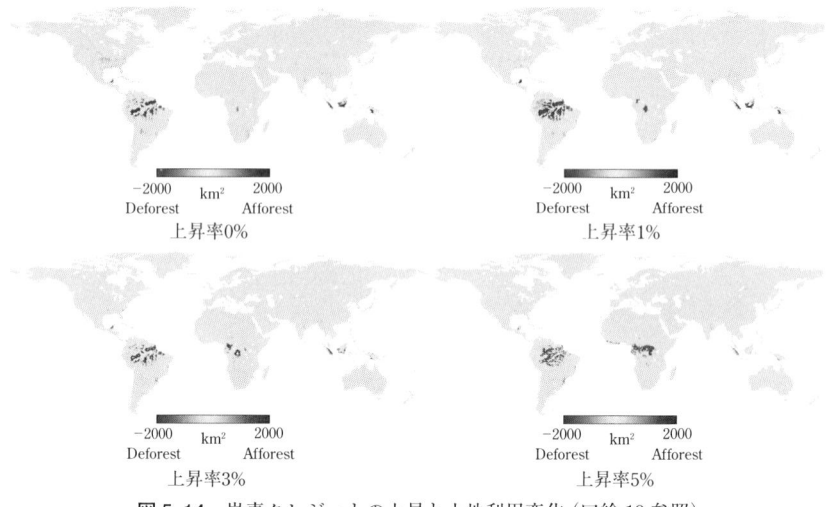

図 5-14 炭素クレジットの上昇と土地利用変化（口絵 19 参照）

業の収益性を考える場合は，地理的な分布が重要となる．人口分布やインフラストラクチャ（道路，港湾といった社会基盤情報）の空間詳細シナリオを導入することで，より高精度な予測ができる．また，土地被覆図などにも不確実性があることが指摘されており，土地被覆図や各種環境情報の精緻化も重要な課題である．

　土地利用モデルを用いたシミュレーション分析によって，陸域生態系の炭素吸収源機能に炭素クレジットを付与することによって，土地利用変化が抑制することができる可能性が示された．これは，森林を農地に転換する速度を減少させるだけでなく，自然林を人工林に転換する林業活動の拡大も抑制され，この場合，木材・穀物の価格が上昇する．

　一方，炭素価格の長期的な上昇が与える影響をシミュレーションしたところ，炭素価格の上昇率が割引率を上回る場合，成長時に獲得できる炭素クレジットが，伐採時に支払う炭素クレジットを下回るため，かえって早期に森林伐採を誘発することが判明した．ただし，炭素価格の上昇率が非常に高い場合，農業に転換することも不可能になるため，林業も放棄され非管理森林が増大する結果となった．すなわち，陸域生態系に関係する炭素クレジットの導入は，森林の減少に歯止めをかけるインセンティブとともに，森林減少を引き起こす可能性もあり，慎重に対処する必要があると考えうる．ここでは言及しなかった，木材製品

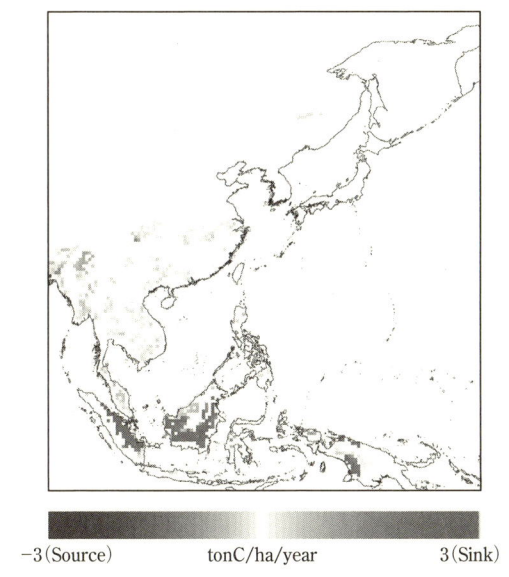

−3(Source)　　　　tonC/ha/year　　　　3(Sink)

図 5-15　土地利用変化による炭素動態の将来予測（口絵 20 参照）

の再利用としてバイオマスエネルギーの燃料を考慮する場合は，炭素クレジットが得られるため木材製品に利益が見込める．ただし，さらに炭素価格の上昇率が高い場合は効果が少ないと考えられる．

　今後の課題としては，まず，林地から農地への転換が減少することにより，穀物価格が上昇することが予想されるが，上昇した価格に見合った肥料の投入が行われることも予想されるため，今後のモデルでは肥料価格・投入量も推定することが必要である．またわれわれが用いたモデルでは全球の土地利用データが必要であるが，各国の統計データから得られた土地利用面積と本解析で利用した人工衛星画像（MODIS）から構築された土地被覆面積とのあいだには，国によっては大きな隔たりがみられた．土地利用統計と土地被覆データとの整合性についての検証が必要である．

　さらに，土地利用モデルによる土地利用変化予測と生態系モデルとを統合することで，炭素収支の変化予測も可能となる．陸域生態系モデル Sim-CYCLE によって計算される地上部バイオマス量と土壌中の有機炭素の結果を用いて，東アジアにおける 2000 年から 2030 年の炭素動態の将来予測を行った結果を図 5-15 に示

す（山形ら 2006）。

5 ポスト京都に向けた国際的な議論

現在（2009年），気候変動枠組み条約の中長期的な温暖化対策の目標設定に関する国際交渉では，ポスト京都に向けた吸収源の取り扱いに関して，大きく分けて二つの課題についての議論が行われている。すなわち
 (1) 現行の京都議定書における植林や森林管理等の土地利用分野における炭素吸収源の拡大（LULUCF）に関する第二約束期間以降における取り扱い
 (2) 熱帯林等における森林減少・劣化にともなう炭素排出の削減（REDD）についての新たなルールの策定
についてである。

(1) LULUCF 関連

すでに削減義務を負っている附属書 I 国において，吸収源分野における対策が，削減目標を達成するための手段として，基本的には第二約束期間以降についても引き続き利用できる方向で議論が進んでいる。LULUCF に関する COP15 での最終的な決定案が科学的な検討も踏まえてなされる予定であり，3条4項の追加的・人為的な活動として認められる活動の定義や，吸収量の算定方式に関するオプション案が明確になってくる。とくに現状では，基準年（1990）での LULUCF 活動は吸収として算定されず，約束期間だけで吸収量が算定されるグロスーネット方式が採用されているが，基準年と約束期間のそれぞれで吸収として算定するネットーネット方式に変えるかどうかが大きな問題であり，それに合わせて基準年や算定方式についての交渉が必要である。

現在のグロスーネット方式では，国ごとの数値目標の設定（COP3）が，吸収源に関する詳細なルールを決定（COP7）する前に決まっていたことや，吸収量の算定に関する不確実性などを勘案して，吸収量の算定値の上限（CAP）が国ごとに設定（日本は基準年排出量比 3.8％）されているが，第2約束期間に CAP をどうするかは，数値目標に大きく影響する課題である。

一方，ネットーネット方式の場合には，基準年を順次移動させていくことで樹齢の影響を小さくすることができるが，吸収量そのものが小さく評価される（場

合によっては排出）ことになる．また，吸収量を算定する方式を，一定の土地に含まれるすべての森林等の吸収源による吸収量を算定する土地ベースアプローチをするのか，あるいは，特定の活動によって引き起こされる吸収量（たとえば森林管理にともなう効果等）を算定する活動ベースアプローチを採用するのかについて議論が行われている．

また，現状では土壌からの炭素排出については，排出でないことを証明できれば報告を行わなくても良いということになっているが，土壌からの算定を義務化するかどうか，カナダや豪州などの森林火災等による大きな自然攪乱がある国について，攪乱をどのように算定するのか等も大きな問題となっている．なお，日本からは，森林管理に加えて，農地管理（CM）を第2約束期間で検討することが表明された．

さらに並行して，伐採木材の取扱（HWP）も論点のひとつとなってきている．現在のところ森林が伐採されて利用される場合には，すぐに森林において炭素が排出されたものとして算定されることになっているが，実際には，住宅や家具等で木材が長期的に利用される場合には蓄積された炭素がすぐに排出されることはない．この蓄積された炭素をどのように算定するのかが問題である．とくに，すでに吸収として算定されている植林や森林管理で算定されている森林から伐採された材木については，貿易にともなう炭素排出量の国際的な移転や，バイオエネルギーで利用した際の排出削減との関係の取り扱いなども含めて検討することが必要である．とくに今回，あらたに提案された，国産材の国内消費分のみを計上するアプローチが興味深い．これは植林や森林管理活動から出てきた伐採についてHWPを計上する考えであり，国産材のうち国内で消費されるもののみについて算定することで，国際的に複雑となる算定を避けるとともに，国産材を利用した伐採木材の活用に対するインセンティブとなる制度である．

(2) REDD 関連

森林減少の防止の取り扱いについては，COP11において「途上国における森林減少・劣化による温室効果ガス排出の削減」の提案がなされ，ポスト京都に関する全体の枠組みに関する交渉に先だち，COP13からいち早くREDDが主要議題となってきた．COP14では，COP15に向けての最終段階の準備として本年中に実施する下記の検討プロセスが決定された．

・排出参照レベル（基準年排出量に相当する値）に関連する専門家会合を開く
・途上国に対する支援のニーズ，先住民等に関する意見提出
・REDDのモニタリングシステムのコストに関する報告書の作成
・国や国際機関が実施している支援の調整

　とくにREDDによる排出削減効果のモニタリングについては，IPCCのガイドラインを基本としつつも，しっかりとした国内森林モニタリングシステムを構築することの必要性が認識された．衛星画像等を利用したリモートセンシング手法と現地調査による森林計測等とを組み合わせて炭素排出量を算定し，さらに審査を組み合わせたモニタリング手法の必要性が認識された．

　REDDに対する大きな期待とともに，実際にREDDを実施する際の地域社会や生態系に与える影響への懸念についての議論が課題となっている．とくに，REDDの可能性を生物多様性と連携して検討することが急務となっており，REDD関係の森林保全のプロジェクトを認証するための新たな認証システム（気候変動対策におけるコミュニティおよび生物多様性への配慮に関するCCB基準等）についての議論も開始されている．

　今後は，陸域生態系の炭素吸収源機能のみならず，生物多様性をはじめとする陸域生態系サービスについて，モニタリングとモデリングを組み合わせた科学的な統合評価システムの構築が，国際環境政治の現場から求められつつある．陸域生態系に関するシステムアプローチ的観点からの統合評価研究に対する政策ニーズは，中長期的な温暖化対策に関する検討が本格化する中で，一段と大きくなることが予想される．

引用・参考文献

天野正博（2010）（5）森林における炭素吸収．『地球変動研究の最前線を訪ねる』（小川利紘・及川武久・陽　捷行編）アサヒエコブック．

Baldocchi, D.D., Falge, E., Gu, L., Olson, R., Hollinger, D., Running, S., Anthoni, P., Bernhofer, C., Davis, C.K., Evans, R., Fuentes, J., Goldstein, A., Katul, G., Law, B., Lee, X., Malhi, Y., Meyers, T., Munger, W., Oechel, W., Paw, U.K. T., Pilegaard, K., Schmid, H.P., Valentini, R., Verma, S., Vesala, T., Wilson, K., Wofsy, S. (2001) FLUXNET: A new tool to study temporal and spatial variability of ecosystem-scale carbon dioxide, water vapor, and energy flux densities. Bulletin of the American Meteorological Society, 82: 2415–2434.

Baldocchi, D. Black, T., Curtis, P., Falge, E., Fuentes, J., Granier, A., Gu, L., Knohl, A., Pilegaad, K., Schmid, H., Valentini, R, Wilson, K., Wofsy, S., Xu, L. and Yamamoto, S. (2005) Predicting the onset of net carbon uptake by deciduous forests with soil temperature and climate data: a synthesis of FLUXNET data, International Journal of Biometeorology., 49: 377-387.

Benitez, P., McCallum, I., Obersteiner, M., Yamagata, Y. (2007) Global potential for carbon sequestration: Geographical distribution, country risk and policy implications. Ecological Economics, 60(3): 572-583.

Canadell, J.G., Quere, C. Le, Raupach, M.R., Field, C.B., Buitehuis, E.T., Ciais, P., Conway, T.J., Houghton, R.A., Marland, G. (2007) Contributions to accelerating atmospheric CO_2 growth from economic activity, carbon intensity, and efficiency of natural sinks. Proceedings of the National Academy of Science, 0702737104.

Canadell, J., Kirschbaum, M., Kurz, W., Yamagata, Y. (2007) Factoring out natural and indirect human effects on terrestrial carbon sources and sinks. Environmental Science & Policy, 10: 370-384.

Falge, E., D. Baldocchi, , J. Tenhunen, M. Aubinet, P. Bakwin, P. Berbigier, C. Bernhofer, G. Burba, R. Clement, K.J. Davies (2002) Seasonality of ecosystem respiration and gross primary production as derived from FLUXNET measurements. Agricultural and Forest Meteorology, 113: 53-74.

Hirata, R., Saigusa, N., Yamamoto, S., Ohtani, Y., Ide, R., Asanuma, J., Gamo, M., Hirano, T., Kondo, H., Kosugi, Y., Li, S.G., Nakai, Y., Takagi, K., Tani, M., and Wang, H. (2008) Spatial distribution of carbon balance in forest ecosystems across East Asia. Agricultural and Forest Meteorology, 148: 761-775..

井上栄一 (1957) 穂波の研究 4. 穂波上の乱流輸送現象. 農業気象, 12(4): 138-144.

環境省主催：環境省地球環境研究総合推進費戦略プロジェクトワークショップ (2006) 21世紀の炭素管理に向けたアジア陸域生態系の統合的炭素収支研究：システムアプローチで見えてきた東アジア陸域生態系の炭素動態, 講演要旨集.

木下嗣基・山形与志樹・岩男弘毅 (2008) 炭素クレジットが土地利用に与える影響の予測. 環境科学会誌, 21(1): 37-52.

Kira, T. (1978) Canopy architecture and organic matter dynamics in tropical rain forests of Southeast Asia with special reference to Pasoh Forest, West Malaysia. pp. 561-590. In Tomlinson, P.B., and Zimmermann, M.H. (eds.), Tropical Trees as Living Systems. Cambridge Univ. Press, New York.

小柳智和・本岡毅・西田顕郎・眞板秀二 (2008) SPOT-Vegetation と Terra-MODIS による東アジアの植生変動推定. 日本リモートセンシング学会誌, 28(1): 36-43.

Lieth, H. (1975) Primary productivity of the biosphere (Lieth, H. and Whittaker, R.H. eds.) pp. 119-129, Springer.

Saigusa, N. et al. (2008) Temporal and spatial variations in the seasonal patterns of CO_2 flux in boreal, temperate, and tropical forests in East Asia. Agricultural and Forest Meteorology, 148: 700-713.

Schlamadinger, B., Bird, N., Johns, T., Yamagata, Y. (2007) A synopsis of land use, land-use change and forestry (LULUCF) under the Kyoto Protocol and Marrakech Accords

Environmental. Environmental Science & Policy, 10: 271-282.
Valentini, R., G. Matteucci, A.J. Dolman, E.-D. Schulze, C. Rebmann, E.J. Moors, A. Granier, P. Gross, N.O. Jensen, K. Pilegaard, A. Lindroth, A. Grelle, C. Bernhofer, T. Grünwald, M. Aubinet, R. Ceulemans, A.S. Kowalski, T. Vesala, Ü. Rannik, P. Berbigier, D. Loustau, J. Guömundsson, H. Thorgeirsson, A. Ibron, K. Morgenstern, R. Clement, J. Moncrieff, L. Montagnani, S. Minerbi, P.G. Jarvis (2000) Respiration as the main determinant 0f carbon balance in European forests. Nature, 404: 861-865.
Yamagata, Y. (2006) Terrestrial Carbon Budget and Ecosystem Modelling in Asia, Global Change Newsletter. IGBP, 67: 6-7.
Yamamoto, S., Saigusa, N., Murayama, S., Gamo, M., Ohtani, Y., Kosugi, Y. and Tani, M. (2005) Synthetic analysis of the CO_2 fluxes at various forests in East Asia. pp. 215-225. In Omasa, K., Nouchi, I., and DeKok, L.J. (eds.), Plant Responses to Air Pollution and Global Change. Springer-Verlag Tokyo.

▶ Ⅰ節：及川武久・山本　晋　Ⅱ節：山形与志樹

【用語解説】 (アルファベット順, あいうえお順)

AsiaFlux
アジアの各種陸域生態系と大気のあいだで交換される CO_2, 水蒸気, 熱量などを微気象学的方法により長期モニタリングすることを目的とし, 技術情報やデータの交換, および研究交流の促進をめざして設立された観測ネットワーク (http://www.asiaflux.net/)。

ASTER (Advanced Spaceborne Thermal Emission and Reflection Radiometer)
経済産業省が開発し, 米国航空宇宙局 (NASA) と共同して運用している可視から熱赤外領域までに 14 バンド (空間分解能 15〜90 m) を有する高性能光学センサ。NASA が推進する地球観測計画の基幹衛星である TERRA に搭載された。1999 年の打ち上げ以降, 2009 年 8 月現在も運用中であり, Landsat5 号機の Thematic Mapper 同様, 10 年以上の観測データが単一センサから順調に蓄積された稀有なデータである。Landsat 衛星 7 号機の受信不良以降は, その代替として期待されるほか, 短波長赤外バンドを用いた鉱物探査, 熱赤外バンドを用いた火山モニタリング, 都市のヒートアイランド解析などその用途は多岐に及ぶ。TERRA 衛星には MODIS も搭載されており, ASTER と MODIS を組み合わせた地球観測なども行われている。ASTER センサの特徴としては, 15〜90 m の空間分解能, 14 バンドらなる可視〜熱赤外域の幅広い波長幅をカバー, 緊急観測を目的としたポインティング機能のほかに同一軌道による立体視機能が挙げられる。立体視機能を利用し, 地球の陸域すべてを対象に, 数値地形データ (ASTER 全球 3 次元地形データ) の整備も行われており, ASTER GDEM として公開されている。

CWD (coarse woody debris)
日本語では粗大木質リターまたは粗大有機物とも呼ばれ, 倒木や立枯れ木または枯死した太い枝などを指す。新たな炭素の貯蔵庫・放出源として注目を集めているが, CWD の分解に対する森林構造や環境要因の影響, 炭素プールとしての定量的評価については今後の研究課題となっている。

EVI（Enhanced Vegetation Index）

エンハンス植生指数と和訳されることもある。青（RBLUE），赤（RRED），近赤外（RNIR）の各反射率をもとに，EVI ＝（(RNIR − RRED)/(RNIR + C1 × RRED − C2 × RBLUE + L)）× G で算出される。NDVI と異なり，土壌被覆や大気エアロゾルの影響を考慮に入れた指標である。パラメータ C1，C2 はエアロゾル抵抗係数，L は土壌要因の調整係数，G はゲインファクターとして与えられ，一般に，C1 ＝ 6，C2 ＝ 7.5，L ＝ 1，G ＝ 2.5 で使用される。EVI は NDVI にみられる感度の飽和が起こりにくく，GPP などの光合成生産とのあいだに正の相関関係が成り立つことも報告されている。

Fick の法則

1855 年に生理学者である A. E. Fick が導いた物質の拡散法則である。第 1 法則と第 2 法則があり，いずれも濃度勾配に応じて物質が移動する現象を記述するが，前者は拡散によって時間とともに濃度変化しない場合，後者は時間とともに濃度変化する場合に適用される。土壌炭素フラックスは土壌中の CO_2 勾配に応じた拡散によって生じるため，この法則を用いた土壌炭素フラックスの測定が行われている。

FPAR（Fraction of Photosynthetically Active Radiation）

植物に降り注いだ光合成有効放射のうち，植物によって吸収される割合のこと。おもに光合成量の算定に使われるため，厳密には，非同化器官（幹・枝や，光合成能力を失った葉など）による吸収を排除すべきである，という考えかたもあるが，一般には，植物の地上構造物全体で吸収される割合を考える。
同意語: FAPAR（Fraction of Absorbed Photosynthetically Active Radiation）。

JapanFlux

AsiaFlux（アジアの各種陸域生態系と大気のあいだで交換される CO_2，水蒸気，熱量などを微気象学的方法により長期的に観測するネットワーク）の傘下に組織された日本のネットワーク（http://www.japanflux.org/）。

Landsat 衛星

　米国航空宇宙局 (NASA) が運用する地球観測衛星。太陽同期準回帰軌道に投入され，回帰周期は 17〜19 日。1972 年 7 月 23 日に 1 号機 (旧名 ERTS-1) が打ち上げられて以降，現在までに 7 機 (うち 6 号機は失敗) 運用されている。Multispectral Scanner (MSS) が 5 号機までに搭載される。4 号機以降は Thematic Mapper (TM)，7 号機には TM の改良版 Enhanced Thematic Mapper (ETM+) が搭載される。7 号機に搭載された ETM+ はデータの一部に不備が生じる障害が生じているものの，5 号機は 1984 年打ち上げられ 20 年以上経過しているにもかかわらずいまなお運用中であり，20 年以上の観測データが単一センサから順調に蓄積された唯一のデータである。2008 年 4 月，米国は，アメリカ地質調査所 (USGS) を通じて全観測データを無償公開することをアナウンスした。これにより今後さらに長期の地球観測データとして活用されるものと思われる。すでにこれらのデータを用いた 30 m 分解能の時系列全球土地被覆図の作成などが国際プロジェクトとして計画されている。

MODIS (MODerate resolution Imaging Spectroradiometer)

　米国 NASA (National Aeronautics and Space Administration) によって開発された衛星搭載用センサ。0.4 μm から 14.4 μm の波長域に 36 の観測波長帯 (バンド) があり，衛星センサの直下の観測における空間分解能は，36 バンドのうち，2 バンドが 250 m, 5 バンドが 500 m, 残りの 29 バンドが 1 km である。"Terra" と "Aqua" の二つの地球観測衛星に搭載されており，それぞれが地球全土を 1 日から 2 日で観測する。観測幅 2330 km。MODIS の観測データだけでなく，それを使って作られた LAI・FPAR・土地被覆分類図・地表面温度 (LST) などの各種プロダクト (それぞれ，MOD01 のようにコードネームがある) が，NASA によって無料で配布されている。

NDVI (Normalized Difference Vegetation Index)

　正規化植生指数。最も古くから利用される分光植生指数であり，2 波長の反射率の差分を正規化した指標の総称である。2 波長の反射率 (R1, R2) をもとに，NDVI = ((R1 − R2) / (R1 + R2)) で算出される。2 波長の単純比を計算した SR (Simple Ratio) と異なり，差分を正規化することで指数値は −1〜+1 の範囲で得られる。

一般に，R1 と R2 にそれぞれ近赤外波長と赤色波長の反射率を使用した指標が NDVI として呼ばれることが多い。この NDVI は LAI や FPAR の推定などに広く用いられてきたが，LAI が 2 を超えると感度が飽和し，LAI との関係が非線形になることも知られている。類似の指標として，赤色波長域の代わりに緑色波長域を使ったものが Green NDVI として呼ばれる。差分の正規化を用いた他の指数としては，緑色波長域の 2 波長を使用した PRI (Photochemical Reflectance Index) や，近赤外と短波長赤外を使用した NDWI (Normalized Difference Water Index) などがある。

PAR (Photosynthetically Active Radiation)

光合成有効放射量。単位時間・単位面積あたりの波長帯 400〜700 nm における光，もしくはそのフラックス（エネルギーフラックスもしくは，光量子フラックス）のこと。波長帯 400〜700 nm の光は，植物の同化器官によってよく吸収され，光合成によく使われるため，PAR は植物の光合成活動に「有効」な光とみなされる。ただし，波長帯 400〜700 nm の光を PAR とする，というのは，便宜上の定義である。というのも，この波長帯の光がすべて光合成に使われるわけではなく，また，この波長帯に属さない光も，わずかながら光合成に寄与しうる。PAR は光量子数で表現されることが多く，その場合は PPFD (Photosynthetically Photon Flux Density) ともいう。光量子は光子 (photon) とも言い，波長 λ の光量子は 1 個あたり hc/λ のエネルギーをもつことがわかっている（h はプランク定数で c は光の速度。いずれも物理定数）。したがって，PAR の各波長における単位波長あたりの光量子数に hc/λ をかけて，波長帯 400〜700 nm で積分すれば，PAR のエネルギーフラックスになる。

PEN (Phenological Eyes Network)

陸上植生の季節変動・長期変動に関する長期観測網のひとつ。とくに，衛星リモートセンシングで得られる情報のアルゴリズム開発や検証を目的とする。環境省 S1 プロジェクトの一環として，2003 年に始まり，プロジェクト終了後も継続している（2009 年現在）。

PRI (Photochemical Reflectance Index)

分光植生指標 (Spectral Vegetation Index) のひとつで，植物の葉における 531 nm および 570 nm における分光反射率 (R) の差分を正規化することで計算される (PRI = (R531 − R570)/(R531 + R570))。日内変動などの短期的な PRI の変化は，おもに植物葉内のキサントフィルサイクルの活性や光化学系 II の応答と対応する。これは，葉における 531 nm の吸収が，光防御に関わるキサントフィルサイクル色素の酸化還元反応を反映し，その酸化還元は光化学系の励起状態に影響を受けるためである。一方，季節応答などの大きな PRI の変動は，葉内のカロテノイドとクロロフィルのバランスを反映する。これは，531 nm の反射率がカロテノイド，570 nm がカロテノイドとクロロフィル両方の影響を受けるためである。また，PRI は，光化学系以降の CO_2 吸収までを含む光合成の光利用効率との関連も多数報告されるが，乾燥ストレスや老化によって値が大きく変動することも知られている。

SPOT (Satellite Pour l'Observation de la Terre) 衛星

フランス国立航空宇宙センター: CNES (Centre national d'etudes spatiales: the French space agency) によって打ち上げられ，SPOT Image S. A. が運用を行っている地球観測衛星。1986 年に 1 号機が打ち上げられ，現在主力は，4 号 (1998 年 3 月に打ち上げ)，5 号 (2002 年 5 月に打ち上げ) である。太陽同期準回帰軌道に投入され，回帰周期は 26 日。1～3 号機には HRV (High Resolution Visible) センサが搭載された。HRV は空間分解能 10 m のパンクロマティック，20 m のマルチスペクトルバンドで構成され，Landsat 衛星に搭載された光学センサ Thematic Mapper (TM) とともに広く利用されてきた。なお，4 号，5 号では HRV の改良版が搭載されている。さらに 4 号機からは Vegetation センサが搭載された。Vegetation センサは 4 バンドのセンサ，青 (0.43～0.47 microns)，赤 (0.61～0.68 microns)，近赤外 (0.78～0.89 microns)，短波長 (1.58～1.75 microns) から構成される。このうち赤バンドと近赤外バンドは植生活動 (NDVI) を推定するのに適するように設計されている。短波長赤外は，土壌および植物の水分量の推定を目的に，青バンドはおもに大気補正用に設計されたものである。なお，高分解能センサーについては，今後 Pleiades プロジェクトとして観測が計画されている。これは複数の小型衛星を用いた衛星群 (Constellation) の予定である。

VEGETATION Programme

ベルギー，欧州連合 (the European Commission)，フランス，イタリア，スウェーデンの共同プロジェクト。SPOT 衛星 (4号，5号) に搭載された Vegetation センサ (VGT1 と VGT2) を用い，全球を対象とした植生モニタリングを主目的とする。幾何補正，大気補正および，10日間コンポジットを施したプロダクト (ひと月あたり3データセット) が無償配布されている (2009年8月時点)。このデータは 1998年4月から 2003年1月までは4号に搭載された VGT1 から，2003年2月以降は5号に搭載された VGT2 から作成したものである。Global Land Cover 2000 の基礎データとして使われるなど，とくに広域を対象とするリモートセンシング研究者のあいだで広く活用されている。データ取得からデータ公開までに4か月ほどかかるが，すでに 10年にわたる長期観測を同じスペックのセンサで行っている稀有なデータである。

維管束形成層

高等植物の茎や根の維管束に存在する分裂組織であることから，維管束形成層と呼ばれるが，単に形成層といえばこれを指す。木部と師部の境界に存在し，木部と師部の二次組織を形成することにより，茎や根の肥大生長が起こる。

渦相関法

渦相関法とは，ある高さで風速，気体の濃度，気温などを毎秒 10 回程度の高頻度で測定し，風速と濃度や気温の相関関係を調べることにより，微気象学的な理論に基づいて，単位時間・単位面積あたりの気体や熱の移動量 (フラックス) を算出する方法である。陸上生態系と大気のあいだで交換される二酸化炭素 (CO_2) の量などを求めるには，植物群落を十分に超える高さをもつ気象観測用のタワーを建て，その上に上下方向 (鉛直方向) の風速変動と CO_2 濃度などを測定する装置を設置して鉛直方向のフラックスを観測する。

エルニーニョ

南アメリカ大陸の西岸ペルー沖には通常は湧昇流が生じており，深層から栄養塩に富む冷たい海水が昇っている。ところが数年に一度赤道方面から暖かい水が数ヶ月も流れ込むことがあり，この現象をエルニーニョとよぶ。いったんこの現

象が起きると沿岸の気候に影響するだけでなく，世界最大の漁場である同海域の漁獲量が激減するなどの大きな影響をもたらす。

オープンパス型赤外分析計

大気中の CO_2 や水蒸気が赤外線を吸収する性質を利用して，野外で大気中 CO_2 および水蒸気の濃度変動を測定する装置。赤外線の経路（10〜20 cm 程度）を大気中に開放し，経路を通過する空気の CO_2 や水蒸気の濃度を高い応答速度で測定する。

撹乱

生態系の構造に影響を与え，時には遷移段階を後退させる突発的なイベント。森林火災や火山噴火による焼失のように生態系全体を壊滅させる重度のものから，台風による倒木や害虫大発生による枯死のように影響が部分的なものが含まれる。伐採や土地利用変化のように人間活動にともなう生態系影響も人為的撹乱とみなされる。生態系に対して更新や枯死・残滓などの複雑な影響を与えるため，炭素循環の長期変化を評価する際に重要な要因となる。

京都議定書

1997 年 12 月に京都で開かれた第三回締約国会議で採択された議定書。地球温暖化防止のために先進各国は人為起源の CO_2 を中心とした温室効果ガスを 2008 〜2012 年に削減することが決められた。

空間分解能

人工衛星搭載センサーなどで地表を観測する際に，どのくらい細かいものをみわけることができるか，を表すスケール。画像情報を得るセンサーの場合は，画像を構成する一つひとつの画素（ピクセル）の大きさをもって空間分解能とすることが多い。しかし，画素の大きさはデジタル信号処理の過程で任意に決定できるので，画素の大きさを空間分解能と解釈するのは本当は正しくない。光学原理に基づくと，空間分解能は，$L\lambda/(D\cos\theta)$ に比例する（ここでセンサーと対象のあいだの距離を L，センサーの開口を D，観測に使う電磁波の波長を λ，対象面法線と対象ーセンサー線のなす角を θ とする）。したがって，よい空間分解能を得る（細か

いものをみわける）ためには，センサーを対象に接近させるか，短い波長の電磁波を使うか，センサーの開口を大きくするか，という選択肢がある．ただし，合成開口レーダーは，上記の制約を受けない．

クローズドパス赤外分析計

大気中の CO_2 や水蒸気が赤外線を吸収する性質を利用して，大気中 CO_2 および水蒸気の濃度を測定する装置．従来はおもに実験室内で使われてきたが，測定セル（赤外線を通して濃度を計測するための密閉部分）を小型化することによって高い応答速度をもつ分析計が開発され，野外で渦相関法に用いることが可能になった．

光学センサー

広義には，光を使う計測器．狭義には，近紫外光・可視光・近赤外光・赤外光などを使う，人工衛星搭載センサー．これらの光はマイクロ波等に比べて波長が短いために，小さな開口で良い空間分解能が得られる．人間の視覚に近い情報が得られるために，定性的に解釈しやすい．しかし，雲や大気の影響を受けやすいという大きな弱点がある．また，センサー自体がおもに赤外光を放射するので（熱放射），赤外光を使うセンサーには，それによるノイズを低減する機構が必要であり，可視光や近赤外光を使うセンサーとは分離して作られ，その構造も大がかりになることが多い．

純一次生産

生態系の総生産から呼吸量を差し引いた値を言い，生態系の機能を支える最も重要な生産量を意味する．積み上げ法などを用いて測定される．

スカイラジオメータ

株式会社 PREDE（http://www.prede.com/）が開発・販売しているオリオールメータの商品名．センサ部がくるくると回転して太陽を自動追尾し，太陽直達光と散乱光の分光放射輝度を測定する．通常，近紫外領域から赤外領域の 11 の波長帯（315〜2200 nm）を測定し，これらのデータから，衛星データの大気補正に必要となる光学的厚さ・オゾン量・水蒸気量・エアロゾルの光学的特性（粒径分

布・オングストローム指数・複素屈折率・単一散乱アルベド）などを求めることができる．なお，日本を中心としておもにアジアや太平洋地域に展開されている大気観測ネットワーク"SKYNET"（http://atmos.cr.chiba-u.ac.jp/）では，スカイラジオメータをメインの観測機器としている．

生態系純生産

土壌を含んだ陸域生態系全体の炭素収支を生態系純生産 NEP という．NEP が1年以上の長期にわたって正であればその生態系は炭素のシンク，逆に負であればソースと評価される．

超音波風速温度計

超音波を利用して風速と温度の変動を高速で測定する装置．音波のパルスが経路（パルス発信点と受信点間：5〜20 cm 程度）を順方向と逆方向に進む速度をそれぞれ測定し，それらの速度差から順方向または逆方向への風速成分を計算する．同時に，音速の気温依存性を利用して風速測定と同じ経路で気温変動を測定する．

バイオエタノール

サトウキビやトウモロコシなどの植物原料を搾った汁をアルコール発酵させて作る．環境省は2030年までに自動車のガソリンにバイオエタノールを10％混合してガソリン消費量を抑制する方針．

積み上げ法

森林の純生産量 NPP を求める際に，NPP＝$\Delta W + L + G$ の式に基づいて求める手法．ここで，ΔW はバイオマスの増分，L は落葉落枝量，G は動物による被食量である．したがって，森林の NPP は2, 3年の平均値しか求まらない．

炭素循環モデル

陸上生態系による大気との二酸化炭素（CO_2）交換，および内部での分配移動を個別のプロセスとして取り扱い，それぞれを計算することで炭素貯留量の変化と収支を定量化することができるモデル．

炭素プールとフロー

　炭素収支の観測サイトにおいて大気／生態系／土壌圏の3圏の炭素貯蔵量（プール）と3圏間の炭素交換量（フロー）の解明をこれらに関連する研究分野の研究者が連携して，調査している．同一サイトで微気象学的な調査，生態学的な調査，土壌学的な調査を組み合わせて行うことにより，炭素プール，炭素フロー（炭素収支）の定量的評価や誤差の軽減が可能になるとともに，炭素収支の誤差要因の定量的な解析が行われている．

バイオーム（生物群系）

　陸域に分布する生態系を地理分布や共通する相観に基づいて分類したもの．熱帯多雨林，亜熱帯季節林，温帯落葉広葉樹林，亜寒帯常緑針葉樹林，熱帯草原（サバンナ），温帯草原（ステップやプレーリー），ツンドラ，沙漠など．同じバイオームに含まれる生態系は，炭素収支といった構造や機能における特徴がほぼ共通すると考えられる．

フェノロジー

　植物の展葉・開花・紅葉・落葉や鳥の初鳴き・渡りなど，定期的に繰り返される自然事象の起こる時期．また，それらを研究する学問を指すこともある．生物季節（または，生物季節学）と訳される．植物に関するものを植物季節，動物に関するものを動物季節という．展葉などのフェノロジーは，気温・降水量・日射などの環境要因によって変化することが知られており，気候変動の指標として使われる．

フラックス

　広義には，単位面積を単位時間あたりに通過する物理量のこと．狭義には，地表面（植生表面）と大気との間で，単位面積あたり単位時間あたりに鉛直（上下）方向に輸送される，顕熱・潜熱・二酸化炭素量などのこと．

フラックス観測ネットワーク

　陸域生態系での炭素収支の解明をめざして，1990年代後半に二酸化炭素フラックスと気象など関連環境条件の地上長期観測が世界各地で開始された．その観測

のネットワーク化が欧州 (1996 年; EUROFLUX), 米国 (1997 年; AmeriFlux) で進められ, 地域のネットワークを束ねる世界規模のネットワーク (1998 年, FLUXNET) が設立された。アジアでは 1999 年に AsiaFlux が組織され, 日本のフラックス観測グループ (JapanFLUX) が韓国や中国の国内ネットワーク (KoFlux, ChinaFlux) と協力してアジアの観測サイトのネットワーク化が進められている。ネットワークでは観測データの共有・公開, 炭素収支の研究情報交換, ワークショップ開催などを進めている。

プロダクト

広義には, 製品。狭義には, リモートセンシング衛星によって観測された情報をもとに推定された地理情報で, 宇宙機関などが定常的に作成・品質管理し, 配布しているもの。LAI, FPAR, NDVI, 地表面温度, 土地被覆分類図, NPP, GPP などがある。

ポスト京都と第二約束期間

京都議定書の第一約束期間後の国際的な取り組みに関し, 新聞紙上などでは, ポスト京都と第二約束期間以降という表現が混在している。両者は混同して使われていることが多いが, 厳密にいうと, 京都議定書には第二約束期間の取り決めがないので, 京都議定書を基準とする場合は, 第二約束期間以降の取り決めを交渉をする場が COP15 の京都議定書の締約国会合である。一方, 京都議定書を前提とせず, アメリカや中国等の京都議定書に未参加の国が参加する新たな枠組みを重視する場合は, ポスト京都という言い方をしている。実際には, 二つの交渉が同時並行的に進んでおり, 森林に関連する温暖化対策では, 先進国の吸収源の取り扱いについては第二約束期間以降という表現がふさわしく, 途上国の森林保全 (REDD) についてはポスト京都でという表現がふさわしい。

モンスーン気候 (アジアモンスーン)

モンスーンは季節風を意味しているが, 広い意味では季節により変わる季節風の風向, 降水量の変動を含めて, モンスーンと使われることが多い。とくにアジア大陸の東・南東部では風系や乾季, 雨季の季節的変化が顕著で, これをアジアモンスーンという。一般に大陸から乾燥した冷たい大陸気団が来襲する冬が乾季,

海洋から高温多湿な海洋気団が来襲する夏が雨季となる。アジアモンスーンにより，アジアのフラックス観測サイトでは気温が−5から26℃，降水量が300 mmから2400 mmと気象条件のサイト，季節による変化幅が大きい。

葉面積指数（LAI）

　植物群落での土地単位面積あたりの上方にある全部の葉の面積（片面の総和）を葉面積指数という。葉面積指数の測定手法には葉を採取してその面積を測り求める方法のほかに，落葉樹では落葉を収集して推定する方法，植物群落上の外部で直達日射，内部の複数点で樹冠透過日射を測定して光学的に計る方法がある。ただし，最後の光学的方法では，光合成に直接はほとんど関与しない部位である幹や枝による光吸収の影響を含んでしまう問題があるので，その補正が必要となる。

おわりに

及川武久・山本　晋

　本書は，環境省の地球環境研究総合推進費のなかに 2002 年に新設された戦略的研究開発領域の最初の課題，「21 世紀の炭素管理に向けたアジア陸域生態系の統合的炭素収支研究」(通称 S-1 プロジェクト) で得られた 5 年間に及ぶ研究成果を踏まえて，陸域の炭素動態に焦点を当てて取りまとめたものである。

　このプロジェクト課題が発足した背景には，1988 年に IPCC が設置され，さらに 1992 年には地球サミットで気候変動枠組み条約が採択されたことがある。COP3 において，この条約に法的拘束力をもたせる京都議定書が 1997 年 12 月に批准され，8 年後の 2005 年 3 月に発効した。第一約束期間の 2008〜2012 年に先進各国は人為起源の CO_2 を中心とした温室効果ガスの排出を削減することが義務づけられ，1990 年を基準として日本は 6% 削減しなければならなくなった。現在，正に第一約束期間の最終年度であり，6% の削減目標を達成するために，日本政府も厳しい対応を迫られている。

　なお，地球温暖化防止のためには，第一に石油石炭などの化石燃料の燃焼によって排出される CO_2 を削減しなければならない。しかし，京都議定書においては，一種の柔軟措置として，CO_2 の直接的な排出削減だけではなく，1990 年以降に行った植林・再植林および管理活動によって，林内に保持される有機炭素量を増やした場合には，それも削減量とみなすことも認められている。日本は削減すべき 6% のうち，森林生態系の管理によって許容される最大値，3.8%（削減目標値の実に 63% にあたる）を賄うこととしている。

　このような世界的な潮流のなかで，森林を中心とした陸域生態系の炭素貯留能に対する関心が俄かに高まってきた。欧米を中心として，広域の陸域生態系を対象とした先行研究も行われており，今回の S-1 プロジェクトは東アジアを対象とした後継研究と位置づけられよう。これらの研究の中心はある特定の陸域生態系を対象とした微気象学的な観測と，生態学的なバイオマス調査である。さらには広域の生態系の特性を把握するには衛星画像の解析と生態系モデリングが欠かせない。S-1 プロジェクトにおいても，これまで説明してきたように，専門分野

を異にする多くの研究者による学際研究が進められてきた．このような学際研究が真に意味のある成果を挙げるには，参加した研究者同士がそれぞれに身につけてきた知識のみでなく，他の分野の知識も十分に理解したうえで研究に取り組む必要がある．本書の標題に「システムアプローチ手法……」と掲げた理由がここにある．われわれの意図がどこまで成功したかは，読者の方々の率直な判断に委ねたい．

　京都議定書の第一約束期間以降の「ポスト京都」に向けた森林による炭素吸収に関する国際的な論議が，第 5 章 II 節に説明されているように，現在すでに始まっている．たとえば，森林吸収源の拡大（LULUCF），森林減少・劣化によって排出される炭素量の削減（REDD），森林火災などの撹乱にともなう排出の取り扱いなどである．地球温暖化を防止するためには，大気 CO_2 濃度の上昇を抑えることは世界共通の課題であるし，世界各国は協力して対応しなければならない．しかし，実際問題としてそれぞれの国の利害の調整は難しく，一致した CO_2 削減計画とその方策を設定するにはいたっていない．とくに，いわゆる先進国と発展途上国とのあいだの利害の相反が著しく，今後の動向が不透明な状況にある．

　このような国際状況のなかにあって，今後の炭素管理政策に向けて，S-1 プロジェクトで得られた自然科学的な知見を活用した次の二つの提言を行いたい．

　(1) 陸域生態系の炭素動態に関する現状と変動特性をかなり明らかにすることができた．ここで指摘しておきたいことは，少なくとも東アジアの陸域生態系はかなり大きな炭素貯留能力を有していることであり，人為起源の CO_2 をある程度吸収しているといえそうである．しかし，陸域生態系の年々の CO_2 貯留量は一定ではなく，6 年間の解析期間内でも，年ごとの環境変動にともなって変わりうるものであること．今後の温暖化の進行にともなって，将来的には吸収源から放出源に変わる可能性もあることを考えれば，S-1 プロジェクトで展開された CO_2 フラックスの観測網をさらに充実させ，データを継続的に収録していくことが重要である．さらには得られたデータを広く内外に公開し，研究者のみならず政策決定者や行政担当者にも利用できるような体制を整備することが望まれる．これが実現できれば，温暖化防止に向けた非常に大きな日本の国際貢献になるだろう．

　(2) 今回開発した生態系モデルも衛星画像解析も，空間解像度は 1 km ときわめて高い．今回のモデルは未だ森林撹乱の影響が十分に評価しえていないという

おわりに 403

今後の問題点があるにせよ，必要に応じて，国別・地域別の炭素収支も算出可能な段階に達した．それぞれの国が自国の状況を的確に把握したうえで，森林管理のための国際的な合意を進める科学的基盤が整備されたといえよう．衛星画像解析の結果で紹介したように，中国における森林面積の増加を探知することにも成功しており，土地利用変化の激しいアジア地域において，有力な評価手法を開発したといえるだろう．

　なお，2002年から5年間にわたって続いたS-1プロジェクトを進めるにあたり，田中正之先生（東北工業大学副学長，東北大学名誉教授）を委員長とするアドバイザリーボードの先生方（天野正博・早稲田大学教授，木田秀次・京都大学教授，半田暢彦・名古屋大学名誉教授，福嶌義宏・総合地球環境学研究所教授，安岡善文・東京大学教授）の終始変わらぬあたたかいご指導をいただいたことに深く感謝したい．さらにS-1プロジェクトの後半からは，プログラムオフィサーに就任された松本幸雄先生と鶴田治雄先生に，環境省とのパイプ役を果たしていただいた．環境省からは5年間にわたりかなり高額の研究費を支給していただいたお陰で，S-1プロジェクトでは高度の科学的成果を上げることができた．それと同時に，研究の実質的中心を担った多くの有能な若手研究者が育った．そのなかには，外国人研究者も含まれており，S-1プロジェクト育ちの彼らは学問的使命感に支えられた強固な人的ネットワークを形成し，研究のさらなる深化をめざして，すでに大きな力を発揮しつつある．

　本書を出版するにあたり，京都大学学術出版会の鈴木哲也氏と高垣重和氏には，本書の構成に関する貴重なご助言を頂くなど，一方ならぬお世話になった．深くお礼申し上げる．さらに本書は日本学術振興会の研究費助成事業〈学術図書〉（課題番号215272）の助成を受けて，出版されたものである．

　最後に一つ申し述べたいことがある．それはアドバイザリーボードとしてご指導いただいた木田秀次先生がプロジェクト終了直前の2006年11月に，さらには半田暢彦先生がプロジェクト終了1年後の2008年3月に，相次いでお亡くなりになったことである．お二人の先生を失ったことは返す返すも残念でならない．衷心よりご冥福をお祈りする次第である．

2013年2月

索　引

[1 －, A － Z]
4 セクター（高木層, 下層植生, 枯死物層, 腐植層）　155
Aqua/MODIS　147
Arrhenius 式　100
AsiaFlux　192, 362, 389, 399
AsiaFlux のサイト　127
ASTER　389
ATP　24
A ゼロ層　112
BAIM　359
BAIM2: Biosphere-Atmosphere Interaction Model version 2　154, 325
BEAMS　148, 149, 153, 250, 305
BIOME-BGC　153
C_3 植物　29, 331
C_4 ジカルボン酸回路　29
C_4 植物　29, 331
CAM 植物　30, 331
CarboEuroFlux　363
CASA　153
CDM　374
CDM 植林　381
CENTRURY モデル　249
CH_4 の吸収源　209
CH_4 の発生源　209
CH_4 酸化プロセス　211
CH_4 酸化由来の CO_2 放出量　209
CO_2 吸収・放出量の長期変動　196
CO_2 フラックス　71
　──の測定　253
CO_2 吸収量の季節変化パターン　193
CO_2 吸収量の年々変動　195
CO_2 貯留量　88
CO_2 濃度と気温の上昇　191
COP3　1, 373
DC 法　97
Degree Confluence Project　143
Error Matrix　143
EVI　390

EVI と GPP の対応関係　133
FAO　361
Fick の法則　390
Fisher の α 指数　283
FLUXNET　192, 362, 399
Fluxnet-Canada　363
FPAR　136, 390
F 層　112
GAIM 研究会　359
GLOVCOVER 土地被覆分類図　144
GPP　306
　──と RE の関係　211
　──と RE の年次間変動　257
Green NDVI　392
HR/SR 比　297
H 層　112
IBP　33, 294, 297, 355
IGBP　2, 356
IPCC　2
JapanFlux　192, 390
K-T 境界　9
Kobresia メドウ草原　239
LAI の観測　137, 138
Landsat 衛星　391
Laoshan（老山）サイト　186
Lloyd and Taylor 式　100
LMA (leaf mass per area: 葉の面積密度)　138
Look-up Table 法　86
LULUCF　143, 384
L 層　112
MODIS　310, 391
　──センサー　129
Monsi・Saeki (1953) 理論　32
NCEP/NCAR の再解析データ　291
NDVI　391
NEE　358
NEP　358
　──/GPP　366
　──の季節変化　255, 259
OF 法　95, 97

ORCHIDEE モデル　248
OTC 法　95
OzNet　363
PAR　392
PAR プロダクト　148
Pasoh 熱帯多雨林　222
PEN　127, 392
　　──サイト　128
PEP カルボキシラーゼ　29
PGA　28
PlotNet　356
Potentilla 低木草原　239
PPFD　392
P-T 境界　9
PRI　393
Q_{10} の法則　27
REDD　386
RE 過小評価　89
RuBP　28
Sim-CYCLE　33, 153, 302, 359
SKYNET　397
SOC（土壌有機炭素）　297
SPOT/Vegetation　146
SPOT 衛星　393
SRES　378
　　──シナリオ　381
T/R 比　295
TERRA　389
Terra/MODIS　146, 147
TsuBiMo: Tsukuba Biosphere Model　154
van't Hoff 式　100
VEGETATION Programme　394
Vegetation センサ　393
VISIT (Vegetation Integrative SImulator for Trace gases)　154, 313

[あ行]
アカウンティング　378
アカマツ林　202
亜寒帯林　173, 174
秋雨前線　5
アジアモンスーン　191
暖かさの指数　39, 44
亜熱帯　188
亜熱帯気団　5
アメリカ地質調査所　391
アラス　357
アランアラン　43

アルコール発酵　397
アルプス・ヒマラヤ山系　10
アロメトリー　280
アロメトリー法　103
暗呼吸　31
安定同位体比　31
アンモナイト　9
維管束形成層　394
維管束鞘細胞　28
維持呼吸　24, 157, 306
石礫　116
移植・播種と作物残渣処理　257
一次遷移　41, 201, 296
　　──系列　357
一次の純生産（NPP）　21
移動量（炭素フロー）　152
イネ科層　33
イネ栽培面積　250
井上栄一　355
移流　326
イングロース・コア法（IGC 法）　109
陰樹林　41
ウェゲナー　12
ウォーレス線　4
雨季　399
渦相関法　32, 37, 65, 70, 96, 98, 355, 394
　　──で観測された Re　213, 215
　　──によるフラックス測定　68
　　オープンパス型──　259
渦粘性係数　330
雨緑林　218
雲霧林　218
エアロゾル抵抗係数　390
永久凍土　3, 280, 357
　　──地帯　175
　　──の成因　177
　　──分布パターン　177
衛星植生指標　131
衛星対応型陸域生物圏モデル（BEAMS）　124, 148, 151
衛星データ　120, 290
　　──と地上部バイオマス　235
衛星で推定された LAI　140
衛星プロダクト　149, 151
衛星リモートセンシング　66, 120, 150, 392
栄養段階　15
易分解性　319
エクマン層　329

索引 407

エディアカラ生物群 8
エネルギーの流れ 15
エマージェント樹木 285
エリアシングの除去 79
エルニーニョ（現象） 23, 191, 292, 394
遠隔地のサイト 370
猿人段階 11
鉛直クロージャーモデル 330
鉛直シアー 330
熱塩循環 18
エンハンス植生指数 390
エンボリズム 52
オイラー（Euler）の方法 328
大型草食獣 10
大型肉食動物 16
オープンパス型赤外分析計 76, 395
オキシゲナーゼ活性 30
オゾン層 9
オホーツク海高気圧 5, 191
温位 327
温室効果ガス 1
温帯林 188
　——のCO_2吸収・放出量 192
温暖化にともなう気候の変動 245
温度環境の変化 236

[か行]
皆伐法 103
海洋気団 400
海嶺 12
攪乱 372, 395
　——履歴 303
火災 314
火山噴火 395
果樹園 206
化石燃料（消費） 23, 314
画素 395
下層植生 321
褐色森林土 42, 118, 189
活動層厚 183
仮道管 25
カラマツ 3, 175, 179, 182, 186
　——林生態系の貯留炭素 182
　——林のフラックス観測 184
　——老齢林の炭素収支 185
仮比重 117
カルビン回路 28
カロテノイド 393

簡易チャンバー法 209
灌漑水 251
乾季 289, 399
環境共生社会 379
環境変動と森林の応答 191
環孔材樹種 52
乾式燃焼法 113, 117
乾湿指数 44
完新世 10
乾燥期 216
乾燥ストレス 393
観測システム 127
観測ネットワーク 63, 389
　——"PEN" 151
乾田直播 256
間伐 374
乾物重 255
気化潜熱 42
幾何補正 394
気孔抵抗 332
気候変動枠組み条約 384
キサントフィルサイクル 393
気象観測タワー 192
気体定数 328
木田秀次 39
機能タイプ（機能型） 49, 50
ギャップ 356
キャビテーション 51
休閑期のNEP 259
旧北植物界 4
吸収源対策 374
胸高直径 37, 103
凝集力 53
京都議定書 1, 395
恐竜 9
漁獲量 395
極気団 5
極相 41
巨大高木層 4, 215
吉良龍夫 44, 356
空間的な代表性 308
空間不均質の問題点 228
空間分解能 395
空気密度変動の補正 81
空気力学的抵抗係数 329
駆動変数 306
クマイザサ 299
雲の被覆（雲フラグ） 129

408　索引

雲被覆判別　130
グラナ　28
グリコール酸回路　30
クローズドパス型　76
クローズドパス赤外分析計　396
黒潮　19
グロス-ネット算定　376
クロスチェック　217, 294, 304
クロマニョン人　11
クロロフィル　393
傾斜角の補正　79
携帯式チャンバー　243
系統地理学　3
欠測補完　85
ケッペンの気候区分　39
原核生物　8
顕花植物　10
検証（衛星）データ　125
現状把握型モデル　305
顕生代　9
原人段階　11
現存量　103, 119
　　——の増分　107
現地検証情報　142
広域シミュレーション　158
広域炭素動態　120
広域データ　150, 159
光化学系 II　51, 393
光学センサー　396
光合成　8
　　——と呼吸　119
　　——有効放射吸収率（fPAR）　307
　　——有効放射量（PAR）　147
高山草原　280, 363
高山メドウ草原　233
　　——の CO_2 フラックス動態　240
鉱質土層　113
　　——中の元素蓄積量　114, 115
格子点法　328
高周波の減衰　82
更新世　10
降水強度　237
降水と気温の変動パターン　232
降水量　220, 237
構成呼吸　24, 157
較正方法　78
後氷期　10
広葉型　33

光量子フラックス　392
呼吸の温度依存性　100
呼吸量　396
国際生物学事業計画（IBP）　101
穀倉地帯　44
穀物価格　381
穀物需要量　379
コケ層　180
枯死量　108
個体群動態　49
コリオリ力　326
混交林　321
混交フガバガキ林　216
ゴンドワナ大陸　10
コンパートメント間の炭素移動速度　184
コンパートメントの炭素蓄積量　184
コンポジット　146

[さ行]
サーモカルスト　175
細根の現存量　104
細根の純生産量　109
最終氷期　10
最大剰余生産量　35, 36
最適葉面積指数　35
栽培期と休閑期の CO_2 収支　261
細胞壁　25
ササ LAI 分布　139
砂漠　42
　　——化　375
　　——土壌　44
サバンナ気候　42
寒さの指数　46
産業革命　11
産業技術総合研究所　356
散孔材種　127
サンフォトメータ（SP）　127
シーケンシャル・コア法（SC 法）　109
時間遅れの補正　81
時間ユニットの取り方　120
σ 座標系　329
成帯性土壌　42
自己施肥系　49
自己間引きの法則　180
システムアプローチ（手法）　63, 67, 126, 151, 152, 362
湿潤気候　2
自動開閉式チャンバー法　209

索 引

自動撮影魚眼デジタルカメラ (ADFC) 127
シバ草原 57
師部 394
シベリア高気圧 4
縞枯れ現象 54
縞状鉄鉱層 8
社会基盤情報 382
集積層 42
従属栄養的呼吸 (HR) 154
自由大気 329
周北極森林帯 173
収斂 57
樹高 103
受光競争 52
種多様性 218, 283
樹木気候帯 39
狩猟採集経済 11
純一次生産 396
　——速度 282
　——量 106, 371
　——力 (NPP) 106
順化 323
循環流 292
純生態系炭素収支 (NECB) 314
純バイオーム生産量 372
蒸散流 53
蒸発散 219
消費者 15
照葉樹林 4
剰余生産量 35
常緑樹林 368
常緑針葉樹 174
初期条件データ 124
植食動物 16
植生活動期間 368
植生指数 39
植生指標 131, 133
植生の経年変化 145
植物区系 4
植物体 (作物残渣や植物根) 252
植物体からの呼吸放出量 157
植物体の全乾物重 252
植物の光合成や呼吸 199
植物バイオマスの炭素蓄積量 245
食物連鎖 15
食糧問題 5
植林 145, 371
シルル紀 9

人為的炭素放出量 161
真核生物 8
シンクかソースか 217
人工衛星画像 361
針・広混交林 3
人口分布 382
人口密度 5
人口問題 5
人工林 189
新生代 10
新第三紀 56
森林攪乱 360
森林火災 179, 357, 395
森林管理 371
　——活動 374
森林限界 310
森林減少 380
　——・劣化 371
森林土壌 118
森林保全 399
森林率 50
水田 280, 285, 363
　——生態系 250, 252, 254, 264, 357
　——土壌の炭素収支 205
　——のメタン発生量 260
水稲の呼吸量 (RA) 258
水分環境 236
数値目標 373
スカイラジオメータ 396
スケーリング 156
スケールアップ 122
ススキ草原 57, 202
ステップ草原 3
ストロマ 28
ストロマトライト 8
スピンアップ 124, 149
スペクトル法 328
生育期間 (栽培期) 252
青海高原の高山メドウ草原 238
青海・チベット高原/草原/地域 231, 357
青梅・チベット高原の土壌有機炭素総量 245
生化学的光合成スキーム 157
正規化植生指数 391
生産者 15
生産力モデル 32
生食連鎖 16
成層圏 9
生態学的手法/方法 65, 90, 197, 217

410　索　引

生態学的調査とのクロスチェック　228
生態学的積み上げ法　184
生態系　119
　——呼吸　244, 287, 288
　——純 CO_2 交換量　87
　——純生産（NEP）　23, 87, 285, 364, 397
　——正味交換　38
　——生態学（システム生態学）　153
　——全体の炭素蓄積　186
　——炭素収支の経年変化　211
　——炭素循環モデル　153
　——での炭素吸収・放出量　87
　——のパターン化　200
　——物質循環　152
　——モデル　69
成長呼吸　306
静的閉鎖型チャンバー法　93
生物学的循環系　17
生物季節　398→フェノロジー
生物群系　50
生物圏　15
生物生産　16
生物多様性　375, 386
静力学平衡　326
赤外分析計　75
石炭紀　9
石炭層　9
脊椎動物　9
石油代替効果　375
石灰石　8
接地境界層　74, 329
施肥　316
　——効果　27, 323, 324, 372
セメント製造　314
セルロース　25, 280
　——分解細菌　25
遷移　41, 199, 200
全球地球観測システム（GEOSS）　325
全球凍結　8
全球土地被覆分類図　141
層間抵抗　332
層位記号　113
総一次生産（GPP）　154, 212
相観　4, 50
草原生態系　229-231, 243, 249
草原土壌の有機炭素蓄積量　236
草原の土壌炭素密度　233
相互検証　120

総生産（GPP）　21, 396
　——量　287
層別刈り取り法　33
測定高度　74
粗根の現存量　104
粗根の純生産量　108
粗大木質リター　389
粗大有機物　113

[た行]
第一次消費者　16
第一約束期間　373
耐陰性　41
大気-陸面相互作用　349
大気境界層　72, 329
大気大循環モデル　349
大気上端反射率　131
大気補正　394, 396
第三回締約国会議　395
第三次消費者　16
代償植生　57
堆積腐植　110, 112
堆積有機物　119
退耕還林　361
第二次消費者　16
第二約束期間　371
台風　4
太平洋高気圧　5
太陽同期準回帰軌道　391
第四紀　10
大陸気団　399
大陸東岸と西岸　369
滞留時間　319
高山試験地　356
多雪地型矮生樹種群　51
多雪地帯　5
脱空現象　251
多点測定による広域推定　207
多肉植物　30, 44
多様な生物の生息環境　251
タワーフラックス観測　253
暖温帯照葉樹林　188
暖温帯性針葉樹　46
暖温帯性落葉樹　46
暖温帯多雨林　188
単作田　254, 261
湛水下の水田土壌　251
湛水状態　357

索 引　411

湛水生態系　252
タンズリー　15
炭素価格　378
炭素管理活動　371
炭素管理指針　280
炭素吸収源　384
　——機能　373
炭素クレジット　380
　——の取得　374
炭素交換　221
炭素固定量　366
炭素シーケストレーション能力　204
炭素収支　227
　——シミュレーション　160
炭素循環スキーム　156
炭素循環の時間変動　200
炭素循環の全体的描像　152
炭素循環モデル　397
炭素シンク　2
炭素蓄積への温暖化影響　248
炭素貯留とフロー　118
炭素貯留能の増加　206
炭素貯留量　119
炭素動態の各種観測　67
炭素の吸収源　369
炭素排出の削減（REDD）　384
炭素プールとフロー　65, 102, 398
暖冬現象　195
断面試料　116
地域気候モデル　326
チェルノーゼム　43
地下氷　179
地下部現存量　104
地下部の純生産量　108
地球化学的循環系　17
地球型惑星　6
地球環境時代　11
地球環境問題　11
地球観測衛星　389, 391
地球軌道の3要素仮説　14
地球シミュレータ　359
地形の影響　74
地上観測　121, 151
　——システム　151
地上検証　133
　——システム　151
　——観測網"PEN"　126
地上天空画像　130

地上入射 PAR 分布　147
地上部現存量　103, 181
地上部純生産量　107, 295
地上部バイオマス　229, 234, 244
地上部リター　114
地点シミュレーション　158
チベット高原　13
　——の炭素蓄積速度　250
　——の炭素蓄積量　233
チャンバー法　92, 98, 207, 213, 260
中央海嶺　12
超音波風速（温度）計　75, 397
鳥類　10
直立二足歩行　11
貯留成分の箱形（ボックス）　152
通水効率　52
対馬暖流　5
積み上げ法　37, 106, 397
ツンドラ植生　51
泥炭湿地林　227
泥炭林　216
締約国　373
データサンプリング　73
データ処理　78
データの品質管理　83
適応放散　57
転形率　26
天然林　190
デンプン　25
展葉開始時期　195
同化器官　27
道管　25
凍結耐性　51
動的開放型チャンバー法　95
動的閉鎖型チャンバー法　93
凍土層　175
東南アジアの試験地　221
東南アジアの熱帯多雨林　216
倒木調査　228
トウヒ　183
時空間分解能　150
独立栄養的呼吸（AR）　154
土壌環境および土壌フラックス　210
土壌圏の炭素動態　199
土壌圏への貯留炭素　198
土壌呼吸　25, 119
　——速度と地温　241
　——と環境要因　208

412　索　引

――量　225
土壌水分量　348
土壌炭素循環モデル　153
土壌炭素蓄積量　234
土壌炭素動態　199
土壌炭素フラックス　91, 101, 390
　――測定法　91
　――と温度　100
　――の季節変動　99
　――の手法間比較　97
　――の日変動　99
土壌断面　115
土壌での CH_4 酸化　209
土壌微生物の呼吸放出　157
土壌腐植　25
土壌分類　113, 114, 305
　――システム　113
土壌融解層　179
土壌有機炭素　111, 182
土壌有機物動態モデル　252
土壌有機物の分解過程　207
土壌劣化　375
土地被覆図　151
　――の精度評価　144
土地被覆データ　159, 383
土地被覆分類図　125, 140
土地ベースアプローチ　385
土地利用　141
　――統計　383
　――変化　141, 371, 378
　――モデル　378
トラフ　12
トランケイティッド遷移　200
トレンドと平均値　80

[な行]

内挿法　86
ナンキョクブナ　4
南部北米大西洋亜区系　4
難分解性　319
ナンヨウスギ　4
肉食獣/動物　11, 16
二酸化炭素フラックス観測　182
二酸化炭素補償点　30
西シベリア　177
二次遷移　201, 296
　――と炭素循環　202
二次林　190, 360

日華植物区系　4
日中韓フォーサイト事業　325
二毛作田のフラックス観測　264
入力データ　149
根呼吸　297
ネスティング　334
熱帯季節林　23
熱帯多雨林　215
熱帯モンスーン林(雨緑林)　50, 216
熱帯林環境応答　226
熱帯林試験地付近の気候　218
熱帯林炭素循環モデル　153
熱帯林の炭素収支　221
ネット-ネット方式　376
ネットワーク化　71
熱・水交換　218
熱・水・二酸化炭素収支の長期観測　190
熱・水・二酸化炭素の観測ネットワーク　192
根のバイオマス　229
根箱法　109
年間炭素収支量　198
年々変動の傾向　193
農業技術研究所　355
農耕地　3
　――の炭素収支　252, 253
農耕・牧畜文化　11
農地管理　385
農地生態系　204
濃度勾配法　95, 97

[は行]

梅雨　4
バイオエタノール　22, 397
バイオーム(生物群系)　398
バイオマスエネルギー　383
排出削減(REDD)　371
畑で測定した土壌炭素収支　205
八浜観測点　256
伐採計画　368
伐採木材　375
　――の取扱(HWP)　385
伐倒木　103
パプア植物区系　4
葉面積指数(LAI)　255, 283, 400
林分構造　181
パラメータデータ　123
パラメタリゼーション　157
春の芽吹き　133

半乾燥気候　55
半球分光放射計（HSSR）　127
パンクロマティック　393
パンゲア　9
半砂漠　42
半自然草原　55
反復計算（spin-up）　159
ヒース林　216
ヒートアイランド　312
ヒートパルス法　52
比較研究（検討）　98, 197
比較サイトグループ　370
光呼吸　30
光補償点　35
非管理森林　382
微気象学的手法　96, 197, 217
被食量　22, 110
非人為的影響　377
非生育期間（休閑期）　252
微生物呼吸　297
非線形回帰法　86
非湛水期間（排水期間）　258
非断熱過程　327
必須元素　23
非同化器官　27
非凍土地帯　186
比葉面積　54
非分散赤外吸収法　76
比面積　51
冷温帯落葉広葉樹林　189
氷河時代　10
氷期–間氷期　11
氷楔　179
氷床　10
比葉面積　54
肥料価格　383
品質管理　84, 370
風成循環　18
風速と気温の変動　75
風媒　55
フェノロジー（植物季節）　125, 308, 398 →生物季節
フォーシングデータ　123
不確実性　198
副次的便益　375
含氷率区分　179
腐食連鎖　17
富士吉田サイト　193

フタバガキ科　4
物質循環　15
フットプリント　308
ブディコ　42
フラックス　65, 72, 398
　——観測　70, 78, 90
　——観測ネットワーク　398
　——タワー　279
プリミティブ方程式　326
プレートテクトニクス（理論）　6, 11, 12
プロセス研究　222
プロダクト　399
分解者　15
分げつ　55
分光植生指数　122, 393
分光反射率　131
平均日変化法　87
ペルオキシソーム　31
ベンケイソウ型有機酸代謝　30
偏西風の位置と強さ　191
ベンド紀　8
貿易風　2
放射乾燥度　39
放出データとの比較　161
放牧強度　237
飽和　377
ボーエン比傾度法　355
北東ユーラシア　177
北米大陸　176
ポスト京都（議定書）　313, 374
　——と第二約束期間　399
ポドソル土壌　42
哺乳類　10

[ま行]
毎木調査　103, 280
マグマオーシャン　7
摩擦速度　88
　——の閾値　224
摩擦力　326
真瀬観測点　254
真瀬と八浜のNEP　256
真瀬のメタン発生量　263
マルチスペクトルバンド　393
マレーシア植物区系　4
マントル対流　12
水利用効率　30
ミトコンドリア　8

ミニライゾトロン法　109
ミランコビッチ　13, 14
無機炭素　117
無樹木気候帯　39
無脊椎動物　9
メタ解析　283
メタン　357
　──生成菌　251
　──フラックスの季節変化　260
　水田からの──発生量　260
木材製品　382
木星型惑星　6
木部　394
モデルの相互関連　67
モリソル　43
モンゴル草原　238
モンゴロイド　11
モンスーン　2, 4
　──アジアの水田　265
　──気候　362, 399
　──気候下のアジア　250

[や行]
夜間の生態系呼吸　88, 224
ヤクーツク　183
融解深度　183
ユーカリ属　59
有機態炭素の分解抑制　217
有機炭素の貯留量　183
有機物分解量（RH）　258
有光層　19
湧昇流　20, 394
輸送過程　27
陽樹林　41
溶存態炭素　252, 263
溶脱層　42

葉肉細胞　28
葉緑体　28
ヨーロッパ・シベリア植物区系　4
予報変数　349

[ら行]
落葉広葉樹　174
　──林サイト　193
落葉樹林　368
落葉針葉樹　174
落葉落枝量（リター量）　22
ラグランジュ（Lagrange）の方法　328
裸子植物　9
ラテライト性赤色土　42, 216
乱流拡散係数　355
乱流輸送　72
陸域生態系　386
　──の構成炭素プール　68
　──の炭素循環過程　101
　──モデル（VISIT）　67
陸域生物圏モデル　121, 123
リグニン　280
　──分解細菌　25
リタートラップ法　138
リターフォール　119
立体視機能　389
リモートセンシング　68
林業（活動）　378, 382
　──の収益性　381
林床植生　110, 111, 112, 183
林床の堆積腐植　183
林齢　367
ルビスコ　28
冷温帯広葉樹林　4
老化　393

執筆者（50音順，＊は編者）

　伊藤昭彦　国立環境研究所・地球環境研究センター・主任研究員（第2章VI節，第4章III節-1）
＊及川武久　筑波大学・名誉教授（第1章，第5章I節）
　大沢　晃　京都大学・大学院・地球環境学堂および農学研究科・教授（第3章I節）
　大谷義一　森林総合研究所・気象環境研究領域・主任研究員（第3章II節-2）
　梶本卓也　森林総合研究所・植物生態研究領域・領域長（第2章IV節）
　小泉　博　早稲田大学・教育・総合科学学術院・教授（第2章III節，第3章II節-2）
　甲山隆司　北海道大学大学院・地球環境科学研究院・教授（第1章，第4章I節）
　小杉緑子　京都大学・農学研究科・助教（第3章III節）
　三枝信子　国立環境研究所・地球環境研究センター・室長（第2章II節，第3章II節-1）
　佐々井崇博　名古屋大学・大学院環境学研究科・助教（第2章V節，第4章II節）
　谷　　誠　京都大学・農学研究科・教授（第3章III節）
　唐　艶鴻　国立環境研究所・生物生態系環境研究センター・主任研究員（第3章IV節）
　奈佐原顕郎　筑波大学・生命環境系・准教授（第2章V節，第4章II節）
　松浦陽次郎　森林総合研究所・国際連携推進拠点・室長（第2章IV節，第3章I節）
　馬淵和雄　気象研究所・地球化学研究部・主任研究官（第4章III節-2）
　鞠子　茂　法政大学・社会学部・教授（第2章III節，第3章II節-2）
　宮田　明　農業環境技術研究所・大気環境研究領域・領域長（第3章V節）
　山形与志樹　国立環境研究所・地球環境研究センター・主席研究員（第5章II節）
　山本昭範　農業環境技術研究所・物質循環研究領域・特別研究員（第2章III節，第3章II節-2）
＊山本　晋　産業技術総合研究所・客員研究員（第2章I節，第3章V節，第4章I節，第5章I節）

陸域生態系の炭素動態
―― 地球環境へのシステムアプローチ

2013年2月28日　初版第一刷発行

編　者	及　川　武　久
	山　本　　　晋
発行者	檜　山　爲　次　郎
発行所	京都大学学術出版会

京都市左京区吉田近衛町69番地
京都大学吉田南構内（〒606-8315）
電　話　075-761-6182
ＦＡＸ　075-761-6190
振　替　01000-8-64677
http://www.kyoto-up.or.jp/

印刷・製本　　㈱クイックス

ISBN978-4-87698-254-7　　　ⓒ T. Oikawa, S. Yamamoto 2013
Printed in Japan　　　　　　　定価はカバーに表示してあります

本書のコピー，スキャン，デジタル化等の無断複製は著作権法上での例外を除き禁じられています．本書を代行業者等の第三者に依頼してスキャンやデジタル化することは，たとえ個人や家庭内での利用でも著作権法違反です．